轻松学电脑教程系列

电脑组装·维护·故障排除

胡元元　主编

东南大学出版社
·南 京·

内容提要

本书是《轻松学电脑教程系列》丛书之一，全书以通俗易懂的语言、翔实生动的实例，全面介绍了电脑组装、维护和故障排除的相关知识。本书共分11章，涵盖了电脑的基础知识，电脑的硬件选购，组装电脑，设置BIOS，安装与配置操作系统，安装驱动程序与检测电脑，系统应用与常用软件，电脑的网络应用，电脑的日常维护与安全防范，电脑的优化，排除常见电脑故障等内容。

本书内容丰富，图文并茂，附赠的光盘中包含书中实例素材文件、15小时与图书内容同步的视频教学录像以及多套与本书内容相关的多媒体教学视频，方便读者拓展学习。此外，我们通过便捷的教材专用通道为老师量身定制实用的教学课件，并且可以根据您的教学需要制作相应的习题题库辅助教学。

本书具有很强的实用性和可操作性，是一本适合于高等院校及各类社会培训学校的优秀教材，也是广大初中级计算机用户和不同年龄阶段计算机爱好者学习计算机知识的首选参考书。

图书在版编目(CIP)数据

电脑组装·维护·故障排除/胡元元主编. —南京：东南大学出版社，2018.1(2019.7重印)

ISBN 978-7-5641-7615-0

Ⅰ. ①电… Ⅱ. ①胡… Ⅲ. ①电子计算机—基本知识 Ⅳ. ①TP3

中国版本图书馆CIP数据核字(2018)第003943号

出版发行：东南大学出版社
社　　址：南京市四牌楼2号　　**邮编：**210096
出 版 人：江建中
网　　址：http://www.seupress.com
电子邮箱：press@seupress.com
经　　销：全国各地新华书店
印　　刷：三河市华晨印务有限公司
开　　本：787 mm×1092 mm　1/16
印　　张：17.75
字　　数：438千字
版　　次：2018年1月第1版
印　　次：2019年7月第2次印刷
书　　号：ISBN 978-7-5641-7615-0
定　　价：39.00元

前言

《电脑组装·维护·故障排除》是《轻松学电脑教程系列》丛书中的一本。该书从读者的学习兴趣和实际需求出发，合理安排知识结构，由浅入深、循序渐进，通过图文并茂的方式讲解电脑组装、维护和故障排除的各种方法及技巧。全书共分为11章，主要内容如下。

第1章：介绍了电脑入门知识，包括电脑主要硬件设备和软件的相关常识。

第2章：介绍了电脑的主要硬件设备的选购常识。

第3章：介绍了电脑组装的具体操作步骤和注意事项。

第4章：介绍了设置BIOS参数的操作技巧。

第5章：介绍了安装与配置Windows操作系统的方法。

第6章：介绍了安装驱动程序与检测电脑的操作方法。

第7章：介绍了使用系统应用与常用软件的方法。

第8章：介绍了电脑的网络设备的技术参数和选购方法。

第9章：介绍了电脑日常维护与安全防范的方法。

第10章：介绍了使用软件优化电脑硬件性能的具体方法。

第11章：介绍了电脑常见故障现象和排除电脑故障的具体方法。

本书附赠一张精心开发的DVD多媒体教学光盘，其中包含了15小时与图书内容同步的视频教学录像。光盘采用情景式教学和真实详细的操作演示等方式，紧密结合书中的内容对各个知识点进行深入的讲解，让读者在阅读本书的同时，享受到全新的交互式多媒体教学。

此外，本光盘附赠大量学习资料，其中包括多套与本书内容相关的多媒体教学演示视频，方便读者扩展学习。光盘附赠的云视频教学平台能够让读者轻松访问上百GB容量的免费教学视频学习资源库。

本书由胡元元主编，参加本书编写的人员还有王毅、孙志刚、李珍珍、金丽萍、张魁、谢李君、沙晓芳、管兆昶、何美英等人。由于作者水平有限，本书难免有不足之处，欢迎广大读者批评指正。

编　者

2018年1月

熟练使用电脑已经成为当今社会不同年龄层次的人群必须掌握的一门技能。为了使读者在短时间内轻松掌握电脑各方面应用的基本知识，并快速解决生活和工作中遇到的各种问题，东南大学出版社组织了一批教学精英和业内专家特别为计算机学习用户量身定制了这套《轻松学电脑教程系列》丛书。

丛书、光盘和教案定制特色

选题新颖，结构合理，为计算机教学量身打造

本套丛书注重理论知识与实践操作的紧密结合，同时贯彻"理论＋实例＋实战"3阶段教学模式，在内容选择、结构安排上更加符合读者的认知习惯，从而达到老师易教、学生易学的目的。丛书完全以高等院校、职业学校及各类社会培训学校的教学需要为出发点，紧密结合学科的教学特点，由浅入深地安排章节内容，循序渐进地完成各种复杂知识的讲解。

版式紧凑，内容精炼，案例技巧精彩实用

本套丛书在有限的篇幅内为读者奉献更多的电脑知识和实战案例。丛书内容丰富，信息量大，章节结构完全按照教学大纲的要求来安排。书中的案例通过添加大量的"知识点滴"和"实用技巧"的注释方式突出重要知识点，使读者轻松领悟每一个案例的精髓所在。

书盘结合，素材丰富，全方位扩展知识能力

本套丛书附赠多媒体教学光盘包含了15小时左右与图书内容同步的视频教学录像，光盘采用真实详细的操作演示方式，紧密结合书中的内容对各个知识点进行深入的讲解。附赠光盘收录书中实例视频、素材文件以及3～5套与本书内容相关的多媒体教学视频。

在线服务，贴心周到，方便老师定制教案

本套丛书精心创建的技术交流QQ群(101617400、2463548)为读者提供24小时便捷的在线交流服务和免费教学资源。便捷的教材专用通道(QQ:22800898)为老师量身定制实用的教学课件。此外，我们可以根据您的教学需要制作相应的习题题库辅助教学。

读者定位和售后服务

本套丛书为所有从事电脑教学的老师和自学人员而编写，是一套适合于高等院校及各类社会培训学校的优秀教材，也可作为电脑初中级用户和电脑爱好者学习电脑的首选参考书。

如果您在阅读图书或使用电脑的过程中有疑惑或需要帮助，可以通过我们的信箱(E-mail:easystudyservice@126.net)联系。最后感谢您对本丛书的支持和信任，我们将再接再厉，继续为读者奉献更多更好的优秀图书，并祝愿您早日成为电脑应用高手！

《轻松学电脑教程系列》丛书编委会

2018年1月

目录

第 11 章　排除常见电脑故障

轻松学电脑教程系列

第1章

电脑的基础知识

在掌握电脑的组装与维护技能之前，我们应首先了解电脑的基本知识，例如电脑的外观、电脑的用途、电脑的常用术语以及其硬件结构和软件分类等。本章作为全书的开端，将重点介绍电脑基础知识。

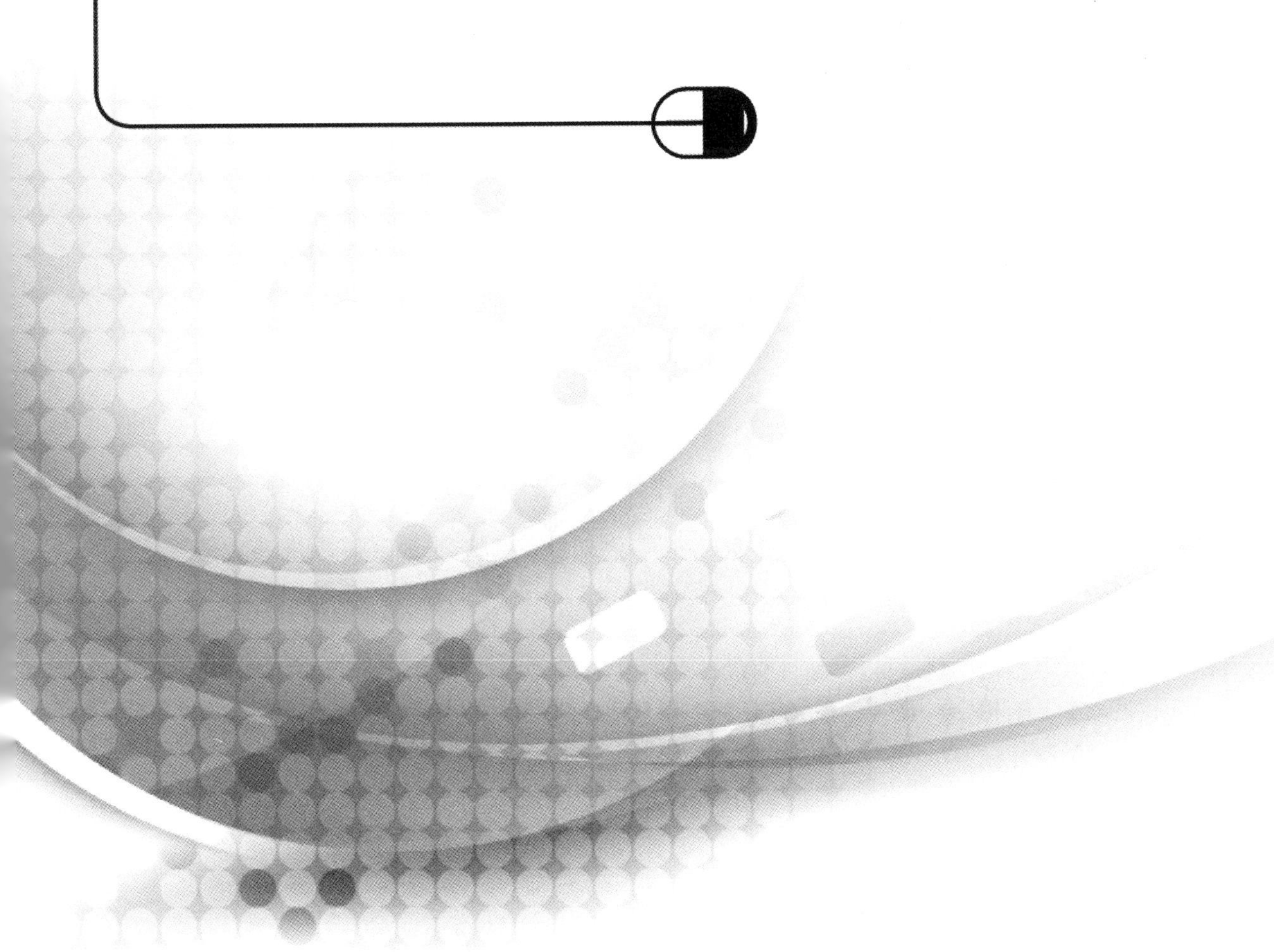

1.1 认识电脑

电脑是由早期的电动计算器发展而来，是一种能够按照程序运行，自动、高速处理海量数据的现代化智能电子设备。下面将对电脑的外观、用途、分类和常用术语进行详细的介绍，帮助用户对电脑建立一个比较清晰的认识。

1.1.1 电脑的外观

电脑由硬件与软件组成，没有安装任何软件的电脑称为“裸机”。常见的电脑类型有台式电脑、笔记本电脑和平板电脑等(本书将着重介绍台式电脑的组装与维护)，其中台式电脑从外观上看，由显示器、主机、键盘、鼠标等几个部分组成，如图 1-1 所示。

- 显示器：显示器是电脑输出设备，可以分为 CRT、LCD 等多种(目前市场上常见的显示器为 LCD 显示器，即液晶显示器)。
- 主机：电脑主机指的是电脑除去输入输出设备以外的主要机体部分。它是用于放置主板以及其他电脑主要部件(主板、内存、CPU 等设备)的控制箱体。
- 键盘：键盘是电脑用于操作设备运行的一种指令和数据输入装置，是电脑最重要的输入设备之一。
- 鼠标：鼠标是电脑用于显示操作系统纵横坐标定位的指示器，因其外观形似老鼠而得名“鼠标”(Mouse)。

图 1-1　电脑的外观

1.1.2 电脑的类型

电脑经过数十年的发展，出现了多种类型，例如台式电脑、平板电脑、笔记本电脑等。下面将分别介绍不同种类电脑的特点。

1. 台式电脑

台式电脑是出现最早，也是目前最常见的电脑，其优点是耐用并且价格实惠(与平板电脑和笔记本电脑相比)，缺点是笨重并且耗电量较大。常见的台式电脑一般分为一体式电脑与分体式电脑两种，其各自的特点如下：

- 一体式电脑：一体式电脑又称为一体台式机，是一种将主机、显示器甚至键盘和鼠标都整合在一起的新形态电脑，其产品的创新在于电脑内部元件的高度集成，如图 1-2 所示。

▽ 分体式电脑：分体式电脑即一般的台式电脑，如图 1-3 所示。

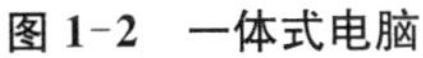

图 1-2　一体式电脑

图 1-3　分体式电脑

2. 笔记本电脑

笔记本电脑(Note Book)又称为手提电脑或膝上电脑，是一种小型的可随身携带的个人电脑。笔记本电脑通常重 1～3 千克，其发展趋势是体积越来越小，重量越来越轻，而功能却越来越多，如图 1-4 所示。

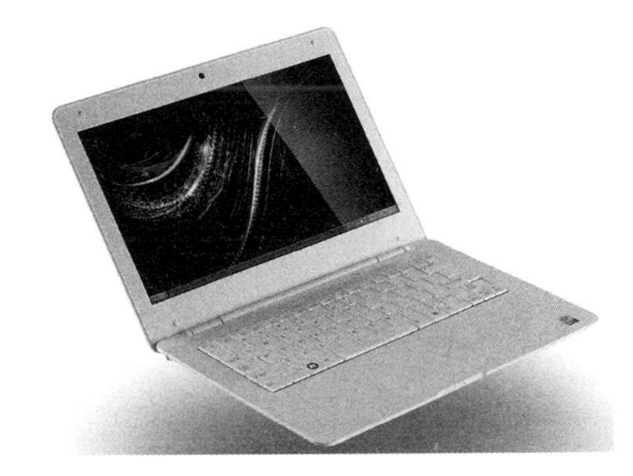

图 1-4　笔记本电脑

3. 平板电脑

平板电脑(Tablet PC)是一种小型、方便携带的个人电脑，一般以触摸屏作为基本的输入设备。平板电脑的主要特点是显示器可以随意旋转，并且带有触摸识别的液晶屏(有些产品可以用电磁感应笔手写输入)，如图 1-5 所示。

图 1-5　平板电脑

轻松学电脑教程系列

1.1.3 电脑的用途

如今，电脑已经成为家庭生活与企业办公中必不可少的工具之一，其用途非常广泛，几乎渗透到人们日常活动的各个方面。对于普通用户而言，电脑的用途主要包括资源管理、电脑办公、视听播放、上网冲浪以及游戏娱乐等几个方面。

- 随着电脑的逐渐普及，目前几乎所有的办公场所都使用电脑，尤其是一些从事金融投资、动画制作、广告设计、机械设计等的单位，更是离不开电脑的协助。电脑在办公操作中的用途很多，例如制作办公文档、财务报表、3D效果图、图片设计等。
- 网上冲浪：电脑接入互联网后，可以为用户带来更多的便利，例如可以在网上看新闻、下载资源、网上购物、浏览微博等。而这一切只是网络最基本的应用，随着Web 2.0时代的到来，更多的电脑用户可以通过Internet相互联系，不仅仅可以在互联网上冲浪，同时也可以成为波浪的制造者。
- 文件管理：电脑可以帮助用户更加轻松地处理和管理各种电子化的数据信息，例如各种电子表格、文档、联系信息、视频资料以及图片文件等。不仅可以方便地保存各种资源，还可以随时调出并查看所需的内容。
- 视听播放：播放音乐和视频是电脑最常用的功能之一。电脑拥有很强的兼容能力，使用电脑不仅可以播放DVD、CD、MP3、MP4音乐与视频，还可以播放一些特殊格式的音乐或视频文件。因此，家庭电脑已经逐步代替客厅中的影音播放机，组成更强大的视听家庭影院。
- 游戏娱乐：电脑游戏是指在电脑上运行的游戏软件，这种软件具有娱乐功能。电脑游戏为游戏参与者提供了一个虚拟的空间，从一定程度上让人可以摆脱现实世界，在另一个世界中扮演真实世界中扮演不了的各种角色。随着电脑多媒体技术的发展，游戏带给人们更多体验和享受。

实用技巧

常见的电脑游戏分为网络游戏、单机游戏、网页游戏等3种，其中网络游戏与网页游戏需要用户将电脑接入Internet，而单机游戏一般通过游戏光盘在电脑中安装后即可。

1.2 电脑的硬件设备

电脑由硬件与软件组成，其硬件包括构成电脑的主要硬件设备与常用外部设备两种。本节将分别介绍这两类电脑硬件设备的外观和功能。

1.2.1 主要硬件设备

电脑的主要硬件设备包括主板、CPU、内存、硬盘、显卡、电源、机箱、显示器、键盘、鼠标等。

1. 主板

主板是电脑主机的核心配件，它安装在机箱内。主板的外观一般为矩形的电路板，其上安装了组成电脑的主要电路系统，一般包括BIOS芯片、I/O控制芯片、键盘和面板控制开关接口等，如图1-6所示。

电脑的主板采用了开放式结构。主板上大都有6～15个扩展插槽，供电脑外围设备的控

制卡(适配器)插接。通过更换这些插卡,用户可以对电脑的相应子系统进行局部升级。

2. CPU

CPU 是电脑解释和执行指令的部件,它控制整个电脑系统的操作,因此 CPU 也被称作是电脑的“心脏”。CPU 安装在电脑主板的 CPU 插座中,它由运算器、控制器和寄存器及实现它们之间联系的数据、控制及状态的总线构成,其运作原理大致可分为提取(Fetch)、解码(Decode)、执行(Execute)和写回(Writeback)等 4 个阶段,如图 1-7 所示。

CPU 从存储器或高速缓冲存储器中取出指令,放入指令寄存器,对指令译码,执行指令。所谓电脑的可编程性主要是指对 CPU 的编程。

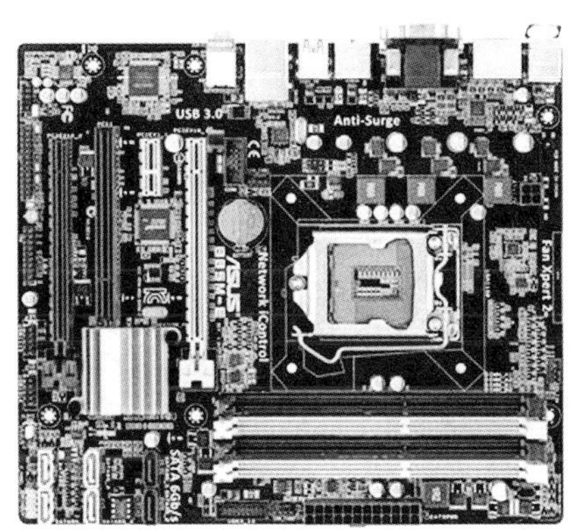

图 1-6　主板

图 1-7　CPU

3. 内存

内存(Memory)也称为内存储器,是电脑中重要的部件之一,是与 CPU 进行沟通的桥梁,其作用是暂时存放 CPU 中的运算数据以及与硬盘等外部存储器交换的数据。内存被安装在电脑主板的内存插槽中,决定了电脑能否稳定运行,如图 1-8 所示。

内存是暂时存储程序以及数据的地方,比如用户在使用 Word 处理文稿时,当在键盘上敲入字符时,字符就被存入内存中;当用户选择【文件】|【保存】命令存盘时,内存中的数据才会被存入硬盘。

4. 硬盘

硬盘是电脑的主要存储媒介之一,由一个或者多个铝制或者玻璃制的碟片组成。这些碟片外覆盖有铁磁性材料。绝大多数硬盘都是固定硬盘,被永久性地密封固定在硬盘驱动器中。硬盘一般被安装在电脑机箱的驱动器架内,通过数据线与电脑主板相连,如图 1-9 所示。

硬盘的每个盘面都划分有数目相等的磁道,从外缘的“0”开始编号,具有相同编号的磁道形成一个圆柱,称为磁盘的柱面。

5. 显卡

显卡的全称是显示接口卡(Video card, Graphics card),又称显示适配器,它是电脑最基本组成部分之一。显卡安装在电脑主板上的 PCI Express(或 AGP、PCI)插槽中,其用途是将电脑系统需要显示的信息进行转换驱动,向显示器提供行扫描信号,控制显示器的正确显示,如图 1-10 所示。

6. 机箱

机箱作为电脑配件的一部分，其主要功能是放置和固定各种电脑配件，起到承托和保护作用。机箱是电脑主机的“房子”，由金属钢板和塑料面板制成，为电源、主板、各种扩展板卡、软盘驱动器、光盘驱动器、硬盘驱动器等存储设备提供安装空间，并通过机箱内支架、各种螺丝或卡子、夹子等连接件将这些零部件牢固地固定在机箱内部，形成一台主机，如图 1-11 所示。

设计精良的电脑机箱会提供 LED 显示灯供维护者及时了解机器情况，前置 USB 口之类的小设计也会极大地方便使用者。有的机箱提供前置冗余电源的设计，使得电源维护也更为便利。

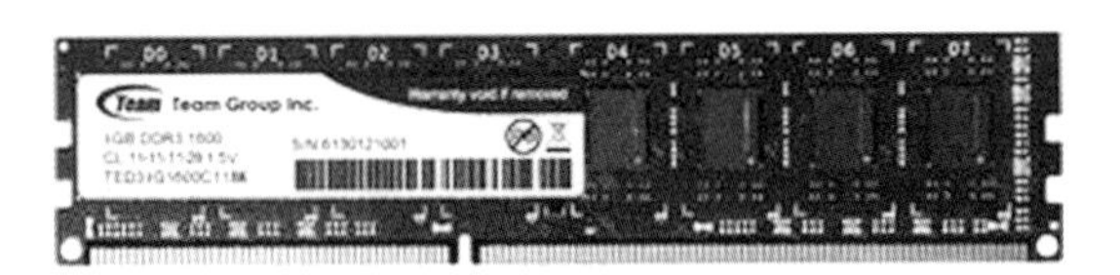

图 1-8　内存

图 1-9　硬盘

图 1-10　显卡

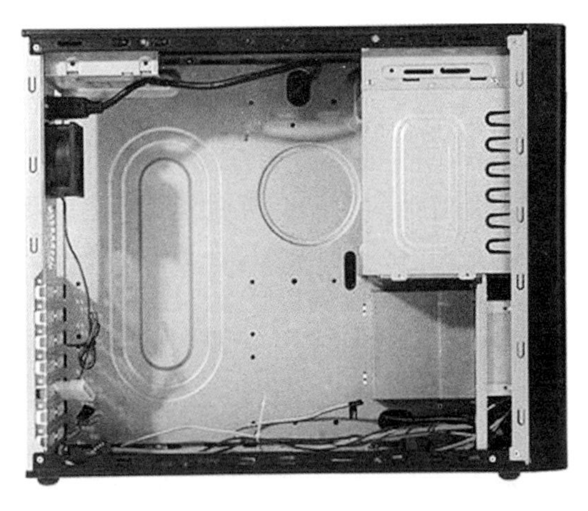

图 1-11　机箱

7. 显示器

显示器也称为监视器，它是一种将电子文件通过特定的传输设备显示到屏幕上再反射到人眼的显示工具。目前常见的显示器为 LCD(液晶)显示器，如图 1-12 所示。

显示器是用户与电脑交流的窗口，一台好的显示器可以大大降低用户使用电脑时的疲劳感。目前，LCD 显示器凭借高清晰、高亮度、低功耗、体积较小及影像显示稳定等优势，成为了市场的主流。

8. 电源

电脑电源是把 220 V 交流电转换成直流电并专门为电脑配件(例如主板、驱动器等)供电的设备，它是电脑各部件供电的枢纽，也是电脑的重要组成部分。电脑的电源一般安装在机箱

专门的电源架中，如图 1-13 所示。

电源的转换效率通常为 70%～80%，这就意味着 20%～30%的能量将转化为热量。若这些热量积聚在电源中不及时散发，会使电源局部温度过高，从而对电源造成伤害，因此任何电源内部都包含有散热装置。

图 1-12　显示器

图 1-13　电源

9. 键盘

电脑键盘是一种把文字信息的控制信息输入电脑的通道，它由英文打字机键盘演变而来。台式电脑键盘一般使用 PS/2 或 USB 接口与电脑主机相连，如图 1-14 所示。

键盘的作用是记录用户的按键信息，并通过控制电路将该信息送入电脑，从而实现将字符输入电脑的目的。目前市面上的键盘，无论是何种类型，其信号产生的原理都没有什么差别。

10. 鼠标

鼠标的标准称呼是“鼠标器”(Mouse)，是为了使电脑的操作更加简便，代替键盘输入的繁琐指令。台式电脑所使用的鼠标与键盘一样，一般采用 PS/2 或 USB 接口与电脑主机相连，如图 1-15 所示。

鼠标诞生于 1968 年，经历了数十年的不断变革，其功能越来越强，使用范围越来越广，种类也越来越多。目前，常见的鼠标大致可以分为光电鼠标和机械鼠标两种。

图 1-14　键盘

图 1-15　鼠标

11. 光驱

光驱是电脑用来读写光碟内容的设备，也是在台式电脑中较常见的一个部件。随着多媒体应用的越来越广泛，光驱在大部分电脑中已经成为标准配置。目前，市场上常见的光驱可分

为 CD-ROM 驱动器、DVD 光驱(DVD-ROM)和刻录机等,如图 1-16 所示。

- CD-ROM:即只读光驱,只能读取 CD 中的信息,目前已很少使用。
- DVD 光驱:为只读型 DVD 光驱,既可读取 CD,也能读取 DVD 信息。
- 刻录机:可以将电脑中的数据写入 CD 或 DVD,从而制作出音像光盘、数据光盘或启动盘等。

图 1-16 光驱

1.2.2 常用外部设备

电脑的外部设备能够使电脑实现更多的功能,常见的外部设备包括打印机、摄像头、移动存储设备、耳机、麦克风、手写板等。

1. 打印机

打印机是一种能够将电脑的运算结果或中间结果以人所能识别的数字 、字母、符号和图形等,依照规定的格式印在纸上的设备。目前打印机正向轻、薄、短、小、低功耗、高速度和智能化方向发展,是最常见的电脑外部设备之一,如图 1-17 所示。

2. 摄像头

电脑摄像头(Camera),又称为电脑相机、电脑眼等,是一种视频输入设备,被广泛地运用于视频会议、远程医疗及实时监控等方面,如图 1-18 所示。

用户可以通过摄像头在网络上进行有影像、有声音的交谈和沟通,也可以将其用于当前各种流行的数码影像或影音处理。

图 1-17 打印机

图 1-18 摄像头

3. 移动存储设备

移动存储设备指的是便携式的数据存储装置,此类设备带有存储介质,且自身具有读写介

质的功能，不需要(或很少需要)其他设备(例如电脑)的协助。现代的移动存储设备主要有移动硬盘、U盘(闪存盘)和各种记忆卡(存储卡)等，如图1-19所示。在所有移动存储设备中，移动硬盘可以提供相当大的存储容量，是一种较具性价比的移动存储产品。

4. 耳机与耳麦

耳机是使用电脑听音乐、玩游戏或看电影必不可少的设备，能够从声卡中接收音频信号，并将其还原为真实的声音，如图1-20所示。耳麦是耳机与麦克风的整合体，它不同于普通的耳机：普通耳机往往是立体声的，而耳麦多是单声道的；耳麦有普通耳机所没有的麦克风。

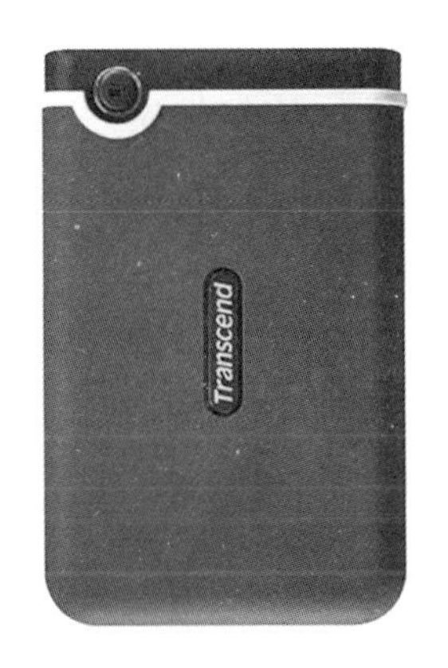

图1-19　移动存储设备

图1-20　耳麦

5. 麦克风

麦克风的学名为传声器(Microphone，又称话筒、微音器)，是一种能够将声音信号转换为电信号的能量转换器件，如图1-21所示。麦克风配合电脑使用，可以向电脑中输入音频(录音)，或者通过一些专门的语音软件(例如QQ)与远程用户进行网络语音对话。

耳机、耳麦与麦克风一般与安装在电脑主板上的声卡音频接口相连，大部分台式机的音频接口在电脑主机背后的机箱面板上，也有部分电脑的主机前面板上安装有前置音频接口。

6. 音箱

音箱是最为常见的电脑音频输出设备，它由多个带有喇叭的箱体组成。音箱的种类和外形多种多样，如图1-22所示。

图1-21　麦克风

图1-22　音箱

1.3 电脑软件简介

电脑的软件由程序和相关的文档组成，其中程序是指令序列的符号表示，文档则是软件开发过程中建立的技术资料。程序是软件的主体，一般保存在存储介质中(如硬盘或光盘)，以便在电脑中使用。文档对于使用和维护软件非常重要，随软件产品一起发布的文档主要是使用手册，其中包含了软件产品的功能介绍、运行环境要求、安装方法、操作说明和错误信息说明等。电脑软件按用途分可以分为系统软件和应用软件两类。

1.3.1 系统软件

系统软件是管理、监控和维护电脑资源的软件，是用来扩大电脑功能、提高电脑工作效率、方便用户使用电脑的软件。系统软件是电脑正常运转必不可少的部分，一般由电脑生产商或专门的软件公司研制，分为操作系统软件、语言处理程序、数据库管理系统和系统服务程序等 4 类。

1. 操作系统软件

操作系统(Operating System, OS)是电脑系统的指挥调度中心，负责管理电脑系统的硬件和软件资源，为各程序提供运行环境。

操作系统是所有软件中最重要的一种，主要由 CPU 管理、存储管理、设备管理和文件管理等几个功能模块组成；是介于电脑硬件与软件之间的一个结构层，是电脑硬件与用户、其他应用程序之间的接口。目前常见的操作系统有 Windows 系列操作系统、Linux 操作系统、iOS 操作系统等。

知识点滴

由于目前大部分电脑用户使用 Windows 系列操作系统，因此本书后面的相关章节将着重通过实例介绍该系列操作系统。

2. 语言处理软件

人们用电脑解决问题时，必须用某种“语言”来和电脑进行交流。具体地说，就是利用某种电脑语言来编制程序，然后再让电脑来执行所编写的程序，从而让电脑完成特定的任务。目前主要有 3 种程序设计语言，分别是机器语言、汇编语言和高级语言。

- 机器语言：机器语言是直接用二进制代码指令表达的电脑(计算机)语言，是用 0 和 1 组成的一串代码，有一定的位数，并分成若干段，各段的编码表示不同的含义。例如某电脑指令字长为 16 位，即由 16 个二进制数组成一条指令或其他信息。16 个 0 和 1 可组成各种排列组合，通过线路变成电信号，让电脑执行各种不同的操作。
- 汇编语言：汇编语言(Assembly Language)是一种面向机器的程序设计语言。在汇编语言中，用助记符(Memoni)代替操作码，用地址符号(Symbol)或标号(Label)代替地址码。如此，用符号代替机器语言的二进制码，就可以把机器语言转变成汇编语言。
- 高级语言：由于汇编语言过分依赖于硬件体系，且助记符量大难记，于是人们又发明了更加易用的所谓高级语言。这种语言的语法和结构更类似普通英文，并且由于远离对硬件的直接操作，使得普通用户经过学习之后都可以编程。

3. 系统服务程序

系统服务程序是指运行在后台的操作系统应用程序，它们通常会随着操作系统的启动

而自动运行，以便在需要的时候提供系统服务支持，包括监控程序、检测程序、连接编译程序、连接装配程序、调试程序等。系统服务程序和普通的后台应用程序非常相似(例如病毒防火墙)，最主要的区别是其随操作系统一起安装，并作为系统的一部分提供单机或网络服务。

4. 数据库管理系统

数据库是以一定的组织方式存储起来的、具有相关性的数据的集合。数据库管理系统是在具体电脑上实现数据库技术的系统软件，由它来实现用户对数据库的建立、管理、维护和使用等功能。目前流行的数据库管理系统软件有 Access、Oracle、SQL Server、DB2 等。

1.3.2　应用软件

为了解决电脑各类问题而编写的程序称为应用软件，可分为应用软件包和用户程序两类。应用软件随着电脑应用领域的不断扩展而与日俱增。

1. 应用软件包

应用软件包是为实现某种特殊功能而经过精心设计、结构严密的独立系统，是一套能够满足许多同类应用需求的软件。

2. 用户程序

用户程序是用户为了解决特定的具体问题而开发的软件，例如火车站或汽车站的票务管理系统、人事管理部门的人事管理系统等。编写用户程序时应充分利用电脑系统的各种现有软件，在系统软件和应用软件包的支持下更方便、有效地研制。

1.4　电脑的五大部件

电脑的硬件系统由运算器、控制器、存储器、输入设备与输出设备等 5 大部件组成，其结构如图 1-23 所示。

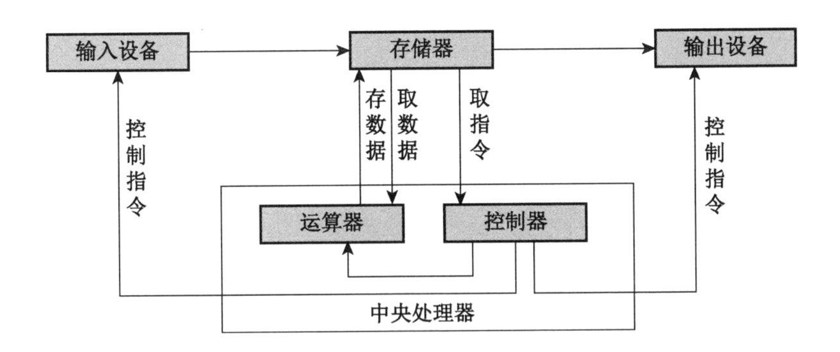

图 1-23　电脑部件

- 输入设备：用于向电脑中输入各种原始数据和程序的设备。电脑用户可以通过输入设备将各种形式的信息，如数字、文字、图像等转换为数字形式的“编码”，即电脑能够识别的用 1 和 0 表示的二进制代码(实际上是电信号)，并把它们“输入”(Input)到电脑内存储起来。键盘是电脑必备的输入设备，其他常用的输入设备还有鼠标、图形输入板、视频摄像机等。

- 存储器：存储器(Memory)是电脑硬件系统中的记忆设备，用于存放程序和数据。电脑中全部的信息，包括输入的原始数据、程序、中间运行结果和最终运行结果都保存在存储器中。存储器根据控制器指定的位置存入和取出信息。有了存储器，电脑才有记忆功能，才能保证正常工作。存储器按用途可分为主存储器(内存)和辅助存储器(外存)两种。其中，外存是指磁性介质或光盘等能长期保存数据信息的设备；而内存则指的是主板上的存储部件，它用于存放当前正在执行的数据和程序，但仅能暂时存放，若关闭电脑电源，内存中保存的数据将丢失。
- 运算器：又称为算数逻辑部件(ALU)，是电脑用于数据运算的部件。数据运算包括算数运算和逻辑运算。后者常被忽视，但正是由于逻辑运算使电脑能进行因果关系分析。一般运算器都具有逻辑运算能力。
- 控制器：控制器是电脑的指挥系统，电脑就是在控制器控制下有条不紊地协调工作。控制器通过地址访问存储器，逐条取出选中单元的指令，然后分析指令，根据指令产生相应的控制信号并作用于其他各个部件，控制其他部件完成指令要求的操作。上述过程周而复始，保证了电脑能自动、连续地工作。把电脑的运算器和控制器做在一块集成电路芯片上，称为中央处理器(Central Processing Unit，CPU)。CPU 是电脑的核心和关键，电脑的性能是否强大主要取决于它。
- 输出设备：输出设备与输入设备正好相反，是用于输出结果的部件。输出设备必须能以人们所能接受的形式输出信息，如文字、图形、音乐等。除显示器以外，常用的输出设备还有音箱、打印机、绘图仪等。

知识点滴

电脑不仅能进行算术运算，同时也能进行各种逻辑运算，具有逻辑判断能力。布尔代数是建立电脑逻辑运算的基础，或者说电脑就是一个逻辑机。电脑的逻辑判断能力是电脑智能化必备的基本条件，如果电脑不具备逻辑判断能力，也就不能称之为电脑了。

1.5 案例演练

本章的案例演练将通过介绍启动与关闭电脑，操作鼠标和键盘等使用户初步掌握电脑的基本使用方法。

1.5.1 启动与关闭电脑

用户在使用电脑之前必须先启动电脑，即平常所说的“开机”。启动电脑应按照一定的顺序来操作。

【例 1-1】 逐步启动电脑，并在进入 Windows 系统后，关闭电脑。

STEP 01 检查电脑显示器和主机的电源是否插好，确定电源插线板已通电，按下显示器上的电源按钮，打开显示器，如图 1-24 所示。

STEP 02 按下电脑主机前面板上的电源按钮，此时主机前面板上的电源指示灯将会变亮，电脑随即被启动，执行系统开机自检程序，如图 1-25 所示。

STEP 03 电脑自动运行监测程序，进入操作系统桌面，如图 1-26 所示。

STEP 04 如果系统设置有密码，将显示系统登录界面，如图 1-27 所示。

图 1-24　打开显示器

图 1-25　打开主机

图 1-26　运行监测程序

图 1-27　登录界面

STEP 05 在【密码】文本框中输入密码后，按下 Enter 键，即可进入 Windows 7 系统的桌面，如图 1-28 所示。

STEP 06 在 Windows 7 系统的桌面上单击【开始】按钮，在弹出的【开始】菜单中单击【关机】按钮，如图 1-29 所示。

图 1-28　打开桌面

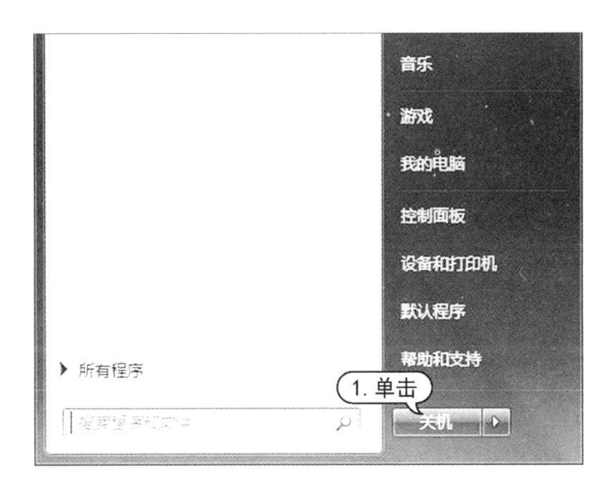

图 1-29　关闭电脑

STEP 07 Windows 7 系统将开始关闭操作系统。若系统检测到了更新，则会自动安装更新文件，结束后电脑主机将关闭，如图 1-30 所示。

STEP 08 若用户电脑安装的是 Windows 8 系统，启动电脑后将打开 Windows 8 Metro UI 界面，如图 1-31 所示。

图 1-30 正在注销

图 1-31 Windows 8 Metro UI 界面

STEP 09 在 Metro UI 界面中单击【桌面】磁贴后，将进入 Windows 8 系统桌面，如图 1-32 所示。

STEP 10 在 Windows 8 操作系统的桌面上，按下 Alt + F4 组合键，在打开的【关闭 Windows】对话框中单击【确定】按钮，即可关闭电脑，如图 1-33 所示。

图 1-32 系统桌面

图 1-33 关闭电脑

1.5.2 操作鼠标和键盘

在 Windows 操作系统中，鼠标和键盘是必不可少的输入设备，通过它们，用户可以向电脑发出指令。

【例 1-2】 使用键盘和鼠标控制电脑。

STEP 01 目前最为常用的鼠标是带滚轮的三键光电鼠标，它分为左右两键和中间的滚轮(也可称为中键)，如图 1-34 所示。

STEP 02 使用鼠标时，手掌心轻压鼠标，拇指和小指抓在鼠标的两侧，食指和中指自然弯曲，轻贴在鼠标的左键和右键上，无名指自然落下跟小指一起压在侧面，此时拇指、食指和中指的指肚贴着鼠标，无名指和小指的内侧面接触鼠标侧面，如图 1-35 所示。

STEP 03 用右手食指轻点鼠标左键并快速释放，此操作通常用于选择对象，称为单击鼠标，如图 1-36 所示。

STEP 04 用右手食指在鼠标左键上快速单击两次，称为双击鼠标，此操作用于执行命令或打开

文件等，如图 1-37 所示。

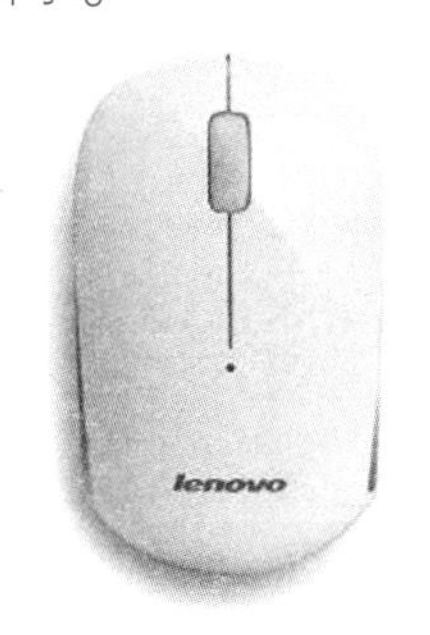

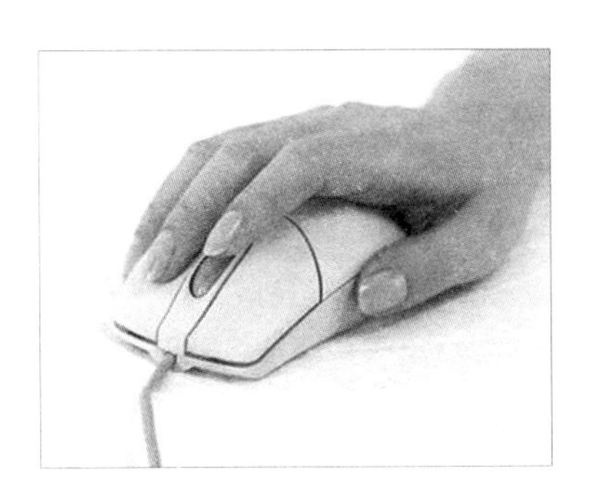

图 1-34　常见鼠标　　　　图 1-35　使用鼠标

图 1-36　选择对象

图 1-37　打开文件

STEP 05 右击指的是用右手中指按下鼠标右键并快速释放，此操作一般用于弹出当前对象的快捷菜单，便于快速选择相关的命令。右击的操作对象不同，弹出的快捷菜单也不同，如图 1-38 所示。

STEP 06 拖动是将鼠标指针移动至需要移动的对象上，按住鼠标左键不放，将该对象从屏幕的一个位置拖到另一个位置，然后释放鼠标左键，如图 1-39 所示。

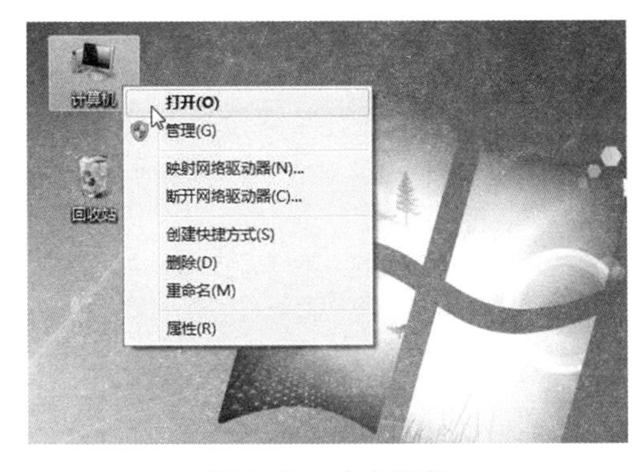

图 1-38　右击图标

图 1-39　拖动对象

STEP 07 范围选取是单击需选定对象外的一点并按住鼠标左键不放，移动鼠标将需要选中的所有对象包括在虚线框中，如图 1-40 所示。

STEP 08 在使用键盘时，应将键盘上的全部字符合理地分配给 10 个手指，规定每个手指击打哪几个字符键，如图 1-41 所示。

▽ 左手小指主要分管 5 个键：1、Q、A、Z 和左 Shift 键，此外还分管左边的控制键。

- 左手无名指分管 4 个键:2、W、S 和 X。
- 左手中指分管 4 个键:3、E、D 和 C。
- 左手食指分管 8 个键:4、R、F、V、5、T、G、B。
- 右手小指主要分管 5 个键:0、P、“;”、“/”和右 Shift 键,此外还分管右边的控制键。
- 右手无名指分管 4 个键:9、O、L、“.”。
- 右手中指分管 4 个键:8、I、K、“,”。
- 右手食指分管 8 个键:6、Y、H、N、7、U、J、M。
- 大拇指专门击打空格键。

图 1-40　选中图标

图 1-41　使用键盘

STEP 09 击键时,主要用力的部位不是手腕,而是手指关节。当练到一定阶段后,手指敏感度加强,可过渡到指力和腕力并用。

1.5.3　认识电脑主机面板

【例 1-3】 观察电脑主机的结构。

STEP 01 关闭电脑电源,观察电脑主机的前面板可以看到,其由电源按钮、光驱面板、读卡器面板、前置 USB 接口、前置音频接口和电源指示灯等几部分组成(不同电脑机箱的外观虽然各不相同,但其前面板的功能却大致相同),如图 1-42 所示。

STEP 02 主机前面板上的多功能读卡器面板整合了各类常用电脑移动存储设备的接口,例如 TF 卡、SM 卡、CF 卡、MicroDrive、MemoryStick、MemoryStick PRO,MMC 卡、Micro SD Card、MiniSD 卡、SD 卡等的接口,如图 1-43 所示。

图 1-42　前面板

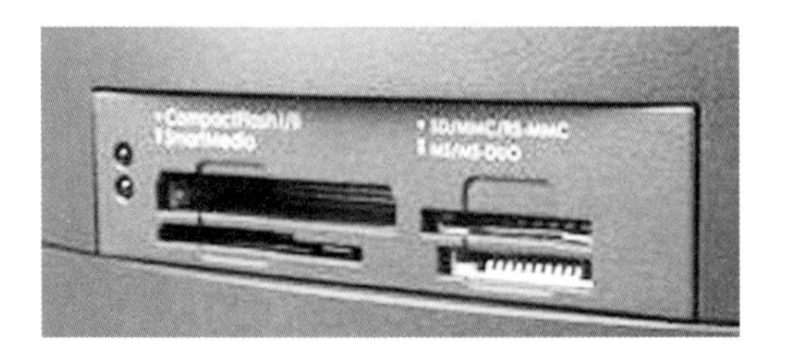

图 1-43　读卡器面板

STEP 03 目前，常见电脑主机的前面板上都设计有前置 USB 接口和前置音频信号接口。其中，前置音频信号接口至少提供有耳机(耳麦)和麦克风接口，如图 1-43 所示。

STEP 04 电源开关按钮和电源指示灯是所有电脑前面板上都有的两种功能。大部分电脑机箱将电源开关按钮和指示灯设计在前面板的正面，也有一部分电脑将其设计在前面板的侧面，用户在实际选购电脑机箱时，可以留意这一点。还有一部分电脑机箱上设计有独立的重启按钮(RESET)，用户可以通过按下该按钮重新启动电脑，如图 1-44 所示。

STEP 05 电脑主机的后面板主要包括电源部分、主板接口、显卡接口以及机箱挡板和散热孔等几个部分，如图 1-45 所示。

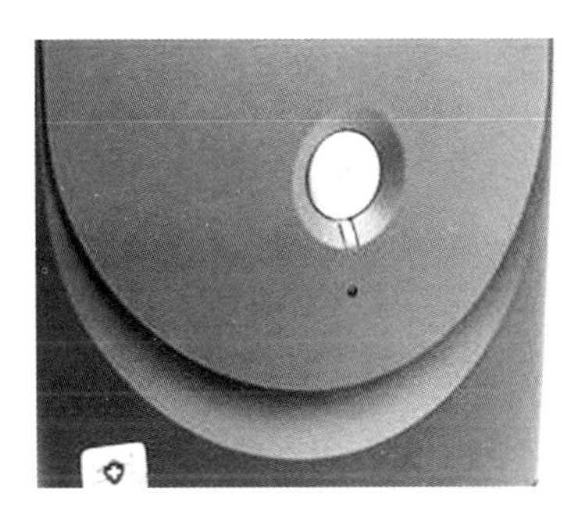

图 1-44　开关　　　　图 1-45　后面板

1.5.4　观察电脑的内部结构

电脑主机的内部通常由主板、CPU、内存、硬盘、光驱、电源以及各类适配卡组成。打开主机机箱后即可看到其内部的构造。

【例 1-4】 观察电脑主机的结构。

STEP 01 关闭电脑电源，断开一切与电脑相连的电源，然后拆卸下电脑主机背面的各种接头，断开主机与外部设备的连接，如图 1-46 所示。

STEP 02 拧下固定主机机箱后面板的螺丝，卸下机箱右面板，即可打开主机机箱，看到其内部的各种配件，如图 1-47 所示。

图 1-46　断开电源

图 1-47　打开机箱

STEP 03 机箱内主要包括电脑的主板、内存、CPU、各种板卡驱动器以及电源，如图 1-48 所示。

STEP 04 内存一般位于 CPU 的内侧，用手掰开其两侧的固定卡扣后，即可拔出，如图 1-49 所示。

图 1-48　查看硬件

图 1-49　拔出内存条

STEP 05 CPU 的上方一般安装有散热风扇。解开 CPU 散热风扇上的扣具后可以将其卸下，拉起 CPU 插座上的压力杆即可取出 CPU，如图 1-50 所示。

STEP 06 卸下固定各种板卡（例如显卡）的螺丝即可将其从主机中取出（注意主板上的固定卡扣），如图 1-51 所示。

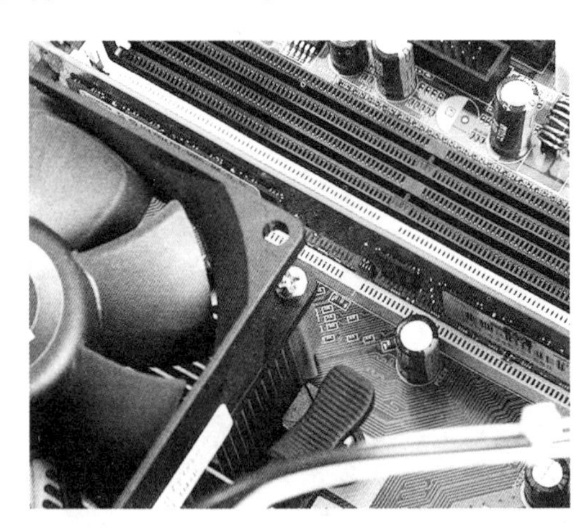

图 1-50　取出 CPU

图 1-51　卸下显卡

第 2 章

电脑硬件的选购

电脑的硬件设备是电脑的基础，我们在学习组装与维护电脑之前，应全面了解电脑中各部分硬件设备的结构、参数与性能。本章将通过介绍电脑各部分硬件配件选购常识与要点，详细讲解电脑硬件技术信息，分析并识别硬件的性能与物理结构。

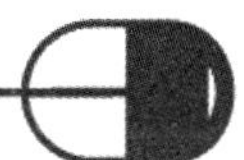

2.1 选购主板

由于电脑中所有的硬件设备及外部设备都是通过主板与CPU连接在一起进行通信，其他电脑硬件设备必须与主板配套使用，因此用户在选购电脑硬件时，应首先确定使用的主板。本节将介绍在选购主板时，用户应了解的几个问题，包括主板的常见类型、硬件结构、性能指标等。

2.1.1 主板简介

主板又称主机板（Mainboard）、系统板或母版，它能够提供一系列接合点，供处理器（CPU）、显卡、声卡、硬盘、存储器以及其他对外设备接合（这些设备通常直接插入有关插槽或用线路连接）。本节将通过介绍主板的常见类型和主流技术信息，帮助用户初步了解有关主板的基础知识。

1. 常见类型

主板按结构分类，可以分为AT、Baby-AT、ATX、Micro ATX、LPX、NLX、Flex ATX、EATX、WATX以及BTX等几种，其中常见的类型如下：

- ATX主板：ATX（AT Extend）结构是改进型的AT主板，对主板上元件布局作了优化，有更好的散热性和集成度，需要配合专门的ATX机箱使用，如图2-1所示。
- Micro ATX主板：是依据ATX规格改进而成的一种标准。Micro ATX架构降低了主板硬件的成本，减少了电脑系统的功耗，如图2-2所示。

图2-1 ATX主板

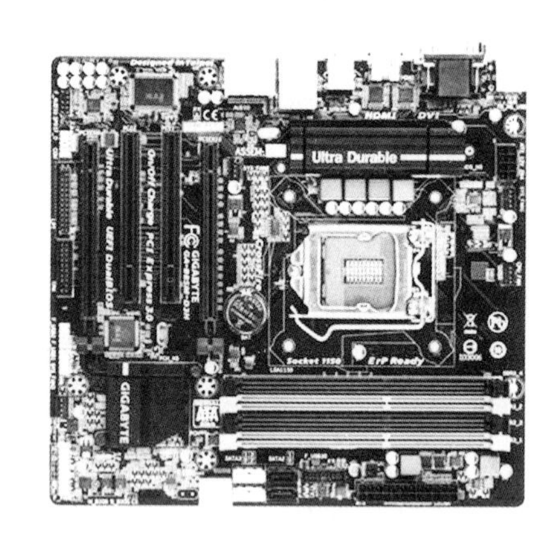

图2-2 Micro ATX主板

- BTX主板：BTX结构的主板支持窄板设计，其系统结构更加紧凑。该结构的主板支持目前流行的新总线和接口，如PCI-Express和SATA等，并且针对散热和气流的运动以及主板线路的布局都进行了优化设计。

2. 技术信息

主板是连接电脑各分硬件配件的桥梁，随着芯片组技术的不断发展，应用于主板上的新技术也层出不穷。目前，常见主板上应用的技术有以下几项：

- PCI Express 2.0技术：PCI Express 2.0在1.0版本基础上进行了改进，将接口速率提升到了5 GHz，传输性能也翻了一番。

- USB 3.0 技术：提供了 10 倍于 USB 2.0 规范的传输速度和更高的节能效率。
- SATA 2 接口技术：外部传输率从 SATA 的 150 MB/s 进一步提高到了 300 MB/s。
- SATA 3 接口技术：可以使数据传输速度达到 6 GB/s，同时向下兼容旧版规范 SATA Revision 2.6。
- eSATA 接口技术：是外置式 SATA 2 规范，是业界标准接口 Serial ATA(SATA)的延伸。

3. 主要品牌

品牌主板的特点是研发能力强，技术创新、推出新品速度快，产品线齐全，高端产品非常过硬。目前，市场认可度最高的是以下 3 个品牌：

- 华硕(ASUS)：全球第一大主板制造商，也是公认的主板第一品牌，做工追求华而实，在很多用户的心目中已经属于一种权威的象征，同时其价格也是同类产品中最高的。
- 微星(MSi)：主板产品的出货量位居世界前五，2009 年改革后的微星在高端产品中非常出色，使用 SFC 铁素电感，CPU 供电使用钽电容，并有低温的一体式 mos 管，俗称"军规"主板，超频能力大有提升。
- 技嘉(GIGABYTE)：一贯以"堆料王"而闻名，但绝非华而不实，从高端至低端都用料十足。低端价格合理，高端的刺客枪手系列创新不少，集成了比较高端的声卡和"杀手"网卡，但是在主板固态电容和全封闭电感普及的时代下，技嘉却从一开始打着全固态和"堆料王"主板的旗号渐渐走下坡路。

2.1.2　主板的硬件结构

主板一般采用开放式的结构，其正面包含多种扩展插槽，用于连接电脑硬件设备。了解主板的硬件结构，有助于用户根据主板的插槽配置情况选择电脑的其他硬件(如 CPU、显卡)。

1. CPU 插槽

CPU 插槽是用于将 CPU 与主板连接的接口。CPU 经过多年的发展，所采用的接口方式有针脚式、卡式、触电式和引脚式。目前主流 CPU 的接口都是针脚式。不同的 CPU 使用不同类型的 CPU 插槽，如图 2-3 所示。

下面将介绍 Intel 公司和 AMD 公司生产的 CPU 所使用的 CPU 插槽。

- Socket AM2 插槽：目前采用 Socket AM2 接口的有低端的 Sempron、中端的 Athlon 64、高端的 Athlon 64 X2 以及顶级的 Athlon 64 FX 等全系列 AMD 桌面 CPU。
- Socket AM3 插槽：Socket AM3 有 938 针的物理引脚，AM3 的 CPU 与 Socket AM2+插槽和 Socket AM2 插槽在物理上是兼容的，因为后两者的物理引脚数均为 940 针。
- LGA 775：通常都把 Intel 处理器的插座称为 LGA ×××，其中的 LGA 代表了处理器的封装方式，×××则代表了触点的数量。
- LGA 1366：LGA 1366 要比 LGA 775A 多出约 600 个针脚，这些针脚用于 QPI 总线、三条 64bit DDR3 内存通道等连接。
- LGA 1156：又称为 Socket H，是 Intel 在 LGA775 与 LGA 1366 之后推出的 CPU 插槽，也是 Intel Core i3/i5/i7 处理器的插槽，读取速度比 LGA 775 高。

2. 内存插槽

电脑的内存种类和容量都由主板上的内存插槽所决定。内存通过金手指与主板连接，其正反两面都带有金手指。金手指可以在两面提供相同或不同的信号。目前，常见主板都有 4

条以上的内存插槽,如图 2-3 所示。

图 2-3　CPU 插槽

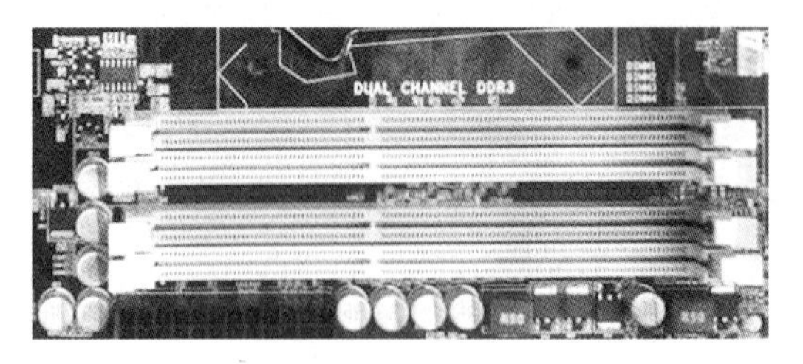

图 2-4　内存插槽

3. 北桥芯片

北桥芯片(NorthBridge)是主板芯片组中起主导作用的最重要的组成部分,也称为主桥(HostBridge)。一般来说,芯片组就是以北桥芯片的名称来命名的,例如英特尔 GM45 芯片组的北桥芯片是 G45,最新的则是支持酷睿 i7 处理器的 X58 系列的北桥芯片,如图 2-5 所示。

4. 南桥芯片

南桥芯片(South Bridge)是主板芯片组的重要组成部分,一般位于主板上离 CPU 插槽较远的下方、PCI 插槽的附近,这种布局是考虑到它所连接的 I/O 总线较多,离处理器远一点有利于布线。相对于北桥芯片来说,其数据处理量并不大。南桥芯片不与处理器直接相连,而是通过一定的方式与北桥芯片相连,如图 2-6 所示。

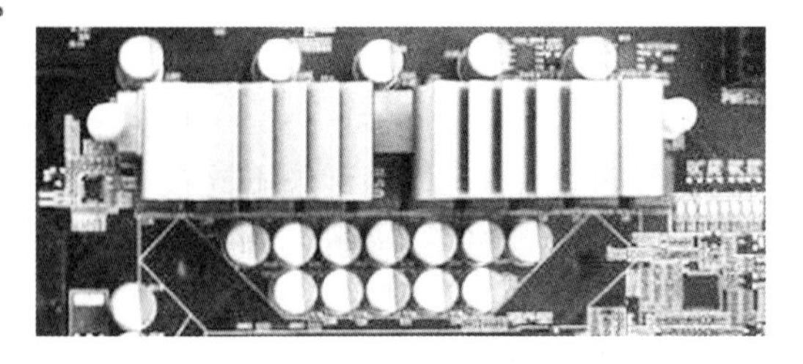

图 2-5　北桥芯片

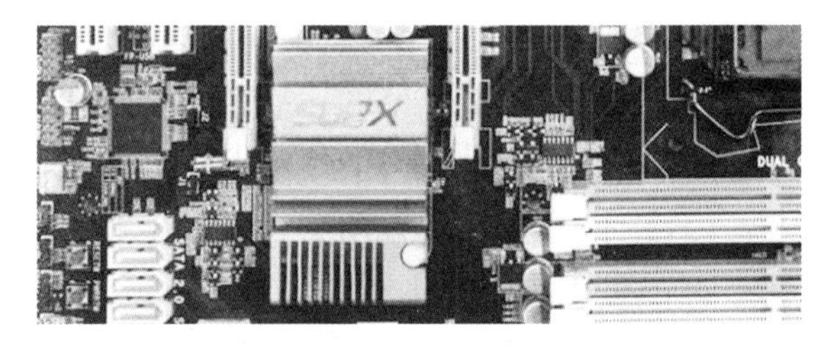

图 2-6　南桥芯片

5. 其他芯片

芯片组是主板的核心组成部分,决定了主板性能的好坏与级别的高低,它是"南桥"与"北桥"芯片的统称。除此之外,在主板上还有用于协调作用的其他芯片(第三方芯片),例如集成网卡芯片、集成声卡芯片以及时钟发生器等。

- 集成网卡芯片:主板网卡芯片是指整合了网络功能的主板所集成的网卡芯片,在主板的背板上有相应的网卡接口(RJ-45),一般位于音频接口或 USB 接口附近,如图 2-7 所示。
- 集成声卡芯片:现在的主板基本上都集成了音频处理功能,大部分新装电脑用户都使用主板自带声卡,如图 2-8 所示。声卡一般位于主板 I/O 接口附近,最为常见的板载声卡是 Realtek 的产品,其名称多为 ALC ×××,后面的数字代表着这个声卡芯片支持几声道。
- 时钟发生器:时钟发生器是主板上靠近内存插槽的一块芯片,其右边有 ICS 字样,该芯片上最下方的一行字显示其型号。

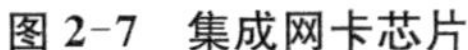

图 2-7　集成网卡芯片

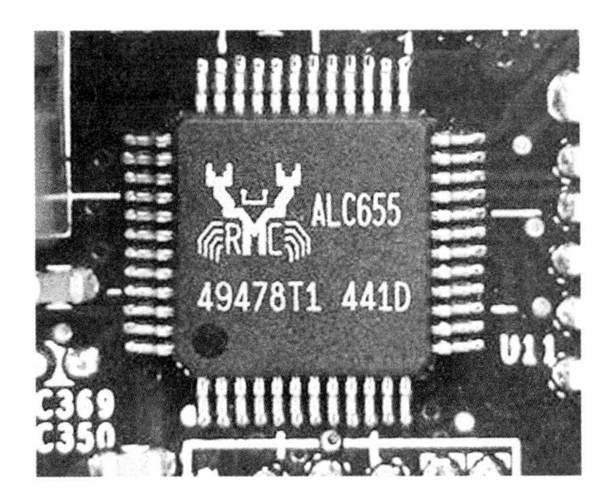

图 2-8　集成声卡芯片

6. PCI-Express

PCI-Express 是常见的总线和接口标准，有多种规格，从 PCI-Express 1× 到 PCI-Express 16×，能满足现在和将来一定时间内出现的低速设备和高速设备的需求，如图 2-9 所示。

7. I/O(输入/输出)接口

电脑的输入输出接口是 CPU 与外部设备之间交换信息的连接电路，通过总线与 CPU 相连，简称 I/O 接口。I/O 接口分为总线接口和通信接口两类，如图 2-10 所示。

- 当外部设备或用户电路需要与 CPU 之间进行数据、信息交换以及控制操作时，应使用电脑总线把外部设备和用户电路连接起来，这时需要使用总线接口。
- 当电脑系统与其他系统直接进行数字通信时使用通信接口。

图 2-9　PCI-Express

图 2-10　I/O(输入/输出)接口

常见的主板上的 I/O 接口有以下几种：

- PS/2 接口：PS/2 接口分为 PS/2 键盘接口和 PS/2 鼠标接口，但这两种接口完全相同。因此，为了区分，PS/2 键盘接口采用蓝色标示，而 PS/2 鼠标接口则采用绿色标示。
- VGA 接口：VGA 接口是电脑连接显示器最主要的接口。
- USB 接口：通用串行总线(Universal Serial Bus，USB)是连接外部装置的一个串口汇流排标准，在电脑上使用广泛，几乎所有的电脑主板上都配置有 USB 接口。USB 接口标准的版本有 USB 1.0、USB 2.0 和 USB 3.0。

- 网卡接口:网卡接口可以通过网络控制器经网线连接至 LAN 网络。
- 音频信号接口:集成有声卡芯片的主板,其 I/O 接口上有音频信号接口,通过不同的音频信号接口,可以将电脑与不同的音频输入/输出设备相连(如耳机、麦克风等)。

实用技巧

除了上面提到的各种主板 I/O 接口以外,有些主板还提供例如同轴 S/PDIF 接口、IEEE 1394 接口、External STAT 接口以及 Optical S/PDIF Out 光纤接口等其他接口。

2.1.3 主板的性能指标

主板是电脑硬件系统的平台,其性能直接影响到电脑的整体性能。因此,用户在选购主板时,除了应了解其技术信息和硬件结构以外,还必须掌握自己所选主板的性能指标。

- 支持 CPU 的类型与频率范围:CPU 插槽类型是区分主板类型的主要标志之一,尽管主板型号众多,但总的结构是很类似的,只在诸如 CPU 插槽等细节上有所不同。现在市面上主流的主板 CPU 插槽分 AM2、AM3 以及 LGA 775 等几类,它们分别与对应的 CPU 搭配。
- 对内存的支持:目前主流内存均采用 DDR3 技术,为了能发挥内存的全部性能,主板同样需要支持 DDR3 内存。此外,内存插槽的数量可用来衡量一块主板以后升级的潜力。如果用户想要以后通过添加硬件升级电脑,则应选择至少有 4 个内存插槽的主板。
- 主板芯片组:主板的芯片组是衡量主板性能的重要指标之一,它决定了主板所能支持的 CPU 种类、频率以及内存类型等。目前主板芯片组的主要生产厂商有 Intel 芯片组、AMD-ATI 芯片组、VIA(威盛)芯片组以及 nVIDIA 芯片组。
- 对显卡的支持:目前主流显卡均采用 PCI-E 接口,如果用户要使用两块显卡组成 SLI 系统,则主板上至少需要两个 PCI-E 接口。
- 对硬盘与光驱的支持:目前主流硬盘与光驱均采用 SATA 接口,因此用户要购买的主板至少应有两个 SATA 接口,考虑到以后电脑的升级,推荐选购的主板至少具有 4~6 个 SATA 接口。
- USB 接口的数量与传输标准:由于 USB 接口使用起来十分方便,因此越来越多的电脑硬件与外部设备都采用 USB 方式与电脑连接,如 USB 鼠标、USB 键盘、USB 打印机、U 盘、移动硬盘以及数码相机等。为了让电脑能同时连接更多的设备,发挥更多的功能,主板上的 USB 接口应越多越好。
- 超频保护功能:现在市面上的一些主板具有超频保护功能,可以有效地防止用户由于超频过度而烧毁 CPU 和主板,如 Intel 主板集成了 Overclocking Protection(超频保护)功能,只允许用户"适度"调整芯片运行频率。

2.1.4 主板的选购常识

用户在了解了主板的主要性能指标后,即可根据自己的需求选择一款合适的主板。下面将介绍选购主板时,应注意的一些常识问题,为用户选购主板提供参考。

- 注意主板电池的情况:电池是为保持 CMOS 数据和时钟的运转而设的。"掉电"就是指电池没电了,不能保持 CMOS 数据,关机后时钟也不走了。选购时,应观察电池是否生锈、漏液。
- 观察芯片的生产日期:电脑的速度不仅取决于 CPU 的速度,同时也取决于主板芯片组的性能。如果各芯片的生产日期相差较大,用户就要注意了。
- 观察扩展槽插的质量:一般来说,先仔细观察槽孔内弹簧片的位置形状,再把卡插入槽中后

拔出，观察此刻槽孔内弹簧片的位置与形状是否与原来相同，若有较大偏差，则说明该插槽的弹簧片弹性不好，质量较差。

- 查看主板上的 CPU 供电电路：在采用相同芯片组时判断一块主板的好坏，最好的方法就是看供电电路的设计。就 CPU 供电部分来说，采用两相供电设计会使供电部分时刻处于高负载状态，严重影响主板的稳定性与使用寿命。
- 观察用料和制作工艺：通常主板的 PCB 板是 4～8 层的结构，优质主板一般采用 6 层以上的 PCB 板，其具有良好的电气性能和抗电磁性。

实用技巧

选购主板时用户应根据各自的经济条件和工作需要进行选购。此外，除以上的质量鉴别方法外，还要注意主板的说明书及品牌，建议不要购买那些没有说明书或字迹不清、无品牌标识的主板。

2.2　选购 CPU

CPU 主要负责接收与处理外界的数据信息，然后将处理结果传送到正确的硬件设备。它是各种运算和控制的核心。本节将介绍在选购 CPU 时，用户应了解的相关知识。

2.2.1　CPU 简介

CPU 是一块超大规模的集成电路，是一台计算机的运算核心和控制核心。CPU 主要包括运算器和控制器两大部件。此外，还包括若干个寄存器和高速缓冲存储器及实现它们之间联系的数据、控制及状态的总线。CPU 与内部存储器、输入/输出设备合称为电子计算机三大核心部件。

1. 常见类型

目前，市场上常见的 CPU 主要分为 Intel 品牌和 AMD 品牌两种，其中 Intel 品牌的 CPU 稳定性较好；AMD 品牌的 CPU 则有较高的性价比。从性能上对比，AMD CPU（如图 2-11 所示）与 Intel CPU（如图 2-12 所示）的区别如下：

- AMD 重视 3D 处理能力：AMD CPU 的 3D 处理能力是同档次 Intel 的 120%。AMD CPU 拥有超强的浮点运算能力，让使用 AMD CPU 的电脑在游戏方面性能突出。
- Intel 更重视视频的处理速度：Intel CPU 具有优秀的视频解码能力和办公能力，并且重视数学运算。在纯数学运算中，Intel CPU 要比同档次的 AMD CPU 快 35%。

图 2-11　AMD CPU

图 2-12　Intel CPU

实用技巧

从价格上对比，AMD由于设计原因，二级缓存较小，所以成本更低。因此，在市场货源充足的情况下，AMD CPU的价格要比同档次的Intel CPU低10%～20%。

2. 技术信息

随着CPU技术的发展，其主流技术不断更新，用户在选购一款CPU之前，应首先了解当前市场上各主流型号CPU的相关技术信息，并结合自己所选择的主板型号，做出最终的选择。

- 双核处理器：双核处理器标志着电脑技术的一次重大飞跃。双核处理器是指在一个处理器上集成两个运算核心，从而提高其计算能力。
- 四核处理器：四核处理器是基于单个半导体的一个处理器内拥有4个一样功能的处理器核心。换句话说，是将4个物理处理器核心整合到一个核中，实际上是将两个Conroe双核处理器封装在一起。
- 六核处理器：Core i7 980X是第一款六核CPU，基于Intel最新的Westmere架构，采用领先业界的32 nm制作工艺，拥有3.33 G主频、12 MB三级缓存，并继承了Core i7 900系列的全部特性。

2.2.2 CPU的性能指标

CPU的制作技术不断飞速发展，其性能的好坏已经不能简单地以频率来判断，还需要综合缓存、总线、接口、指令集和制造工艺等指标参数。

- 主频：主频即CPU内部核心工作的时钟频率(CPU Clock Speed)，单位一般是GHz。同类CPU的主频越高，一个时钟周期里完成的指令数也越多，CPU的运算速度也就越快。但是由于不同种类的CPU内部结构不同，往往不能直接通过主频来比较速度快慢，而且CPU的实际表现性能还与外频、缓存大小等有关。带有特殊指令的CPU则相对依赖软件的优化。
- 外频：外频指的是CPU的外部时钟频率，也就是CPU与主板之间同步运行的速度。目前绝大部分电脑系统中，外频也是内存与主板之间的同步运行的速度，也即可以理解为CPU的外频直接与内存相连通，实现两者间的同步运行状态。
- 倍频：倍频为CPU主频与外频之比的倍数，即：CPU主频＝外频×倍频数。
- 接口类型：随着CPU制造工艺的不断进步，CPU的架构发生了很大的变化，相应的CPU针脚类型也发生了变化。目前Intel四核CPU多采用LGA 775接口或LGA 1366接口；AMD四核CPU多采用Socket AM2＋接口或Socket AM3接口。
- 总线频率：前端总线(FSB)是将CPU连接到北桥芯片的总线。前端总线频率(即总线频率)影响CPU与内存的直接数据交换速度，即：数据带宽＝(总线频率×数据位宽)/8。数据传输最大带宽取决于所有同时传输的数据的宽度和传输频率。例如，支持64位的至强Nocona，前端总线是800 MHz，那么它的数据传输最大带宽是6.4 GB/s。
- 缓存：缓存大小也是CPU的重要指标之一，而且缓存的结构和大小对CPU速度的影响非常大。CPU内缓存的运行频率极高，一般是和处理器同频运作，其工作效率远远大于系统内存和硬盘。缓存分为一级缓存(L1 CACHE)、二级缓存(L2 CACHE)和三级缓存(L3 CACHE)。

- 制造工艺：制造工艺一般用来衡量组成芯片电子线路或元件的细致程度，通常以微米（μm）和纳米（nm）为单位。制造工艺越精细，CPU 线路和元件就越小，在相同尺寸芯片上就可以容纳更多的元器件。这也是 CPU 内部器件不断增加、功能不断增强而体积变化却不大的重要原因。
- 工作电压：工作电压是指 CPU 正常工作时需要的电压。低电压能够解决 CPU 耗电过多和发热量过大的问题，让 CPU 更加稳定地运行，同时也能延长 CPU 的使用寿命。

2.2.3　CPU 的选购常识

我们在选购 CPU 的过程中，应了解以下 CPU 选购常识：

- 了解电脑市场上大多数商家盒装 CPU 的报价，如果发现个别商家的报价比其他商家的报价低很多，而这些商家又不是 Intel 公司直销点的话，那么最好不要贪图便宜，以免上当受骗。
- 对于正宗盒装 CPU 而言，其塑料封装纸上的标志水印字迹是工工整整的，而不是横着的、斜着的或者倒着的（除非在封装时由于操作原因而将塑料封纸上的字扯成弧形），并且正反两面的字体差不多都是这种形式，如图 2-13 所示。假冒盒装产品往往是正面字体比较工整，而反面的字歪斜。
- Intel CPU 上都有一串很长的编码，拨打 Intel 的查询热线 8008201100，把这串编码告诉 Intel 的技术服务员，技术服务员会在电脑中查询该编码。若 CPU 上、包装盒上的和风扇上的序列号都与 Intel 公司数据库中的记录一样，则为正品 CPU，如图2-14 所示。

用户可以运行某些特定的检测程序来检测 CPU 是否被作假（超频）。Intel 公司推出了一款名为“处理器标识实用程序”的 CPU 测试软件，包括 CPU 频率测试、CPU 所支持技术测试以及 CPU ID 数据测试三部分功能。

图 2-13　CPU 包装盒正面

图 2-14　CPU 包装盒上的序列号

2.3　选购内存

内存是电脑的记忆中心，其作用是存储当前电脑运行的程序和数据。内存容量的大小是衡量电脑性能高低的指标之一，内存质量的好坏也对电脑的稳定运行起着非常重要的作用。

本节将详细介绍选购内存的相关知识。

2.3.1 内存简介

内存又被称为主存，它是 CPU 能够直接寻址的存储空间，由半导体器件制成，其最大的特点是存取速率快。内存是电脑中的主要部件，是相对于外存而言的。

用户在日常工作中利用电脑处理的程序（如 Windows 操作系统、打字软件、游戏软件等），一般都是安装在硬盘等电脑外存上的，但外存中的程序 CPU 是无法使用的，必须把程序调入内存中运行，才能真正使用。

1. 常见类型

目前，市场上常见的内存，根据其芯片类型划分，可以分为 DDR、DDR2 和 DDR3 等几种类型，其各自的特点如下：

- DDR2：DDR2(Double Data Rate)2SDRAM 是由 JEDEC 进行开发的内存技术标准，它与上一代 DDR 内存技术标准最大的不同就是，虽然同是采用了在时钟的上升/下降沿同时进行数据传输的基本方式，但 DDR2 内存却拥有两倍于上一代 DDR 内存预读取能力（即 4bit 数据读预取）。换句话说，DDR2 内存每个时钟能够以 4 倍外部总线的速度读/写数据，并且能够以内部控制总线 4 倍的速度运行。
- DDR3：DDR3 SDRAM 为了更省电、传输效率更快，使用了 SSTL 15 的 I/O 接口，运作 I/O 电压是 1.5 V，采用 CSP、FBGA 封装方式包装，除了延续 DDR2 SDRAM 的 ODT、OCD、Posted CAS、AL 控制方式外，新增了更为精进的 CWD、Reset、ZQ、SRT、RASR 功能。DDR3 内存是 DDR2 SDRAM 的后继产品，也是目前市场上流行的主流内存。
- DDR4： DDR4 相比 DDR3 最大的区别有三点：16bit 预取机制（DDR3 为 8bit），同样内核频率下理论速度是 DDR3 的两倍；更可靠的传输规范，数据可靠性进一步提升；工作电压降为 1.2 V，更节能，如图 2-15 所示。

图 2-15 DDR4 内存

2. 技术信息

内存的主流技术随着电脑技术的发展而不断发展，因此，用户在选购内存时，应充分了解当前的主流内存技术信息。

- 双通道内存技术：双通道内存技术其实是一种内存控制和管理技术，它依赖于芯片组的内存控制器发生作用，在理论上能够使两条同等规格内存所提供的带宽增长一倍。双通道内存主要依靠主板北桥的控制技术，与内存本身无关。目前支持双通道内存技

术的主板有 Intel 的 i865 和 i875 系列，SIS 的 SIS655、658 系列，nVIDIAD 的 nFORCE2 系列等。

- 内存的封装技术：内存封装技术是将内存芯片包裹起来，以避免芯片与外界接触，防止外界对芯片的损害的一种技术(空气中的杂质和不良气体，乃至水蒸气都会腐蚀芯片上的精密电路，进而造成电学性能下降)。目前，常见的内存封装类型有 DIP 封装、TSOP 封装、CSP 封装、BGR 封装等。

2.3.2　内存的硬件结构

内存主要由内存芯片、金手指、金手指缺口、SPD 芯片和内存电路板等几个部分组成。从外观上看，内存是一块长条形的电路板。

- 内存芯片：内存的芯片颗粒是内存的核心，内存的性能、速度、容量都与内存芯片密切相关。如今市场上有许多种类的内存，但内存颗粒的型号并不多，常见的有 HY(现代)、三星和英飞凌等。三星内存芯片以出色的稳定性和兼容性而著名；HY 内存芯片多为低端产品采用；英飞凌内存芯片在超频方面表现出色。
- PCB 板：以绝缘材料为基板加工成一定尺寸的板，它为内存的各电子元器件提供固定、装配时的机械支撑，可实现电子元器件之间的电气连接或绝缘。
- 金手指：指内存与主板内存槽接触部分的一根根黄色接触点，用于传输数据。金手指是铜质导线，使用时间一长就可能有氧化的现象，进而影响内存的正常工作，容易发生无法开机的故障，所以可以每隔一年左右时间用橡皮擦清理一下金手指上的氧化物。
- 金手指缺口：金手指上的缺口用来防止将内存插反，只有正确安装，才能将内存插入主板的内存插槽中。

实用技巧

内存 PCB 电路板的作用是连接内存芯片引脚与主板信号线，因此其做工好坏直接关系着系统稳定性。目前主流内存 PCB 电路板层数一般是 6 层，这类电路板具有良好的电气性能，可以有效屏蔽信号干扰。

2.3.3　内存的选购常识

选购性价比较高的内存对于电脑的性能起着至关重要的作用。用户在选购内存时，应了解以下几个选购常识：

- 检查 SPD 芯片：SPD 可谓内存的“身份证”，它能帮助主板快速确定内存的基本情况，如图 2-16 所示。在现今高外频的时代，SPD 的作用更大，兼容性差的内存大多没有 SPD 或 SPD 信息不真实，有些内存虽然有 SPD，但其使用的是报废的 SPD，即其 SPD 根本没有与线路连接，只是被孤零零地焊在 PCB 板上做样子，建议不要购买这类内存。
- 检查 PCB 板：PCB 板的质量也是一个很重要的因素，决定 PCB 板好坏的因素有几个，主要的是板材。一般情况下，如果内存使用 4 层板，在工作过程中由于信号干扰所产生的杂波很大，有时会产生不稳定的现象。而使用 6 层板设计的内存相应的干扰就会小得多，如图 2-17 所示。
- 检查内存金手指：内存金手指部分应较光亮，没有发白或发黑的现象。如果内存的金手指存在色斑或氧化现象，建议不要购买。

图 2-16　SPD 芯片

图 2-17　PCB 板

2.4　选购硬盘

硬盘是电脑的主要存储设备，是存储电脑数据资料的仓库。硬盘的性能影响到电脑整机的性能，关系到电脑处理硬盘数据的速度与稳定性。本节将详细介绍选购硬盘的相关知识。

2.4.1　硬盘简介

硬盘(Hard Disk Drive，HDD)是电脑上使用的坚硬的旋转盘片为基础的非易失性存储设备。

硬盘在平整的磁性表面存储和检索数字数据。信息通过离磁性表面很近的写头，由电磁流改变极性方式写到磁盘上并通过相反的方式回读。早期的硬盘存储媒介是可替换的，现在市场上常见的硬盘是固定的存储媒介，被封在硬盘驱动器里(除了一个过滤孔，用来平衡空气压力)。

1. 常见类型

硬盘，根据其数据接口类型的不同可以分为 IDE 接口、SATA 接口、SATA Ⅱ接口、SCSI 接口、光纤通道和 SAS 接口等几种，其各自的特点如下：

- IDE(ATA)接口：IDE(Integrated Drive Electronics，电子集成驱动器)，俗称 PATA 并口。
- SATA 接口：使用 SATA(Serial ATA)接口的硬盘又称为串口硬盘，是目前电脑硬盘的发展趋势。
- SATA Ⅱ接口：SATA Ⅱ是芯片生产商 Intel 与硬盘生产商 Seagate(希捷)在 SATA 的基础上发展起来的，其主要特征是外部传输率从 SATA 的 150 MB/s 进一步提高到了 300 MB/s，此外还包括 NCQ(Native Command Queuing，原生命令队列)、端口多路器(Port Multiplier)、交错启动(Staggered Spin-up)等一系列的技术特征。
- SCSI 接口：SCSI 是同 IDE(ATA)、SATA 完全不同的接口，IDE 接口与 SATA 接口是普通电脑的标准接口，而 SCSI 并不是专门为硬盘设计的接口，它是一种广泛应用于小型机上的高速数据传输技术。
- 光纤通道：光纤通道(Fibre Channel)和 SCIS 接口一样，最初也不是为硬盘设计开发的接口技术，而是专门为网络系统设计的，随着存储系统对速度的需求，才逐渐应用到硬盘系统中。光纤通道硬盘是为提高多硬盘存储系统的速度和灵活性才开发的，它的出现大大提高

了多硬盘系统的通信速度。

- SAS 接口：是新一代的 SCSI 技术，和 SATA 硬盘相同，都是采取串行式技术以获得更高的传输速度，可达到 6 GB/s。

2. 性能指标

判断硬盘性能的主要标准有以下几个。

- 容量：容量是硬盘最基本也是用户最关心的性能指标之一，硬盘容量越大，能存储的数据也就越多，对于现在动辄上吉字节大小的软件而言，选购一块大容量的硬盘是非常有必要的。目前市场上主流硬盘的容量大于 500 GB，并且随着更大容量硬盘价格的降低，兆字节硬盘也开始被普通用户接受（1 TB=1 024 GB）。
- 主轴转速：硬盘的主轴转速是决定硬盘内部数据传输率的决定因素之一，它在很大程度上决定了硬盘的速度，同时也是区别硬盘档次的重要标志。目前主流硬盘的主轴转速为 7 200 r/m，建议用户不要购买更低转速的硬盘，如 5 400 r/m，否则该硬盘将成为整个电脑系统性能的瓶颈。
- 平均延迟（潜伏时间）：平均延迟是指当磁头移动到数据所在的磁道后，等待所要的数据块继续转动（半圈或多些、少些）到磁头下的时间。平均延迟越小，代表硬盘读取数据的等待时间越短，相当于具有更高的硬盘数据传输率。7 200 r/m IDE 硬盘的平均延迟为 4.17 ms。
- 单碟容量：单碟容量（Storage per Disk）是硬盘相当重要的参数之一，一定程度上决定着硬盘的档次高低。硬盘是由多个存储碟片组合而成的，单碟容量就是一个磁盘存储碟片所能存储片的最大数据量。目前单碟容量已经达到 500 GB，这项技术不仅仅可以带来硬盘总容量的提升，还能在一定程度上节省产品成本。
- 最大内部数据传输率：最大内部数据传输率（Internal Data Transfer Rate），又称持续数据传输率（Sustained Transfer Rate），单位为 MB/s。它指磁头与硬盘缓存间的最大数据传输率，取决于硬盘的盘片转速和盘片数据线密度（指同一磁道上的数据间隔度）。

2.4.2　硬盘的外部结构

硬盘由一个或多个铝制或者玻璃制的碟片组成，这些碟片外覆盖有铁磁性材料。绝大多数硬盘都是固定硬盘，被永久性地密封固定在硬盘驱动器中。从外部看，硬盘的外部结构包括表面和后侧两部分。

- 硬盘表面是硬盘编号标签，上面记录着硬盘的序列号、型号等信息，反面裸露着硬盘的电路板，上面分布着硬盘背面的焊接点，如图 2-18 所示。
- 硬盘后侧是电源、跳线和数据线的接口面板，目前主流的硬盘接口均为 SATA 接口，如图 2-19 所示。

2.4.3　硬盘的选购常识

下面将介绍选购硬盘的一些技巧，帮助用户选购一块适合的硬盘。

- 选择尽可能大的容量：硬盘的容量是非常关键的，大多数被淘汰的硬盘都是因为容量不足，不能适应日益增长的海量数据的存储需求。在资金充裕的条件下，应尽量购买大容量硬盘，这是因为容量越大，硬盘上每兆字节存储介质的成本越低，降低了使用成本。

图 2-18　硬盘表面

图 2-19　硬盘后侧

- 稳定性：硬盘的容量变大了，转速加快了，稳定性的问题越来越明显，所以在选购硬盘之前要多参考一些权威机构的测试数据，对那些不太稳定的硬盘不要选购。而在硬盘的数据和震动保护方面，各个公司都有一些相关的技术给予支持，常见的保护措施有希捷的 DST (Drive Self Test)、西部数据的 Data Life guard 等。
- 注意观察硬盘配件与防伪标识：水货硬盘与行货硬盘最大的直观区别就是有无包装盒。还可以通过国内代理商的包修标贴和硬盘顶部的防伪标识来确认。

2.5　选购显卡

显卡是主机与显示器连接的“桥梁”，其作用是控制电脑的图形输出，负责将 CPU 送来的影像数据处理成显示器可以识别的格式，再送到显示器形成图像。本节将详细介绍选购显卡的相关知识。

2.5.1　显卡简介

1. 常见类型

显卡的发展速度极快，从 1981 年单色显卡的出现到现在各种图形加速卡的广泛应用，其类别多种多样，所采用的技术也各不相同。一般情况下，可以按照显卡构成形式和接口类型划分为以下几种类型。

- 按照显卡的构成形式划分：分为独立显卡和集成显卡两种类型。其中独立显卡指的是以独立板卡形式出现的显卡；集成显卡则指的是主板在整合显卡芯片后，由主板承载的显卡，又被称为板载显卡。
- 按照显卡的接口类型划分：分为 AGP 接口显卡、PCI-E 接口显卡两种。其中 PCI-E 接口显卡为目前的主流显卡；AGP 接口的显卡已逐渐在市场中被淘汰。

2. 性能指标

衡量一个显卡的好坏有很多方法，除了使用测试软件测试比较外，还有很多性能指标可以供用户参考。

- 显示芯片的类型：显卡支持的各种 3D 特效效果如何由显示芯片的性能决定，显示芯片也就相当于 CPU 在电脑中的作用，一块显卡采用何种显示芯片大致决定了这块显卡的档次和

基本性能。目前主流显卡的显示芯片主要由 nVIDIA 和 ATI 两大厂商制造。

- 显存容量:显存容量指的是显卡上显存的容量。现在主流显卡基本具备的是 512 MB 容量,一些中高端显卡配备了 1 GB 的显存容量。与系统内存一样,显存容量也是越大越好,因为显存越大,可以存储的图像数据就越多,支持的分辨率与颜色数也就越高,游戏运行起来就越流畅。
- 显存速度:显存速度以纳秒(ns)为计算单位,现在常见的显存多在 1 ns 左右,数字越小说明显存的速度越快。
- 显存频率:常见显卡的显存类型多为 DDR3,不过已经有不少显卡品牌推出 DDR5 类型的显卡。与 DDR3 相比,DDR5 显卡拥有更高的频率,性能也更加强大。

2.5.2 显卡的选购常识

- 按需选购:对用户而言,最重要的是针对自己的实际预算和具体应用来决定购买何种显卡。高性能的显卡往往相对应的是高价格,而显卡是配件当中更新比较快的产品,所以在价格与性能两者之间寻找一个适于自己的平衡点是显卡选购的关键所在。
- 不盲目追求显存大小:大容量显存对高分辨率、高画质游戏是十分重要的,但并不是显存容量越大越好,一块低端的显示芯片配备 1 GB 的显存容量,除了大幅度提升显卡价格外,显卡的性能提升并不显著。
- 关注显卡所属系列:显卡所属系列直接关系到显卡的性能,如 NVIDIA Geforce 系列、ATI 的 X 系列与 HD 系列等。越新推出的系列,显卡往往功能越强大,能支持更多的特效,如图 2-20 所示。
- 优质风扇与热管:显卡性能越来越高,其发热量也越来越大,所以选购一块带有优质风扇与热管的显卡十分重要,如图 2-21 所示。显卡散热能力的好坏直接影响到显卡工作的稳定性与超频性能的高低。

图 2-20 Geforce 显卡系列

图 2-21 优质风扇与热管

2.6 选购光驱

光驱的主要作用是读取光盘中的数据,刻录光驱还可以将数据刻录至光盘中保存。目前主流 DVD 刻录光驱的价格普遍已不到 200 元,与普通 DVD 光驱在价格上相比已经没有太大差别,因此越来越多的用户在装机时首选 DVD 刻录光驱。

 2.6.1 光驱简介

光驱也称为光盘驱动器,是一种读取光盘信息的设备。

光盘存储容量大、价格便宜、保存时间长,并且适宜保存大量的数据,如声音、图像、动画、视频信息、电影等多媒体信息等,所以光驱是电脑不可缺少的硬件配置。

1. 常见类型

按其所能读取的光盘类型分为CD光驱和DVD光驱两大类。

- CD光驱:CD光驱只能读取CD/VCD光盘,不能读DVD光盘。
- DVD光驱:DVD光驱既可以读取DVD光盘,也可以读取CD/VCD光盘。

按读写方式可分为只读光驱和可读写光驱。

- 只读光驱:只有读取光盘上数据的功能,而没有将数据写入光盘的功能。
- 可读写光驱:又称为刻录机,它既可以读取光盘上的数据,也可以将数据写入光盘(这张光盘应该是一张可写入光盘)。

按其接口方式不同分为ATA/ATAPI接口光驱、SCSI接口光驱、SATA接口光驱、USB接口光驱、IEEE1394接口光驱等。

- ATA/ATAPI接口光驱:也称为IDE接口,它和SCSI、SATA常作为内置式光驱的接口。
- SATA接口光驱:SATA接口光驱通过SATA数据线与主板相连,是目前常见的内置光驱类型,如图2-22所示。
- SCSI接口光驱:SCSI接口光驱需要专用的SCSI卡与它相配套使用。
- USB接口光驱、IEEE1394接口光驱和并行接口光驱:USB接口光驱、IEEE1394接口光驱和并行接口光驱一般为外置式光驱,其中并行接口光驱因数据传输率较慢已被淘汰。USB接口光驱如图2-23所示。

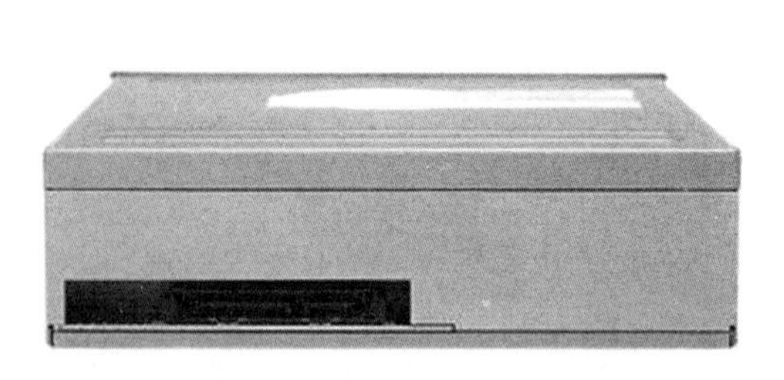

图2-22 SATA接口光驱

图2-23 USB接口光驱

2. 性能指标

光驱的指标包括:光驱的数据传输率、平均寻道时间、数据传输模式、缓存容量、接口类型等。

- 数据传输率:数据传输率是光驱最基本的性能指标参数,表示光驱每秒能读取的最大数据量。数据传输率又可细分为读取速度与刻录速度。目前主流DVD光驱的读取速度为16X,DVD刻录光驱的刻录速度为20X与22X。
- 平均寻道时间:平均寻道时间又称平均访问时间,它是指光驱的激光头从初始位置移到指定数据扇区,并把该扇区上的第一块数据读入高速缓存所用的时间。平均寻道时间越短,光驱性能越好。
- 数据传输模式:光驱的数据传输模式主要有早期的PIO和现在的UDMA。对于UDMA模

式，可以通过 Windows 中的设备管理器打开 DMA，提高光驱性能。

- 缓存容量：缓存的作用是提供一个数据的缓冲区域，将读取的数据暂时保存，然后一次性进行传输和转换。对于光盘驱动器来说，缓存越大，光驱连续读取数据的性能越好。目前 DVD 刻录光驱的缓存多为 2 MB。
- 接口类型：目前市场上光驱的主要接口类型有 IDE 与 SATA 两种。此外，为了满足一些用户的特殊需要，还有 SCSI、USB 等接口类型的光驱出售。
- 纠错能力：光驱的纠错能力指的是光驱读取质量不好或表面存在缺陷的光盘时的纠错能力。纠错能力强的光驱，读取光盘的能力就强。

2.6.2　光驱的选购常识

面对众多的光驱品牌，想要从中挑选出高性价比的产品不是一件容易的事。本节将介绍一些选购光驱时需要注意的事项，作为参考。

- 不要过度关注光驱的外观：一款光驱的外观跟光驱的实际使用没有太多直接的关系。一款前置面板不好看的光驱，并不代表它的性能和功能不行，或者代表它不好用。如果用户跟着厂商的引导走，将选购光驱的重点放在面板上，而忽略关注产品的性能、功能和口碑，则可能会购买到不合适的光驱。
- 不必过度追求速度和功能：过高的刻录速度使光驱刻盘失败的几率加大。对于普通用户来说，刻盘的成功率是很重要的，毕竟一张质量尚可的 DVD 光盘的价格都在两元左右，因此不用太在意刻录光驱的速度，现在主流的刻录光驱速度都在 20X 以上，完全能满足需要。
- 注重 DVD 刻录机的兼容性：很多用户在关注光驱的价格、功能、配置和外观的同时，却忽略了一个相当重要的因素，那就是光驱对光盘的兼容性问题。事实上，有很多用户都以为买了光驱和光盘，拿回去就可以正常使用，不会有什么问题出现。但是，在实际使用当中，却会发生一些光盘不能够被光驱读取、刻录，甚至是刻录失败等情况。以上这些情况，其实都可以归纳成光驱对光盘的兼容性不太好。为了能更好地读取与刻录光盘，重视光驱的兼容性是十分必要的。

2.7　选购显示器

显示器是用户与电脑交流的窗口，选购一台好的显示器可以大大降低用户使用电脑时的疲劳感。液晶显示器凭借其高清晰、高亮度、低功耗、占用空间少以及影像显示稳定不闪烁等优势成为显示器市场上的主流产品，如图 2-24 所示。本节将详细介绍液晶显示器的相关基础知识以及选购技巧。

2.7.1　显示器简介

显示器属于 I/O 设备，是一种将一定的电子文件通过特定的传输设备显示到屏幕上再反射到人眼的显示工具。

1. 常见类型

显示器可以分为 CRT、LCD、LED 等多种类型，目前市场上常见的显示器大多为 LCD 显示器(液晶显示器)。

- CRT 显示器：CRT 显示器是一种使用阴极射线管(Cathode Ray Tube)的显示器，此类显示

图 2-24　显示器

器已被市场淘汰。

- LCD 显示器:即液晶显示器,是目前市场上最常见的显示器类型,其优点是机身薄、占地少并且辐射小。
- LED 显示器:LED 是一种通过控制半导体发光二极管的显示方式,用来显示文字、图形、图像、动画、行情、视频、录像信号等各种信息的显示屏幕。
- 3D 显示器:3D 显示器一直被公认为显示技术发展的终极梦想,多年来有许多企业和研究机构从事这方面的研究。

2. 性能指标

液晶显示器的性能指标包括尺寸、分辨率、刷新率、防眩光、防反射、观察屏幕视角、亮度、对比度、响应时间、显示色素及可视角度等。

- 尺寸:液晶显示器的尺寸是指屏幕对角线的长度,单位为英寸。液晶显示器的尺寸是用户最为关心的性能参数,也是用户可以直接从外表识别的参数。目前市场上主流液晶显示器的尺寸包括 21.5 寸、23 寸、23.6 寸、24 寸以及 27 寸,如图 2-25 所示。
- 可视角度:一般而言,液晶的可视角度都是左右对称的,但上下不一定对称,常常是垂直角度小于水平角度。可视角度越大越好,用户必须了解可视角度的定义。当可视角度是 170 度左右时,表示站在始于屏幕法线 170 度的位置时仍可清晰看见屏幕图像。但每个人的视力不同,因此以对比度为准。目前主流液晶显示器的水平可视角度为 170 度;垂直可视角度为 160 度,如图 2-26 所示。

图 2-25　显示器尺寸

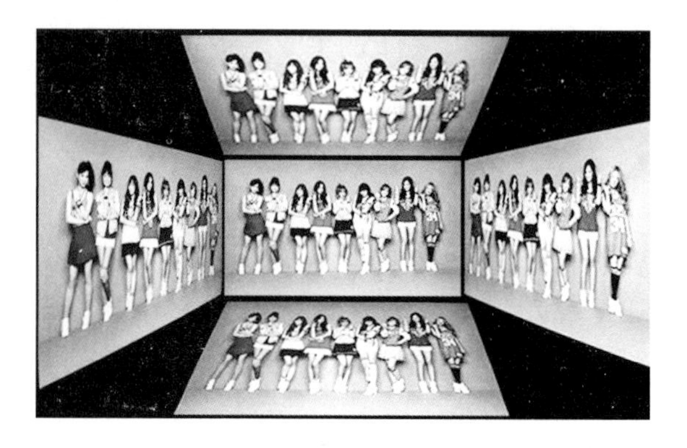

图 2-26　可视角度

- 对比度:对比度是直接体现液晶显示器能够显示的色阶的参数。对比度越高,还原的画面层次感就越好,即使在观看亮度很高的照片时,黑暗部位的细节也可以清晰体现,如图 2-27 所示。

图 2-27 显示器对比度

- 分辨率:液晶显示器的分辨率一般不能任意调整,由制造商设置和规定。例如 20 寸液晶显示器的分辨率为 1 600×900,23 寸、23.5 寸以及 24 寸液晶显示器的分辨率常为 1 920×1 080 等。
- 亮度:液晶显示器的亮度以流明(lm)为单位,普遍在 250~500 lm。需要注意的一点是,市面上的低档液晶显示器存在严重的亮度不均匀的现象,中心的亮度和边框区域的亮度差别比较大。
- 响应时间:响应时间是液晶显示器的一个重要参数,它反映了液晶显示器各像素点对输入信号反应的速度,即当像素点接收到驱动信号后从最亮到最暗的转换时间。

2.7.2 显示器的选购常识

用户在选购显示器时,应首先询问该款显示器的质保时间。质保时间越长,用户得到的保障也就越多。此外在选购液晶显示器时,还需要注意以下两点。

- 选择数字接口的显示器:用户在选购中应该看液晶显示器是否具备了 DVI 或 HDMI 数字接口,如图 2-28 所示。在实际使用中,数字接口比 D-SUB 模拟接口的显示效果会更加出色。

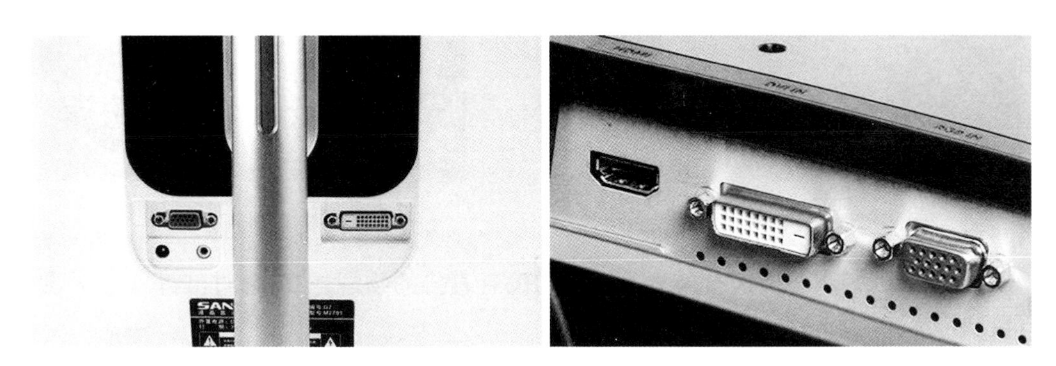

图 2-28 显示器接口

- 当场检查是否有坏点与亮点：应在购买商家处当场检查坏点与亮点情况，看是否符合商家承诺，若不符合应及时更换显示器，避免回家测试发现坏点与亮点过多时，商家不认账。

2.8 选购键盘

键盘是最常见和最重要的电脑输入设备之一。虽然如今鼠标和手写输入应用越来越广泛，但在文字输入领域，键盘依旧有着不可动摇的地位，是用户向电脑输入数据和控制电脑的基本工具。

2.8.1 键盘简介

键盘广泛应用于电脑和各种终端设备上。用户通过键盘向电脑输入各种指令、数据，指挥电脑的工作。

键盘是用户直接接触使用的电脑硬件设备，为了能够让用户可以更加舒适、便捷地使用键盘，厂商推出了一系列键盘新技术。

- 人体工程学技术：就是让用户的手不需要扭转太厉害的键盘设计，一般呈现中间突起的三角结构，或者在水平方向有一定角度的弯曲按键。这样的设计比传统设计的键盘更省力，而且长时间操作不易疲劳。
- USB HUB 技术：随着 USB 设备种类的不断增多，如网卡、移动硬盘、数码设备、打印机等等，电脑主板上的 USB 接口越来越不够用。现在一些键盘集成了 USB HUB 技术，扩展了 USB 接口数量，方便用户连接更多的外部设备，如图 2-29 所示。
- 多功能键技术：现在一些键盘厂商在设计键盘时，在其中加入了一些电脑常用功能的快捷键，如视频播放控制键、音量开关与大小调节键等，如图 2-30 所示。使用这些多功能键，用户可以方便地完成一些常用操作。

图 2-29　带 USB 接口的键盘

图 2-30　多功能键

- 无线技术：无线键盘是指键盘盘体与电脑间没有直接的物理连线，通过红外或蓝牙设备进行数据传递。

2.8.2 键盘的选购常识

对于普通用户而言，应选择一款操作舒适的键盘，同时还应注意以下几个性能指标。

- 可编程的快捷键：现在键盘正朝着多功能的方向发展，许多键盘除了标准的104键外，还有几个甚至十几个附加功能键，这些不同的按键可以实现不同的功能。
- 按键灵敏度：如果用户使用电脑来完成一项精度要求很高的工作，往往需要频繁地将信息输入计算机中时，如果键盘按键不灵敏，例如按下对应键后，对应的字符并没有出现在屏幕上；或者按下某一键，对应键周围的其他3个或4个键都被同时激活，则就会出现按键失效的情况。
- 键盘的耐磨性：键盘的耐磨性是十分重要的一点，这也是区分键盘好坏的一个参数。一些杂牌键盘，其按键上的字都是直接印上去的，这样用不了多久，上面的字符就会被磨掉。而高级的键盘是用激光将字刻上去的，耐磨性大大增强。

2.9 选购鼠标

鼠标是Windows操作系统中必不可少的外设之一，用户可以通过鼠标快速地对屏幕上的对象进行操作。本节将详细介绍鼠标的相关知识，帮助用户选购适合自己使用的优质鼠标。

2.9.1 鼠标简介

鼠标可以简单分为有线和无线两种。其中有线鼠标根据其接口不同，又可分为PS/2接口鼠标和USB接口鼠标两种。

根据鼠标工作原理和内部结构的不同又可以分为机械式、机光式和光电式等三种，其中光电式鼠标为目前常见的主流鼠标，能够在使用兼容性、指针定位等方面满足绝大部分电脑用户的基本需求，其最新的几个技术信息如下。

- 多键鼠标：多键鼠标是新一代的多功能鼠标，如有的鼠标上带有滚轮，大大方便了上下翻页，有的还增加了拇指键等快速按键，进一步简化了操作程序，如图2-31所示。

图2-31 多键鼠标

- 人体工程学鼠标：和键盘一样，鼠标是用户直接接触使用的电脑设备，采用人体工程学设计的鼠标，可以让用户使用起来更加舒适，并且降低使用疲劳感，如图2-32所示。
- 无线鼠标和3D鼠标：无线鼠标和3D振动鼠标都是比较新颖的鼠标。无线鼠标器是为了适应大屏幕显示器而产生的。所谓“无线”，即没有电线连接，而是采用2节七号电池供电，由于鼠标器有自动休眠功能，电池可用上1年，接收范围在1.8 m以内，如图2-33所示。

图 2-32　人体工程学鼠标　　　　图 2-33　无线鼠标

2.9.2　鼠标的选购常识

用户在选购光电鼠标时应注意点击分辨率、光学扫描率、色盲问题等几项参数。

- 点击分辨率：点击分辨率是鼠标内部的解码装置所能辨认的每英寸长度内的点数，是一款鼠标性能高低的决定性因素。目前，优秀的光电鼠标的点击分辨率都达到了 800 dpi 以上。
- 光学扫描率：光学扫描率是指鼠标的光眼在每一秒钟接收光反射信号并将其转化为数字电信号的次数。鼠标光眼每一秒能接收的扫描次数越多，就越能精确地反映出光标移动的位置，反应就越灵敏，也就不会出现光标跟不上鼠标的实际移动而上下飘移的现象。
- 色盲问题：有些鼠标的光电转换器只能对一些特定波长的色光形成感应并进行光电转化，并不能适应所有的颜色，造成在某些颜色的桌面上使用出现不响应或者指针遗失的现象，从而限制了其使用环境。

2.10　选购机箱

机箱作为一个可以长期使用的电脑配件，购买时不妨投入多一些资金，这样既能提供更好的使用品质，同时也不怕因为产品更新换代而出现贬值的情况，即使以后其他配件升级换代了，高质量的机箱仍可继续使用。

2.10.1　机箱简介

相对于其他硬件设备而言，电脑机箱技术更多地体现在改进制作工艺、增加款式品种等方面。市场上大多数机箱厂商在技术方面的改进都体现在内部结构中的一些小地方，例如电源、硬盘托架等。

目前，市场上流行的机箱，其主要技术参数有以下几种。

- 电源下置技术：电源下置技术就是将电源安装在机箱的下部。现在越来越多的机箱采用电源下置的做法了，如图2-34 所示，这样可以有效避免处理器附近的热量堆积，加强机箱的散热能力。
- 支持固态硬盘：随着固态硬盘技术的出现，一些高端机箱预留出安装固态硬盘的位置，方便

用户以后对电脑进行升级,如图 2-35 所示。

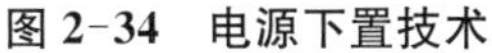

图 2-34　电源下置技术

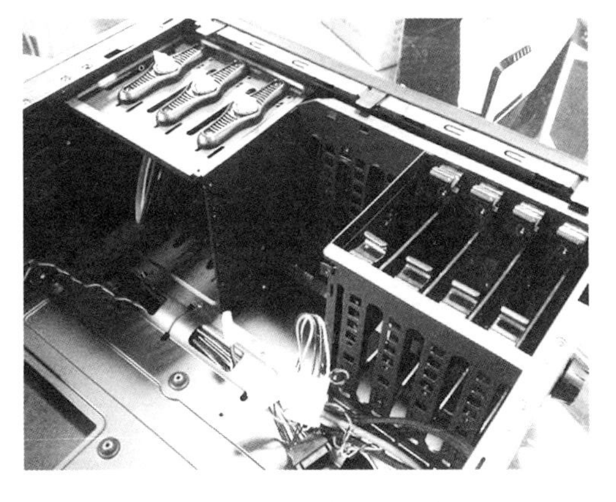

图 2-35　支持固态硬盘

- 无螺丝机箱技术:为了方便用户打开机箱盖,不少机箱厂家设计了无螺丝的机箱,无需工具便可完成硬件的拆卸和安装。机箱连接大部分采用锁扣镶嵌或手拧螺丝;驱动器的固定采用插卡式结构;而扩展槽位的板卡使用塑料卡口和金属弹簧片来固定,如图 2-36 所示。打开机箱,装卸驱动器、板卡都可以不用螺丝刀,大大加快了操作的速度。

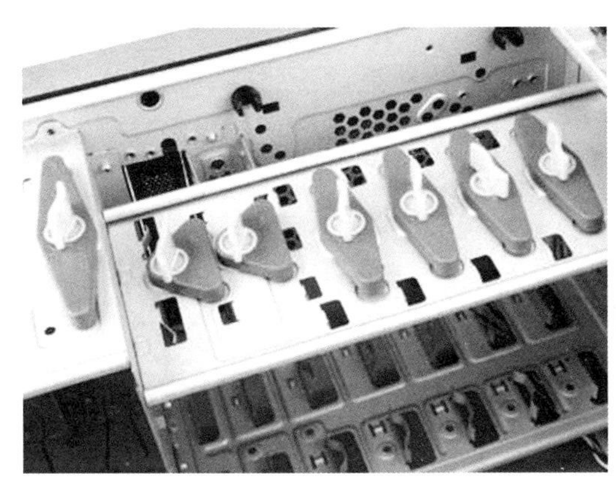

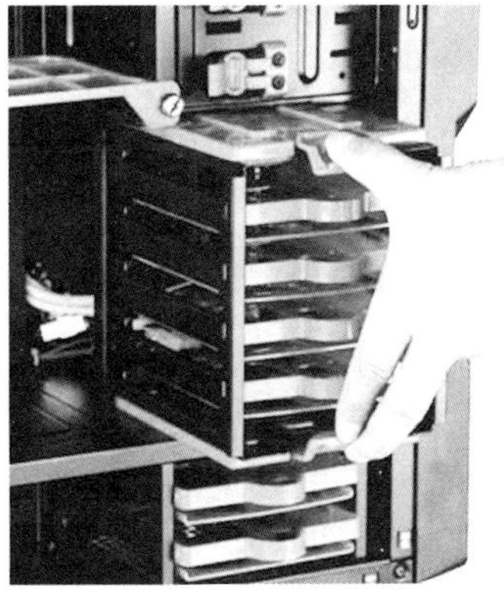

图 2-36　无螺丝机箱技术

2.10.2　机箱的选购常识

机箱的空间大小、散热性能、做工品质、板材以及外观设计都是非常重要的。用户在选购机箱时应注意以下几个指标。

- 制造材料:在机箱的各种参数中,所使用的材料可以说是其中最重要的一项,因为它直接关系到机箱整体质量的好坏。一般的机箱采用内部框架加上外部钢板的设计,如图 2-37 所示。钢板外壳最好选择镀锌钢板材料,因为电脑长期在各种环境下工作,金属材料会受到腐蚀,而镀锌钢板则可以依靠金属锌来保护钢板不受氧化和腐蚀。
- 钢板厚度:机箱钢板材料的厚度是非常重要的,拥有足够厚度的机箱钢板不但能使机箱的结构更加坚固,更重要的是还能够有效地吸收机箱内部设备所产生的电磁辐射。廉价杂牌机箱仅仅采用 0.4 mm 甚至 0.3 mm 厚度的钢板,其强度无法满足固定 DIY 配件的作用,在使用中不但容易导致硬件损坏，同时也容易产生共振情况，增加噪音。特别是对于采用了大型散热器、双插槽独立显卡或多硬盘的用户而言，扎实的机箱更为需要。

- 散热设计：对于电子产品来说，散热效果的好坏是非常重要的，如果电器元件长时间在高温环境下工作，会造成电子设备工作的不稳定，加快电器元件的老化，所以对机箱的散热效果要求现在越来越高。不少中高端机箱内部都包含多个散热风扇，帮助机箱内散热，如图2-38所示。

图2-37　机箱材料

图2-38　散热设计

- 扩展性能：扩展性能是选择机箱的一个重要参数，特别是对于那些电脑发烧友和较专业级用户而言，更加要注意机箱的扩展性能。拥有足够扩展空间的机箱更加具有购买价值。

2.11　案例演练

本章的案例演练部分包括选购电脑散热设备和选购声卡与音箱两个综合实例操作。用户可以通过练习巩固本章所学的知识。

2.11.1　选购散热设备

【例2-1】选购电脑主机散热设备(风冷式和水冷式散热器)。

STEP 01 风冷式散热器就是在一块散热片上加装一个散热风扇。常见的风冷式散热器有CPU散热器、显卡散热器和内存散热器等(一般情况下，购买电脑主要硬件设备时都会附有风冷式散热器)，如图2-39所示。

STEP 02 风冷式散热器通常由散热片和散热风扇两部分组成，很多用户将风冷式散热器称为风扇，认为风扇是散热器性能好坏的关键，但其实散热片也不可忽视，它也起到非常重要的作用。因为，热量的传递方式由三种：传导、对流和辐射，散热片紧贴CPU，传递热量方式是传导，如图2-40所示。

STEP 03 水冷式散热器一般由水冷头、散热排和水管等部分组成，如图2-40所示。其优点是散热效果突出，目前很少有风冷式散热器的散热效果能与水冷式散热器媲美。但水冷式散热器也有缺陷，就是它存在安全问题，由于水冷式散热器采用液体散热方式，一旦出现液体泄漏故障，将会对电脑硬件造成严重的破坏，如图2-42所示。

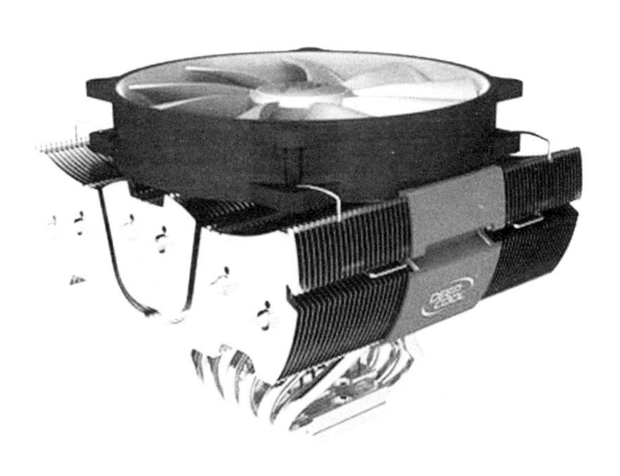

图 2-39　风冷式散热器

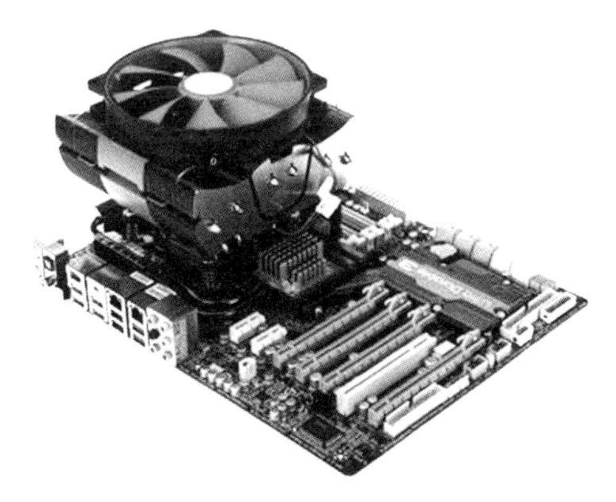

图 2-40　部位风冷式散热器

图 2-41　水冷式散热器

图 2-42　水冷式散热器安装

STEP 04 用户在选购水冷式散热器时，首先应确定散热排的安装位置，如果确定将散热排安装在机箱外侧，可以选择大一些的散热排；如果确定将散热排安装在机箱上或机箱内，则需要注意其大小问题。其次，如果用户选择外置水冷散热，而机箱上没有配套预留水管管道，则还需要使用工具在机箱上钻出相应的水管管道。最后，在确定购买某款水冷式散热器前，应注意观察产品质量和外观有无损坏。在安装水冷式散热器时，应参照说明书上介绍的方法进行操作，避免发生液体泄漏等问题。

2.11.2　选购声卡和音箱

【例 2-2】 选购电脑声卡和音箱。

STEP 01 声卡（Sound Card）也叫音频卡，它是多媒体技术中最基本的组成部分，是实现声波/数字信号相互转换的一种硬件。声卡与显卡一样，分为独立声卡与集成声卡两种，由于目前大部分主板都提供集成声卡功能，独立声卡已逐渐淡出普通电脑用户的视野。但独立声卡拥有更多的滤波电容以及功放管，经过数次级的信号放大，降噪电路，使得输出音频的信号精度提升，所以在音质输出效果较集成声卡要好得多，如图 2-43 所示。

STEP 02 在选购独立声卡时，应综合声卡的声道数量（越多越好）、信噪比、频率响应、复音数量、采样位数、采样频率、多声道输出以及波表合成方式与波表库容量等参数。

STEP 03 音箱又称扬声器系统，它通过音频信号线与声卡相连，是整个电脑音响系统的终端，如图 2-44 所示，其作用类似于人类的嗓音。电脑发出声音的效果，取决于声卡与音箱的质量。

图 2-43　独立声卡　　　　图 2-44　音箱

STEP 04 在如今的音箱市场中，成品音箱品牌众多，质量参差不齐，价格也天差地别。用户在选购音箱时，应通过试听判断其效果是否能达到自己的需求，包括声音的特性、声音染色以及音调的自然平衡效果等。

第3章

组装电脑

在了解电脑各硬件设备的性能后，即可开始组装电脑。组装电脑的过程并不复杂，即使是电脑初学者也可以轻松完成，但要保证组装的电脑性能稳定、结构合理，需要遵循一定的流程。本章将详细介绍组装一台电脑的具体操作步骤。

3.1 组装电脑前的准备

在组装一台电脑之前，用户需要提前做一些准备工作，这样才能有效地处理在装机过程中可能出现的各种情况。一般来说，需要进行硬件与软件两个方面的准备工作。

3.1.1 硬件准备

组装电脑前的硬件准备指的是在装机前预备螺丝刀、尖嘴钳、镊子、导热硅脂等装机必备的工具。

- 螺丝刀：螺丝刀（又称螺丝起子）是安装和拆卸螺丝钉的专用工具。常见的螺丝刀有一字螺丝刀（又称平口螺丝刀）和十字螺丝刀（又称梅花口螺丝刀）两种，如图 3-1 所示。十字螺丝刀在组装电脑时常被用于固定硬盘、主板或机箱等配件，而一字螺丝刀的主要作用则是拆卸电脑配件产品的包装盒或封条，一般不使用。
- 尖嘴钳：尖嘴钳（又称尖头钳）是一种运用杠杆原理的常见钳形工具，如图 3-2 所示。尖嘴钳用于拆卸机箱上的各种挡板或挡片。

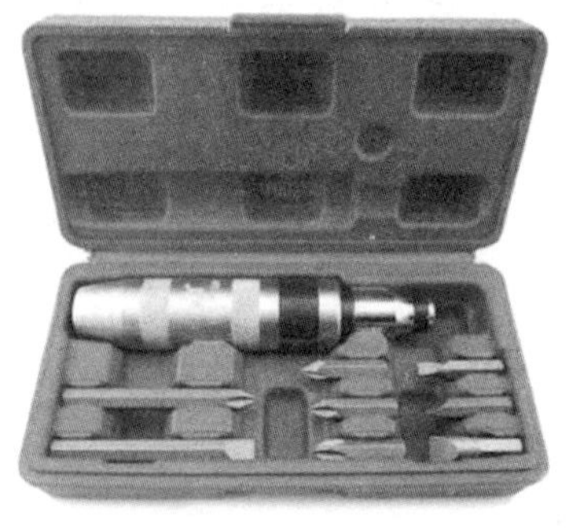

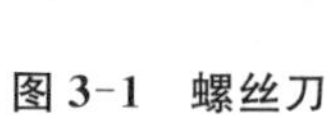

图 3-1　螺丝刀

图 3-2　尖嘴钳

- 镊子：镊子的主要作用是夹取螺丝钉、线帽和各类跳线（例如主板跳线、硬盘跳线等）。
- 导热硅脂：导热硅脂是安装风冷式散热器时必不可少的用品，其功能是填充各类芯片（例如 CPU 与显卡芯片等）与散热器之间的缝隙，协助芯片更好地进行散热。
- 排型电源插座：电脑中有许多设备需要与市电进行连接，因此用户在装机前至少需要准备一个多孔万用型插座，以便在测试电脑时使用。
- 器皿：在组装电脑时，会用到许多螺丝和各类跳线，这些物件体积较小，用一个器皿将它们收集在一起可以有效提高装机的效率。

实用技巧

跳线实际就是连接电路板（PCB）两需求点的金属连接线，随产品设计不同，跳线使用材料、粗细都不一样。电脑主板、硬盘和光驱等设备上都设计有跳线，其体积较小，不宜徒手拾取。

3.1.2 软件准备

组装电脑前的软件准备指的是预备好电脑操作系统（例如 Windows 7/8/10 等）的安装光盘和各种装机必备的软件光盘（或移动存储设备）。

- 解压缩软件：此类软件用于压缩与解压缩文件，常见的解压缩软件有 WinRAR、ZIP 等。

- 视频播放软件：此类软件用于在电脑中播放视频文件，常见的视频播放软件有暴风影音、RealPlayer、KmPlayer、WMP 9/10/11 等。
- 音频播放软件：此类软件用于在电脑中播放音频文件，常见的音频播放软件有酷狗音乐、千千静听、酷我音乐盒、QQ 音乐播放器等。
- 输入法软件：常见的输入法软件有搜狗拼音、拼音加加、腾讯 QQ 拼音、王码五笔 86/98、搜狗五笔、万能五笔等。
- 系统优化软件：此类软件用于对 Windows 系统进行优化配置，使其效率更高。常见的系统优化软件有超级兔子、Windows 优化大师、鲁大师等。
- 图像编辑软件：此类软件用于编辑图形图像，常见的图形编辑软件有光影魔术手、Photoshop、ACDSee 等。
- 下载软件：常见的下载软件有迅雷、Vagaa、BitComet、QQ 超级旋风等。
- 杀毒软件：常见的杀毒软件有瑞星杀毒、卡巴斯基、金山毒霸、江民杀毒、诺顿杀毒等。
- 聊天软件：常见的聊天软件有 QQ/TM、飞信、阿里旺旺、新浪 UT Game、Skype 网络电话等。
- 木马查杀软件：常见的木马查杀软件有金山清理专家、360 安全卫士等。

知识点滴

除了上面介绍的各类软件以外，装机时用户还可能需要为电脑安装文字处理软件（例如 Office）、防火墙软件（例如天网防火墙）、光盘刻录软件（例如 Nero）和虚拟光驱软件（例如 Daemon Tools）

3.2 组装电脑主机配件

一台电脑分为主机与外设两大部分。组装电脑的主要工作是组装主机中的各个硬件配件。用户在组装电脑主机配件时，可以参考以下流程进行操作。

3.2.1 安装 CPU

组装电脑主机时，通常都会先将 CPU、内存等配件安装至主板上，并安装 CPU 风扇。这样可以避免在主板安装在电脑机箱中后，由于机箱空间狭窄而影响 CPU 和内存的安装。下面将详细介绍在电脑主板上安装 CPU 及 CPU 风扇的相关操作方法。

1. 将 CPU 安装在主板上

CPU 是电脑的核心部件，也是配件中较为脆弱的一个，在安装 CPU 时，用户必须格外小心，避免因用力过大或操作不当而损坏 CPU。在正式将 CPU 安装在主板上之前，用户应首先了解主板上的 CPU 插槽和 CPU 与主板相连的针脚。

- CPU 插槽：虽然支持 Intel CPU 与支持 AMD CPU 的主板，其 CPU 插槽在针脚和形状上稍有区别，并且彼此互不兼容，但常见的插槽结构都大同小异，主要包括插槽、固定拉杆和等部分，如图 3-3 所示。
- CPU 针脚：CPU 的针脚与支持 CPU 的主板插座相匹配，其边缘大都会设计有相应的标记，与主板 CPU 插座上的标记相对应，如图 3-4 所示。

虽然新型号的 CPU 不断推出，但安装 CPU 的方法却没有太大的变化。因此，无论用户使用何种类型的 CPU 与主板，都可以参考以下实例所介绍的步骤完成 CPU 的安装。

图 3-3　CPU 插座

图 3-4　CPU 针脚

【例 3-1】 在电脑主板上安装 CPU。

STEP 01 首先，从主板的包装袋(盒)中取出主板，将其水平放置在工作台上，并在其下方垫一块塑料布，如图 3-5 所示。

STEP 02 将主板 CPU 插槽上的固定拉杆拉起，掀开用于固定 CPU 的盖子，将 CPU 插入插槽中，要注意 CPU 针脚的方向(在将 CPU 插入插槽时，先将 CPU 正面的三角标记对准主板 CPU 插槽上的三角标记后，再将 CPU 插入主板插槽)，如图 3-6 所示。

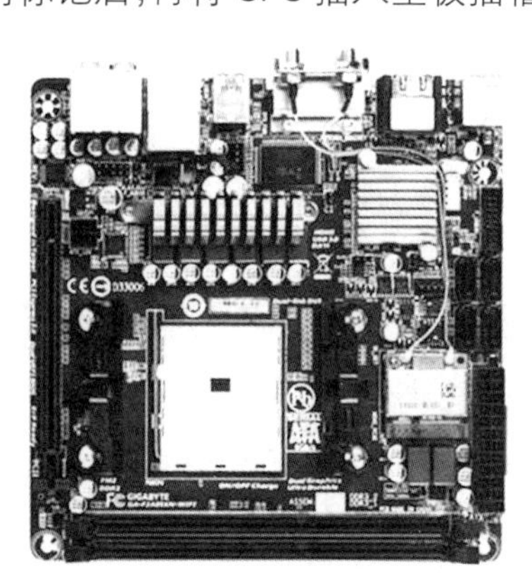

图 3-5　取出主板

图 3-6　拉起拉杆，对准标记

STEP 03 向下按住 CPU 插槽上的锁杆，锁紧 CPU，完成 CPU 的安装操作，如图 3-7 所示。

2. 安装 CPU 散热器

由于 CPU 的发热量较大，因此为其安装一款性能出色的散热器非常关键，但如果散热器安装不当，散热的效果也会大打折扣。常见的 CPU 散热器有风冷式与水冷式两种，各自的特点如下。

- 风冷式散热器：风冷式散热器比较常见，安装方法也相对水冷式散热器简单，体积也较小，但散热效果较水冷式散热器要差一些，如图 3-8 所示。
- 水冷式散热器：水冷式散热器由于较风冷式散热器出现在市场上的时间晚，因此并不被大部分普通电脑用户所熟悉，但就散热效果而言，其比风冷式散热器要强很多，如图 3-9 所示。

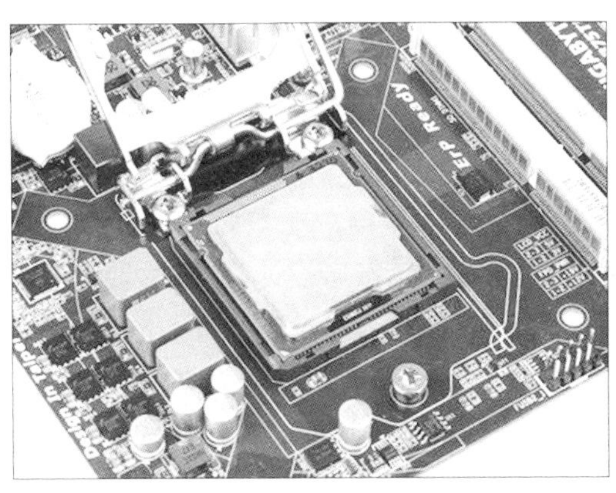

图 3-7 锁紧 CPU

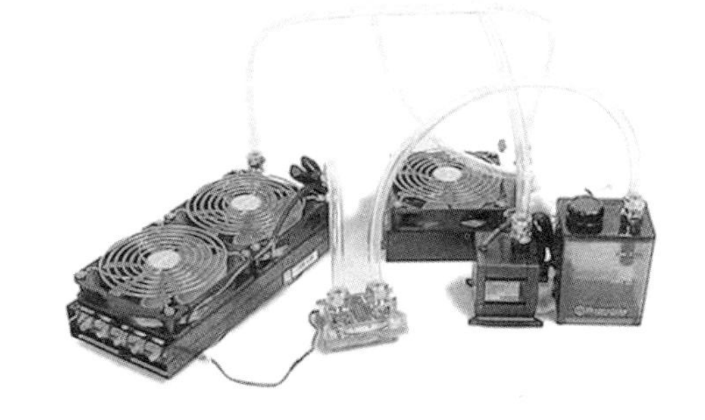

图 3-8 风冷式散热器

图 3-9 水冷式散热器

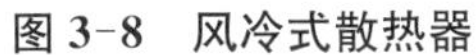【例 3-2】 在 CPU 表面安装风冷式 CPU 散热器。

STEP 01 在 CPU 上均匀涂抹一层预先准备好的硅脂，这样做有助于将热量由处理器传导至 CPU 风扇上，如图 3-10 所示。

STEP 02 在涂抹硅脂时，若发现有不均匀的地方，可以用手指将其抹平，如图 3-11 所示。

图 3-10 涂抹硅脂

图 3-11 抹平硅脂

STEP 03 将 CPU 风扇的四角对准主板上相应的位置后，用力压下其扣具，如图 3-12 所示。不同 CPU 风扇的扣具并不相同，有些 CPU 风扇的四角扣具采用螺丝设计，安装时需要在主板的背面放置相应的螺母。

STEP 04 在确认将 CPU 散热器固定在 CPU 上后，将 CPU 风扇的电源接头连接到主板的供电接口上，主板上供电接口的标志为“CPU_FAN”，如图 3-13 所示。用户在连接 CPU 风扇电源时应注意目前有三针和四针两种不同的风扇接口，主板上有防差错接口设计，如果发现无法将风扇电源接头插入主板供电接口，应观察电源接口的正反和类型。

图 3-12　安装风扇

图 3-13　连接电源线

安装水冷式散热器，需要用户先将主板固定在电脑机箱上。

【例 3-3】 在 CPU 表面安装水冷式 CPU 散热器。

STEP 01 拆开水冷式 CPU 风扇的包装后，观察全部设备和附件，如图 3-14 所示。

STEP 02 在主板上安装水冷散热器的背板。用螺丝将背板固定在 CPU 插座四周预留的白色安装线内，如图 3-15 所示。

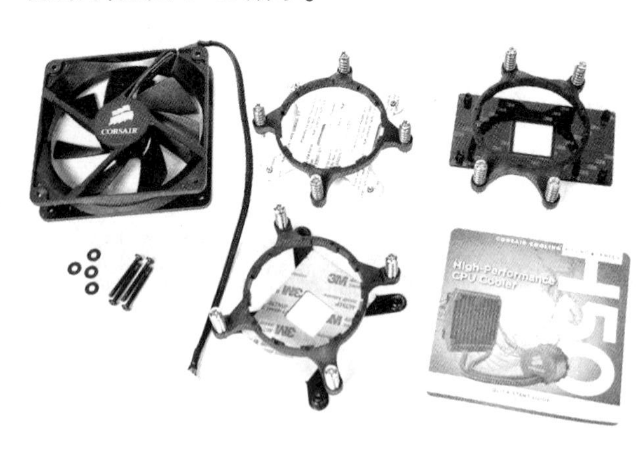

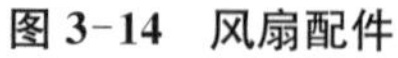
图 3-14　风扇配件

图 3-15　安装背板

STEP 03 将散热器的塑料扣具安装在主板上，如图 3-16 所示。此时不要将固定螺丝拧紧，只要稍稍拧住即可。在 CPU 水冷头的周围和扣具的内部有塑料的互相咬合的塑料突起，将其放置到位后，稍微一转，将 CPU 水冷头预安装到位。这时，再将扣具四周的四个弹簧螺钉拧紧，如图 3-17 所示。

图 3-16 安装塑料扣具

图 3-17 拧紧弹簧螺丝

STEP 04 使水冷式散热器附件中的长螺丝先穿过风扇，再穿过散热排上的螺钉孔，将散热排固定在机箱上。

3.2.2 安装内存

完成 CPU 和 CPU 风扇的安装后，用户就可以将内存安装在主板上了。若用户购买了 2 根或 3 根内存，想组成多通道系统，则需要查看主板说明书，根据说明书中的介绍将内存插在同色或异色的内存插槽中。

【例 3-4】 在电脑主板上安装内存。

STEP 01 在安装内存时，先用手将内存插槽两端的扣具打开，如图 3-18 所示。

STEP 02 将内存平行放入内存插槽中，然后用两拇指按住内存两端轻微向下压，如图 3-19 所示。

图 3-18 打开扣具

图 3-19 下压内存

STEP 03 听到“啪”的一声响即说明内存安装到位，如图 3-20 所示。

STEP 04 在安装内存时，注意双手要凌空操作，不可触碰到主板上的电容以及其他芯片，如图 3-21 所示。

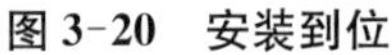

图 3-20　安装到位

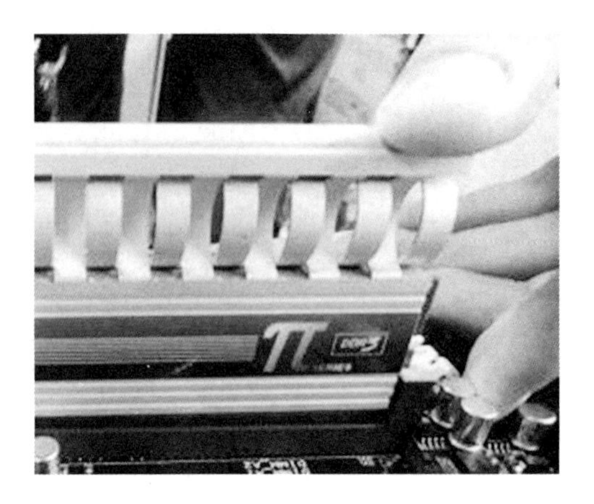

图 3-21　不要触碰电容

3.2.3　安装主板

在主板上安装完 CPU 和内存后，即可将主板装入机箱，因为剩下的主机硬件设备，都需要配合机箱进行安装。

【例 3-5】 将主板放入并固定在机箱中。

STEP 01 在安装主板之前，应将装机箱提供的主板垫脚螺母安放到机箱主板托架的对应位置，如图 3-22 所示。

STEP 02 平托主板，将它放入机箱，如图 3-23 所示。

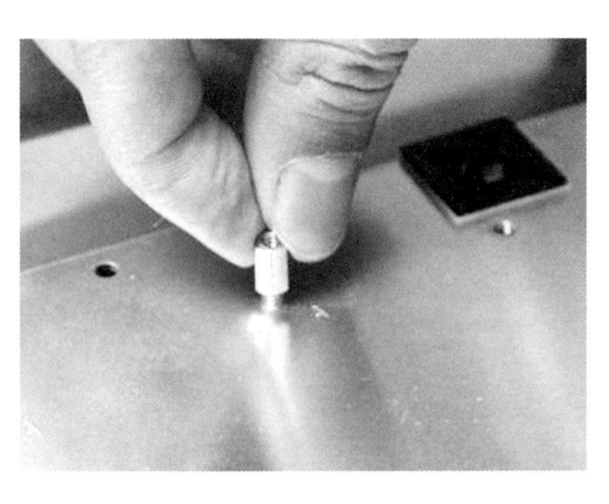

图 3-22　安装螺母到指定位置

图 3-23　将主板放入机箱

STEP 03 确认主板的 I/O 接口安装到位，如图 3-24 所示。

STEP 04 拧紧机箱内部的主板螺丝，将主板固定在机箱上（装螺丝时，等全部螺丝安装到位后，再将每粒螺丝拧紧，这样可以随时对主板的位置进行调整），如图 3-25 所示。

STEP 05 完成以上操作后，主板就被牢固地固定在机箱中。至此，电脑的三大主要配件：主板、CPU 和内存，安装完毕。

图 3-24 确认安装到位

图 3-25 拧紧螺丝

知识点滴

使用金属螺母将主板固定在机箱中时，用户应检查金属螺柱(或塑料钉)是否与机箱上的主板托架匹配，此类配件用户可以在随机箱的产品配件中找到。

3.2.4 安装硬盘

在完成 CPU、内存和主板的安装后，就需要将硬盘固定在机箱的 3.5 寸硬盘托架上。对于普通的机箱，只需要将硬盘放入机箱的硬盘托架上，拧紧螺丝使其固定即可。

【例 3-6】 在电脑机箱上安装硬盘。

STEP 01 机箱硬盘托架设计有相应的扳手，拉动扳手可将硬盘托架从机箱中取下，如图 3-26 所示。

STEP 02 将硬盘装入托架，如图 3-27 所示。

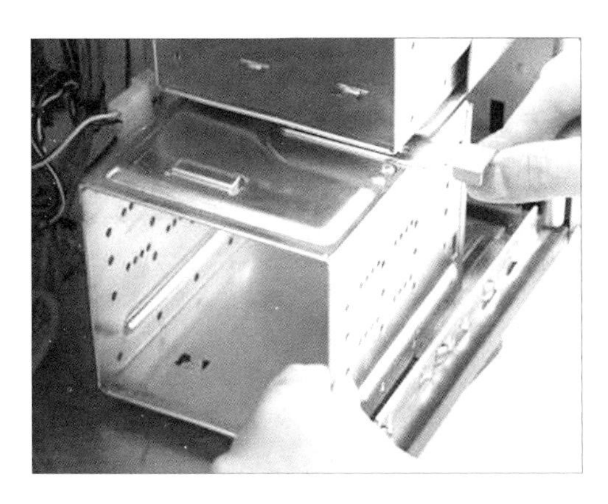

图 3-26 取下托架

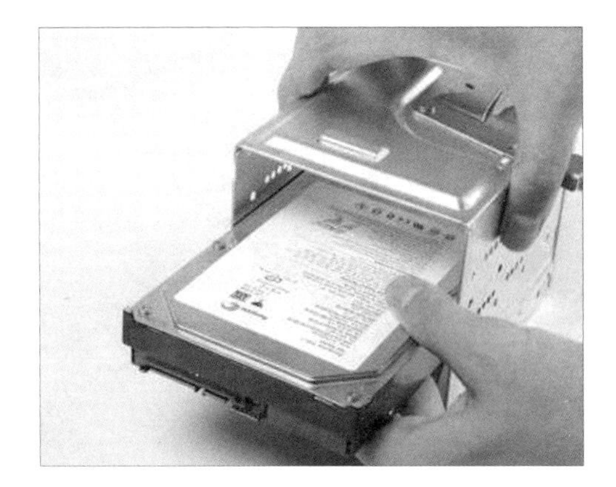

图 3-27 将硬盘放入托架

STEP 03 使用螺丝将硬盘固定在硬盘托架上，如图 3-28 所示。

STEP 04 将硬盘托架重新装入机箱，并把固定扳手拉回原位，固定好硬盘托架，如图 3-29 所示。

图 3-28　固定硬盘

图 3-29　固定托架

STEP 05 检查硬盘托架与其中的硬盘是否被牢固地固定在机箱中。

3.2.5　安装光驱

DVD 光驱与 DVD 刻录光驱的功能虽不一样，但其外形和安装方法都是一样的(类似于硬盘的安装方法)。

【例 3-7】 在电脑机箱上安装光驱。

STEP 01 在电脑中安装光驱的方法与硬盘类似，用户将机箱中的 4.25 寸托架的面板拆除，然后将光驱推入机箱并拧紧光驱侧面的螺丝即可，如图 3-30 所示。

STEP 02 成功安装光驱后，用户要检查其没有被装反，如图 3-31 所示。

图 3-30　拆除面板

图 3-31　检查光驱

3.2.6　安装电源

在安装完前面介绍的硬件设备后，用户接下来需要安装电脑电源。安装电源的方法十分简单，并且现在不少机箱会自带电脑电源，若购买了此类机箱，则无需再动手安装电源。

【例 3-8】 在电脑机箱上安装电源。

STEP 01 将电脑电源从包装中取出，如图 3-32 所示。

STEP 02 将电源放入机箱中为电源预留的托架中。注意电源线所在的面应朝向机箱的内侧，如图 3-33 所示。

图 3-32 取出电源

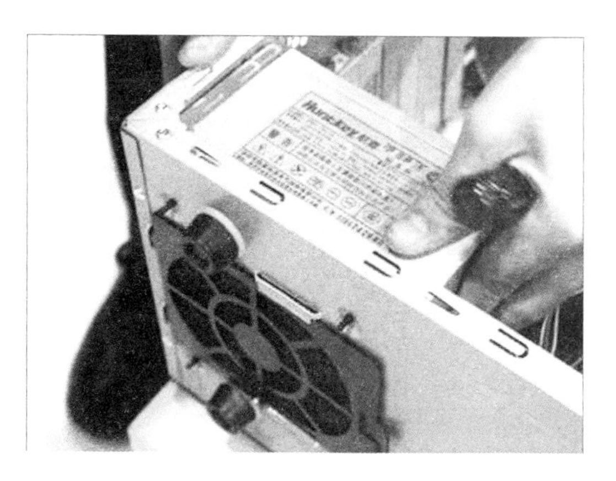

图 3-33 放入托架

STEP 03 使用螺丝将电源固定在机箱上。

3.2.7 安装显卡

目前，PCI-E 接口的显卡是市场上的主流显卡。在安装显卡之前，用户首先应在主板上找到 PCI-E 插槽的位置，如果主板有两个 PCI-E 插槽，则任意一个插槽均能使用。

【例 3-9】 在电脑机箱上安装显卡。

STEP 01 在主板上找到 PCI-E 插槽。用手轻握显卡两端，垂直对准主板上的显卡插槽将其插入，如图 3-34 所示。

STEP 02 用螺丝将显卡固定在主板上，然后连接辅助电源，如图 3-35 所示。

图 3-34 将显卡插入插槽

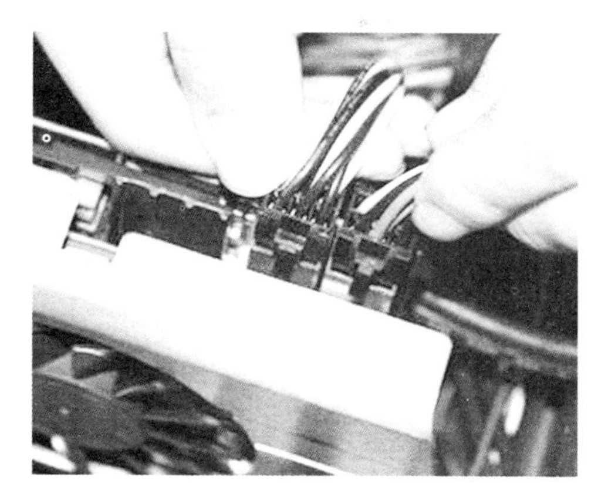

图 3-35 连接辅助电源

3.3 连接数据线

主机中的一些设备要通过数据线与主板进行连接，例如硬盘、光驱等。本节将详细介绍通过数据线将机箱内的硬件组件和主板相连接的方法。

目前，常见的数据线有 SATA 数据线与 IDE 数据线两种，用户可以参考下面所介绍的方法，连接电脑内部的数据线。

【例 3-10】 用数据线连接主板和光驱、主板和硬盘。

STEP 01 打开电脑机箱，将 IDE 数据线的一头与主板上的 IDE 接口相连。IDE 数据线接口上有防插反凸块，在连接 IDE 数据线时，用户只需要将防插反凸块对准主板 IDE 接口上的凹槽，然后将 IDE 接口平推进凹槽即可，如图 3-36 所示。

STEP 02 将 IDE 数据线的另一头与光驱后侧的 IDE 接口相连，如图 3-37 所示。

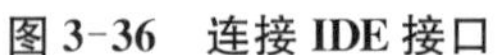

图 3-36 连接 IDE 接口

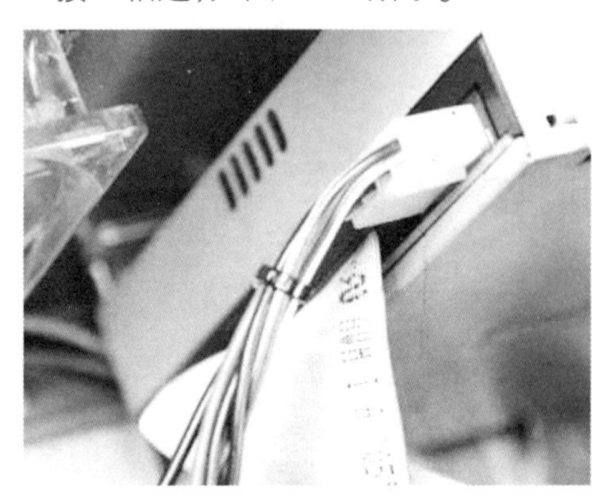

图 3-37 连接光驱接口

STEP 03 取出购买配件时附带的 SATA 数据线，将 SATA 数据线的一头与主板上的 SATA 接口相连，如图 3-38 所示。

STEP 04 将 SATA 数据线的另一头与硬盘上的 SATA 接口相连，如图 3-39 所示。

图 3-38 连接 SATA 接口

图 3-39 连接硬盘接口

STEP 05 完成以上操作后，将数据线用橡皮筋捆绑在一起，以免其散落在机箱内。

知识点滴

随着 SATA 接口逐渐代替 IDE 接口，目前已经有相当一部分的光驱采用 SATA 数据线与主板连接。用户可以参考连接 SATA 硬盘的方法，将 SATA 光驱与主板相连。

3.4 连接电源线

在连接完数据线后，用户可以参考下面例子所介绍的方法，将机箱电源的电源线与主板以及其他硬件设备相连接。

【例 3-11】 连接电脑的主板、硬盘、光驱的电源线。

STEP 01 将电源盒引出的 24 pin 电源插头插入主板的电源插槽中(目前,大部分的主板电源接口为 24 pin,但也有部分主板采用 20 pin 电源,用户在选购电源和主板时应注意这一点),如图 3-40 所示。

STEP 02 CPU 部分供电接口采用 4 pin(或 6 pin、8 pin)的加强供电接口设计,将其与主板上相应的电源插座相连即可,如图 3-41 所示。

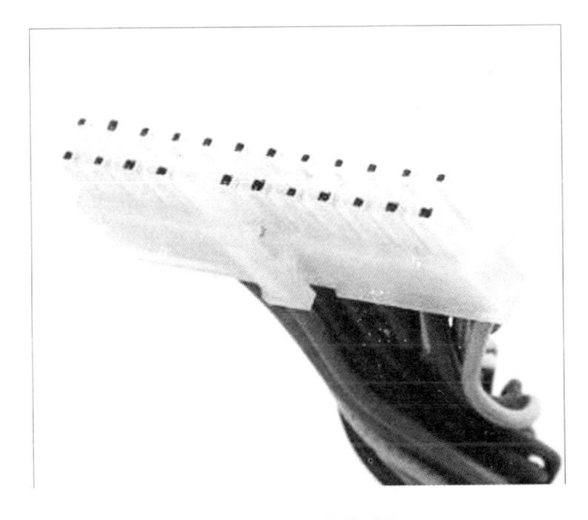

图 3-40 电源线

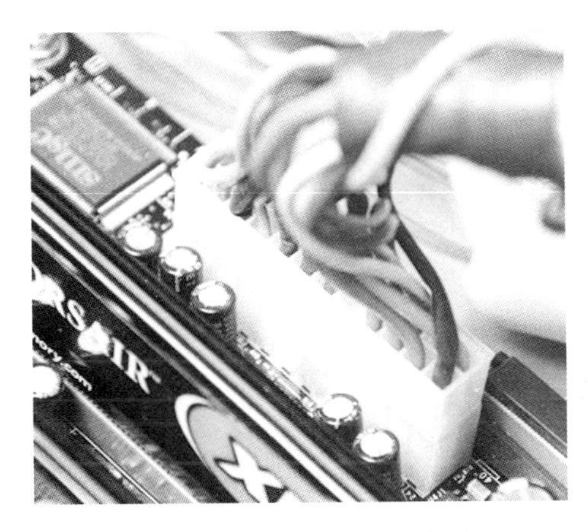

图 3-41 插入主板电源插座

STEP 03 将 SATA 设备电源接口与电脑硬盘的电源插槽相连,如图 3-42 所示。

STEP 04 将电源线上的普通四针梯形电源接口插入光驱背后的电源插槽中,如图 3-43 所示。

图 3-42 连接 SATA 电源插槽

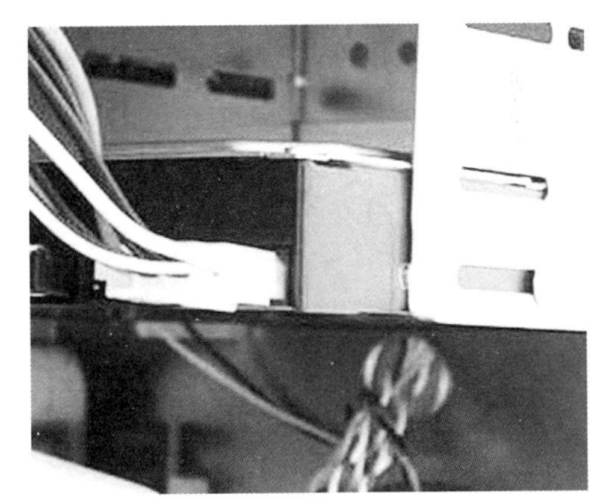

图 3-43 插入光驱电源

STEP 05 对机箱内的电源线进行简单的整理,以提供良好的散热空间。

3.5 连接控制线

在连接完数据线与电源线后,会发现机箱内还有好多细线插头(跳线),将这些细线插头连接到主板对应位置的插槽中后,即可使用机箱的前置 USB 接口以及其他控制按钮。

 3.5.1 连接前置 USB 接口线

由于 USB 设备有安装方便、传输速度快的特点，目前市场上采用 USB 接口的设备越来越多，例如 USB 鼠标、键盘、读卡器、摄像头等，主板面板后的 USB 接口已经无法满足用户的使用需求。现在主流主板都支持 USB 扩展功能，具有前置 USB 接口。

1. 前置 USB 接线

常见机箱上的前置 USB 接线分为一体式接线(跳线)和独立式接线(跳线)两种，如图 3-44 所示。

2. 主板 USB 接线

主板上前置 USB 针脚的连接方法不仅由于主板品牌型号的不同而略有差异，而且独立式 USB 接线与一体式 USB 接线也各不相同。

- 一体式 USB 接线：一体式 USB 接线上有防止插错设计，方向不对无法插入主板上的针脚，如图 3-45 所示。

图 3-44 前置 USB 针脚

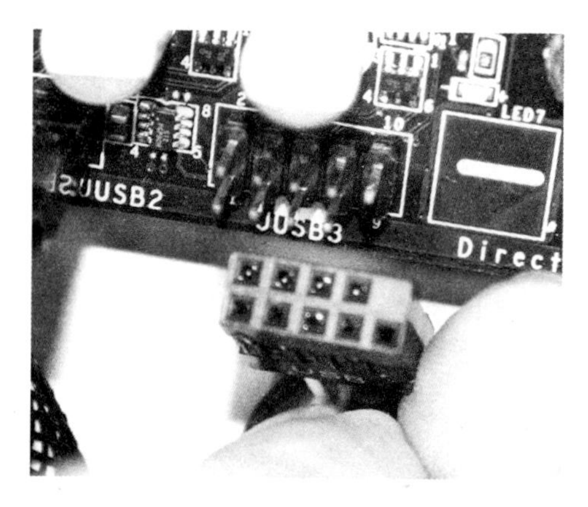

图 3-45 一体式 USB 接线

- 独立式 USB 接线：独立式 USB 接线由 USB2＋、USB2－、GND、VCC 三组插头组成，分别对应主板上不同的 USB 针脚。其中 GND 为接地线，VCC 为 USB＋5V 的供电插头，USB2＋为正电压数据线，USB2－为负电压数据线，如图 3-46 所示。

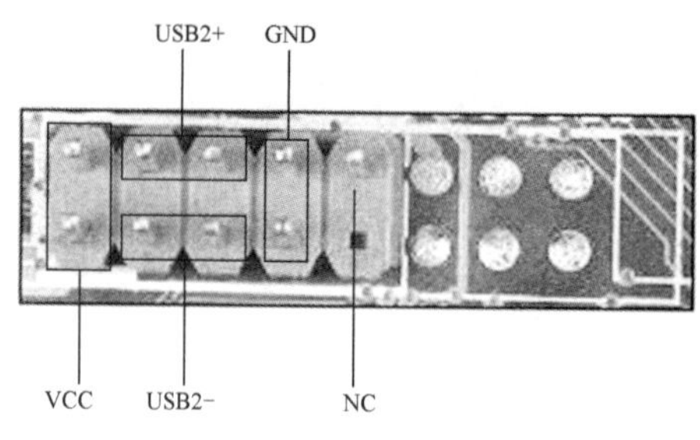

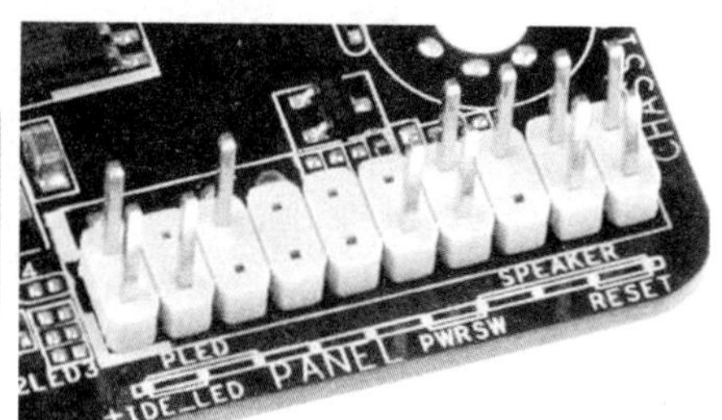

图 3-46 独立式 USB 接线

 3.5.2 连接电脑机箱控制开关

在使用电脑时，用户常常会用到机箱面板上的控制按钮，如启动电脑、重新启动电脑、查看

电源与硬盘工作指示灯等。这些功能都是通过将机箱控制开关与主板对应插槽连线实现的。

1. 连接开关、重启和 LED 灯线

在所有机箱面板上的接线中,开关接线、重启接线和 LED 灯接线(跳线)是最重要的三条。

- 开关接线用于连接机箱前面板上的 Power 电源按钮,连接该接线后用户可以控制启动与关闭电脑,如图 3-47 所示。
- 重启接线用于连接机箱前面板上的 Reset 按钮,连接该接线后用户可以通过按下 Reset 按钮重启电脑,如图 3-48 所示。

图 3-47　开关接线

图 3-48　重启接线

- LED 灯接线包括电源指示灯接线和硬盘状态接线,分别用于显示电源和硬盘状态,如图 3-49所示。

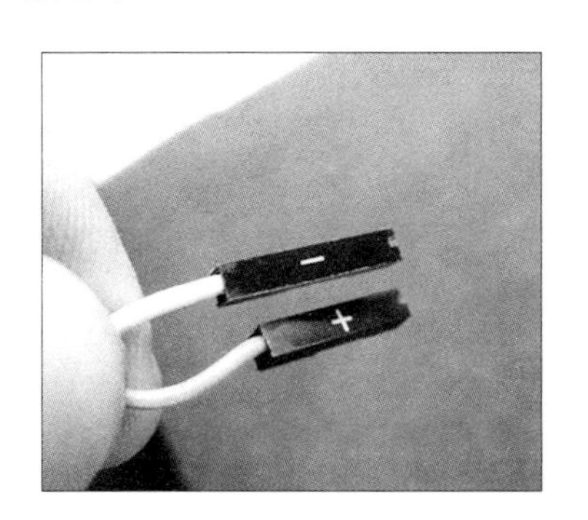

图 3-49　LED 灯接线

在连接开关、重启和 LED 灯接线时,用户只需参考主板说明书中的介绍或使用主板上的接线工具即可,如图 3-50 所示。

2. 连接机箱前置音频接线

目前常见的主板上均提供了集成的音频芯片,并且性能上完全能够满足绝大部分用户的需求,因此很多普通电脑用户在组装电脑时,便没有单独购买声卡。为了方便用户的使用,大部分机箱除了前置的 USB 接口外,音频接口也被移植到了机箱的前面板上,为使机箱前面板的上耳机和话筒能够正常使用,用户在连接机箱控制线时,还应该将前置的音频接线与主板上相应的音频接线插槽正确地进行连接,如图 3-51 所示。在连接前置音频接线时,用户可以参考主板说明书上的接线图。

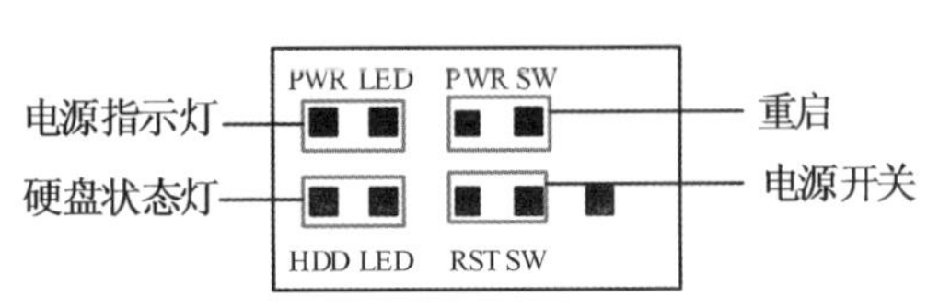

图 3-50　主板接线

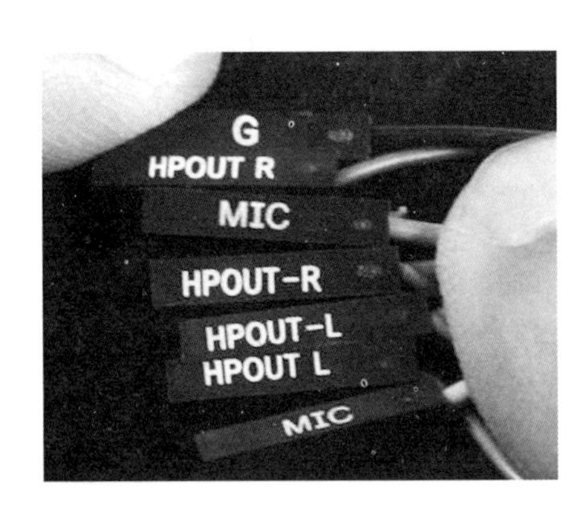

图 3-51　机箱前置音频接线

3.6 安装电脑外部设备

完成主机内部硬件设备的安装与连接后，用户需要将电脑主机与外部设备连接在一起。电脑外设主要包括显示器、音箱、鼠标、键盘和电源线等几种。连接外部设备时应做到“辨清接头，对准插上”。

3.6.1 连接显示器

显示器是电脑的主要 I/O 设备之一，它通过一条视频信号线与电脑主机上的显卡视频信号接口连接。常见的显卡视频信号接口有 VGA、DVI 与 HDMI 等 3 种，显示器与主机之间所使用的视频信号线一般为 VGA 视频信号线（如图 3-52 所示）和 DVI 视频信号线（如图 3-53 所示）。

图 3-52　VGA 视频信号线

图 3-53　DVI 视频信号线

知识点滴

除了 VGA 接口和 DVI 接口以外，有些电脑显卡允许用户使用 HDMI 接口(高清晰度多媒体接口)与显示器相连，用户可以在显卡配件中找到 HDMI 连接线。

3.6.2 连接鼠标和键盘

目前，台式电脑常用的鼠标和键盘有 USB 接口与 PS/2 接口两种。

- USB 接口的键盘、鼠标与电脑主机背面的 USB 接口相连。USB 接口的鼠标如图 3-54 所示。
- PS/2 接口的键盘、鼠标与主机背面的 PS/2 接口相连(一般情况下鼠标与主机上的绿色 PS/2 接口相连，键盘与紫色 PS/2 接口相连)。PS/2 接口如图 3-55 所示。

图 3-54 USB 接口的鼠标

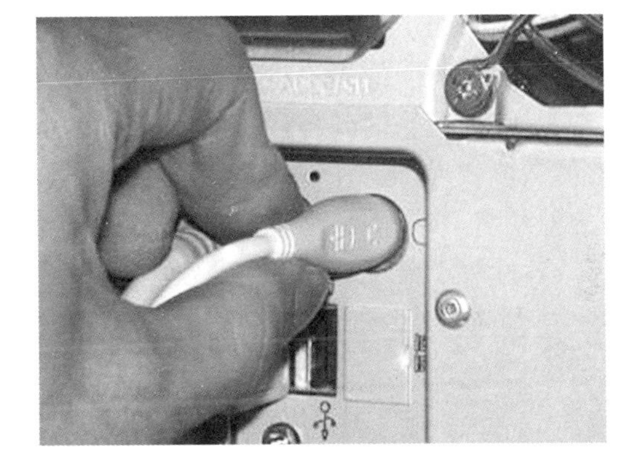

图 3-55 PS/2 接口

实用技巧

市场上有一部分电脑的主板上只提供一个 PS/ 2 接口，用户若在组装电脑时选用了此类主板，在选购鼠标时应购买 USB 接口的。

3.7 开机检测电脑状态

在完成电脑硬件设备的组装操作后，可以通过开机检测来查看连接是否存在问题，若一切正常则可以整理机箱并合上机箱盖，完成组装电脑的操作。

3.7.1 启动电脑前的检查工作

电脑安装完成后不要立刻通电开机，还要再仔细检查一遍，以防出现意外。

- 检查主板上的各个控制线(跳线)的连接是否正确。
- 检查各个硬件设备是否安装牢固，如 CPU、显卡、内存、硬盘等。
- 检查机箱中的连线是否搭在风扇上，影响了风扇散热。
- 检查机箱内有无其他杂物。
- 检查外部设备是否连接良好，如显示器、音箱等。
- 检查数据线、电源线是否连接正确。

3.7.2 开机检测

检查无误后，将电脑主机和显示器电源与市电电源连接。接通电源后，按下机箱上的开关，机箱电源灯亮起，风扇开始工作。若用户听到“嘀”的一声，并且显示器出现自检画面，则表示电脑已经组装成功，可以正常使用。如果电脑未正常运行，则需要重新对电脑中的设备进行检查。

知识点滴

若电脑组装后未能正常运行，用户应首先检查内存与显卡的安装是否正确，包括内存是否与主板紧密连接，显卡视频信号线是否与显示器紧密连接。

3.7.3 整理机箱

开机检测无问题后，即可整理机箱内部的各种线缆，如图 3-56 所示。机箱内部线缆需要整理的主要原因有以下几点：

- 电脑机箱内部线缆很多，如果不进行整理，会非常杂乱，显得很不美观。
- 电脑在正常工作时，机箱内部各设备的发热量非常大，若线路杂乱，会影响机箱内的空气流通，降低整体散热效果。
- 机箱中的各种线缆，如果不整理整齐很可能会卡住 CPU、显卡等设备的风扇，影响其正常工作，从而导致各种故障出现。

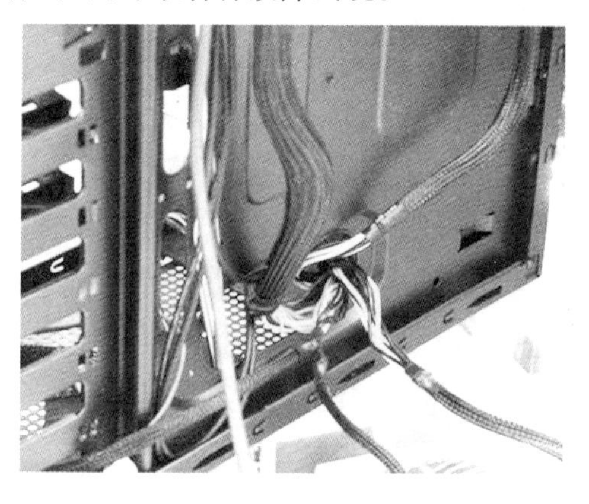

图 3-56 整理机箱

实用技巧

整理机箱中的各种线缆时，用户可以使用扎带将它们扎好：将要整理的线缆放到扎带线圈内，然后将扎带较细的一头插入较粗且有套的一头，拉紧并用剪刀减去多余扎带头，这样可以有效地减小线缆在机箱内的占用面积，使其排列整齐、美观。

3.8 案例演练

本章的案例演练为安装电脑大型散热设备，用户可以通过练习巩固本章所学的知识。

【例 3-12】 安装 CPU 散热器。

STEP 01 拆开散热器的包装，整理并确认散热器各部分配件的是否齐全，如图 3-57 所示。

STEP 02 使用配件中的铁条将散热风扇固定在散热片上，如图 3-58 所示。

STEP 03 安装散热器底座上的橡胶片。大型散热器一般支持多种主板平台。在安装底座时，用户可以根据实际需求调整散热器底座螺丝孔的孔距，如图 3-59 所示。

STEP 04 安装散热器底部扣具接口，将散热器底部的螺丝松脱，然后将对应的扣具插入散热器与垫片之间，如图 3-60 所示。

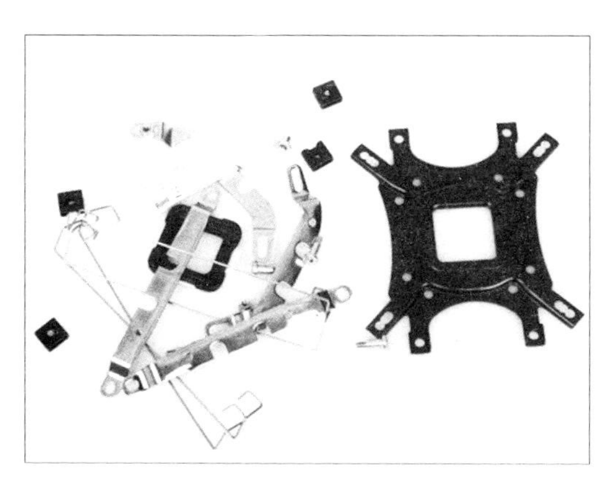

图 3-57 拆开散热器包装

图 3-58 固定散热片

图 3-59 调整孔距

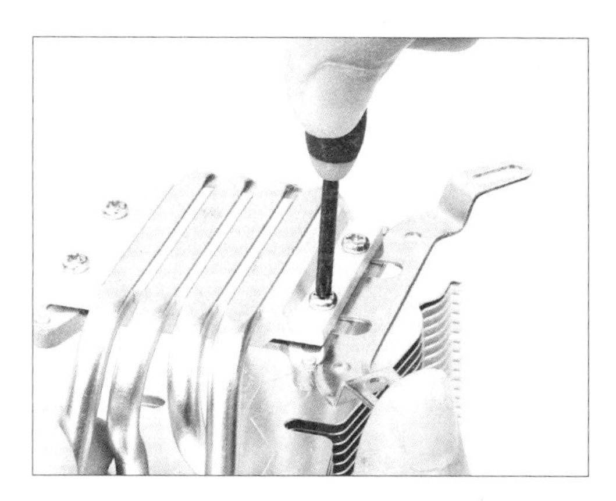

图 3-60 安装扣具

STEP 05 将不锈钢条牢牢地固定在散热器底部后，用手摇晃一下，看看是否有松动，如图 3-61 所示。

STEP 06 将组装好的散热器底座扣到主板后面，这里要注意，一定要对正，并且仔细观察底座的金属部分是否碰到了主板上的焊点，如图 3-62 所示。

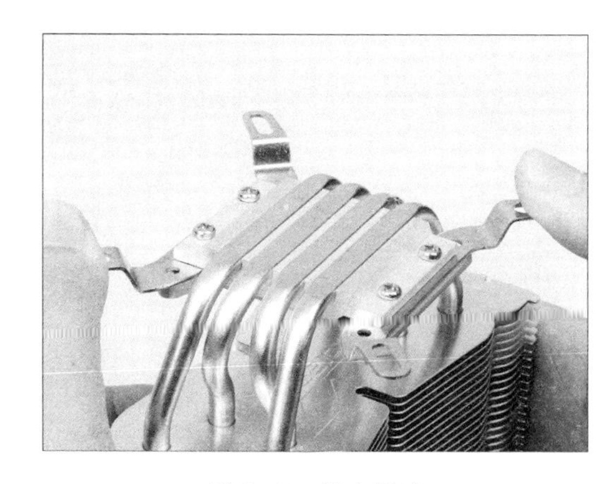

图 3-61 检查松动

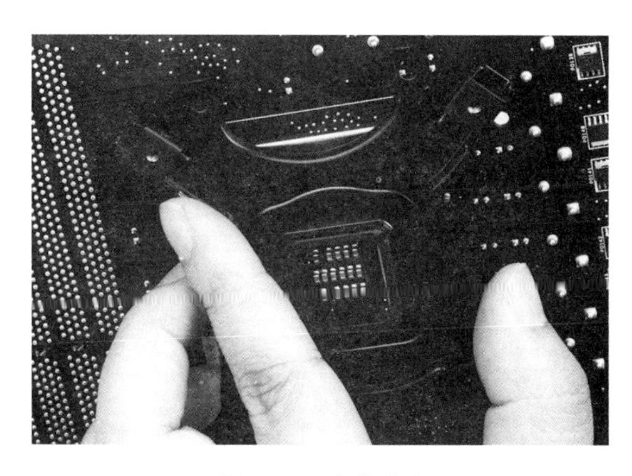

图 3-62 安装底座

STEP 07 将散热器放到主板上，对准孔位，准备进行安装，如图 3-63 所示。

STEP 08 使用螺丝将散热器固定在主板上。在固定 4 颗螺丝时一定不要单颗拧死后再进行下一颗的操作，正确的方法应该是每一颗拧一点，4 颗螺丝循环调整，直到散热器稳定地锁在主板上，如图 3-64 所示。连接散热器电源，完成散热器的安装。

图 3-63　对准孔位

图 3-64　固定螺丝

第 4 章

设 置 BIOS

电脑的硬件组装工作完成后，我们还需要通过 BIOS 设置程序对控制系统的某些重要参数进行调整，例如更改设备启动顺序，以便通过光驱安装操作系统，设定系统的日期和时间等。

4.1 BIOS 基础知识

BIOS(Basic Input Output System,基本输入输出系统)是一组固化在电脑主板 ROM 芯片上的程序,它保存着电脑最重要的基本输入输出的程序、系统设置信息、开机自检程序和系统自启动程序,其主要功能是为电脑提供最底层的、最直接的硬件设置和控制。本节将介绍 BIOS 的基础知识。

4.1.1 BIOS 简介

BIOS 是电脑中最基础、最重要的程序。这一段程序存放在一个不需要电源的、可重复编程的、可擦写的只读存储器中(BIOS 芯片),如图 4-1 所示。BIOS 为电脑提供最低级、最直接的硬件控制,并存储一些基本信息,电脑的初始化操作都是按照固化在 BIOS 里的内容完成的。

图 4-1 BIOS 芯片

实用技巧

准确地说,BIOS 是硬件与软件程序之间的一个"转换器",或者说是人机交流的接口,它负责解决硬件的即时要求及软件对硬件操作要求的具体执行。用户在使用电脑的过程中都会接触到 BIOS,它在电脑系统中起着非常重要的作用。

4.1.2 BIOS 和 CMOS 的区别

在日常操作与维护电脑的过程中,用户经常会接触到 BIOS 设置与 CMOS 设置的概念。一些电脑用户会把 BIOS 和 CMOS 的概念混淆起来。下面将详细介绍 BIOS 与 COMS 的区别。

- CMOS(Complementary Metal Oxide Semiconductor,互补金属氧化物半导体)是电脑主板上的一块可读写的 RAM 芯片,由主板电池供电。
- BIOS 是设置硬件的一组电脑程序,该程序保存在主板上的 CMOS RAM 芯片中,通过 BIOS 可以修改 CMOS 的参数。

由此可见,BIOS 是用来完成系统参数设置与修改的工具,CMOS 是系统设定参数的存放场所。CMOS RAM 芯片由主板的电池供电,这样即使系统断电,CMOS 中的信息也不会丢失。目前电脑的 CMOS RAM 芯片多采用 Flash ROM,可以通过主板跳线开关或专用软件实现重写,以实现 BIOS 的升级。

4.1.3 BIOS 的基本功能

BIOS 用于保存电脑中最重要的基本输入/输出程序、系统设置信息、开机上电自检程序、系统自检及初始化程序。虽然 BIOS 设置程序存在各种版本，功能和设置方法也相异，但主要设置项基本上是相同的，一般包括如下几个方面。

- 设置 CPU：大多数主板采用软跳线的方式来设置 CPU 的工作频率。设置的主要内容包括外频、位频系数等 CPU 参数。
- 设置基本参数：包括系统时钟、显示器类型、启动时对自检错误处理的方式。
- 设置磁盘驱动器：包括自动检测 IDE 接口、启动顺序、软盘及硬盘的型号等。
- 设置键盘：包括接电时是否检测键盘、键盘类型、键盘参数等。
- 设置存储器：包括存储器容量、读写时序、奇偶校验、内存测试等。
- 设置缓存：包括内/外缓存、缓存地址及尺寸、显卡缓存设置等。
- 设置安全：包括病毒防护、开机密码、Setup 密码等。
- 设置总线周期参数：包括 AT 总线时钟（ATBUS Clock）、AT 周期等待状态（AT Cycle Wait State）、内存读写定时、缓存读写等待、缓存读写定时、DRAM 刷新周期、刷新方式等。
- 管理电源：是关于系统绿色环保节能的设置，包括进入节能状态的等待延时时间、唤醒功能、IDE 设备断电方式、显示器断电方式等。
- 监控系统状态：包括检测 CPU 工作温度、检测 CPU 风扇以及电源风扇转速等。
- 设置即插即用及 PCI 局部总线参数：关于即插即用的功能设置，包括 PCI 插槽 IRQ 中断请求号、CPU 向 PCI 写入直冲、总线字节合并、PCI IDE 触发方式、PCI 突发写入、CPU 与 PCI 时钟比等。
- 设置板上集成接口：包括板上 FDC 软驱接口、串行并行接口、IDE 接口允许/禁止状态、I/O 地址、IRQ 及 DMA 设置、USB 接口、IrDA 接口等。

4.1.4 BIOS 的常见类型

目前市场上台式电脑使用较多的 BIOS 类型主要有 Award BIOS 与 AMI BIOS 两种，下面分别对这两类 BIOS 进行介绍。

- Award BIOS 是由 Award Software 公司开发的 BIOS 产品，是目前使用最多的 BIOS 类型，如图 4-2 所示。Award BIOS 功能较为齐全，支持许多新硬件。

图 4-2 Award BIOS

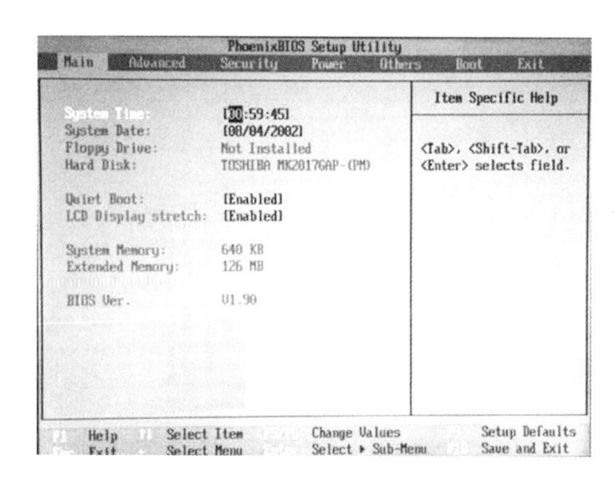

图 4-3 AMI BIOS

▽ AMI BIOS 是 AMI 公司出品的 BIOS 系统软件，如图 4-3 所示。它对各种软、硬件的适应性好，能保证系统性能的稳定。

除此之外，有些主板还提供图形化 BIOS 设置界面，如图 4-4 和 4-5 所示。

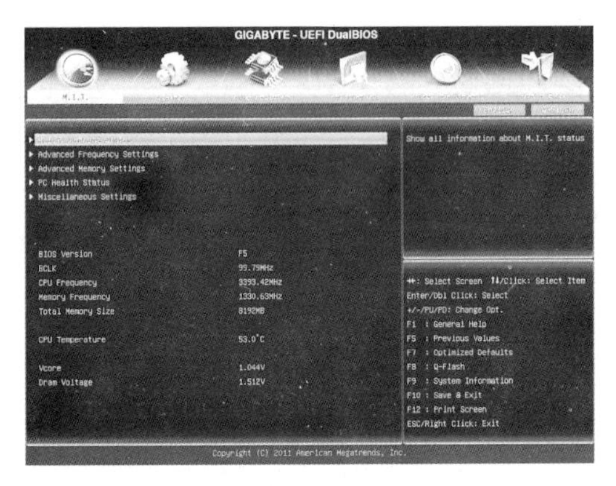

图 4-4　技嘉图形化 BIOS 界面

图 4-5　华硕图形化 BIOS 界面

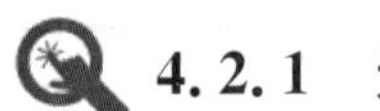

4.2　BIOS 参数设置

4.2.1　进入 BIOS 设置界面

在启动电脑时按下特定的热键即可进入 BIOS 设置程序（界面），不同类型的电脑进入 BIOS 设置程序的按键不同，有的电脑会在屏幕上给出提示。BIOS 设置程序的进入方式如下。

▽ Award BIOS：启动电脑时按 Del 键进入。

▽ AMI BIOS：启动电脑时，按 Del 键或 Esc 键进入。

Award BIOS 设置界面如图 4-6 所示，按方向键“←”“↑”“→”“↓”来移动光标选择界面上的选项，按 Enter 键进入子菜单，用 Esc 键来返回父菜单，按 Page Up 和 Page Down 键选择具体选项。

4.2.2　认识 BIOS 界面

Award BIOS 设置主界面如图 4-7 所示。

```
CMOS Setup Utility - Copyright (C) 1984-2002 Award Software
Advanced BIOS Features

First Boot Device          [CDROM   ]     Item Help
Second Boot Device         [HDD-0   ]
Third Boot Device          [CDROM   ]     Menu Level  ▶
Boot Up Floppy Seek        [Disabled]
Password Check             [Setup ]       Select Boot Device
DRAM Data Integrity Mode   Non-ECC        Priority
Init Display First         [AGP    ]
LOGO/LOTTO Show            [FaceWizard]   [Floppy]
x Last Number              42             Boot from floppy
x Lucky numbers            6
x Special number           No             [LS120]
x Start with zero          No             Boot from LS120
x Delay time (sec.)        5
x Your birthday            1972  8 17     [HDD-0]
                                          Boot from First HDD

                                          [HDD-1]
                                          Boot from second HDD

↑↓→←:Move  Enter:Select  +/-/PU/PD:Value  F10:Save  ESC:Exit  F1:General Help
F3:Language  F5:Previous Values  F6:Fail-Safe Defaults  F7:Optimized Defaults
```

图 4-6　Award BIOS 设置界面

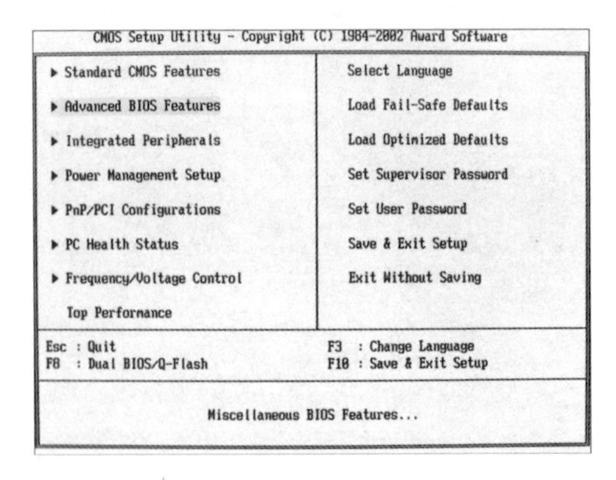

图 4-7　Award BIOS 主界面

- Standard CMOS Features(标准 CMOS 设定)：用来设定日期、时间、软硬盘规格、工作类型以及显示器类型。
- Advanced BIOS Features (BIOS 功能设定)：用来设定 BIOS 的特殊功能，例如开机磁盘优先程序等。
- Integrated Peripherals(内建整合设备周边设定)：主板整合设备设定。
- Power Management Setup(省电功能设定)：设定 CPU、硬盘、显示器等设备的省电功能。
- PnP/PCI Configurations(即插即用设备与 PCI 组态设定)：用来设置 ISA 以及其他即插即用设备的中断以及其他差数。
- Load Fail-Safe Defaults(载入 BIOS 预设值)：用于载入 BIOS 初始设置值。
- Load Optimized Defaults (载入主板 BIOS 出厂设置)：这是 BIOS 的最基本设置，用来确定故障范围。
- Set Supervisor Password(管理者密码)：电脑管理员设置进入 BIOS 修改设置的密码。
- Set User Password (用户密码)：用于设置开机密码。
- Save & Exit Setup(储存并退出设置)：用于保存已经更改的设置并退出 BIOS 设置。
- Exit Without Saving：用于不保存已经修改的设置并退出 BIOS 设置。

4.2.3　装机常用的 BIOS 设置

本节将详细介绍在 BIOS 中完成一些装机常用设置的方法，包括设置日期、时间、设置启动设备顺序、屏蔽板载声卡、设置 BIOS 密码等。

1. 调整系统日期和时间

进入 BIOS 设置界面后，首先设置 BIOS 的日期和时间，这样在安装操作系统后，系统的日期与时间会自动根据 BIOS 中设置的日期和时间设置。

【例 4-1】 在 BIOS 中设置电脑的日期与时间。

STEP 01 进入 BIOS 设置界面，使用键盘的方向键，选择【Standard CMOS Features】选项，如图 4-8所示。

STEP 02 按 Enter 键，使用左、右方向键移动至日期参数处，按 Page Down 或 Page Up 键设置日期参数，以同样方法设置时间，按 ESC 键返回，如图 4-9 所示。

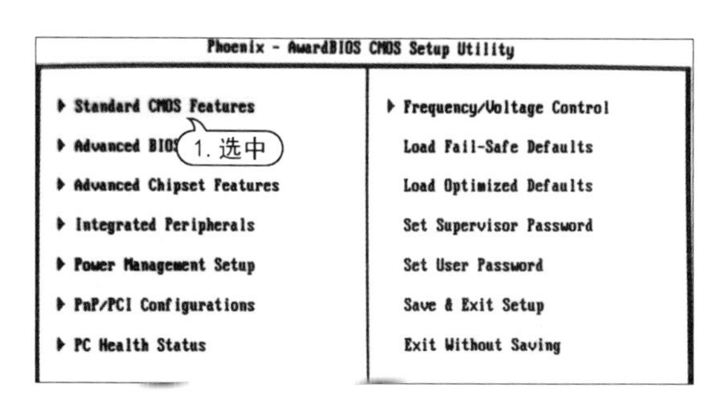

图 4-8　设置日期

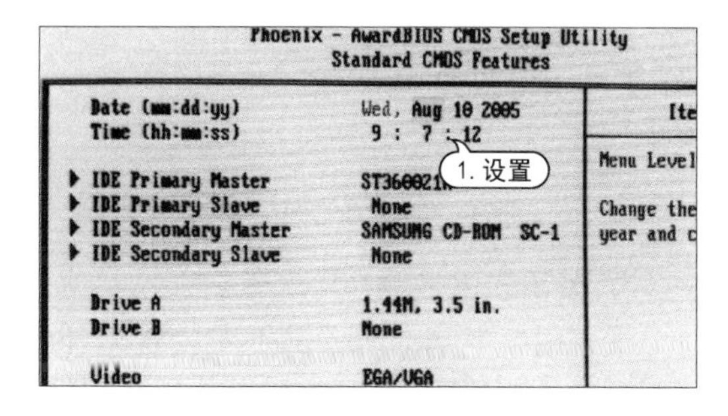

图 4-9　设置时间

2. 设置驱动设备的启动顺序

要正常启动电脑，需要通过硬盘、光驱、软驱等设备的引导。掌握设置电脑启动设备顺序的方法十分重要，比如要使用光盘安装 Windows 操作系统，就需要将光驱设置为第一启动设备。

【例 4-2】 在 BIOS 中设置第一启动设备。

STEP 01 打开 BIOS 设置界面，使用方向键选择【Advanced BIOS Features】选项，按下 Enter 键，打开【Advanced BIOS Features】选项的设置界面，如图 4-10 所示。

STEP 02 使用方向键选择【First Boot Device】选项，如图 4-11 所示。

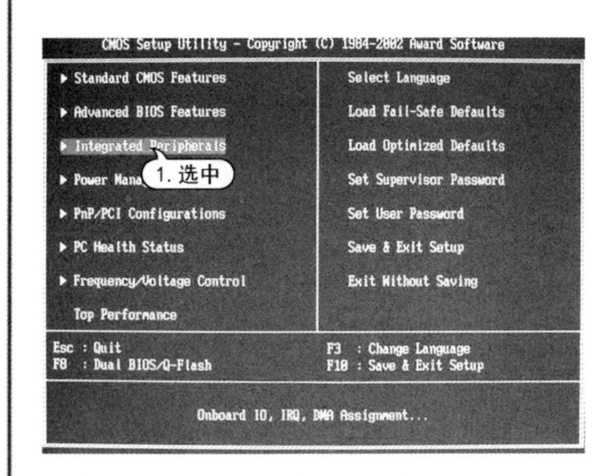

图 4-10　BIOS 界面

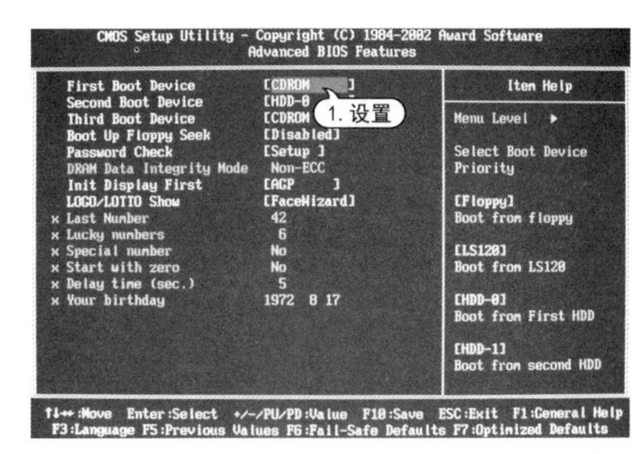

图 4-11　【First Boot Device】选项

STEP 03 按 Enter 键，打开【First Boot Device】选项的设置界面，选择【CD-ROM】选项，如图 4-12 所示。

STEP 04 按 Enter 键确认即可设置光驱为第一启动设备，按【F10】键保存 BIOS 设置。

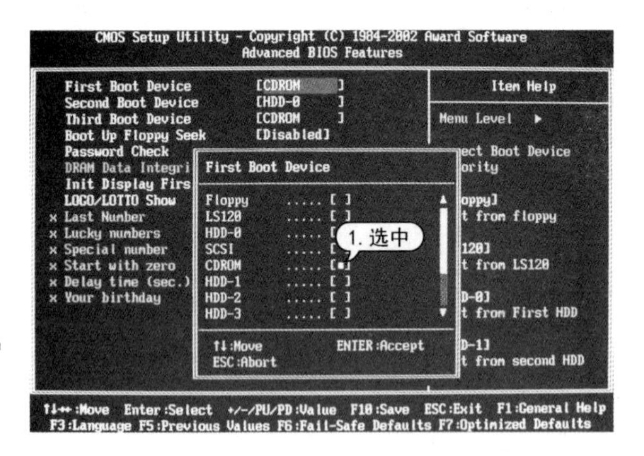

图 4-12　【CD-ROM】选项

实用技巧

操作系统安装完成后，用户应将【First Boot Device】选项的设置修改为 HDD-0，使系统直接从硬盘启动。

3. 关闭软驱检测

现在组装电脑的时候都不安装软驱，但是一些低版本的 BIOS 在默认设置下每次开机时还会自动检测软驱，为了缩短自检的时间，用户可以设置开机不检测软驱。

【例 4-3】 设置电脑开机时不检测软驱。

STEP 01 进入 BIOS 设置的主界面，选择【Advanced BIOS Features】选项，如图 4-13 所示。

STEP 02 在打开的界面中选择【Boot Up Floppy Seek】选项，按 Page Up 或 Page Down 键，选择【Disabled】选项，如图 4-14 所示。

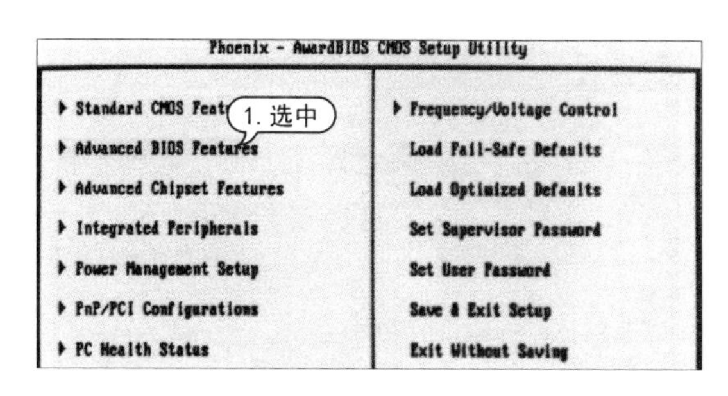

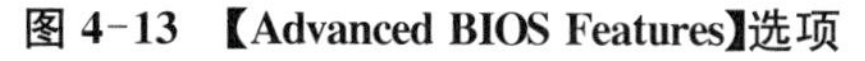

图 4-13 【Advanced BIOS Features】选项

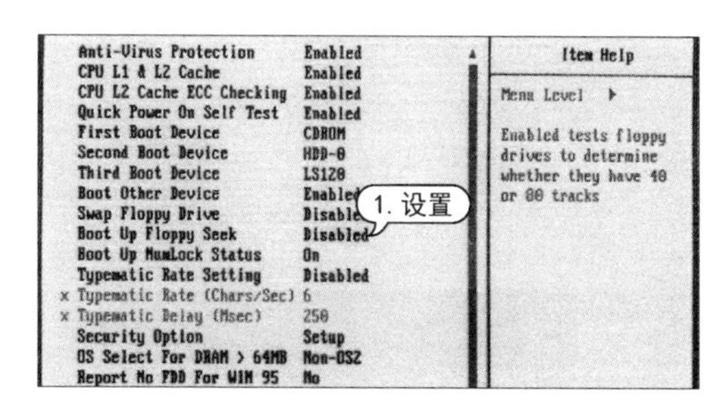

图 4-14 【Boot Up Floppy Seek】选项

4. 启用 USB 接口

在如果用户的电脑使用的是 USB 键盘与 USB 鼠标，应打开电脑 BIOS 中的 USB 键盘与鼠标支持，否则 USB 键盘与鼠标将不能使用。

【例 4-4】 设置启用 USB 接口。

STEP 01 进入 BIOS 设置界面，使用方向键选择【Integrated Peripherals】选项，如图 4-15 所示。

STEP 02 按下 Enter 键进入【Integrated Peripherals】选项界面，选中【USB Keyboard Support】选项，如图 4-16 所示。

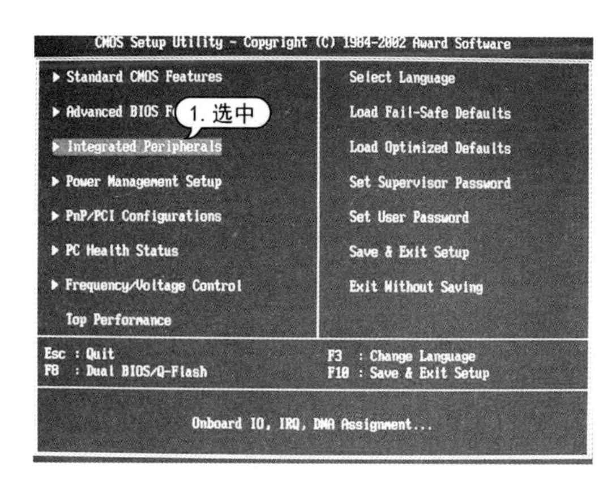

图 4-15 选中【Integrated Peripherals】选项

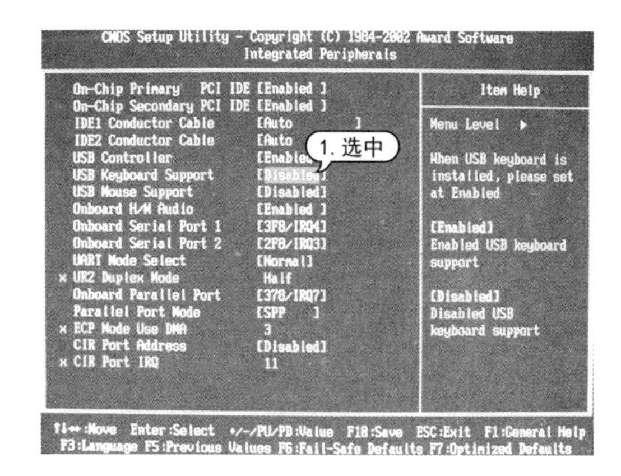

图 4-16 【USB Keyboard Support】选项

STEP 03 按下 Enter 键，设置参数为【Enabled】，返回上一级界面，选中【USB Mouse Support】选项，如图 4-17 所示。

STEP 04 按下 Enter 键，设置参数为【Enabled】。按下 Enter 键，返回【Integrated Peripherals】选项界面，如图 4-18 所示。按下 F10 键，保存并退出 BIOS。

5. 保存 BIOS 设置并退出

BIOS 设置操作后，需要将设置保存并重新启动电脑，才能使所做的修改生效。

【例 4-5】 保存 BIOS 设置并退出 BIOS 设置界面。

STEP 01 BIOS 设置完成后，返回 BIOS 主界面，使用方向键选择【Save & Exit Setup】选项，按 Enter 键，如图4-19 所示。

STEP 02 打开保存提示框，输入 Y，按 Enter 键保存，系统自动重新启动电脑，如图 4-20 所示。

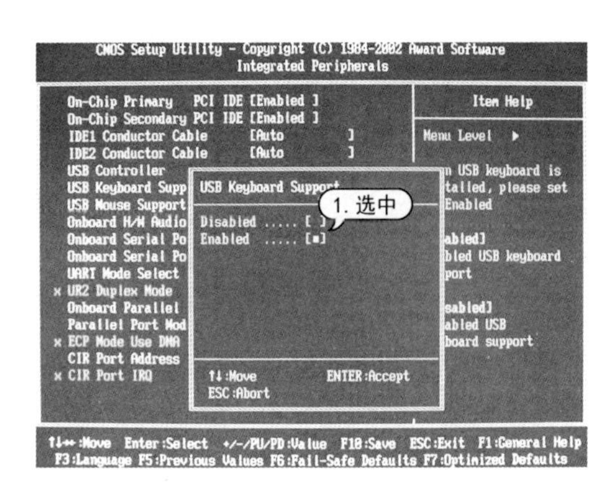

图 4-17 【USB Mouse Support】选项

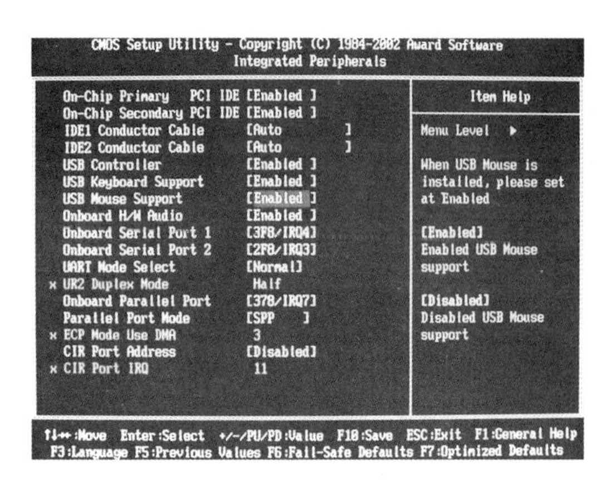

图 4-18 【Integrated Peripherals】选项

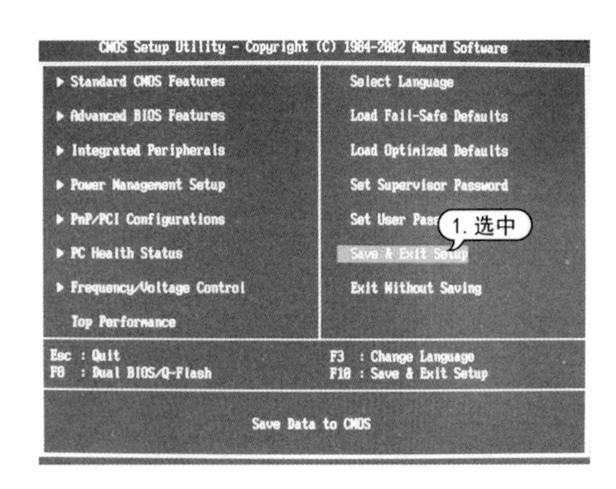

图 4-19 【Save & Exit Setup】选项

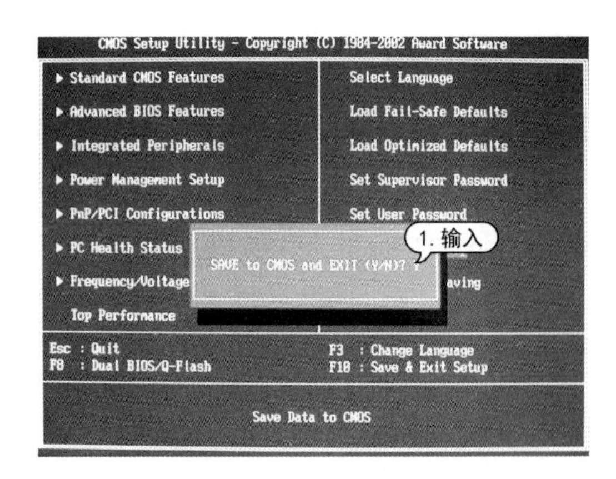

图 4-20 保存设置

4.3 BIOS 自检报警音的含义

启动电脑时，经过大约 3 s，如果没有问题，机箱里的扬声器就会清脆地发出“滴”的一声，显示器出现启动信息。否则，BIOS 自检程序会发出报警声音，根据出错的硬件不同，报警声音也不相同。

4.3.1 Award BIOS 报警音

- 1 声长报警音：没有找到显卡。
- 2 短 1 长声报警音：主机上没有连接显示器。
- 3 短 1 长声报警音：与视频设备相关的故障。
- 1 声短报警音：刷新故障，主板上的内存刷新电路存在问题。
- 2 声短报警音：奇偶校验错误。
- 3 声短报警音：内存故障。
- 4 声短报警音：主板上的定时器没有正常工作。
- 5 声短报警音：主板 CPU 出现错误。

- 6声短报警音:BIOS不能正常切换到保护模式。
- 7声短报警音:处理器异常,CPU产生了一个异常中断。
- 8声短报警音:显示错误,没有安装显卡,或者其内存存在问题。
- 9声短报警音:ROM校验错误,与BIOS中的编码值不匹配。
- 10声短报警音:CMOS关机寄存器出现故障。
- 11声短报警音:外部高速缓存错误。

4.3.2 AMI BIOS报警音

- 1声短报警音:内存刷新失败。
- 2声短报警音:内存ECC校验错误(解决方法:在BIOS中将ECC禁用)。
- 3声短报警音:系统基本内存检查失败。
- 4声短报警音:校验时钟出错(解决方法:尝试更换主板)。
- 5声短报警音:CPU出错(解决方法:检查CPU设置)。
- 6声短报警音:键盘控制器错误。
- 7声短报警音:CPU意外中断错误。
- 8声短报警音:显存读/写失败。
- 9声短报警音:ROM BIOS检验错误。
- 10声短报警音:CMOS关机注册时读/写出现错误。
- 11声短报警音:Cache(高速缓存)存储错误。

4.3.3 BIOS报错信息

除了报警提示音外,当电脑出现问题或者BIOS设置错误时,在显示器屏幕上会显示错误提示信息,根据提示信息,用户可以快速了解问题所在并加以解决。

- Press TAB to show POST screen:有一些OEM厂商会以自己设计的显示画面来取代BIOS预设的开机显示画面。该提示告诉用户,可以按TAB键在厂商的自定义画面与BIOS预设开机画面之间切换。
- CMOS battery failed:提示CMOS电池电量不足,需要更换新的主板电池。
- CMOS check sum error-defaults loaded:表示CMOS执行全部检查时发现错误,因此载入预设的系统设定值。通常发生这种状况一般是因为主板电池电力不足,可以先换个电池。如果问题依然存在,说明CMOS RAM可能有问题,最好送回原厂处理。
- Display switch is set incorrectly:较旧型的主板上有跳线可设定显示器为单色或彩色,这个错误提示信息表示主板上的设定和BIOS里的设定不一致,重新设定即可。
- Press ESC to skip memory test:如果在BIOS内并没有设定快速加电自检,则开机时就会测试内存。如果不想等待,可按ESC键跳过或到BIOS设置程序中开启【Quick Power On Self Test】选项。
- Secondary slave hard fail:表示检测从盘失败,原因有两种:CMOS设置不当,例如没有从盘但在CMOS中设有从盘;硬盘接线、数据线未接好或者硬盘跳线设置不当。
- Override enable-defaults loaded:表示当前BIOS设定无法启动电脑,载入BIOS预设值启动电脑。这通常是由BIOS设置错误造成的。

实用技巧

主板上的 BIOS 电池寿命为 30 年，除非维护失当，否则一般不用更换。

4.4 BIOS 的升级

BIOS 程序决定了电脑对硬件的支持，随着新的硬件不断出现，电脑可能无法支持新的硬件设备，这时就需要对 BIOS 进行升级，提高主板的兼容性和稳定性，同时获得厂家提供的新功能。

4.4.1 升级前的准备

升级 BIOS 属于比较底层的操作，如果升级失败，将导致电脑无法启动，且处理起来比较麻烦，因此在升级 BIOS 之前应做好以下几种方面的准备工作。

1. 查明主板类型以及 BIOS 的种类和版本

不同类型的主板 BIOS 升级方法存在差异，可通过查看主板的包装盒及说明书、查看主板上的标注、查看开机自检画面等方法查明主板类型。同时需要确定 BIOS 的种类和版本，这样才能找到对应的 BIOS 升级程序。

2. 准备 BIOS 升级软件

各主板厂商会不定期地推出其 BIOS 升级文件，用户可到主板厂商的官方网站中进行下载 。对于不同类型的 BIOS，升级需要相应的 BIOS 擦写软件，如 AWDFlash 等。一些著名的主板会要求使用专门的软件。

3. BIOS 和跳线设定

为了保障 BIOS 升级的顺畅无误，在升级前需要进行相关的 BIOS 设定，如关闭病毒防范功能、关闭缓存和镜像功能、设置 BIOS 防写跳线为可写入状态等。

4.4.2 升级 BIOS

做好 BIOS 升级准备后，便可进入 DOS 系统，运行升级程序，进行 BIOS 的升级。若系统无 DOS 环境，可下载 MaxDOS 工具安装，然后重新启动电脑，进入该系统进行操作。

【例 4-6】 升级 BIOS。

STEP 01 打开机箱，查看主板型号，在官方网站上搜索查找对应主板 BIOS 的升级程序，下载与主板 BIOS 型号相匹配的 BIOS 数据文件，如图 4-21 所示。

STEP 02 在 C 盘根目录下新建一个命名为“upateBIOS”的文件夹，然后将 BIOS 升级程序和数据文件拷贝到该目录下，如图 4-22 所示。

STEP 03 重启电脑，在出现开机画面时，按下热键进入 CMOS 设置，进入【BIOS Features Setup】界面，将【Virus Warning】(病毒警告)选项设置为【Disabled】，如图 4-23 所示。

STEP 04 按 F10 键保存退出 CMOS 并重启，在启动过程中，不断按 F8 键以进入系统启动菜单，选择【带命令行提示的安全模式】选项，如图 4-24 所示。

图 4-21　查看型号

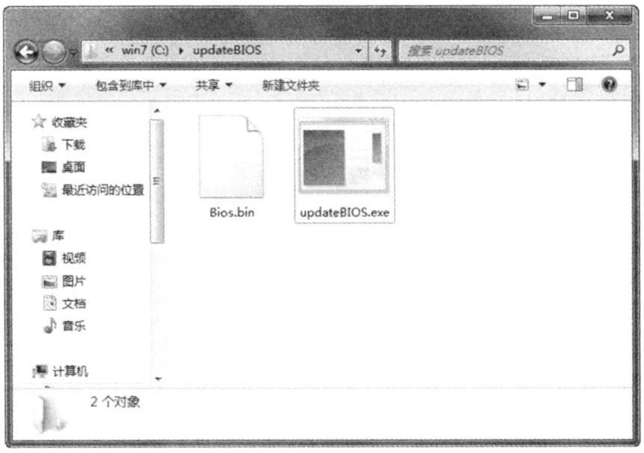

图 4-22　新建文件夹

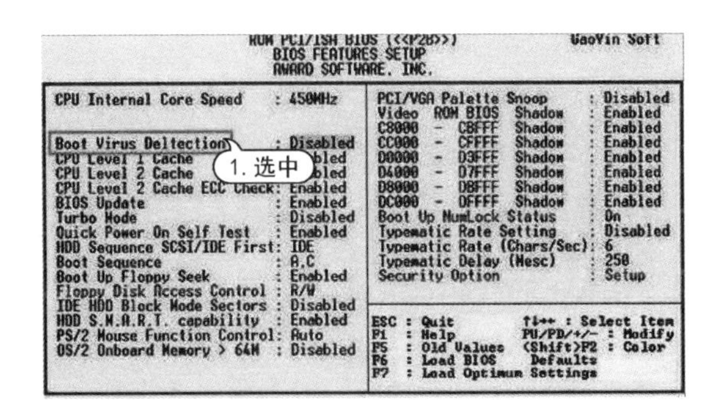

图 4-23　进入 BIOS

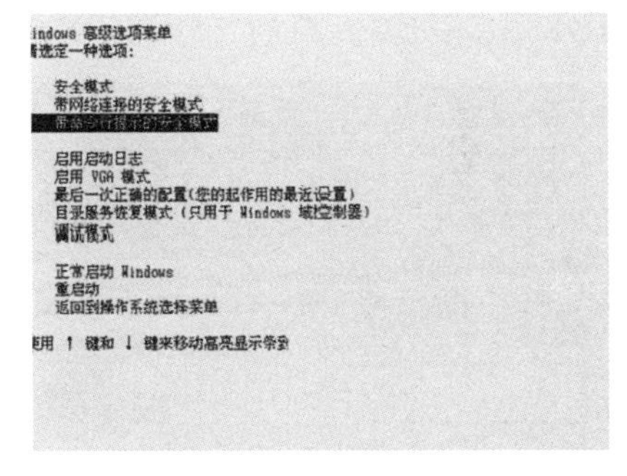

图 4-24　【带命令行提示的安全模式】

STEP 05 在命令提示符状态下输入如图 4-25 所示命令，将当前目录切换至 c:\UpdateBios。

STEP 06 在命令提示符状态下输入命令：UpdateBios，按下 Enter 键，进入 BIOS 更新程序，显示器上出现如图 4-26 所示画面。

STEP 07 根据屏幕提示，输入升级文件名：BIOS. BIN，按下 Enter 键确定，如图 4-27 所示。

STEP 08 刷新程序提示是否要备份主板的 BIOS 文件，把目前系统的 BIOS 内容备份并记住文件名(本例将 BIOS 备份文件命名为 BACK. BIN)，以便更新 BIOS 的过程中若发生错误，可以写回原来的 BIOS 数据，如图 4-28 所示。

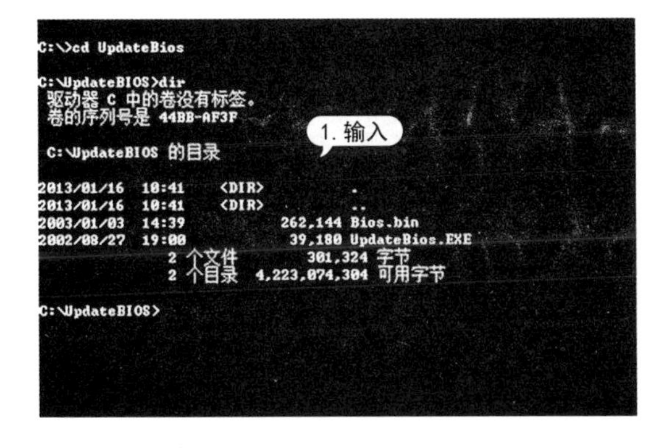

图 4-25　输入命令 1

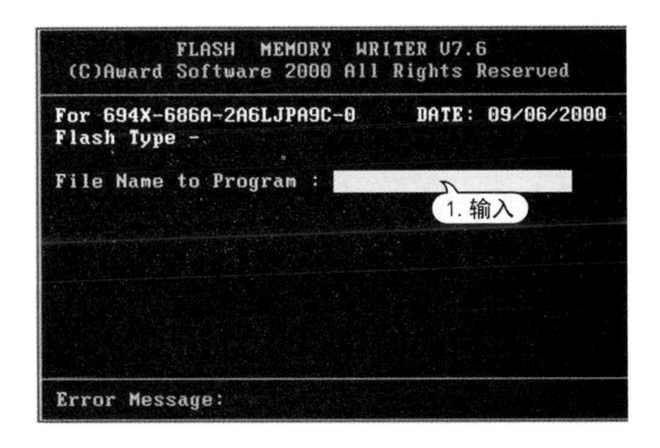

图 4-26　进入 BIOS 更新程序

图 4-27 输入升级文件名

图 4-28 备份

STEP 09 在【File Name to Save】文本框中输入保存备份的文件名：BACK. BIN，按下 Enter 键，刷新程序开始读出主板的 BIOS 内容并保存，如图 4-29 所示。

STEP 10 完成备份后，刷新程序询问是否要升级 BIOS，如图 4-30 所示。

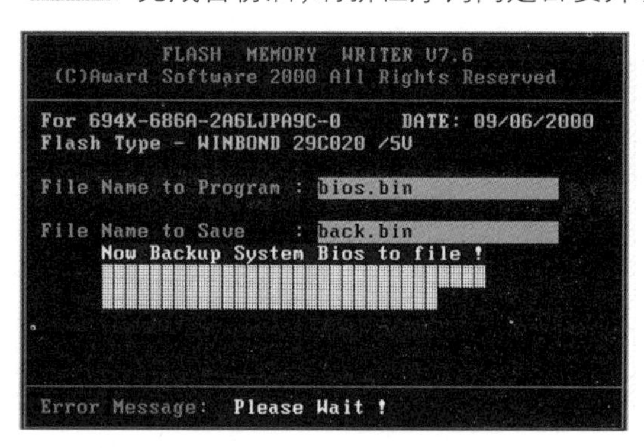

图 4-29 输入备份文件名

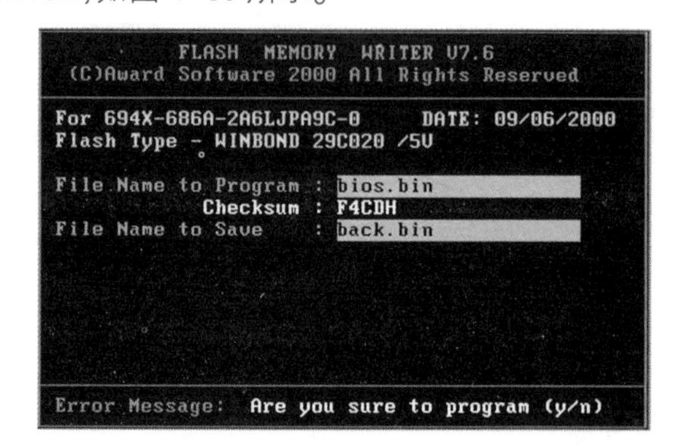

图 4-30 询问是否升级 BIOS

STEP 11 选择【Y】选项，刷新程序开始正式刷新 BIOS，在刷新 BIOS 的过程中不要关机，否则可能出现错误，如图 4-31 所示。

STEP 12 当进度条达到 100% 时，刷新过程就完成了，刷新程序提示按下 F1 键重启电脑或按下 F10 键退出刷新程序，一般选择重启电脑。按 F10 键进入 BIOS 设置，进入【BIOS Features Setup】界面，将【Virus Warning】(病毒警告)选项设置为【Enable】，再次重启电脑，至此，完成 BIOS 的升级工作，如图 4-32 所示。

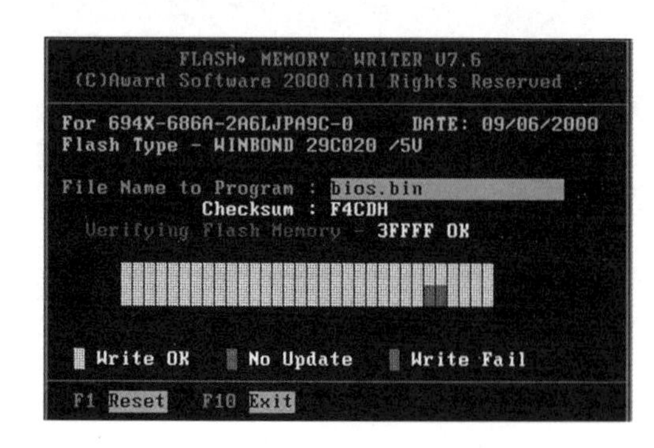

图 4-31 刷新 BIOS

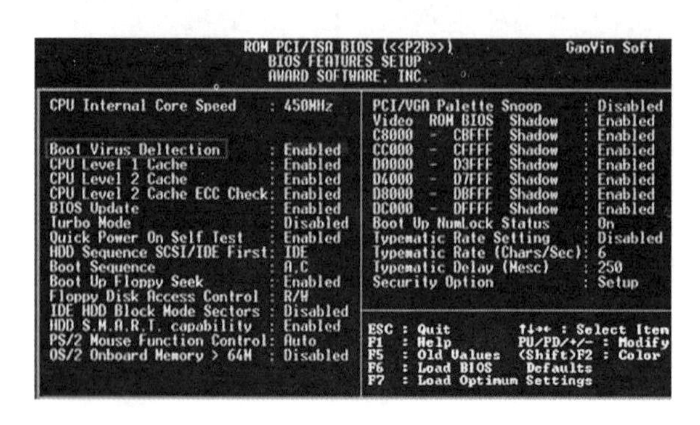

图 4-32 完成升级

4.5 案例演练

本章的案例演练包括设置 BIOS 密码、载入 BIOS 默认设置和设置电脑定时关机等多个操作。用户可以通过练习巩固本章所学的知识。

4.5.1 设置 BIOS 密码

【例 4-7】 设置 BIOS 密码。

STEP 01 进入 BIOS 设置的主界面，使用方向键选择【Set Supervisor Password】选项，按 Enter 键，如图 4-33 所示。

STEP 02 打开【Enter Password】对话框，输入设置的密码，如图 4-34 所示。

STEP 03 按 Enter 键，打开【Confirm Password】对话框，再次输入密码，如图 4-35 所示。

STEP 04 输入完成后，按 Enter 键确认并返回。

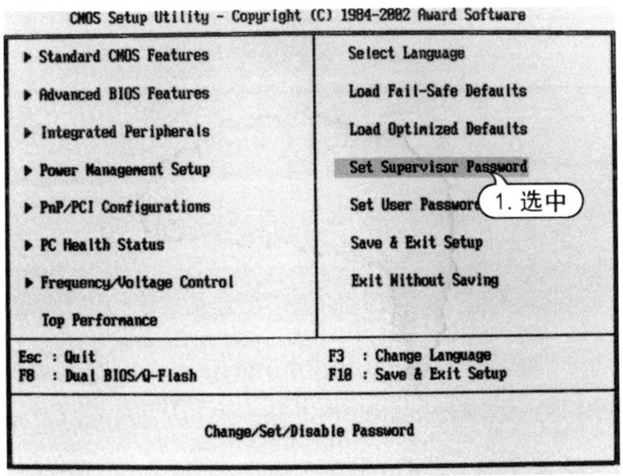

CMOS Setup Utility - Copyright (C) 1984-2002 Award Software
Standard CMOS Features
Advanced BIOS Features
Integrated Peripherals
Power Management Setup
PnP/PCI Configurations
PC Health Status
Frequency/Voltage Control
Top Performance
Select Language
Load Fail-Safe Defaults
Load Optimized Defaults
Set Supervisor Password
Set User Password
1. 选中
Save & Exit Setup
Exit Without Saving
Esc : Quit
F8 : Dual BIOS/Q-Flash
F3 : Change Language
F10 : Save & Exit Setup
Change/Set/Disable Password

图 4-33 【Set Supervisor Password】选项

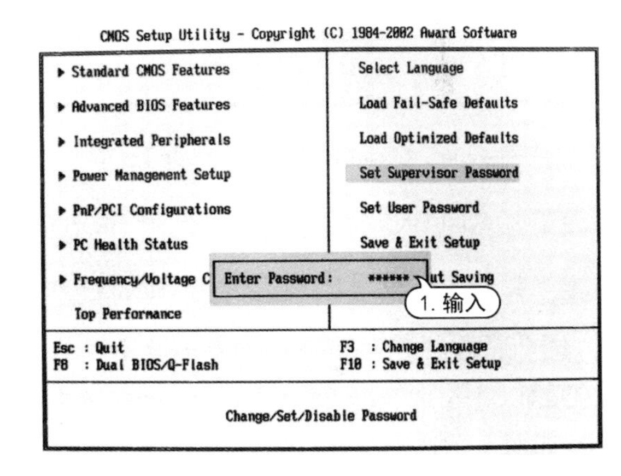

CMOS Setup Utility - Copyright (C) 1984-2002 Award Software
Standard CMOS Features
Advanced BIOS Features
Integrated Peripherals
Power Management Setup
PnP/PCI Configurations
PC Health Status
Top Performance
Select Language
Load Fail-Safe Defaults
Load Optimized Defaults
Set Supervisor Password
Set User Password
Save & Exit Setup
Enter Password: ******
1. 输入
Esc : Quit
F8 : Dual BIOS/Q-Flash
F3 : Change Language
F10 : Save & Exit Setup
Change/Set/Disable Password

图 4-34 输入密码

CMOS Setup Utility - Copyright (C) 1984-2002 Award Software
Standard CMOS Features
Advanced BIOS Features
Integrated Peripherals
Power Management Setup
PnP/PCI Configurations
PC Health Status
Top Performance
Select Language
Load Fail-Safe Defaults
Load Optimized Defaults
Set Supervisor Password
Set User Password
1. 输入
Confirm Password: ******
Esc : Quit
F8 : Dual BIOS/Q-Flash
F3 : Change Language
Change/Set/Disable Password

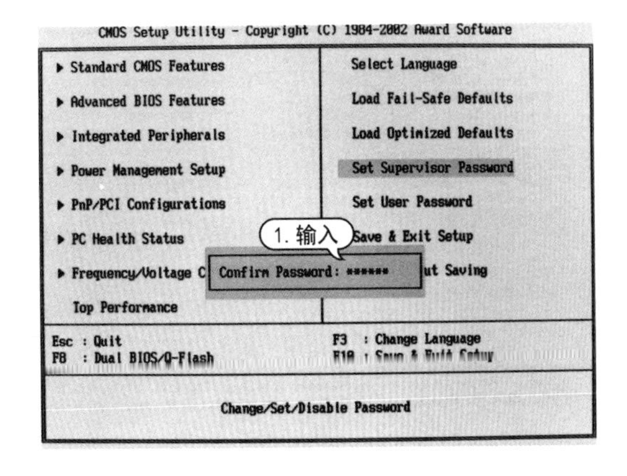

图 4-35 再次输入密码

实用技巧

BIOS 密码的最大长度为 8 位，可以是符号、数字和字母的组合，其区分大小写。

4.5.2 载入 BIOS 默认设置

【例 4-8】 在电脑 BIOS 设置界面中通过【Load Fail-Safe Defaults】选项载入 BIOS 默认设置参数。

STEP 01 进入 BIOS 设置，选择【Load Fail-Safe Defaults】选项，按 Enter 键，如图 4-36 所示。

STEP 02 打开【恢复默认设置】提示框，输入“Y”，按 Enter 键确认恢复操作，如图 4-37 所示。

图 4-36 【Load Fail-Safe Defaults】选项

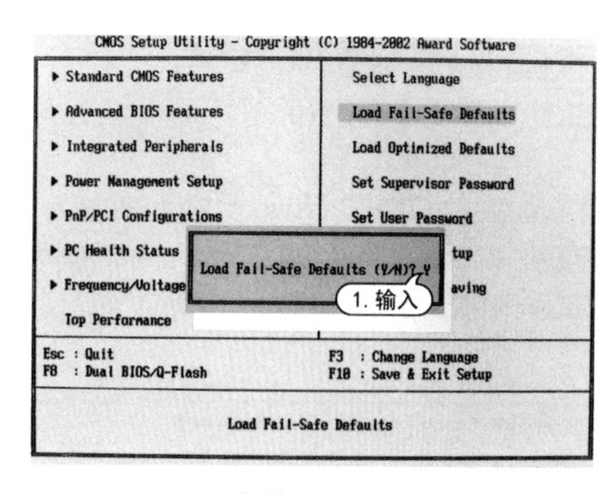

图 4-37 输入 Y 确认

STEP 03 返回 BIOS 设置主界面，此时 BIOS 已经恢复默认设置。

4.5.3 设置电脑定时关机

【例 4-9】在 BIOS 中设置电脑定时关机。

STEP 01 进入 BIOS 设置的主界面，使用方向键选择【Power Management Setup】选项，按 Enter 键，如图 4-38 所示。

STEP 02 在【Power Management Setup】选项的设置界面中，使用方向键选择【Resume by Alarm】选项，如图 4-39 所示。

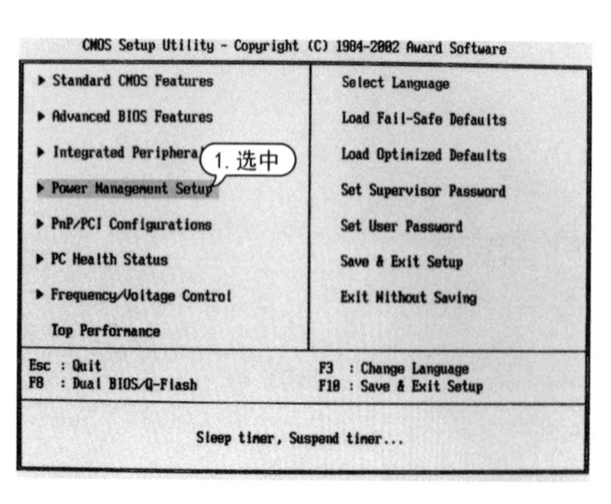

图 4-38 【Power Management Setup】选项

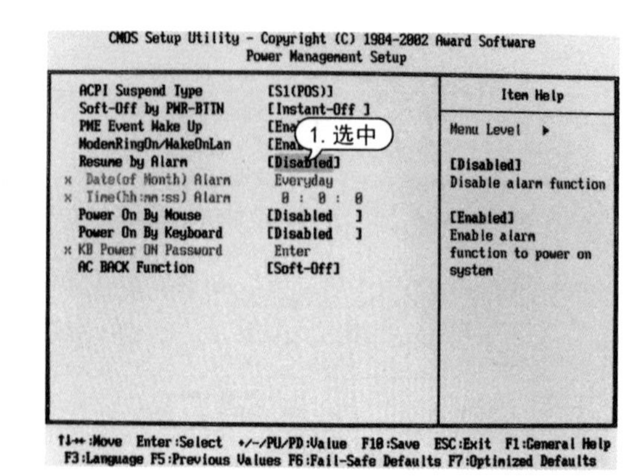

图 4-39 【Resume by Alarm】选项

STEP 03 按 Enter 键，在弹出的【Resume by Alarm】对话框中选择【Enabled】选项，如图 4-40 所示。

STEP 04 按 Enter 键，激活下方的【Time(hh:mm: ss)Alarm】选项，配合方向键和数字键设置适当的时间。设置完成后，保存并退出 BIOS，即完成电脑定时关机的设置。

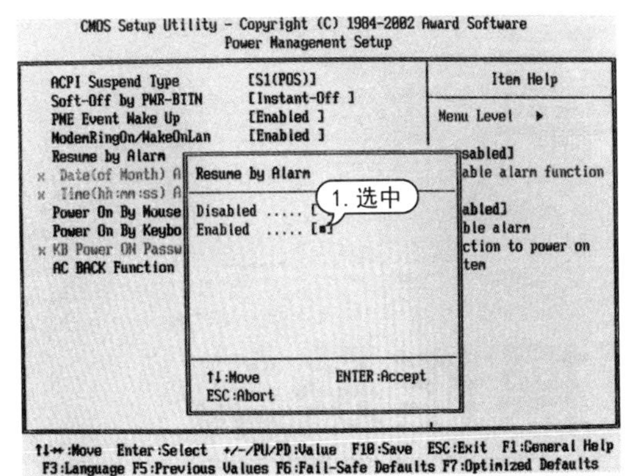

图 4-40　选择【Enabled】选项

实用技巧

BIOS 默认设置是比较保守的 CMOS 参数设置，关闭了系统大部分硬件的特殊性能，从而减少了因为硬件设备而引起的故障，使系统工作在很安全的环境下。

轻松学电脑教程系列

第5章

安装与配置操作系统

电脑软件(Computer Software)指的是电脑系统中的程序及其文档,其中程序是电脑任务的处理对象和处理规则的描述,而文档则是为了便于了解程序的阐明性资料。本章将通过具体实例,重点介绍安装与管理电脑软件的方法与技巧。

对应的光盘视频

例 5-6　添加系统图标

例 5-12　设置双系统的启动顺序

例 5-13　对硬盘进行分区

5.1 硬盘分区与格式化

简单地说，硬盘分区就是将硬盘内部的空间划分为多个区域，以便在不同的区域中存储不同的数据；而格式化硬盘则是将分区好的硬盘，根据操作系统的安装格式需求进行格式化处理，以便在系统安装时，安装程序可以对硬盘进行访问。

5.1.1 硬盘的分区

硬盘分区是指将硬盘分割为多个区域，以方便数据的存储与管理。对硬盘进行分区主要包括创建主分区、扩展分区和逻辑分区3部分。主分区一般安装操作系统，剩余的空间作为扩展空间再划分为一个或多个逻辑分区。

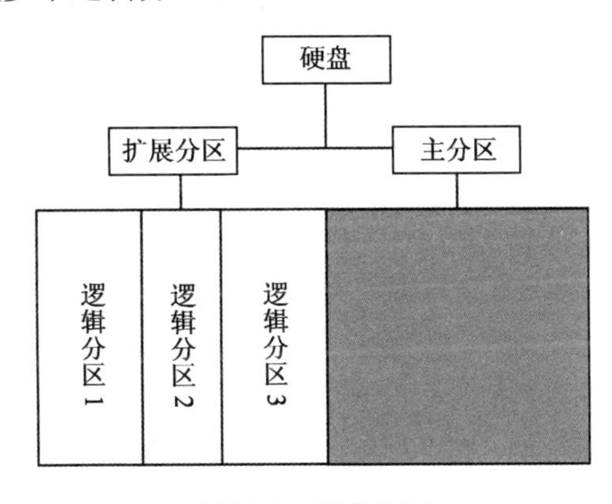

图5-1 硬盘分区

5.1.2 硬盘的格式化

硬盘格式化是指将一张空白的硬盘划分成多个小的区域，并且对这些区域进行编号。对硬盘进行格式化后，系统就可以读取硬盘，并在硬盘中写入数据了。做个形象比喻，格式化相当于在一张白纸上用铅笔打上格子，这样系统就可以在格子中读写数据了。如果没有格式化操作，电脑就不知道要从哪里写、哪里读。如果硬盘中存有数据，经过格式化操作后，这些数据将会被清除。

5.1.3 常见文件系统简介

文件系统是基于存储设备而言的，通过格式化操作可以将硬盘分区格式化为不同的文件系统。文件系统是有组织地存储文件或数据的方法，以便于数据的查询和存取。

在DOS/Windows系列操作系统中，常使用的文件系统有FAT 16、FAT 32、NTFS等。

- FAT 16：FAT 16是早期DOS操作系统下的格式，它使用16位的空间来表示每个扇区配置文件的情形，故称为FAT 16。由于设计上的原因，FAT 16不支持长文件名，有8个字符的文件名加3个字符的扩展名的限制。另外，FAT 16所支持的单个分区的最大尺寸为2 GB，单个硬盘的最大容量一般不能超过8 GB。如果硬盘容量超过8 GB，则8 GB以上的空间将会因无法利用而被浪费，因此该类文件系统对磁盘的利用率较低。此外，此系统的安全性比较差，易受病毒的攻击。
- FAT 32：FAT 32是继FAT 16后推出的文件系统，它采用32位的文件分配表，突破了

FAT 16 分区格式中每个分区容量只有 2 GB 的限制，大大减少了对磁盘的浪费，提高了磁盘的利用率。FAT 32 是目前被普遍使用的文件系统分区格式。但 FAT 32 分区格式也有缺点，由于这种分区格式支持的磁盘分区文件表比较大，因此其运行速度略低于 FAT 16 分区格式的磁盘。

- NTFS：NTFS 是 Windows NT 的专用格式，具有出色的安全性和稳定性。这种文件系统与 DOS 以及 Windows 98/Me 系统不兼容，要使用该文件系统应安装 Windows 2000 操作系统以上的版本。使用 NTFS 分区格式的优点是在用户使用的过程中不易产生文件碎片，并可以对用户的操作进行记录。NTFS 格式是目前最常用的文件格式。

5.1.4 硬盘的分区原则

对硬盘分区并不难，但要将硬盘合理地分区，则应遵循一定的原则。对于初学者来说，掌握了硬盘分区的原则，就可以在对硬盘分区时得心应手。

- 实用性原则：对硬盘进行分区时，应根据硬盘的大小和实际的需求对硬盘分区的容量和数量进行合理的划分。
- 合理性原则：合理性是指对硬盘的分区应便于日常管理，过多或过细的分区会降低系统启动和访问资源管理器的速度，同时也不便于管理。
- 最好使用 NTFS 文件系统：NTFS 文件系统是一个基于安全性及可靠性的文件系统，除兼容性之外，在其他方面远远优于 FAT 32 文件系统。NTFS 文件系统不但可以支持高达 2TB 大小的分区，而且支持对分区、文件夹和文件的压缩，可以更有效地管理磁盘空间。对于局域网用户来说，NTFS 分区允许用户对共享资源、文件夹以及文件设置访问许可权限，安全性要比 FAT 32 高很多。
- C 盘分区不宜过大：一般来说，C 盘是系统盘，硬盘的读写操作比较多，产生磁盘碎片和错误的几率也比较大。如果 C 盘分得过大，会导致扫描磁盘和整理碎片这两项日常工作变得很慢，影响工作效率。
- 双系统或多系统优于单一系统：如今，病毒、木马、广告软件、流氓软件无时无刻不在危害着用户的电脑，轻则导致系统运行速度变慢，重则导致电脑无法启动甚至损坏硬件。一旦出现这种情况，重装、杀毒要消耗很多时间，往往令人头疼不已，有些顽固的开机即加载的木马和病毒甚至无法在原系统中删除。如果用户的电脑中安装了双操作系统，事情就会简单得多。用户可以启动未染毒的系统，然后对染毒系统进行杀毒和删除木马，甚至可以用镜像把染毒系统恢复。即使不做任何处理，也可以用未染毒系统展开工作，不会因为电脑故障而耽误工作。

5.2 对硬件进行分区与格式化

Windows 7 操作系统自身集成了硬盘分区功能，用户可以使用该功能轻松地对硬盘进行分区，分两个步骤进行，首先在安装系统的过程中建立主分区，在系统安装完成后，使用磁盘管理工具对剩下的硬盘空间进行分区。

5.2.1 安装系统时建立主分区

对于一块全新的没有进行过分区的硬盘，用户可在安装 Windows 7 的过程中，使用安装

光盘轻松地对硬盘进行分区。

【例 5-1】 使用 Windows 7 安装光盘为硬盘创建主分区。

STEP 01 在安装操作系统的过程中，当安装进行到如图 5-2 所示步骤时，选择【驱动器选项(高级)】选项。

STEP 02 在打开的新界面中，选中列表中的磁盘，然后选择【新建】选项，如图 5-3 所示。

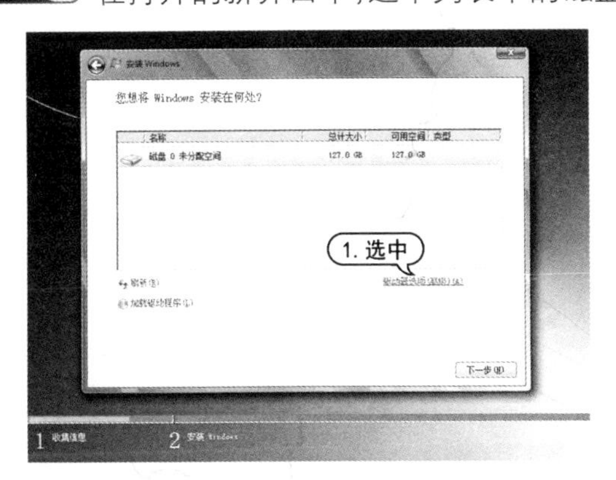

图 5-2　【驱动器选项(高级)】选项

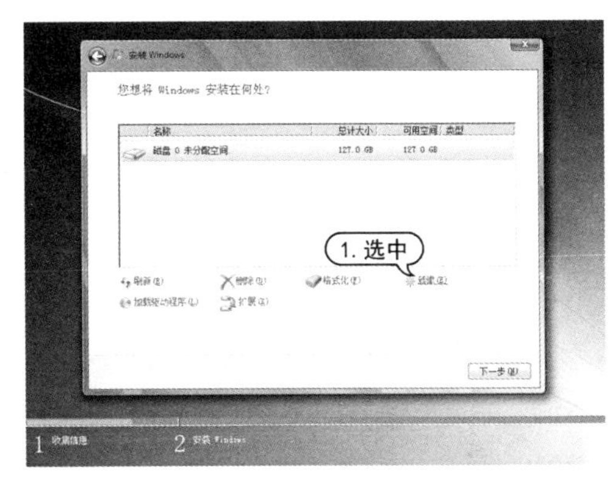

图 5-3　新建磁盘

STEP 03 打开【大小】微调框，在其中输入主分区的大小(该分区会默认为 C 盘)，设置完成后，单击【应用】按钮，如图 5-4 所示。

STEP 04 在弹出的提示对话框中单击【确定】按钮，如图 5-5 所示。

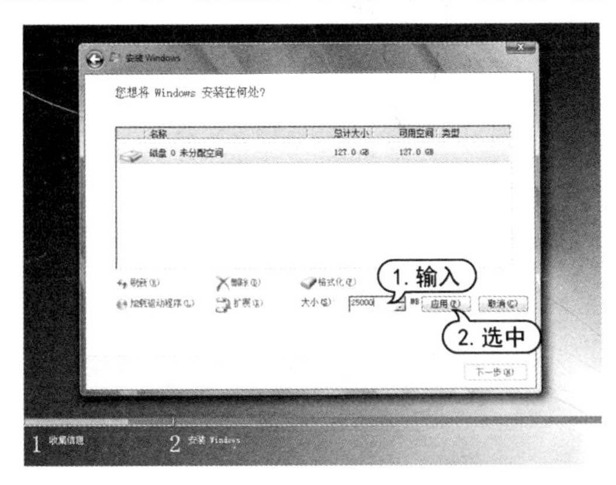

图 5-4　输入主分区的大小

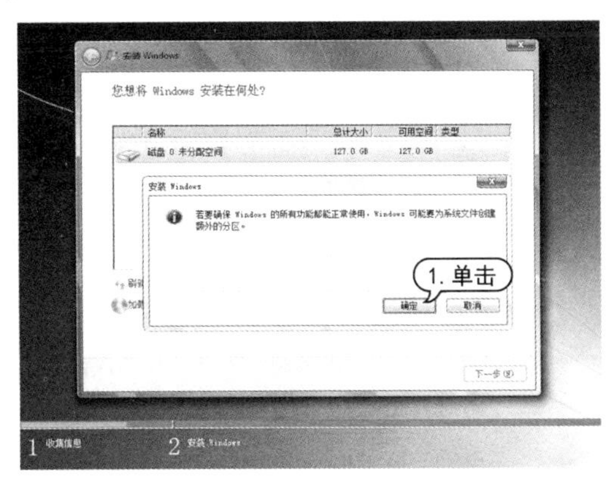

图 5-5　提示对话框

实用技巧

为了方便实例的编写，本章以一个小硬盘为例，讲解对硬盘分区和格式化的方法。用户在操作时，分区大小应根据实际使用情况。

5.2.2　格式化硬盘主分区

划分主分区后，在安装操作系统前，还应对该主分区进行格式化。下面通过实例来介绍如何进行格式化。

【例 5-2】 使用 Windows 7 安装光盘对主分区进行格式化。

STEP 01 选中刚刚创建的主分区，然后选择【格式化】选项，如图 5-6 所示。

STEP 02 打开提示对话框，单击【确定】按钮即可进行格式化操作，如图 5-7 所示。

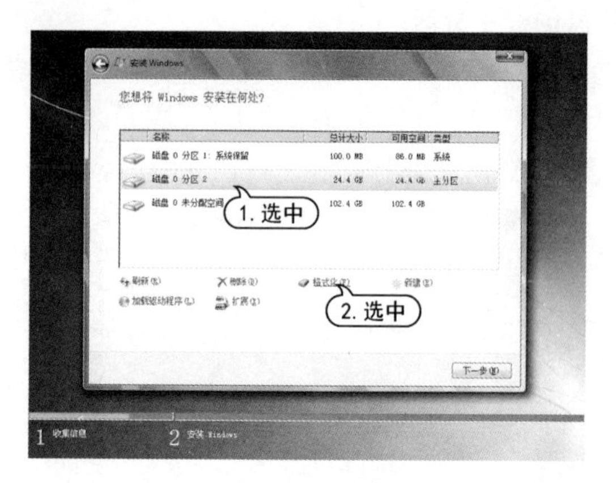

图 5-6　格式化磁盘分区

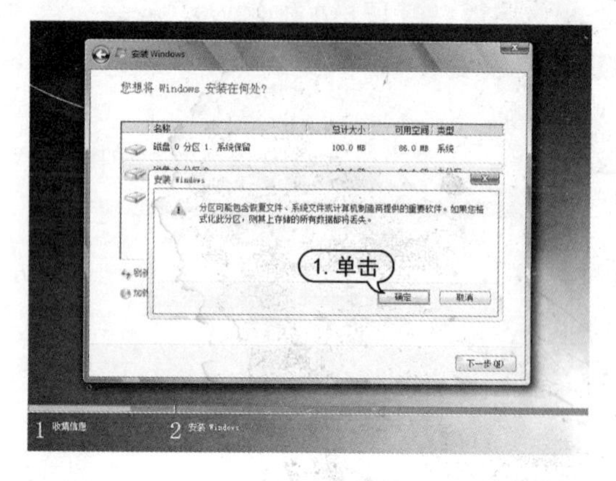

图 5-7　进行格式化操作

STEP 03 主分区划分完成后，选中主分区，然后单击【下一步】按钮，开始安装操作系统。

实用技巧

Windows 7 安装光盘中也提供了命令提示符，通过它也可以实现分区和格式化：在安装界面中按 shift + F10组合键启动命令窗口，输入 Dikpart 并按 Enter 便可进入 Diskpart 的命令环境，具体的命令可以在网上搜索得到。

5.3 使用 DiskGenius 管理硬盘分区

在为电脑安装与重装操作系统时，除了可以使用系统自带的对硬盘进行分区、格式化的功能以外，还可以使用第三方软件对硬盘进行分区，并进行格式化操作。

5.3.1 DiskGenius 简介

DiskGenius 是一款常用的硬盘分区工具，它支持快速分区、新建分区、删除分区、隐藏分区等多项功能，是对硬盘进行分区的好手。DiskGenius 启动后，其主界面如图 5-8 所示。

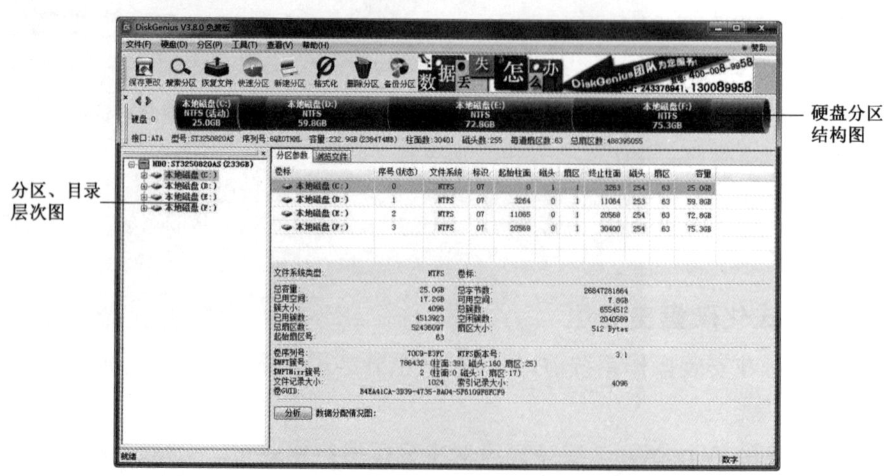

图 5-8　DiskGenius 软件界面

- 分区、目录层次图:该区域显示了分区的层次和分区内文件夹的树形结构,通过单击可切换当前硬盘、当前分区。
- 硬盘分区结构图:在硬盘分区结构图中用不同的颜色来区别不同的分区,用文字显示分区的卷标、盘符、类型、大小。单击可在不同分区之间进行切换。
- 分区参数区:显示了各个分区的详细参数,包括起止位置、名称和容量等。区域下方显示了当前所选择的分区的详细信息。

5.3.2　自动执行硬盘分区操作

DiskGenius 软件的快速分区功能既适用于对新硬盘进行分区,也可用于对已分区硬盘进行重新分区。在执行该功能时,软件会删除现有分区,然后按照用户设置对硬盘重新分区,分区后立即快速格式化所有分区。

【例 5-3】 使用 DiskGenius 快速为硬盘分区。

STEP 01 双击 DiskGenius 程序启动软件,在左侧列表中选中要进行快速分区的硬盘,如图 5-9 所示。

STEP 02 单击【快速分区】按钮,打开【快速分区】对话框。在【分区数目】区域中选择硬盘分区的数目,在【高级设置】区域中设置硬盘分区容量,如图 5-10 所示。

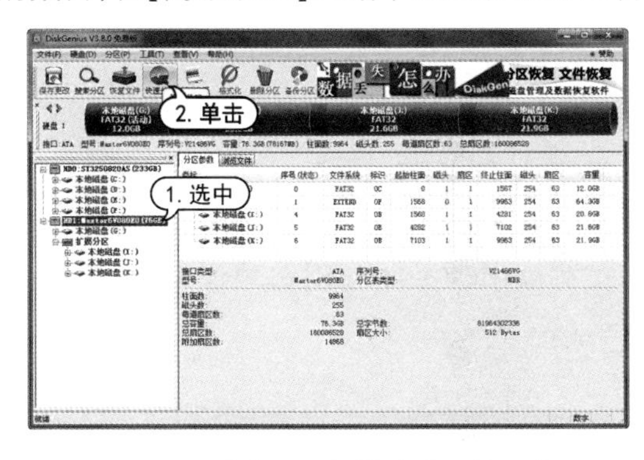

图 5-9　选中要进行快速分区的硬盘

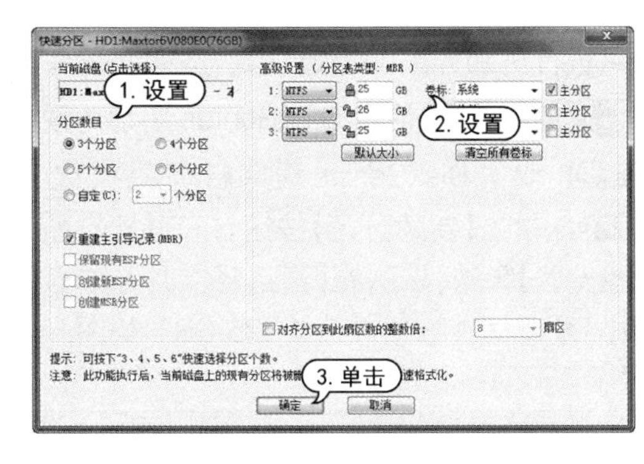

图 5-10　设置硬盘分区数量

STEP 03 设置完成后,单击【确定】按钮,如果该硬盘已有了分区,将弹出如图 5-11 所示的提示对话框,提示用户“重新分区后,将会把现有分区删除并会在重新分区后对硬盘进行格式化”。

STEP 04 确认无误后,单击【是】按钮,软件会自动对硬盘进行分区和格式化操作,如图 5-12 所示。

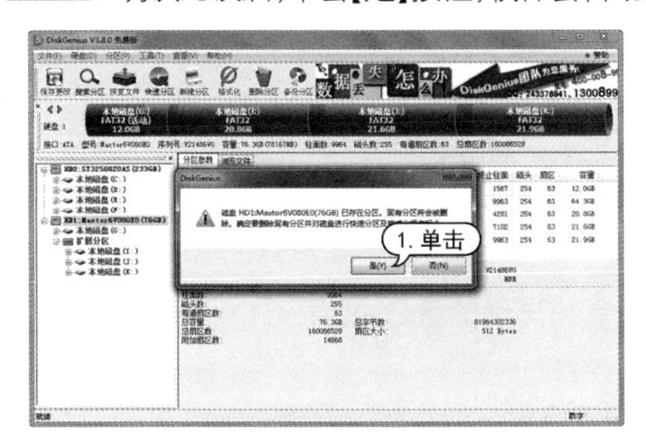

图 5-11　提示框

图 5-12　进行分区和格式化操作

STEP 05 分区完成后效果如图 5-13 所示。

图 5-13 完成分区

实用技巧

快速分区功能不能对正在使用的硬盘进行分区，因为系统盘正在运行。

5.3.3 手动执行硬盘分区操作

除了可使用快速分区功能为硬盘分区外，用户还可以手动为硬盘进行分区。

使用 DiskGenius 为硬盘新建分区时，不仅能够设置分区类型和文件系统类型等参数，还可以进行更加详细的参数设置，例如起止柱面、磁头和扇区等。

【例 5-4】 使用 DiskGenius 手动为硬盘分区和格式化。

STEP 01 双击 DiskGenius 程序启动软件，选中需要手动分区的硬盘，如图 5-14 所示。

STEP 02 单击【新建分区】按钮，打开【建立新分区】对话框。在【请选择分区类型】区域选中【主磁盘分区】单选按钮，在【请选择文件系统类型】下拉列表中选择【NTFS】选项，然后在【新分区大小】微调框中设置数值为“25 GB”，如图 5-15 所示。

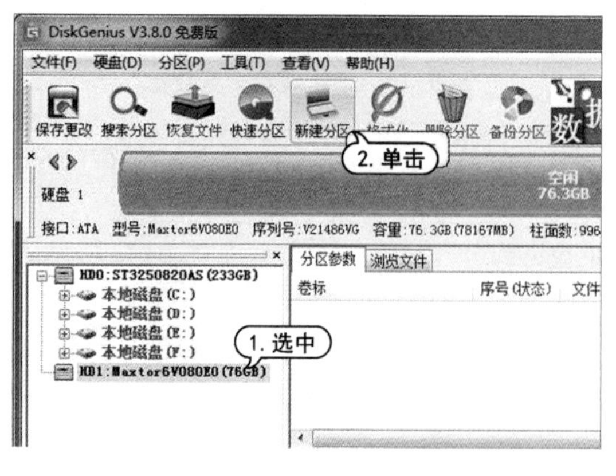

图 5-14 选中需要手动进行分区的硬盘

图 5-15 设置参数 1

STEP 03 单击【详细参数】按钮，可设置起止柱面等更加详细的参数，如果用户对这些参数不了解，保持默认设置即可，如图 5-16 所示。

STEP 04 设置完成后，单击【确定】按钮，即可成功建立主分区，如图 5-17 所示。

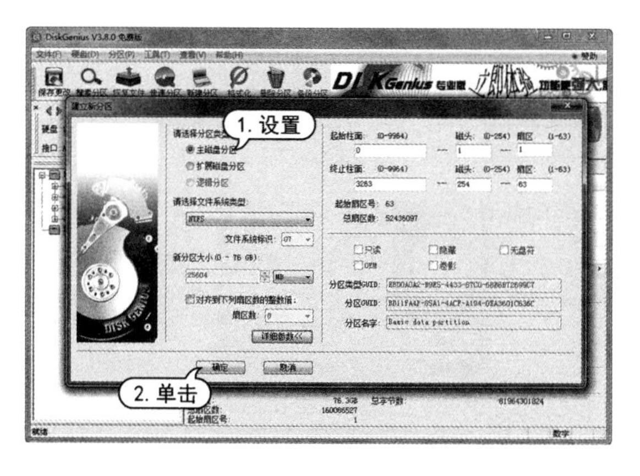

图 5-16　设置参数 2

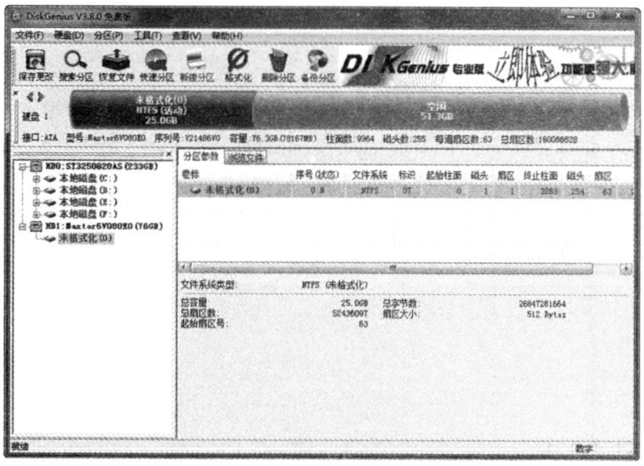

图 5-17　成功建立主分区

STEP 05 在【硬盘分区结构图】中选中【空闲】分区，单击【新建分区】按钮，如图 5-18 所示。

STEP 06 打开【新建分区】对话框，在【请选择分区类型】区域选中【扩展磁盘分区】单选按钮，在【新分区大小】微调框中保持默认数值（扩展分区大小保持默认的含义是把除主分区以外的所有剩余分区划分为扩展分区），如图 5-19 所示。

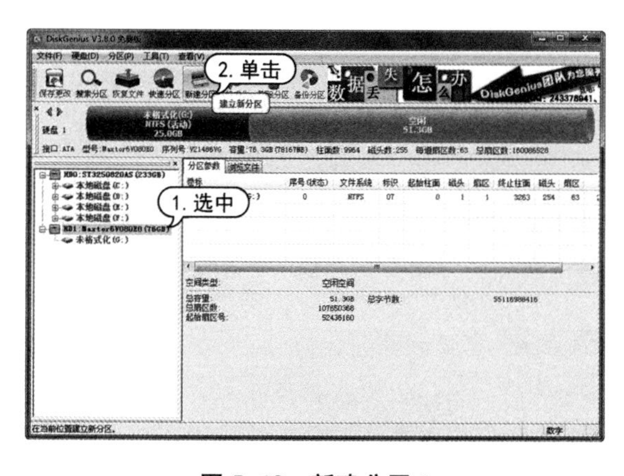

图 5-18　新建分区 1

图 5-19　保持默认数值

STEP 07 单击【确定】按钮，即可成功把所有剩余分区划分为扩展分区。在软件左侧列表中选中【扩展分区】选项，然后单击【新建分区】按钮，如图 5-20 所示。

STEP 08 打开【新建分区】对话框，将扩展分区划分为若干个逻辑分区。在【新分区大小】微调框中输入第一个逻辑分区的大小，其余选项保持默认设置，然后单击【确定】按钮，即可划分出第一个逻辑分区，如图 5-21 所示。

STEP 09 使用同样的方法将剩余扩展分区根据需求划分出逻辑分区。分区划分完成后，在软件主界面左侧列表中选中刚刚进行分区的硬盘，然后单击【保存更改】按钮，如图 5-22 所示。

STEP 10 在打开的软件提示对话框中单击【是】按钮，如图 5-23 所示。

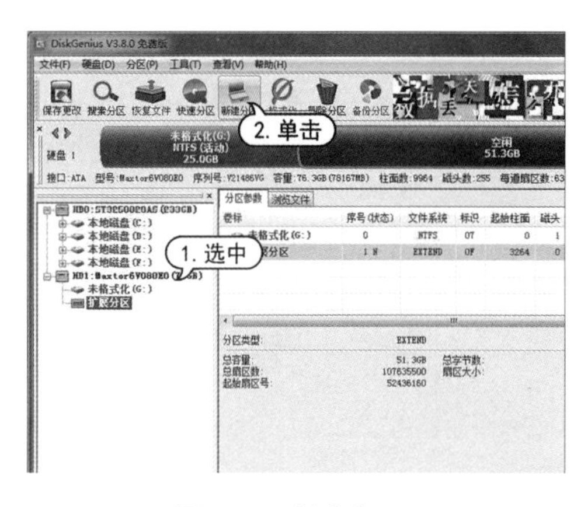

图 5-20　新建分区 2

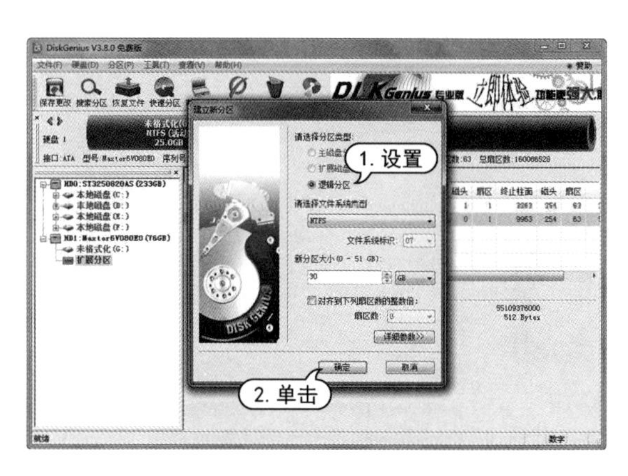

图 5-21　设置参数 3

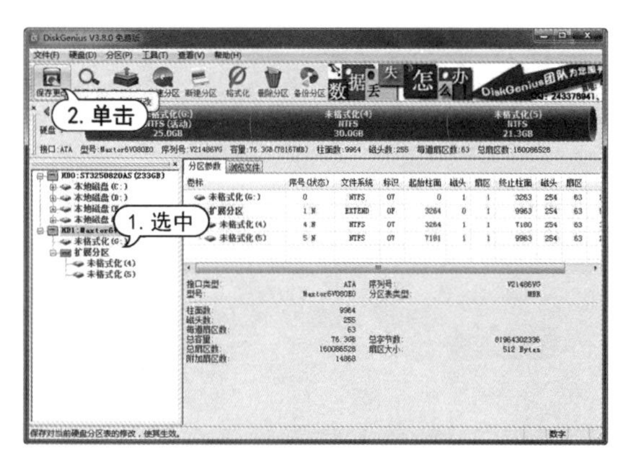

图 5-22　保存更改

图 5-23　提示对话框 1

STEP 11 系统打开提示对话框，单击【是】按钮，如图 5-24 所示。

STEP 12 开始对新分区进行格式化，如图 5-25 所示。

图 5-24　提示对话框 2

图 5-25　开始格式化

STEP 13 格式化完成后，在软件主界面左侧的列表中选中主分区，单击【格式化】按钮。如图 5-26所示。

STEP 14 打开【格式化分区(卷)未格式化(G:)】对话框，保持默认设置，单击【格式化】按钮，如图 5-27 所示。

图 5-26　格式化分区

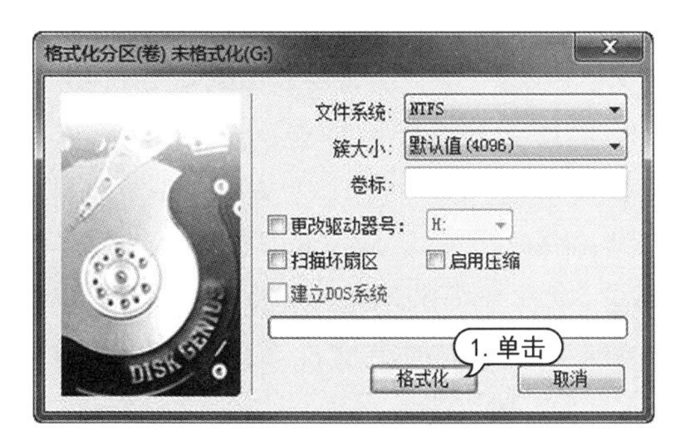

图 5-27　保持默认设置

STEP 15 在打开的提示对话框中单击【是】按钮，如图 5-28 所示。

STEP 16 开始格式化主分区，格式化完成后就全部完成对硬盘的分区操作，如图 5-29 所示。

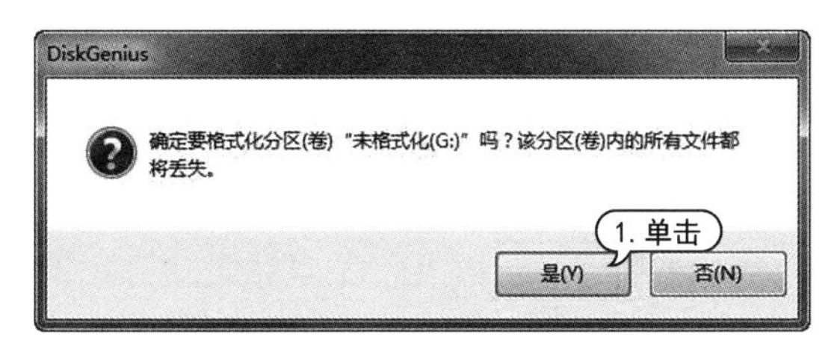

图 5-28　提示对话框 3

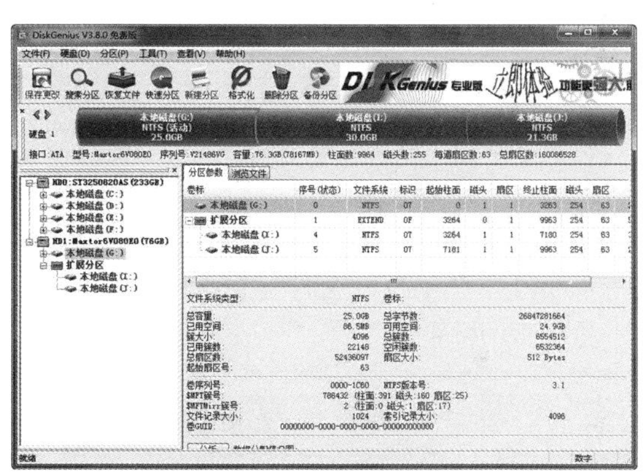

图 5-29　完成分区

5.4　安装 Windows 7 操作系统

Windows 7 是微软公司推出的 Windows 系列操作系统，与之前的版本相比，Windows 7 不仅具有靓丽的外观和桌面，而且操作更方便、功能更强大。

5.4.1　Windows 7 简介

在电脑中安装 Windows 7 系统之前，用户应了解该系统的版本、特性以及安装硬件需求的相关知识。

1. Windows 7 版本介绍

Windows 7 系统共包含 Windows 7 Starter(初级版)、Windows 7 Home Basic(家庭普通版)等 6 个版本。

- Windows 7 Starter(初级版)的功能较少，缺乏 Aero 特效功能，没有 64 位支持，没有 Windows 媒体中心和移动中心等，对更换桌面背景有限制。

- Windows 7 Home Basic(家庭普通版)是简化的家庭版,支持多显示器,有移动中心,限制部分 Aero 特效,没有 Windows 媒体中心,缺乏 Tablet 支持,没有远程桌面,只能加入而不能创建家庭网络组(Home Group)等。
- Windows 7 Home Premium(家庭高级版)主要面向家庭用户,满足家庭娱乐需求,包含所有桌面增强和多媒体功能,如 Aero 特效、多点触控功能、媒体中心、建立家庭网络组、手写识别等。
- Windows 7 Professional(专业版)主要面向电脑爱好者和小企业用户,可满足办公开发需求,包含加强的网络功能,比如对活动目录和域的支持、远程桌面等,另外还有网络备份、位置感知打印、加密文件系统、演示模式、Windows XP 模式等功能。64 位可支持更大内存(192 GB)。
- Windows 7 Ultimate(旗舰版)拥有新操作系统的所有功能,与企业版基本上是相同的产品,仅仅在授权方式、相关应用及服务上有区别,面向高端用户和软件爱好者。
- Windows 7 Enterprise(企业版)是主要面向企业市场的高级版本,满足企业数据共享、管理、安全等需求。包含多语言包、UNIX 应用支持、BitLocker 驱动器加密、分支缓存(Branch Cache)等。

2. Windows 7 系统特性

- 任务栏:Windows 7 全新设计的任务栏可以将来自同一个程序的多个窗口集中在一起并使用同一个图标来显示,使有限的任务栏空间发挥更大的作用,如图 5-30 所示。
- 文件预览:使用 Windows 7 的资源管理器,用户可以通过文件图标的外观预览文件的内容,从而可以在不打开文件的情况下,直接通过预览窗格来快速查看各种文件的详细内容,如图 5-31 所示。

图 5-30　任务栏

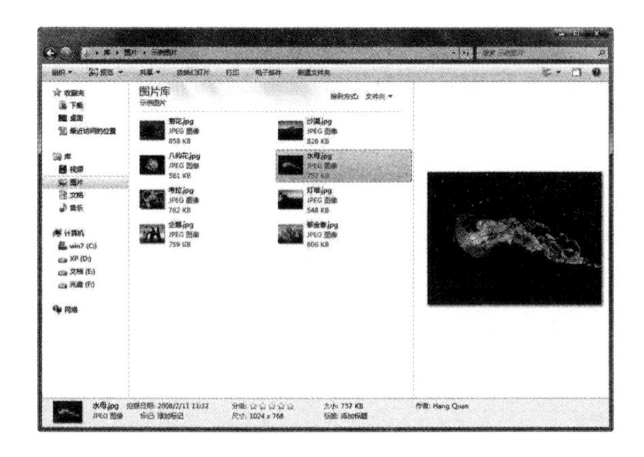

图 5-31　文件预览

- 窗口智能缩放:Windows 7 系统中加入了窗口的智能缩放功能,当用户使用鼠标将窗口拖动到显示器的边缘时,窗口即可最大化或平行排列。
- 自定义通知区域图标:在 Windows 7 操作系统中,用户可以对通知区域的图标进行自由管理。可以将一些不常用的图标隐藏起来,通过简单的拖动来改变图标的位置,通过设置面板对所有的图标进行集中的管理,如图 5-32 所示。
- Jump List 功能:Jump List 是 Windows 7 的一个新功能,用户可以通过【开始】菜单和任务

栏的右键快捷菜单使用该功能，如图 5-33 所示。

图 5-32　自定义图标

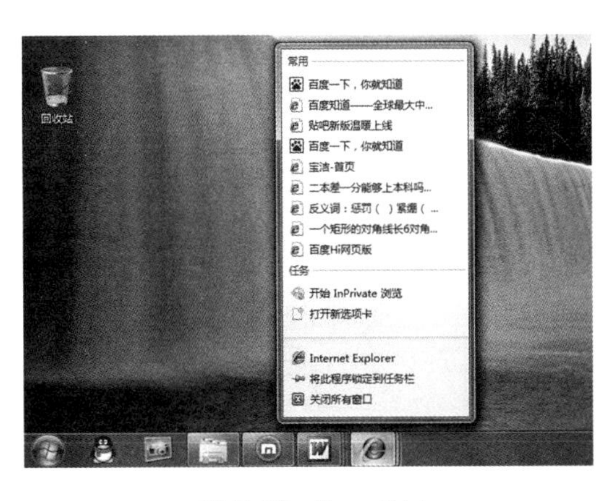

图 5-33　Jump List

- 常用操作更加方便：在 Windows 7 中，一些常用操作被设计的更加方便快捷。例如单击任务栏右下角的【网络连接】按钮，即可显示当前环境中的可用网络和信号强度，若未连接，则使用鼠标单击即可连接。

3. Windows 7 安装需求

要在电脑中正常使用 Windows 7 需满足以下最低配置需求：

- CPU：1 GHz 或更快的 32 位(x86)或 64 位(x64)CPU。
- 内存：1 GB 物理内存(基于 32 位)或 2 GB 物理内存(基于 64 位)。
- 硬盘：16 GB 可用硬盘空间(基于 32 位)或 20 GB 可用硬盘空间(基于 64 位)。
- 显卡：带有 WDDM 1.0 或更高版本的驱动程序的 DirectX 9 图形设备。
- 显示设备：显示器屏幕纵向分辨率不低于 768 像素。

实用技巧

如果要使用 Windows 7 的一些高级功能，则需要额外的硬件标准。例如要使用 Windows 7 的触控功能和 Tablet PC，就需要使用支持触摸功能的屏幕。要完整地体验 Windows 媒体中心，则需要电视卡和 Windows 媒体中心遥控器。

5.4.2　全新安装 Windows 7

要全新安装 Windows 7，应先将电脑的启动顺序设置为光盘启动，然后将 Windows 7 的安装光盘放入到光驱中，重新启动电脑，再按照提示逐步操作即可。

【例 5-5】 在电脑中全新安装 Windows 7 操作系统。

STEP 01 将电脑的启动方式设置为光盘启动，然后将光盘放入光驱中。重新启动电脑后，系统将开始加载文件，如图 5-34 所示。

STEP 02 文件加载完成后，系统将打开如图 5-35 所示的界面，在该界面中，用户可选择要安装的语言、时间和货币格式以及键盘和输入方法等。选择完成后，单击【下一步】按钮。

STEP 03 在如图 5-36 所示的界面中单击【现在安装】按钮。

STEP 04 打开【请阅读许可条款】界面，在该界面中必须选中【我接受许可条款】复选框，单击【下一步】按钮，如图 5-37 所示。

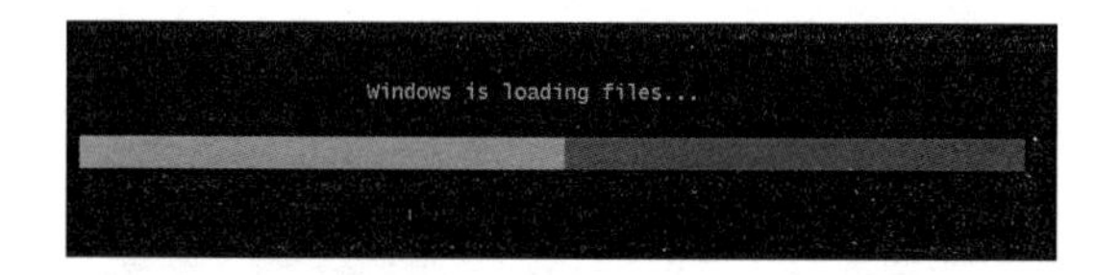

图 5-34　加载文件

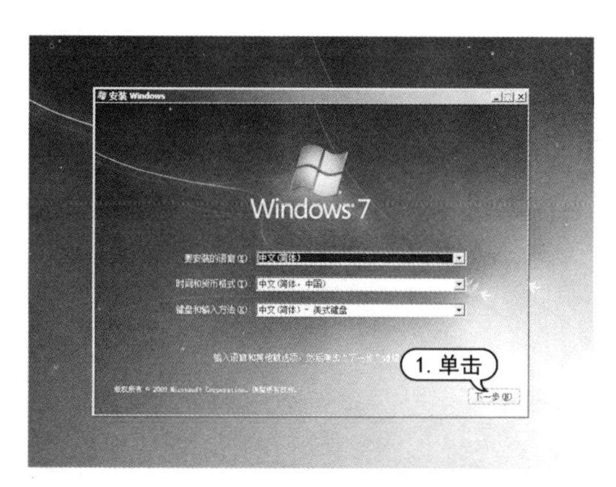

图 5-35　设置属性

图 5-36　安装系统

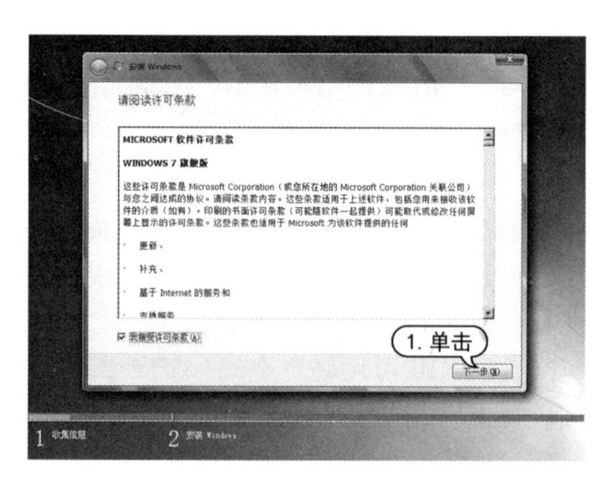

图 5-37　【请阅读许可条款】界面

STEP 05 在【您想进行何种类型的安装】的界面中单击【自定义】选项，如图 5-38 所示。

STEP 06 选择安装 Windows 7 的目标分区，单击【下一步】按钮，如图 5-39 所示。

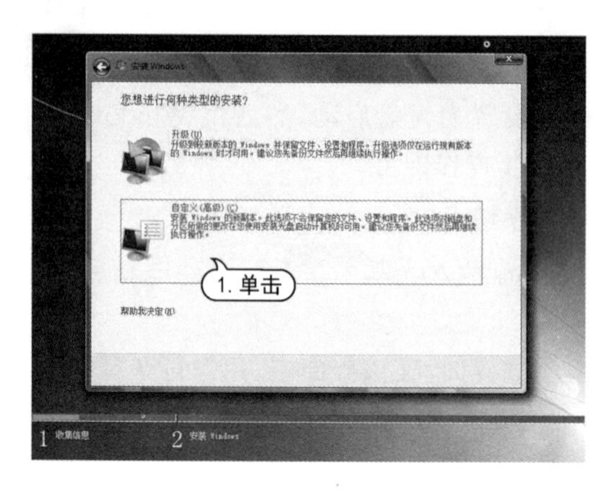

图 5-38　【自定义(高级)】选项

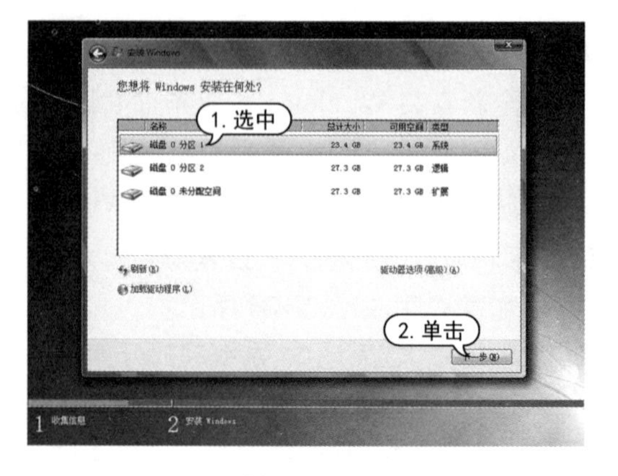

图 5-39　选择要安装的目标分区

实用技巧

如果当前系统不能升级到 Windows 7，选择“升级”选项则安装将停止。

STEP 07 开始复制文件并安装 Windows 7，该过程大概需要 15～25 min。在安装的过程中，系统会多次重新启动，用户无需操作，如图 5-40 所示。

STEP 08 打开如图 5-41 所示界面，设置用户名和电脑名称，单击【下一步】按钮。

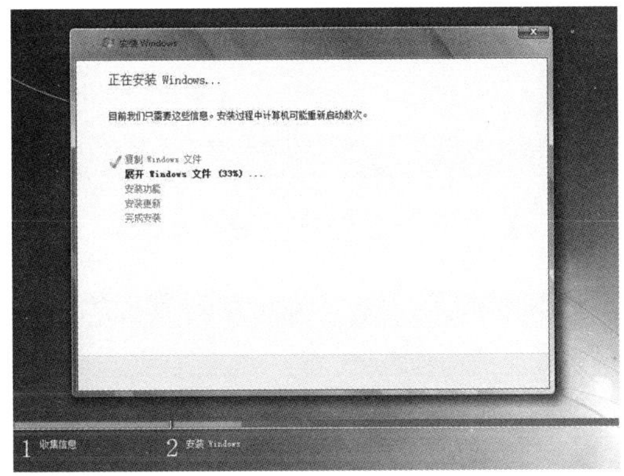

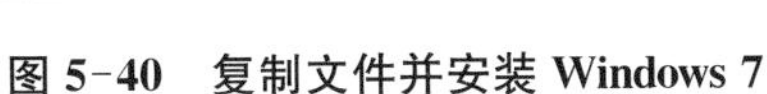

图 5-40　复制文件并安装 Windows 7

图 5-41　设置用户名和电脑名称

STEP 09 打开设置账户密码界面，可直接单击【下一步】按钮，跳过设置，如图 5-42 所示。

实用技巧

如果设置了密码，必须牢记，否则安装完操作系统后将无法进入系统。

STEP 10 输入产品密钥，单击【下一步】按钮，如图 5-43 所示。

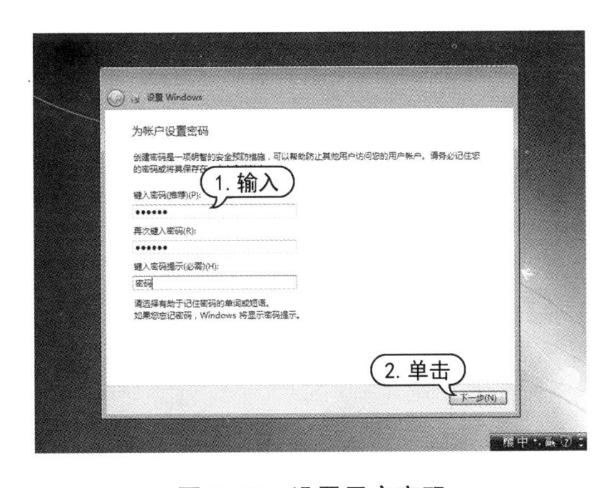

图 5-42　设置用户密码

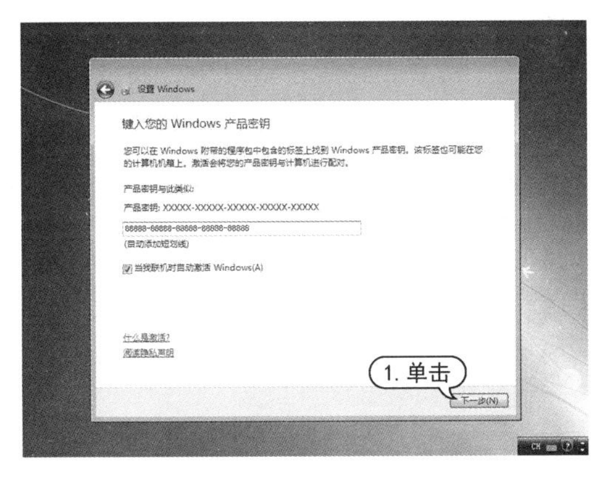

图 5-43　输入产品密钥

STEP 11 设置 Windows 更新，单击【使用推荐设置】选项，如图 5-44 所示。

STEP 12 设置系统的日期和时间，一般保持默认设置即可，单击【下一步】按钮，如图 5-45 所示。

STEP 13 设置电脑的网络位置，有【家庭网络】、【工作网络】和【公用网络】3 种选择，单击【家庭网络】选项，如图 5-46 所示。

STEP 14 Windows 7 启用刚刚的设置，并显示如图 5-47 所示的界面。

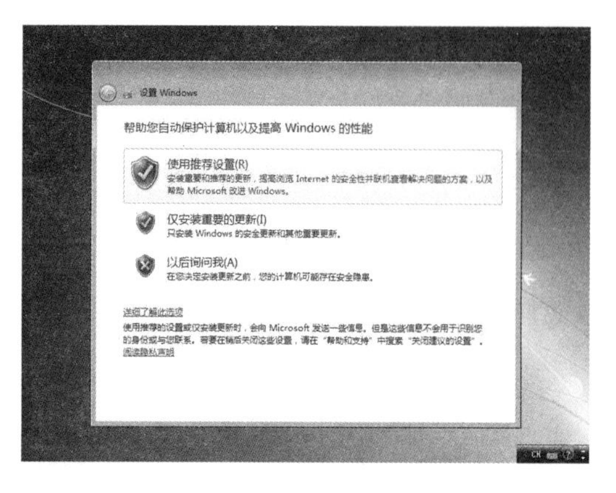

图 5-44 【使用推荐设置】选项

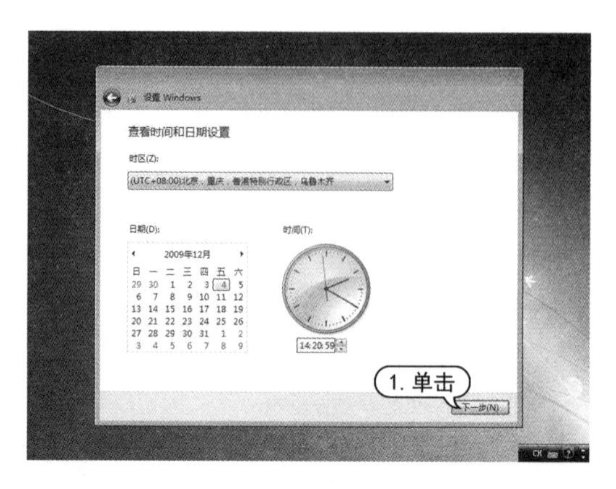

图 5-45 设置系统的日期和时间

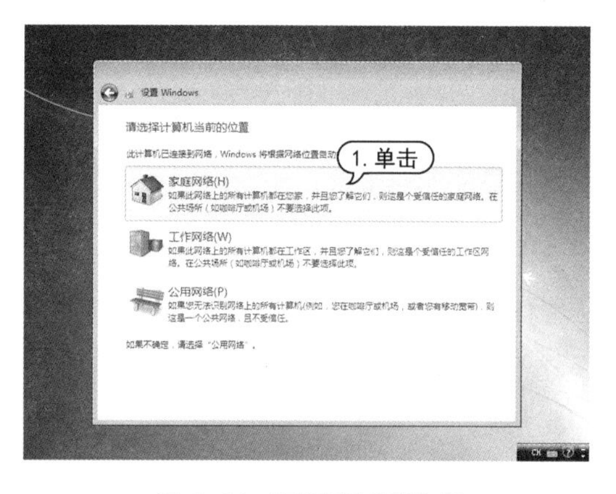

图 5-46 【家庭网络】选项

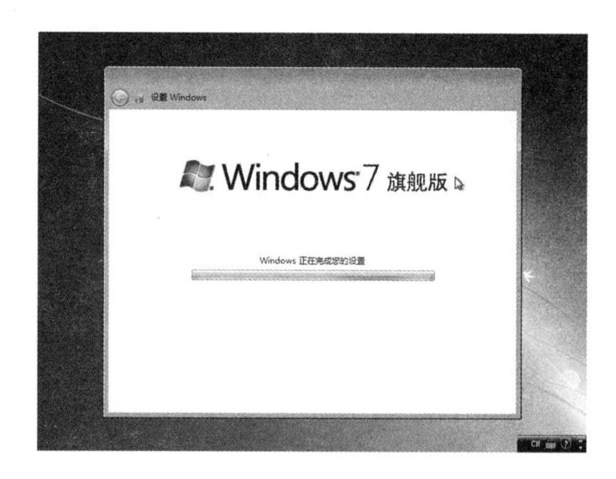

图 5-47 启动设置

STEP 15 打开 Windows 7 的登录界面,输入正确的登录密码后,按下 Enter 键,如图 5-48 所示。

STEP 16 进入 Windows 7 操作系统的桌面,如图 5-49 所示。

图 5-48 输入密码

图 5-49 进入系统

5.4.3 认识 Windows 7 系统桌面

登录 Windows 7 后,整个屏幕区域称为“桌面”,在 Windows 7 大部分的操作都是通过桌面完成的。桌面主要由桌面图标、任务栏、开始菜单等组成。

- 桌面图标:桌面图标就是排列在桌面上的一系列图片,图片由图标和图标名称两部分组成。有的图标左下角有一个箭头,这种图标被称为“快捷方式”,双击此类图标可以快速启动相应的程序,如图 5-50 所示。
- 任务栏:任务栏是位于桌面下方的一个条形区域,它显示了系统正在运行的程序、打开的窗口和当前时间等内容,如图 5-51 所示。

图 5-50　桌面图标

图 5-51　任务栏

- 【开始】菜单:【开始】按钮位于桌面的左下角,单击该按钮将弹出【开始】菜单。【开始】菜单是 Windows 操作系统中的重要元素,其中存放了操作系统和系统设置的绝大多数命令,还有当前操作系统中安装的所有程序,如图 5-52 所示。

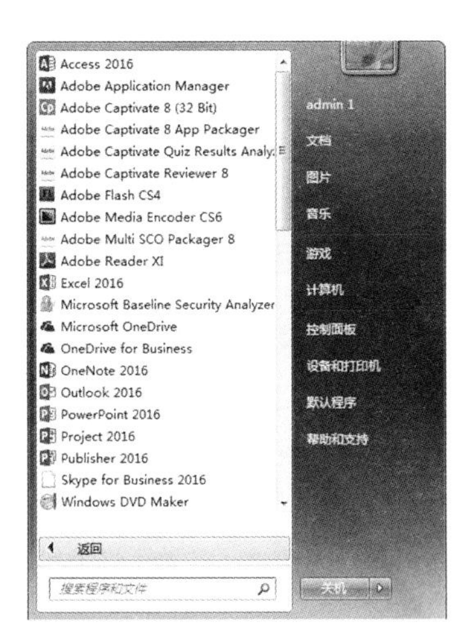

图 5-52　【开始】菜单

5.4.4　使用桌面图标

常用的桌面系统图标有【计算机】、【网络】、【回收站】和【控制面板】等。除了可添加系统图标之外,用户还可以添加快捷方式图标。

1. 添加系统图标

用户第一次进入 Windows 7 操作系统的时候,桌面上只有一个【回收站】图标,诸如【计算机】、【网络】、用户的文件和【控制面板】这些常用的系统图标都没有显示在桌面上,因此需要在桌面上添加这些系统图标。

【例 5-6】 在桌面上添加【用户的文件】桌面图标。视频

STEP 01 右击桌面空白处，在弹出的快捷菜单中选择【个性化】命令，如图 5-53 所示。

STEP 02 弹出【个性化】对话框，选择【更改桌面图标】选项，如图 5-54 所示。

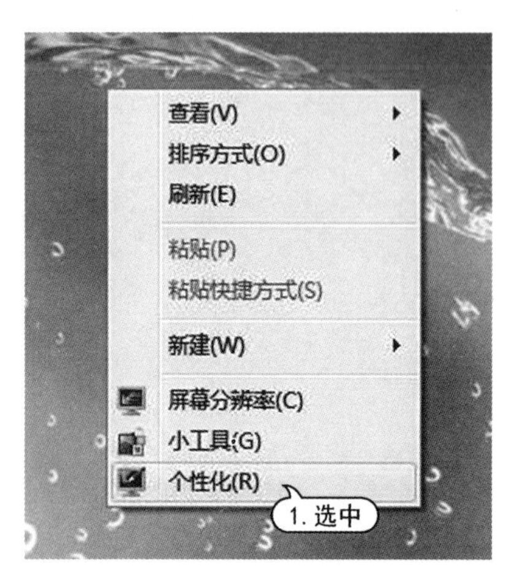

图 5-53 右击空白处

图 5-54 任务栏

实用技巧

【用户的文件】图标通常以当前登录的系统账户名命名。用户若要删除系统图标，可在【桌面图标设置】对话框中取消选中相应图标前方的复选框即可。

STEP 03 弹出【桌面图标设置】对话框，选中其中的【用户的文件】复选框，单击【确定】按钮，如图 5-55 所示。

STEP 04 桌面上添加了【用户的文件】图标，如图 5-56 所示。

图 5-55 桌面图标设置

图 5-56 添加图标

2. 添加快捷方式图标

一般情况下，安装了一个新的应用程序后，都会自动在桌面上建立相应的快捷方式图标，如果程序没有自动建立快捷方式图标，可在程序的启动图标上右击鼠标，选择【发送到】|【桌面快捷方式】命令，即可创建一个快捷方式，并将其显示在桌面上，如图 5-57 所示。

3. 排列桌面图标

用户可以按照名称、大小、类型和修改日期来排列桌面图标。

如右击桌面空白处，在弹出的快捷菜单中选择【排序方式】|【修改日期】命令，此时桌面图标即可按照修改日期的先后顺序进行排列，如图 5-58 所示。

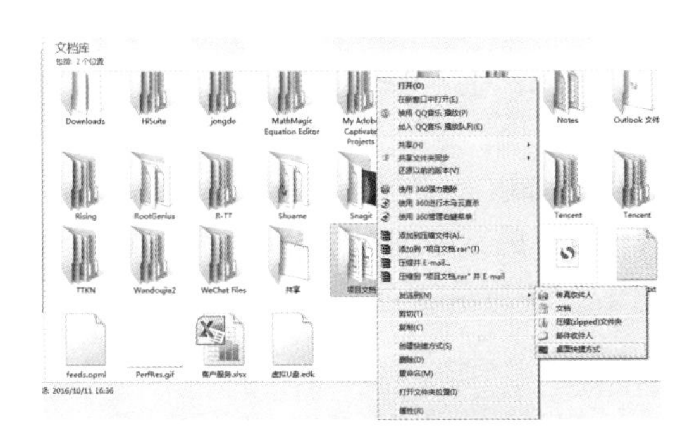

图 5-57　设置快捷方式

图 5-58　排序方式

4. 排列桌面图标

用户可以根据自己的需要和喜好为桌面图标重新命名，目的是让图标的意思表达得更明确，以方便用户使用。

下面以【计算机】图标为例说明重命名的方法：右击【计算机】图标，在弹出的快捷菜单中选择【重命名】命令，如图 5-59 所示。此时图标的名称显示为可编辑状态，直接使用键盘输入新的图标名称，按 Enter 键或者在桌面的其他位置单击，即可完成图标的重命名，如图 5-60 所示。

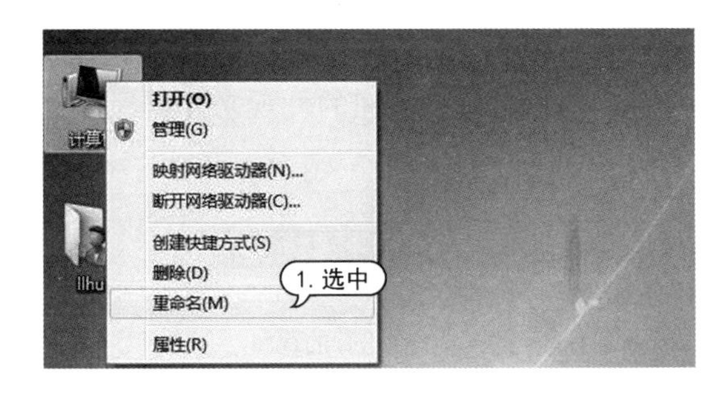

图 5-59　重命名

图 5-60　重命名过程

5.4.5　使用任务栏

Windows 7 采用了大图标显示模式的任务栏，并且增强了任务栏的功能，有如图标的灵活排序、任务进度监视、预览功能等。

Windows 7 的任务栏主要包括快速启动栏、正在启动的程序区以及应用程序栏等 3 个部分。

- 快速启动栏：用户单击该栏中的某个图标，可快速地启动相应的应用程序，例如单击按钮，可启动 IE 浏览器，如图 5-61 所示。
- 正在启动的程序区：该区域显示当前正在运行的所有程序，其中的每个按钮代表了一个已经打开的窗口,单击这些按钮即可在不同的窗口之间进行切换。另外,按住 Alt 键不放,然后依次按 Tab 键,可在不同的窗口之间进行快速地切换,如图 5-62 所示。

图 5-61　快速启动栏

图 5-62　正在启动的程序区

- 语言栏:该栏用来显示系统当前使用的输入法和语言,如图 5-63 所示。
- 应用程序区:该区域显示系统当前的时间和在后台运行的某些程序。单击【显示隐藏的图标】按钮,可查看隐藏的当前正在运行的程序,如图 5-64 所示。

图 5-63　语言栏

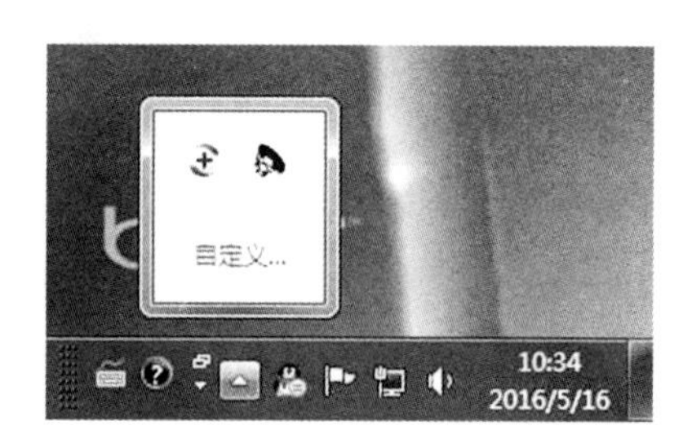

图 5-64　应用程序区

1. 排列桌面图标

在 Windows 7 系统中,任务栏中图标的位置不再是固定不变的,用户可根据需要,使用鼠标拖动的方式,任意拖动改变图标的位置,如图 5-65 所示。

Windows 7 将快速启动栏的功能和传统程序窗口对应的按钮进行了整合,单击这些图标即可打开对应的应用程序,并将外观由图标转化为按钮,用户可根据按钮的外观来分辨程序是否运行,如图 5-66 所示。

图 5-65　拖动图标

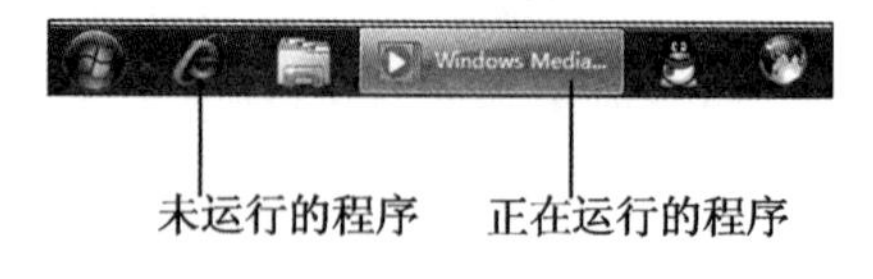

图 5-66　快速启动栏

2. 任务栏进度监视

在 Windows 7 操作系统中,任务栏中的按钮具有任务进度监视的功能。例如用户在复制某个文件时,在任务栏的按钮中会显示复制的进度,如图 5-67 所示。

3. 显示桌面按钮

当桌面上打开的窗口比较多时,用户若要返回桌面,要将这些窗口一一关闭或者最小化,这样不但麻烦而且浪费时间。Windows 7 操作系统在任务栏的右侧设置了一个矩形按钮,用户单击该按钮时,即可快速返回桌面,如图 5-68 所示。

图 5-67　任务栏进度监视

图 5-68　显示桌面按钮

5.5　安装 Windows 8 操作系统

作为 Windows 7 的"接任者"，Windows 8 操作系统在视觉效果、操作体验以及应用功能上的突破与创新都是革命性的，该系统大幅地改变了以往操作的逻辑，提供了超炫的触摸体验。

5.5.1　Windows 8 简介

Windows 8 的系统画面与操作方式相比传统 Windows 变化极大，采用了全新的 Metro 风格用户界面，各种应用程序、快捷方式等以动态方块的样式呈现在屏幕上。

1. Windows 8 版本介绍

目前，Windows 8 操作系统有以下 4 种版本：

- 适用于台式电脑、笔记本电脑以及普通家庭用户的标准版，包含全新的应用商店、资源管理器以及之前仅在企业版中提供的功能服务。
- 针对技术爱好者、企业技术人员的专业版，内置一系列 Windows 8 增强技术，例如加密、虚拟、域名连接等。
- 为全面满足企业需求，增加电脑管理和部署，以先进的安全性和虚拟化为导向的企业版。
- 针对 ARM 架构处理器的电脑和平板电脑的 RT 版。

2. Windows 8 系统特性

Windows 8 具有一些独特的新特新，可以为用户带来与以往所有 Windows 系列操作系统不同体验，具体如下。

- Metro UI 用户界面：Metro UI 是一种卡片式交互界面，它在主屏幕上提供邮件、天气、消息、应用程序和浏览器等。Metro UI 界面效果炫丽、时尚，当程序较多时滑动方便、快捷，其和系统桌面之间可一键切换，如图 5-69 所示。
- 全新的 Internet Explorer 10 浏览器：Windows 8 系统提供全新的 Internet Explorer 10 浏览器(简称 IE 10)，该浏览器提高了浏览速度，提供了更快捷的 Web 浏览体验，同时支持 CSS 和 CSS 3D 动画编程技术，"全页动画"的加入可以给用户提供更加优异的性能与体验。IE 10 支持更多 Web 标准，针对触控操作进行了优化并且支持硬件加速，如图 5-70 所示。

图 5-69 Metro UI 用户界面

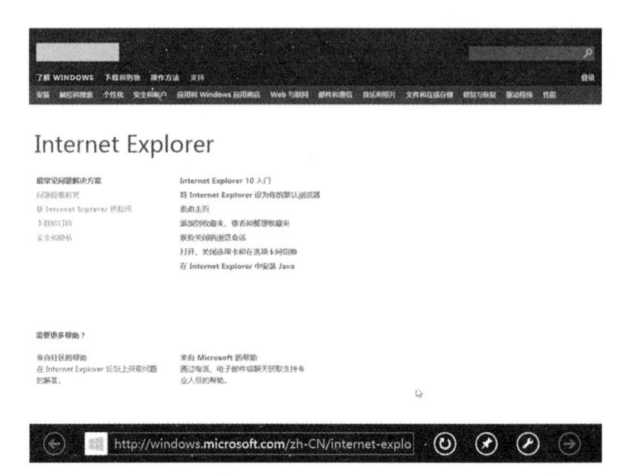

图 5-70 全新的 Internet Explorer 10 浏览器

- 可触控的用户界面：Windows 8 在多点触屏显示器上强化了多点触屏技术，使其成为正常的触屏操作系统。触屏操作系统的更新完善是平板电脑触控体验流畅的保证，同时触屏功能也成为 Windows 8 系统的显著特征，如图 5-71 所示。
- 支持智能手机与平板电脑：目前，所有的智能手机 CPU 和大部分平板电脑 CPU 都是 ARM 架构。Windows 8 同时支持 ARM 和×86 架构，能够在智能手机与平板电脑上运行，如图 5-72所示。

图 5-71 可触控的用户界面

图 5-72 支持智能手机与平板电脑

3. Windows 8 安装需求

在安装 Windows 8 操作系统之前，用户应先了解当前设备是否能够安装。Windows 8 系统的安装运行环境需求如下：

- 1 GHz(或以上)的处理器。
- 1 GB RAM(32 位)或 2 GB RAM(64 位)。
- 16 GB 硬盘空间(32 位)或 20 GB(64 位)。
- 一个带有 Windows 显示驱动 1.0 的 DirectX9 图形设备。

5.5.2 全新安装 Windows 8

若需要通过光盘启动安装 Windows 8，应重新启动电脑并将光驱设置为第一启动盘，然后通过 Windows 8 安装光盘引导完成系统的安装操作。

【例 5-7】 **通过安装光盘在电脑中安装 Windows 8 系统。**

STEP 01 在 BIOS 设置中将光驱设置为第一启动盘后，将 Windows 8 安装光盘放入光驱，启动电脑，在提示"Press any key to boot from CD or DVD.."时，按下键盘上的任意键进入 Windows 8安装程序。

STEP 02 在打开的【Windows 安装程序】窗口中，单击【现在安装】按钮，如图 5-73 所示。在打开的【输入产品密钥以激活 Windows】窗口中，输入产品密钥，单击【下一步】按钮，如图 5-74 所示。

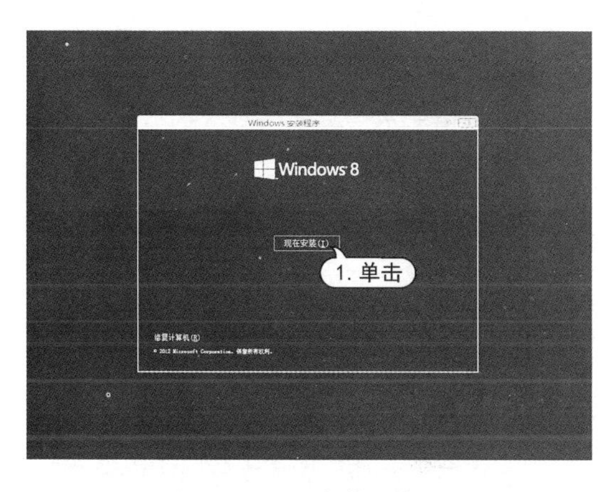

图 5-73　安装系统

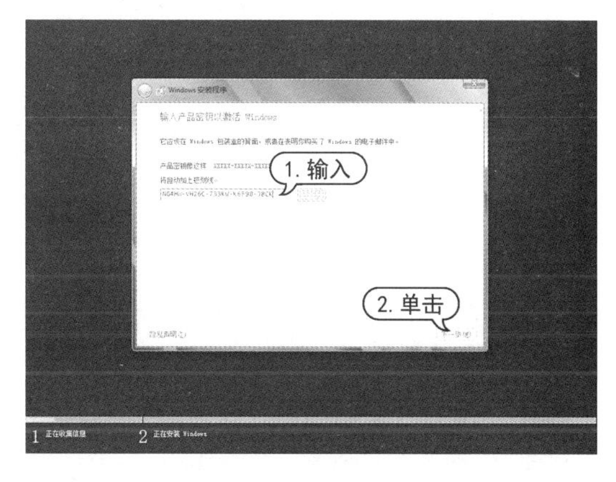

图 5-74　输入产品密钥

STEP 03 在打开的对话框中选择 Windows 8 的安装路径，单击【下一步】按钮，如图5-75 所示。

STEP 04 在打开的提示对话框中单击【确定】按钮，单击【下一步】按钮。Windows 8 操作系统完成系统安装信息的收集后开始安装阶段，如图 5-76 所示。

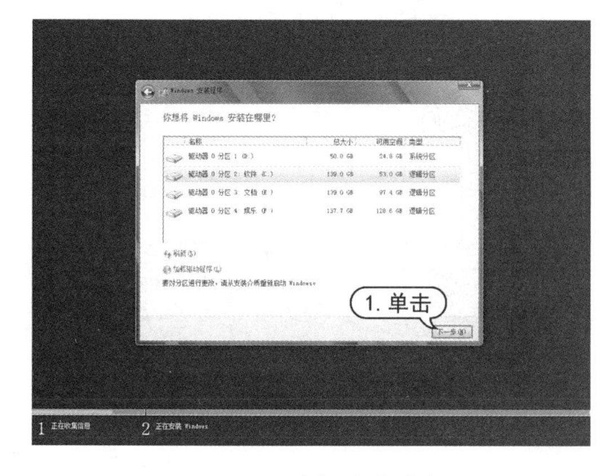

图 5-75　选择安装路径

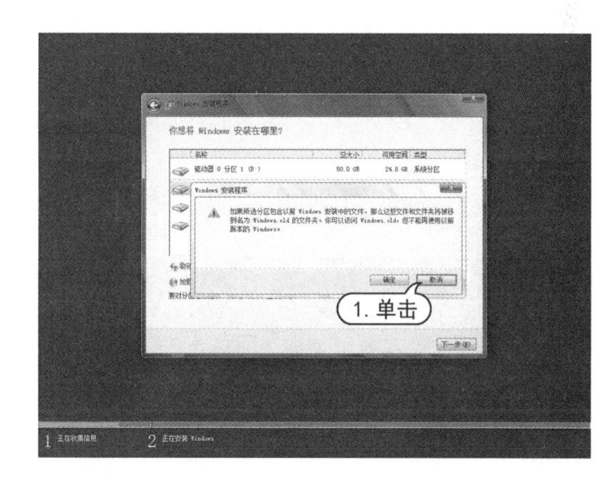

图 5-76　完成系统安装信息的收集

STEP 05 在安装提示下，单击【立即重启】按钮，重新启动电脑，如图 5-77 所示。

STEP 06 在打开的【个性化】设置界面中输入电脑名称（例如 home-PC），单击【下一步】按钮，如图 5-78 所示。

轻松学电脑教程系列

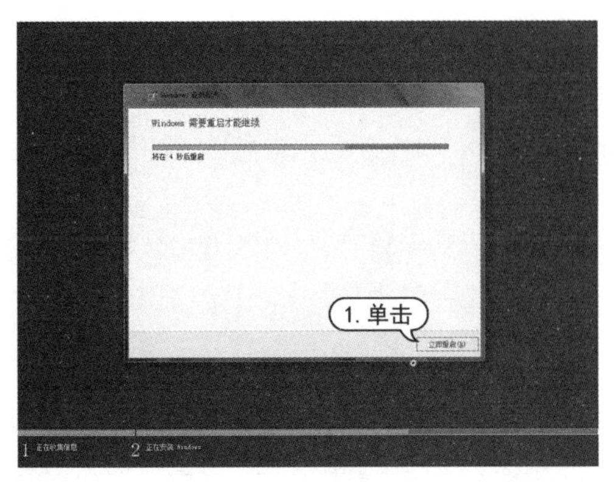

图 5-77　立即重启

图 5-78　输入电脑名称

STEP 07 在打开的【设置】界面中单击【使用快速设置】按钮，如图 5-79 所示。

STEP 08 在打开的【登录到电脑】界面中输入电子邮箱，单击【下一步】按钮，如图 5-80 所示。

图 5-79　【使用快速设置】按钮

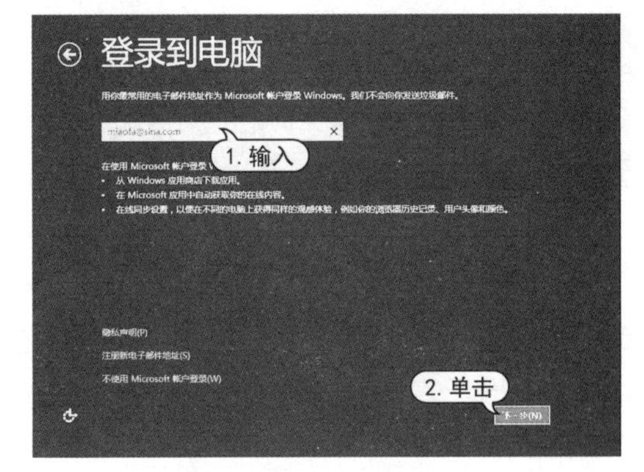

图 5-80　输入电子邮箱

STEP 09 根据安装程序的提示完成相应的操作，开始安装系统应用与桌面，进入 Metro UI 界面，如图 5-81 所示。

STEP 10 单击 Metro UI 界面左下角的【桌面】图标，打开 Windows 8 的系统桌面，如图 5-82 所示。

图 5-81　进入 Metro UI 界面

图 5-82　打开系统桌面

轻松学电脑教程系列

5.6　Windows 8 基本操作

Windows 8 系统大幅改变了操作模式，提供了更好的屏幕触控支持。该系统有着全新的画面与操作方式，采用 Metro 风格用户界面，可以使各类应用程序、快捷方式以动态块的方式呈现在设备屏幕上，使用户操作更加快捷方便。本节将重点介绍 Windows 8 系统的基本操作，帮助用户初步掌握该软件的使用方法。

5.6.1　启用屏幕转换功能

当电脑外接其他显示设备时(例如显示器或投影仪)，用户可以在 Windows 8 系统所提供的多种显示模式中进行切换。

【例 5-8】　在 Windows 8 系统中启用屏幕转换功能。

STEP 01 将鼠标指针移动至系统桌面的右上角，在弹出的 Charm 菜单中单击【设备】按钮，如图 5-83 所示。

STEP 02 在打开的【设备】选项区域中单击【第二屏幕】选项。打开的选项区域提供了仅电脑屏幕、复制、扩展和仅第二屏幕等 4 种模式，根据需要进行选择，如图 5-84 所示。

图 5-83　【设备】按钮

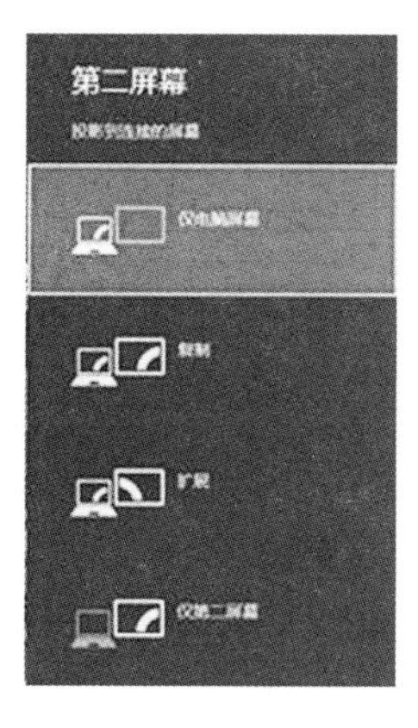

图 5-84　第二屏幕

5.6.2　激活 Windows 8

【例 5-9】　通过网络在线激活 Windows 8 操作系统。

STEP 01 确认当前电脑能够接入 Internet，将鼠标指针悬停于系统界面的右下角，在弹出的 Charm 菜单中单击【设置】按钮，如图 5-85 所示。

STEP 02 在打开的选项区域中单击【控制面板】按钮，如图 5-86 所示。

STEP 03 在打开的【控制面板】窗口单击【系统和安全】选项，打开【系统和安全】|【操作中心】选项，如图 5-87 所示。

STEP 04 在【操作中心】窗口中，单击【转至 Windows 激活】按钮(在激活 Windows 8 之前，用户需要提前获得产品密钥，产品密钥位于装有 Windows DVD 的包装盒上)，如图 5-88 所示。

图 5-85　Charm 菜单

图 5-86　【控制面板】按钮

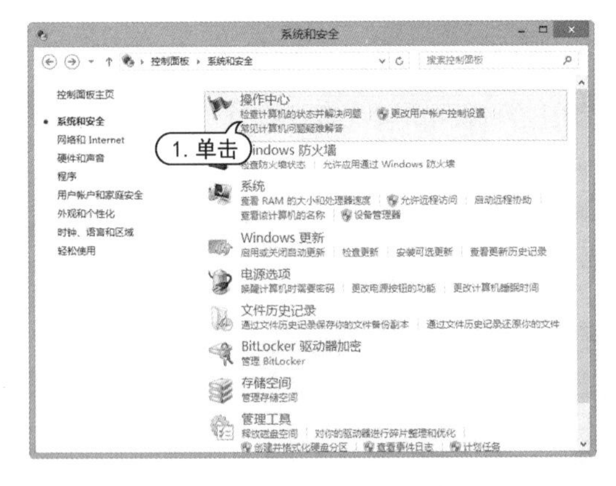

图 5-87　【操作中心】窗口

图 5-88　转至 Windows 激活

STEP 05 在【Windows 激活】窗口中单击【使用新密钥激活】按钮，如图 5-89 所示。

STEP 06 在打开的窗口的【产品密钥】文本框中输入购买 Windows 8 时获取的产品密钥，单击【激活】按钮，如图 5-90 所示。

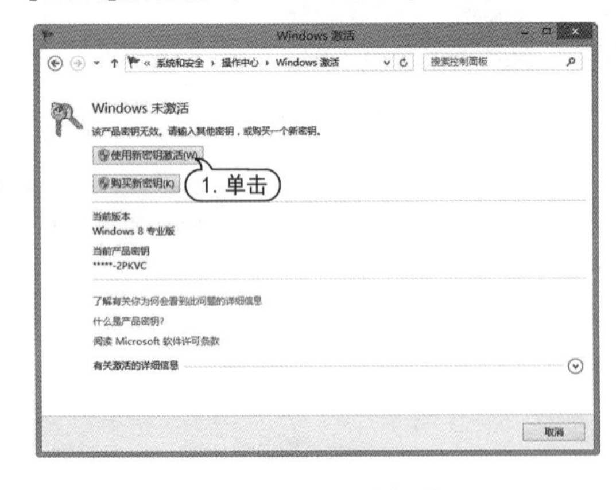

图 5-89　使用新密钥激活

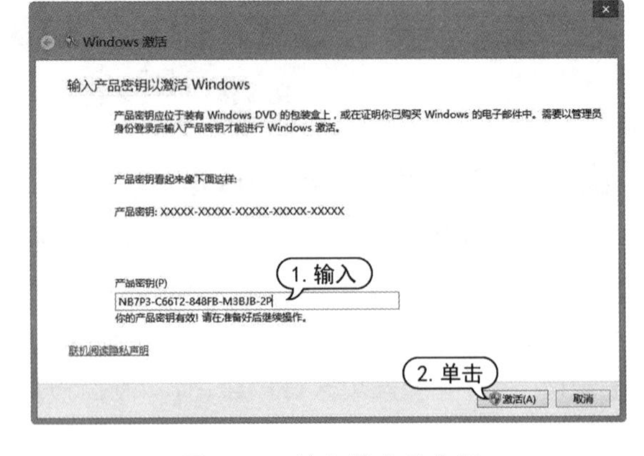

图 5-90　输入的产品密钥

5.6.3　关闭 Windows 8 系统

【例 5-10】 关闭 Windows 8 操作系统。

STEP 01 鼠标指针移动至 Metro UI 界面右上角（或右下角），当桌面右侧出现 Charm 菜单时，单

击其中的【设置】按钮，如图 5-91 所示。

STEP 02 在打开的选项区域中选中【电源】选项，然后在弹出的菜单中单击【关机】按钮，如图 5-92 所示(用户也可以在 Metro UI 界面中按下 Win + I 快捷键显示【电源】选项)。

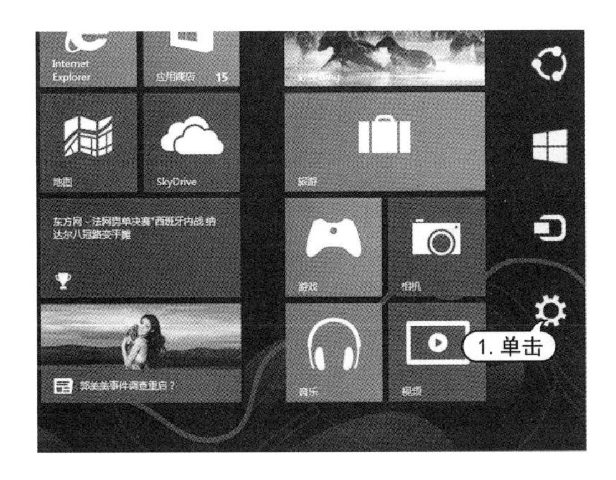

图 5-91　单击【设置】按钮

图 5-92　【关机】按钮

STEP 03 在打开的【关闭 Windows】对话框中，单击【确定】按钮即可关闭 Windows 8 系统(单击【关闭 Windows】对话框中的下拉列表按钮，在弹出的下拉列表中可以设置电脑"注销""重启""睡眠"或"关机"等状态)，如图 5-93 所示。

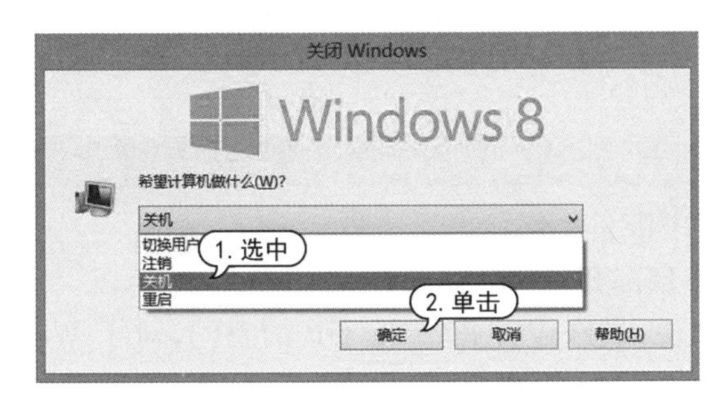

图 5-93　【关机】下拉列表

实用技巧

除了以上方法可以关机以外，用户还可以在 Windows 8 系统的桌面上按下 Alt + F4 组合键，打开【关闭 Windows】对话框。

5.7　多操作系统的基础知识

多操作系统是指在一台电脑上安装两个或两个以上的操作系统，它们分别独立存在于电脑中，用户可以根据不同的需求启动任意一个操作系统。本节将向用户介绍多操作系统的相关基础知识以及安装多操作系统的方法。

5.7.1　多操作系统的安装原则

在电脑中安装多操作系统时，应对硬盘分区进行合理的配置，以免产生系统冲突。安装多操作系统时，应遵循以下原则：

- 由低到高原则：由低到高是指根据操作系统版本级别的高低，先安装较低级的版本再安装较高级的版本。例如用户要在电脑中安装 Windows 7 和 Windows 8 双操作系统，最好先安装 Windows 7 系统，再安装 Windows 8 系统。

- 单独分区原则：单独分区是指应尽量将不同的操作系统安装在不同的硬盘分区内，以避免操作系统之间冲突。
- 相对独立的硬盘文件格式：由于不同的操作系统所支持的硬盘文件格式不同，例如 Windows XP 系统既可以安装在 FAT 32 格式的硬盘中，也可以安装在 NTFS 格式的硬盘中，而 Windows 7 只能安装在 NTFS 格式的硬盘中。因此在安装多操作系统时，应为不同的操作系统设置不同的硬盘文件格式。
- 保持系统盘的清洁：用户应养成不随便在系统盘中存储资料的好习惯，这样不仅可以减轻系统盘的负担，而且在系统崩溃或要格式化系统盘时，也不用担心会丢失重要资料。

5.7.2 多操作系统的优点

与单一操作系统相比，多操作系统具有以下优点。

- 避免软件冲突：有些软件只能安装在特定的操作系统中，或者只有在特定的操作系统中才能达到最佳效果。因此如果安装了多操作系统，就可以将这些软件安装在最适宜其运行的操作系统中。
- 更高的系统安全性：当一个操作系统受到病毒感染而导致系统无法正常启动或杀毒软件失效时，可以使用另外一个操作系统修复中毒的系统。
- 有利于工作和保护重要文件：当一个操作系统崩溃时，可以使用另一个操作系统继续工作，并将磁盘中的重要文件进行备份。
- 便于体验新的操作系统：用户可在保留原系统的基础上，安装新的操作系统，避免因新系统的不足带来不便。

5.7.3 多系统安装前的准备

在为电脑安装双操作系统之前，需要做好以下准备工作：

- 对硬盘进行合理的分区，保证每个操作系统各自都有一个独立的分区。
- 分配好硬盘的大小，对于 Windows 7 系统来说，最好应有 20～25 GB 的空间，对于 Windows Server 2008 系统来说，最好应有 25～40 GB 的空间。
- 对要安装 Windows 7、Windows 8 或 Windows Server 2008 系统的分区，应将其格式化为 NTFS 格式。
- 备份好磁盘中的重要文件，以免出现意外损失。

5.7.4 在 Windows 7 中安装 Windows Server 2008

【例 5-11】 在 Windows 7 操作系统中安装 Windows Server 2008。

STEP 01 要在 Windows 7 系统中安装 Windows Server 2008 操作系统，应先将要安装 Windows Server 2008 操作系统的硬盘分区格式化为 NTFS 格式。在【计算机】窗口中右击 D 盘图标，在弹出的快捷菜单中选择【格式化】命令，打开【格式化 本地磁盘(D:)】对话框，如图 5-94 所示。

STEP 02 在【文件系统】下拉列表中选择【NTFS】选项，并选中【快速格式化】复选框，然后单击【确定】按钮，弹出提示框，提醒用户是否进行格式化，如图 5-95 所示。

STEP 03 在弹出的对话框中单击【确定】按钮，开始对硬盘进行格式化，如图 5-96 所示。

STEP 04 格式化完成后打开如图 5-97 所示对话框，单击【确定】按钮，完成格式化。

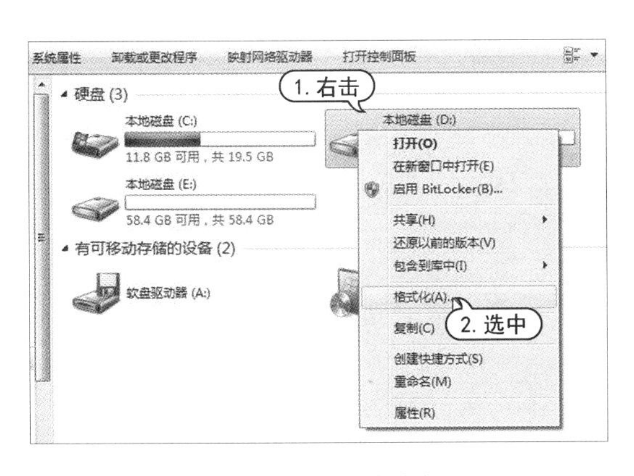

图 5-94　分区格式化

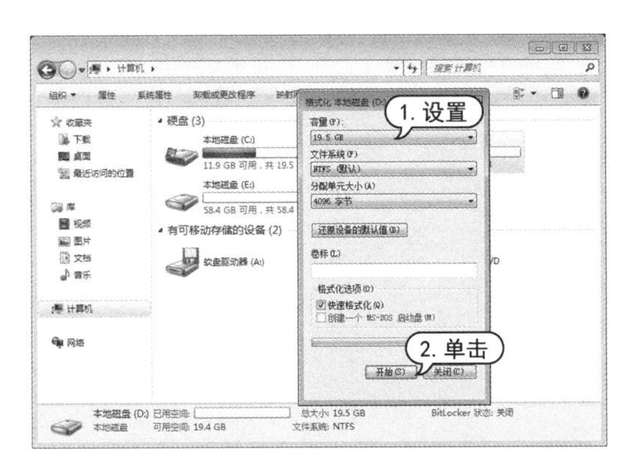

图 5-95　快速格式化

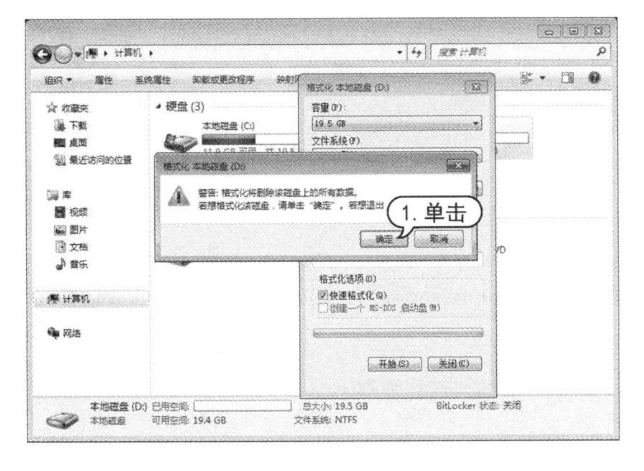

图 5-96　开始格式化

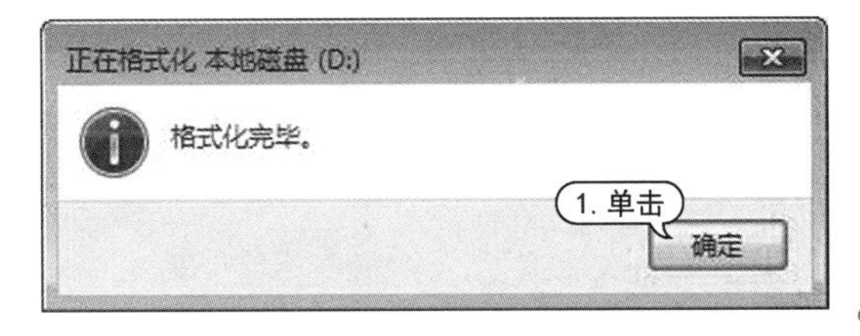

图 5-97　格式化完成

STEP 05 将 Windows Server 2008 的安装光盘插入到光驱中，双击光盘驱动器，如图 5-98 所示。

STEP 06 进入光盘界面，双击其中的【setup】图标，如图 5-99 所示。

STEP 07 打开【用户账户控制】对话框，单击【是】按钮，启动 Windows Server 2008 的安装程序，如图 5-100 所示。

STEP 08 打开如图 5-101 所示界面，单击【现在安装】按钮。

STEP 09 系统开始进行安装前的准备工作，并显示如图 5-102 所示的【请稍候】界面。

STEP 10 稍后打开【获取安装的重要更新】窗口，选择【联机以获取最新安装更新(推荐)】选项，如图 5-103 所示。

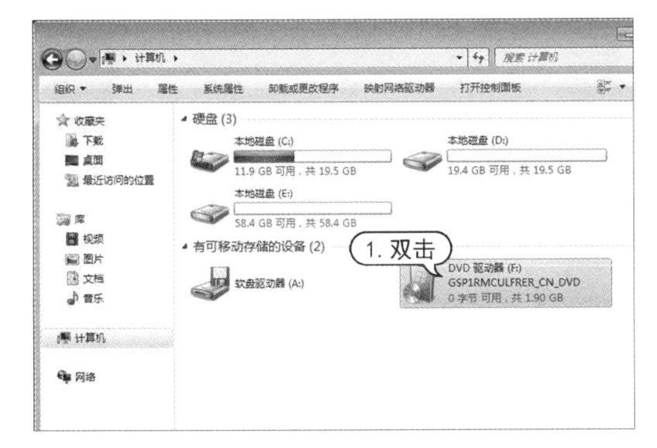

图 5-98　双击光盘驱动器

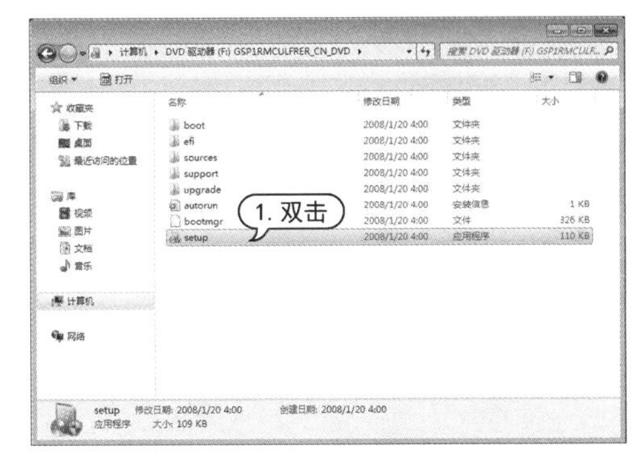

图 5-99　进入光盘界面

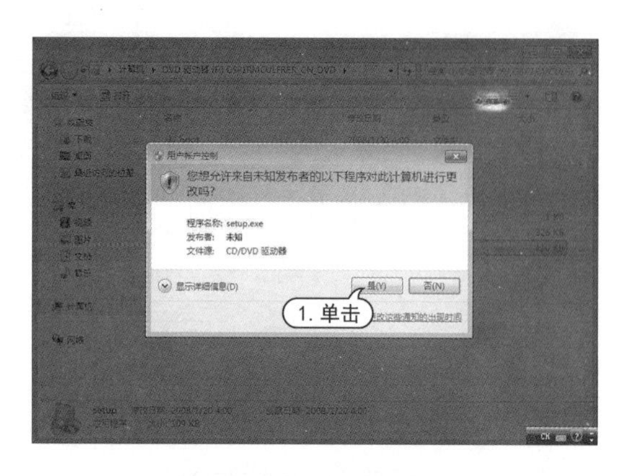

图 5-100　启动安装程序

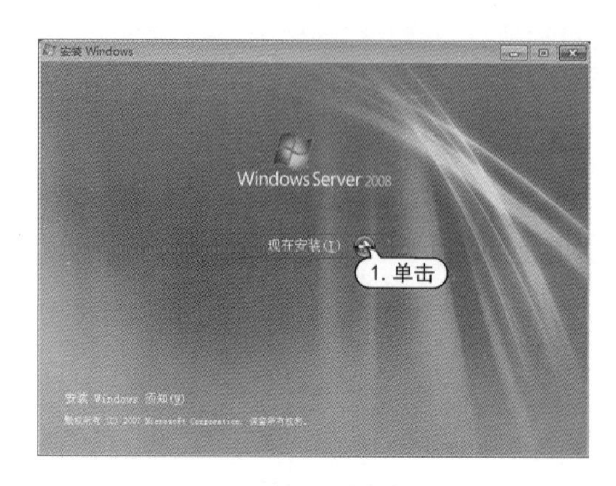

图 5-101　现在安装

图 5-102　进行安装

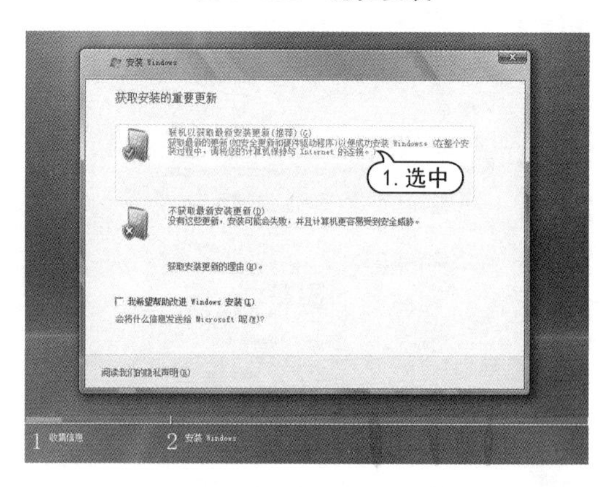

图 5-103　联机以获取最新安装更新(推荐)

STEP 11 系统会自动连接互联网搜索和下载更新信息。下载完成后会自动安装更新，如图5-104所示。

STEP 12 安装完成后，打开【选择要安装的操作系统】界面，要求用户选择要安装的操作系统类型，单击【下一步】按钮，如图 5-105 所示。

STEP 13 打开【请阅读许可条款】界面，选中【我接受许可条款】复选框，然后单击【下一步】按钮，如图 5-106 所示。

STEP 14 打开【您想进行何种类型的安装】界面，选择【自定义(高级)】选项，如图 5-107 所示。

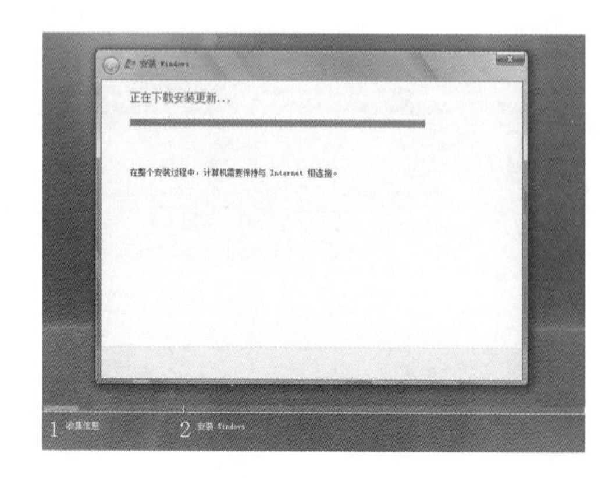

图 5-104　自动更新

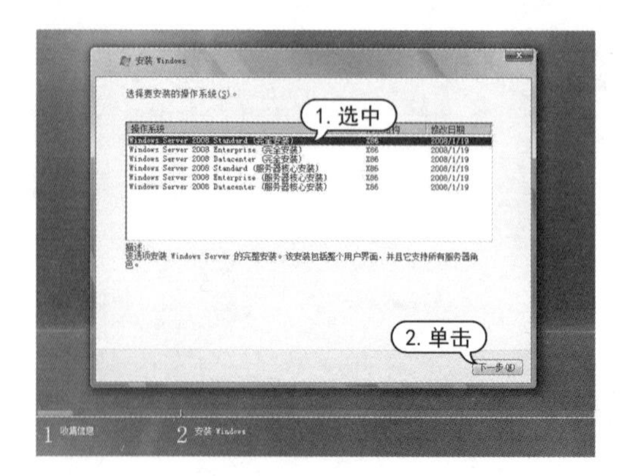

图 5-105　选择系统类型

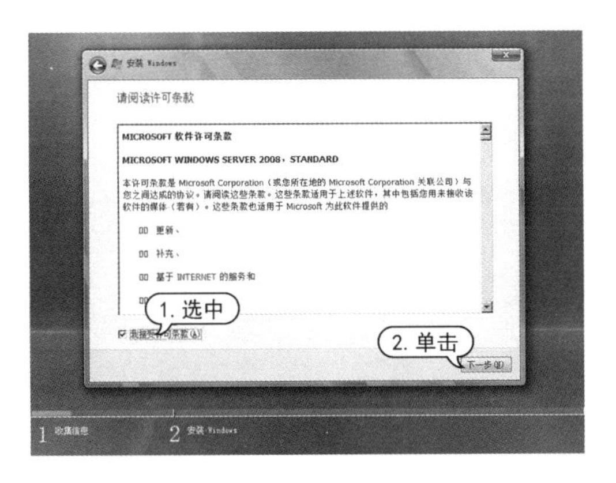

图 5-106　接受许可条款

图 5-107　选择安装类型

STEP 15 打开【您想将 Windows 安装在何处】界面。在该界面中选择安装操作系统的磁盘分区,(本例选择【磁盘 0 分区 1 本地磁盘(D:)】选项),单击【下一步】按钮,如图 5-108 所示。

STEP 16 开始安装 Windows Server 2008 操作系统,如图 5-109 所示。

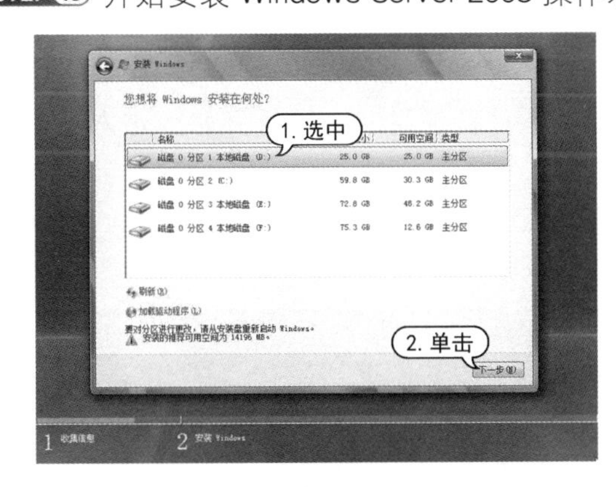

图 5-108　选择安装系统的分区

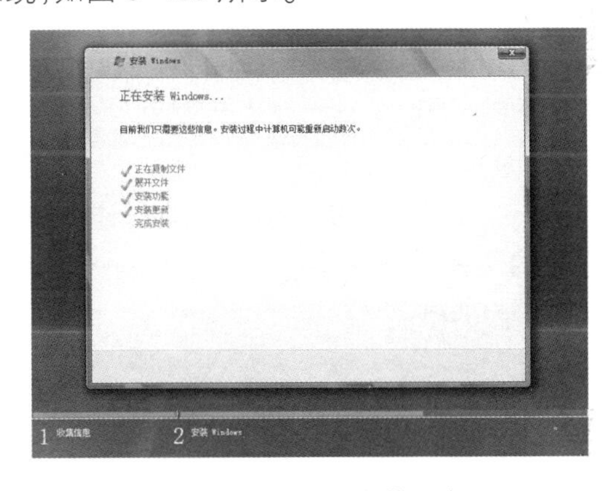

图 5-109　开始安装系统

STEP 17 在安装的过程中,系统会根据需要自动重新启动,如图 5-110 所示。

STEP 18 重新启动后,系统会继续未完成的安装过程。更新和配置完毕后,继续进行系统的安装,如图 5-111 所示。

图 5-110　系统自动重启

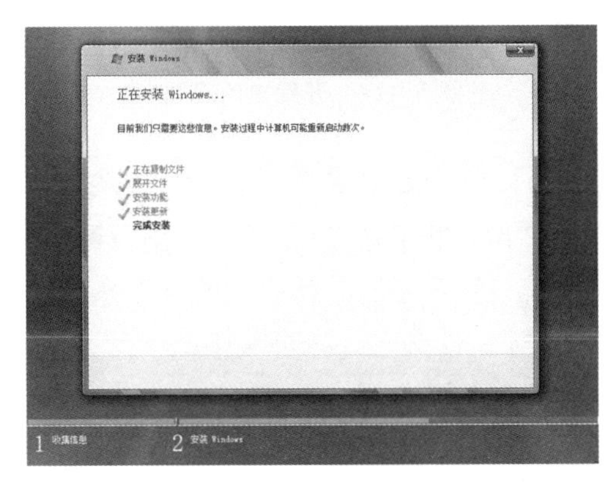

图 5-111　更新和配置

STEP 19 系统安装完成后，将打开如图 5-112 所示界面，提示用户首次登录系统之前必须更改密码。单击【确定】按钮。

STEP 20 打开密码设置界面，输入新的密码，单击➡按钮，如图 5-113 所示。

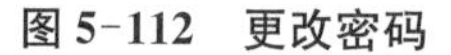
图 5-112　更改密码

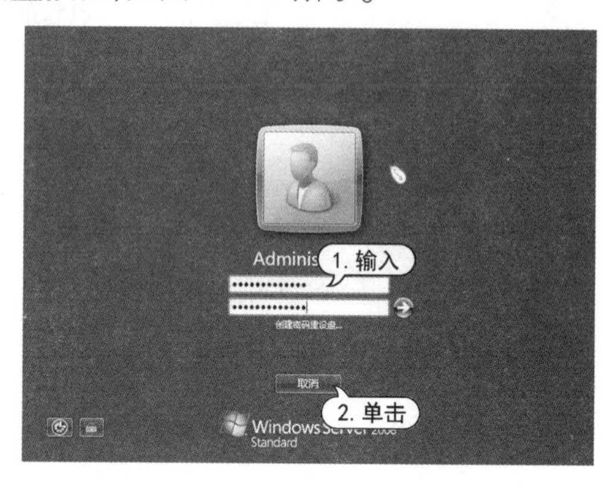

图 5-113　输入密码

STEP 21 系统开始更改密码，如图 5-114 所示。

STEP 22 更改完成后，打开【您的密码已更改】界面，单击【确定】按钮，系统开始为进入桌面作准备，如图 5-115 所示。

STEP 23 进入 Windows Server 2008 操作系统的桌面，完成 Windows 7 和 Windows Server 2008 双系统的安装。

图 5-114　开始更改密码

图 5-115　密码已更改

5.7.5　设置双系统的启动顺序

电脑在安装了双操作系统后，用户可设置这两个操作系统的顺序或者将其中的任意一个操作系统设置为系统默认启动的操作系统。在 Windows 7 中安装了 Windows Server 2008 系统后，系统会将默认启动的操作系统变为 Windows Server 2008 系统。可通过设置修改默认的操作系统。

【例 5-12】 设置 Windows 7 为默认启动的操作系统并设置等待时间为 10 s。 视频

STEP 01 启动 Windows 7 系统，在桌面上右击【计算机】图标，选择【属性】命令，如图 5-116 所示。

STEP 02 在打开的【系统】窗口中，单击左侧的【高级系统设置】链接，如图 5-117 所示。

STEP 03 打开【系统属性】对话框。在【高级】选项卡的【启动和故障恢复】区域中单击【设置】按钮，如图 5-118 所示。

STEP 04 打开【启动和故障恢复】对话框。在【默认操作系统】下拉列表中选择【Windows 7】选项。选中【显示操作系统列表时间】复选框，在其后的微调框中设置时间为【10】秒，单击【确定】按钮，如图 5-119 所示。

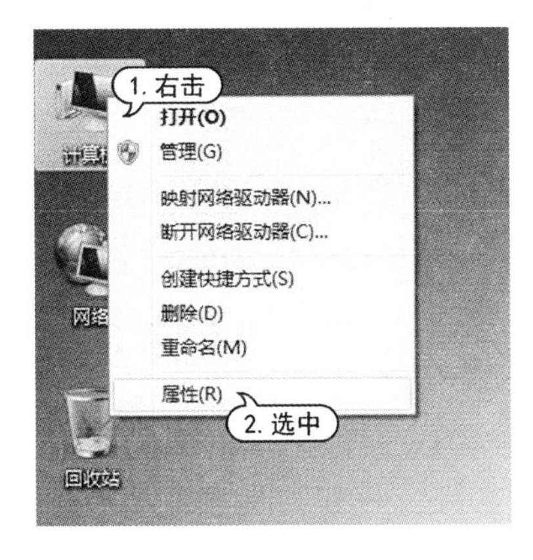

图 5-116　选择【属性】命令

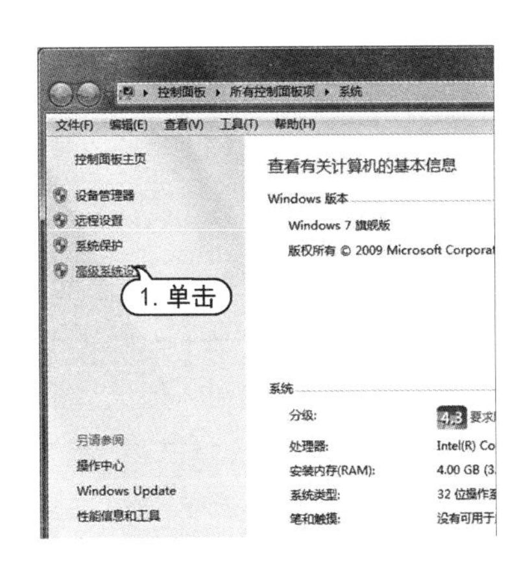

图 5-117　高级系统设置

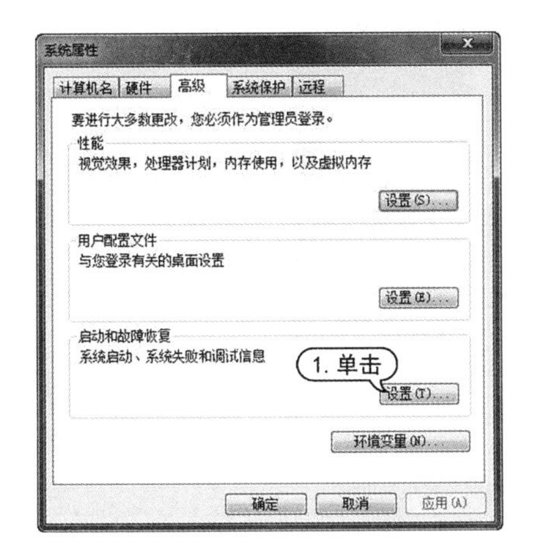

图 5-118　系统属性选项

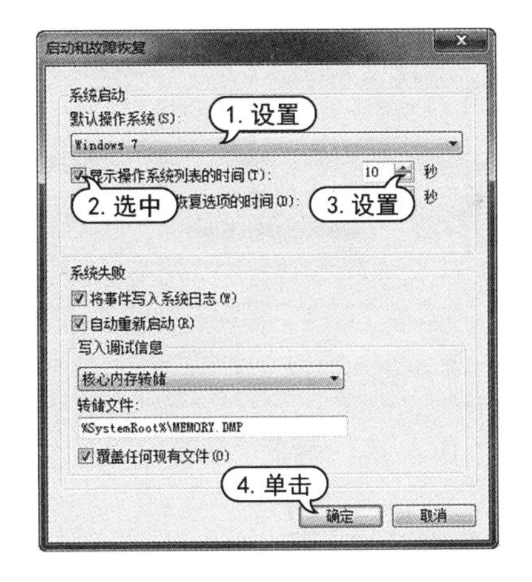

图 5-119　启动和故障恢复设置

5.8　案例演练

本章的案例演练主要介绍安装操作系统后创建其他分区的方法，通过实例操作可进一步巩固所学的知识。

操作系统安装完成后，用户可使用 Windows 7 自带的磁盘管理功能，对没有分区的硬盘进行分区。

【例 5-13】使用 Windows 7 的磁盘管理功能对硬盘进行分区。视频

STEP 01 右击【计算机】图标，在快捷菜单中选择【管理】命令，如图 5-120 所示。

STEP 02 打开【计算机管理】窗口，选择左侧的【磁盘管理】选项，如图 5-121 所示。

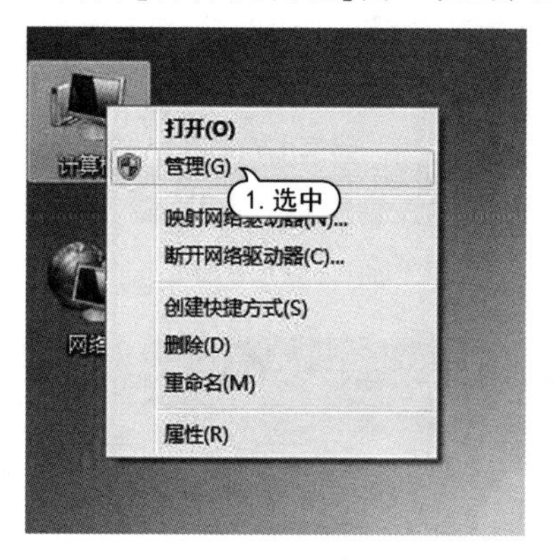

图 5-120 【管理】命令

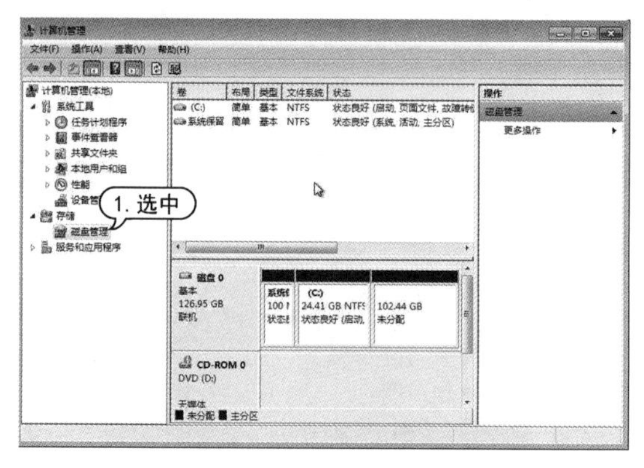

图 5-121 【磁盘管理】选项

STEP 03 打开【磁盘管理】窗口，在【未分配】卷标上右击鼠标，选择【新建简单卷】命令，如图 5-122所示。

STEP 04 打开【新建简单卷向导】对话框，单击【下一步】按钮，如图 5-123 所示。

STEP 05 打开【指定卷大小】对话框，为新建的卷指定大小，如图 5-124 所示。此处的单位是 MB，1 GB＝1 024 MB。

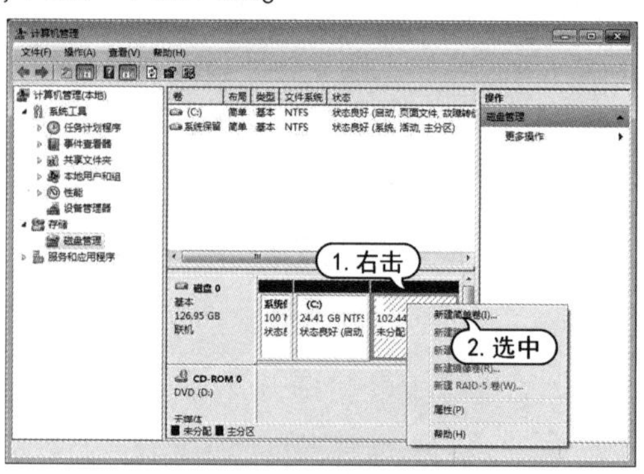

图 5-122 新建简单卷

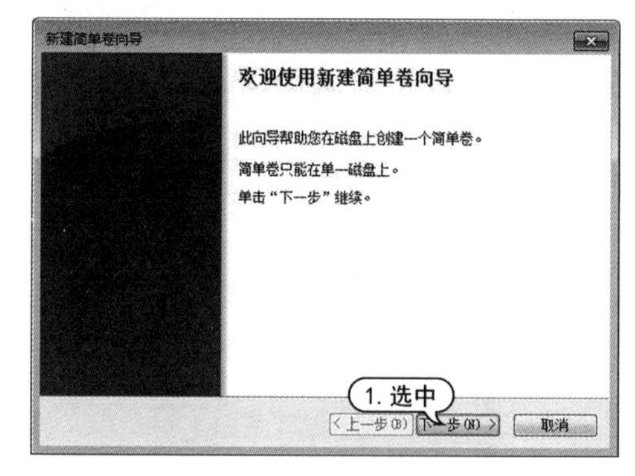

图 5-123 使用新建简单卷向导

STEP 06 设置完成后，单击【下一步】按钮，打开【分配驱动器号和路径】对话框，可为驱动器指定编号(本例保持默认设置)，单击【下一步】按钮，如图 5-125 所示。

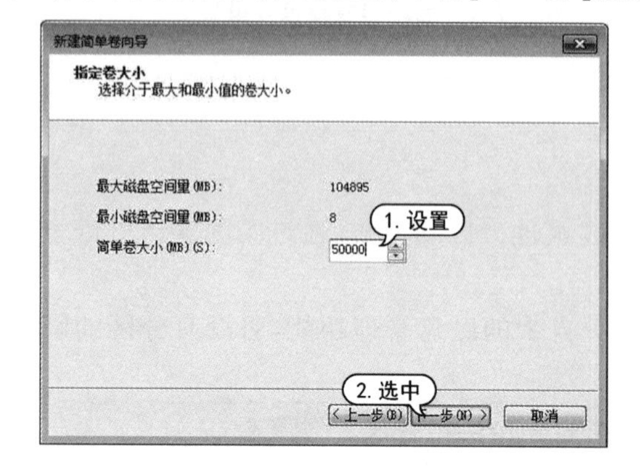

图 5-124 设置卷大小

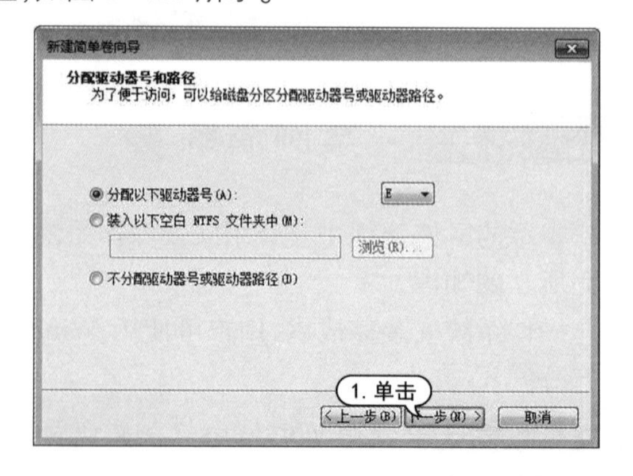

图 5-125 【分配驱动器号和路径】对话框

STEP 07 打开【格式化分区】对话框，【文件系统】选择【NTFS】格式，【分配单元大小】保持默认，【卷标】可为该分区起一个名字，选中【执行快速格式化】复选框，单击【下一步】按钮，如图5-126所示。

STEP 08 单击【完成】按钮，自动进行格式化，格式化完成后即成功创建分区，如图5-127所示。

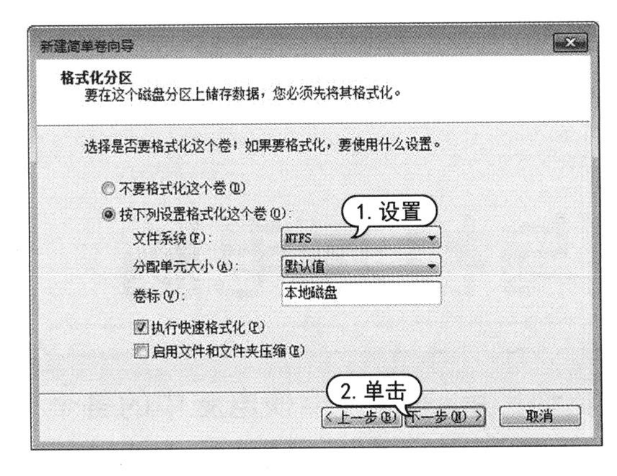

图5-126　【格式化分区】对话框

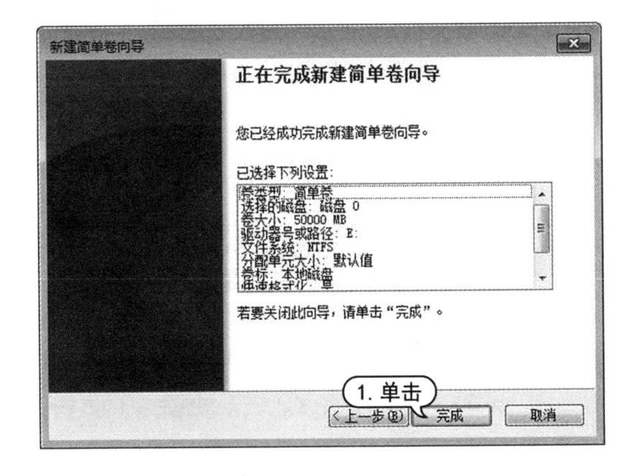

图5-127　完成创建分区

第6章

安装驱动程序与检测电脑

安装完操作系统后，还要为硬件安装驱动程序，这样才能使电脑中的各个硬件有条不紊地进行工作。用户还可以使用工具软件对电脑硬件的性能进行检测，了解自己的硬件配置，以方便升级和优化。

对应的光盘视频

例 6-5　查看硬件设备信息
例 6-6　更新硬件驱动程序
例 6-7　卸载硬件驱动程序
例 6-12　查看 CPU 主频
例 6-13　查看内存容量
例 6-14　查看硬盘容量
例 6-15　查看键盘属性
例 6-16　查看显卡属性
例 6-17　检测 CPU 性能
例 6-18　检测硬盘性能
例 6-20　检测内存性能
例 6-21　检测显示器
例 6-22　使用“鲁大师”软件

6.1　认识硬件驱动程序

安装完操作系统后，电脑还不能正常使用，因为此时的屏幕还不是很清晰，分辨率还不是很高，甚至可能没有声音，这是没有安装驱动程序导致的。本节将介绍驱动程序的概念及相关知识。

6.1.1　认识驱动程序

驱动程序的全称为设备驱动程序，是一种使操作系统和硬件设备可以进行通信的特殊程序，其中包含了硬件设备的相关信息。可以说驱动程序为操作系统访问和使用硬件提供了一个程序接口，操作系统只有通过该接口，才能控制硬件设备有条不紊地进行工作。

如果电脑中某个设备的驱动程序未能正确安装，该设备便不能正常工作。因此，驱动程序在系统中占有重要地位。一般来说，操作系统安装完毕后，首先是要安装硬件设备的驱动程序。

实用技巧

常见的驱动程序的文件扩展名有以下几种：.dll、.drv、.exe、.sys、.vxd、.dat、.ini、.386、.cpl、.inf 及 .cat 等，其中核心文件有 .dll、.drv、.vxd 和 .inf。

6.1.2　驱动程序的功能

- 初始化硬件设备：实现对硬件的识别和硬件端口的读写操作，并进行中断设置，实现硬件的基本功能。
- 完善硬件功能：对硬件存在的缺陷进行消除，并在一定程度上提升硬件的性能。
- 扩展辅助功能：辅助功能可以帮助用户更好地使用电脑。驱动程序的多功能化已经成为未来发展的一个趋势。

6.1.3　驱动程序的分类

按照驱动程序支持的硬件来分，可分为主板驱动程序、显卡驱动程序、声卡驱动程序、网络设备驱动程序以及外设驱动程序（例如打印机和扫描仪驱动程序）等。

按照驱动程序的版本分，可分为以下几类：

- 官方正式版：官方正式版驱动程序是指按照芯片厂商的设计研发出来的，并经过反复测试和修正，最终通过官方渠道发布出来的正式版驱动程序，又称公版驱动程序。在运行时，正式版本的驱动程序可保证硬件的稳定性和安全性，因此建议用户在安装驱动程序时，尽量选择官方正式版本。
- 微软 WHQL 认证版：该版本是微软对各硬件厂商驱动程序的认证，是为了测试驱动程序与操作系统的兼容性和稳定性而制定的。凡是通过 WHQL 认证的驱动程序，都能很好地和 Windows 操作系统相匹配，具有非常好的稳定性和兼容性。
- Beta 测试版：测试版是指处于测试阶段，尚未正式发布的驱动程序，该版本驱动程序的稳定性和安全性没有足够的保障，因此用户最好不要安装该版本的驱动程序。
- 第三方驱动：第三方驱动是指硬件厂商发布的在官方驱动程序的基础上优化而成的驱动程序。与官方驱动程序相比，它具有更高的安全性和稳定性，并且拥有更加完善的功能和更加强劲的整体性能，因此，推荐品牌机用户使用第三方驱动，但对于组装机用户来说官方正式版驱动仍是首选。

 6.1.4 需要安装驱动程序的硬件

驱动程序在系统中占有举足轻重的地位。一般来说安装完操作系统后的首要工作就是安装硬件驱动程序，但并不是电脑中所有的硬件都需要安装驱动程序，例如硬盘、光驱、显示器、键盘、鼠标等就不需要安装驱动程序。

一般来说，电脑中需要安装驱动程序的硬件主要有主板、显卡、声卡和网卡等。如果需要在电脑中安装其他外设，也需要为其安装专门的驱动程序，例如外接游戏硬件，就需要安装手柄、摇杆、方向盘等驱动程序；外接打印机和扫描仪，就需要安装打印机和扫描仪驱动程序等。

实用技巧

以上所提到的需要或不需要安装驱动程序的硬件并不是绝对的，因为不同版本的操作系统对硬件的支持也是不同的，一般来说越是高级的操作系统，所支持的硬件设备就越多。

 6.1.5 安装驱动程序的顺序

在安装驱动程序时，为了避免资源冲突，应按照正确的顺序进行安装。一般来说，正确的驱动程序安装顺序如图 6-1 所示。

安装主板驱动程序 → 安装显卡驱动程序 → 安装声卡驱动程序 → 安装其他驱动程序

图 6-1 安装驱动程序的顺序

 6.1.6 获得驱动程序的途径

安装硬件设备的驱动程序前，首先需要了解该设备的产品型号，然后找到其对应的驱动程序。通常用户可以通过以下 4 种方法获得硬件的驱动程序。

1. 操作系统自带驱动程序

现在的操作系统对硬件的支持越来越好，其本身就自带有大量的驱动程序，并随着操作系统的安装而自动安装，即无需单独安装，便可使相应的硬件设备正常运行，如图 6-2 所示。

2. 产品自带驱动程序光盘

一般情况下，硬件生产厂商都会针对自己产品的特点，开发出专门的驱动程序，并在销售硬件时将这些驱动程序以光盘的形式免费附赠给购买者。由于这些驱动程序针对性比较强，因此其性能优于 Windows 自带的驱动程序，能更好地发挥硬件的性能，如图 6-3 所示。

3. 网络下载驱动程序

用户可以通过访问相关硬件设备的官方网站下载相应的驱动程序，这些驱动程序大多是最新推出的版本，比购买硬件时赠送的驱动程序具有更高的稳定性和安全性，用户可及时地对旧版的驱动程序进行升级更新。

4. 使用万能驱动程序

如果通过以上方法不能获得驱动程序的话，可以通过网站下载该类硬件的万能驱动，以暂时解决问题。

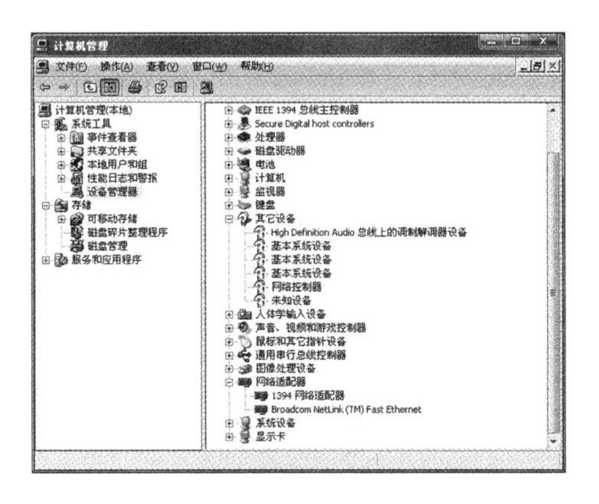

图 6-2　自带与非自带驱动的硬件

图 6-3　驱动光盘

6.2　安装驱动程序

6.2.1　安装主动驱动程序

主板是电脑的核心部件之一，主板的工作性能直接影响到其他设备的性能。为主板安装驱动程序，可以提高主板的稳定性和兼容性，同时也可提高其他硬件的运行速度。

用户在购买主板或电脑时，一般都会附赠有主板驱动程序的安装光盘，在完成操作系统的安装后，用户可使用光盘来安装主板驱动程序。

【例 6-1】 安装主板驱动程序。

STEP 01 首先将驱动光盘放入光驱，稍后光盘将自动运行，如图 6-4 所示。

STEP 02 如果光盘没有自动运行，可打开【电脑】窗口，然后双击光盘驱动器盘符，如图 6-5 所示。

图 6-4　放入光盘

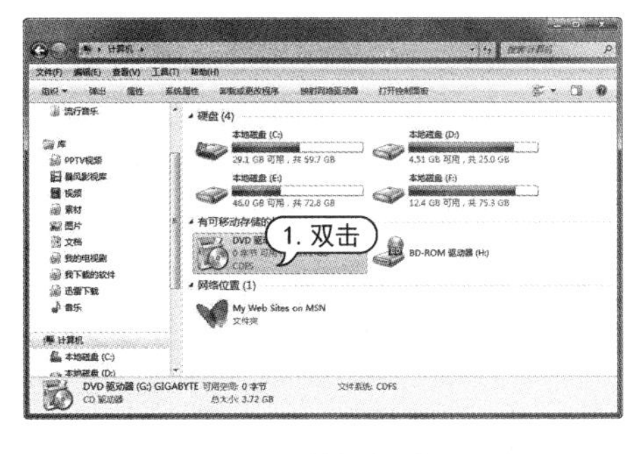

图 6-5　【电脑】窗口

STEP 03 查看光盘内容，找到并双击 run. exe 文件，如图 6-6 所示。

STEP 04 打开驱动程序安装的主界面，如图 6-7 所示。

STEP 05 默认打开【芯片组驱动】选项卡，在界面右侧，有【一键安装】和【安装单项驱动】两种选择，如果用户想要一键安装所有芯片组驱动，可在【Xpress Install】标签中单击【Xpress Install total install】按钮，开始自动安装，如图 6-8 所示。

STEP 06 如果用户想要单独安装某项芯片组驱动，可切换至【安装单项驱动】标签，然后单击相应选项后面的【Install】按钮，如图 6-9 所示。

图 6-6　启动【run. exe】文件

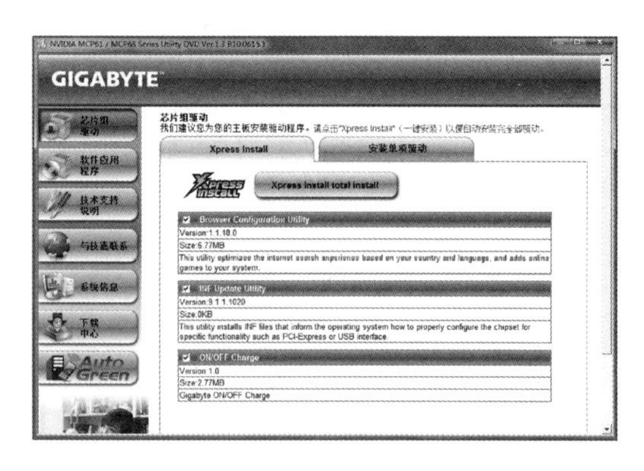

图 6-7　安装界面

图 6-8　开始安装

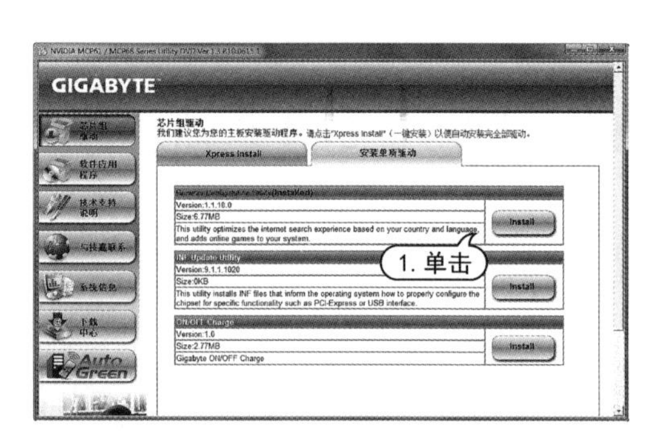

图 6-9　单击【Install】按钮

6.2.2　安装显卡驱动程序

显卡是电脑的主要显示设备，电脑中是否安装有显卡驱动程序将直接影响显示器屏幕的画面显示质量。如果用户的电脑中没有安装或者错误安装了显卡驱动程序，将会导致电脑显示画面效果低劣、显示屏幕闪烁等问题。

【例 6-2】 安装显卡驱动程序。

STEP 01 首先将显卡驱动程序的安装光盘放入到光驱中，此时系统会自动开始初始化安装程序，并打开如图 6-10 所示的选择安装目录界面。

STEP 02 保持默认设置，单击【OK】按钮，安装程序开始提取文件，如图 6-11 所示。

STEP 03 打开初始化界面，如图 6-12 所示。初始化完成后打开安装界面，单击【同意并继续】按钮，如图 6-13 所示，打开【安装选项】对话框。

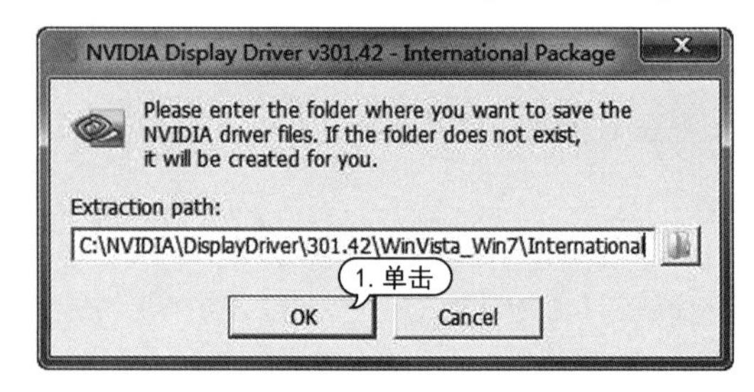

图 6-10　安装目录

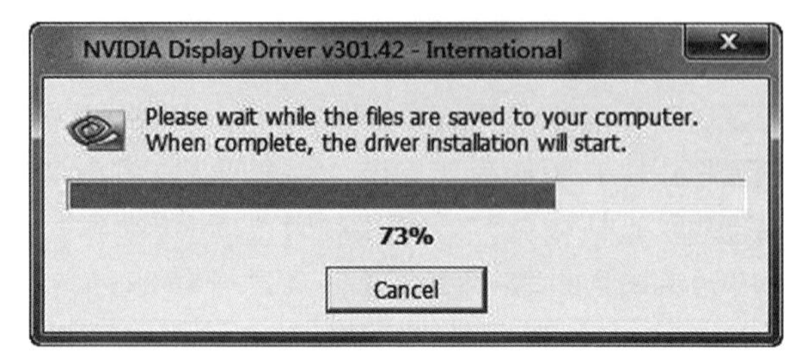

图 6-11　提取文件

图 6-12　初始化界面

图 6-13　许可协议

STEP 04 有【精简】和【自定义】两种模式，选择【精简】单选按钮，如图 6-14 所示，单击【下一步】按钮。

STEP 05 弹出【安装选项】窗口，选择【安装 NVIDIA 更新】复选框，单击【下一步】按钮，如图 6-15 所示。

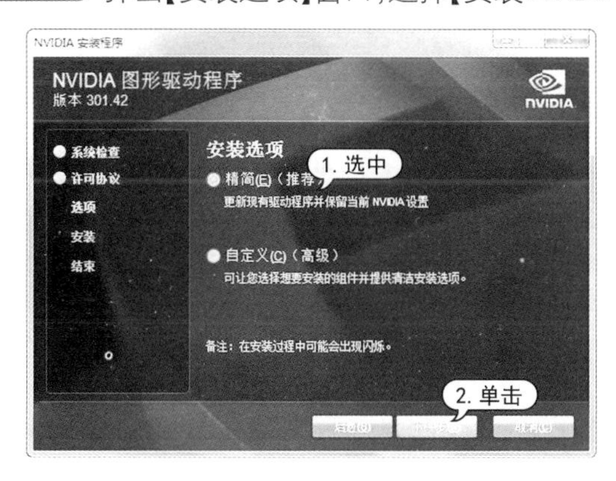

图 6-14　安装选项

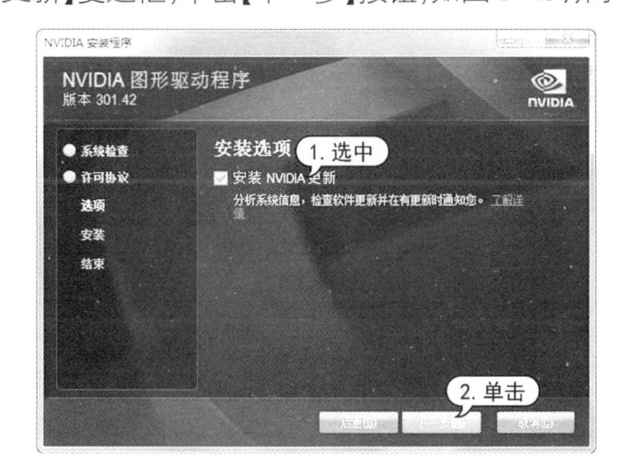

图 6-15　安装 NVIDIA 更新

STEP 06 系统将开始自动安装显卡驱动程序，并在当前窗口中显示安装进度，如图 6-16所示。

STEP 07 驱动程序安装完成后，打开【NVDIA 安装程序已完成】对话框，单击【关闭】按钮，完成显卡驱动程序的安装，如图 6-17 所示。

图 6-16　安装进度

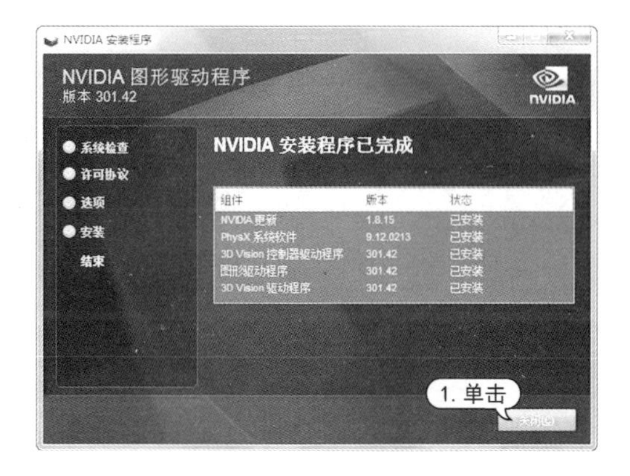

图 6-17　完成驱动安装

6.2.3 安装声卡驱动程序

声卡是电脑播放音乐和电影的必要设备。要使电脑发出声音，除了要在电脑主板上安装声卡，在声卡上连接音箱以外，还需要在操作系统中安装声卡驱动程序。

下面将以安装 Realtek 瑞昱 HD Audio 音频驱动程序为例来介绍声卡驱动程序的安装方法。

【例 6-3】 在电脑中安装声卡驱动程序。

STEP 01 双击声卡驱动的安装程序，开始初始化安装过程，如图 6-18 所示。

STEP 02 初始化完成后，打开如图 6-19 所示的驱动程序安装界面。

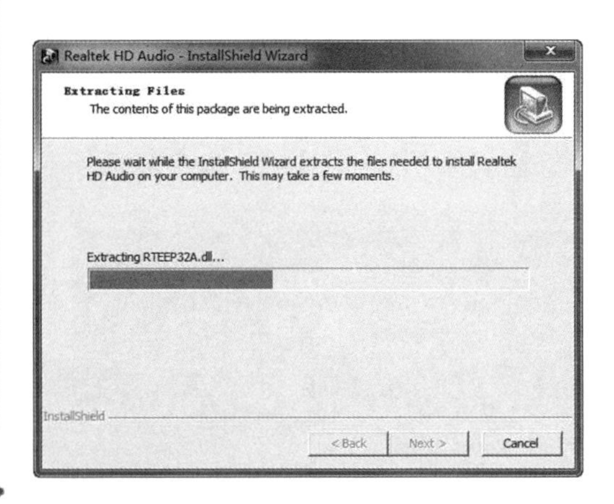

图 6-18 初始化安装

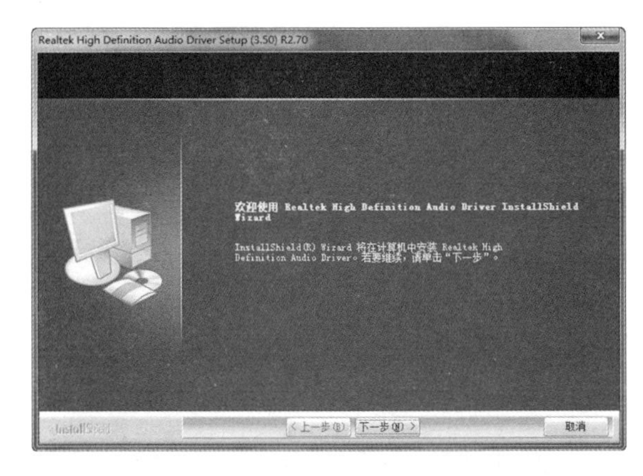

图 6-19 驱动程序安装界面

STEP 03 单击【下一步】按钮，打开【自定义安装帮助】对话框，该对话框中显示了驱动程序的安装步骤，如图 6-20 所示。

STEP 04 单击【下一步】按钮，系统开始自动卸载旧版驱动程序，如图 6-21 所示。

STEP 05 卸载完成后，打开【卸载完成】对话框，选中【是，立即重新启动计算机】单选按钮，单击【完成】按钮，如图 6-22 所示。

STEP 06 电脑重启后，驱动程序会继续未完成的安装，单击【下一步】按钮，如图 6-23 所示。

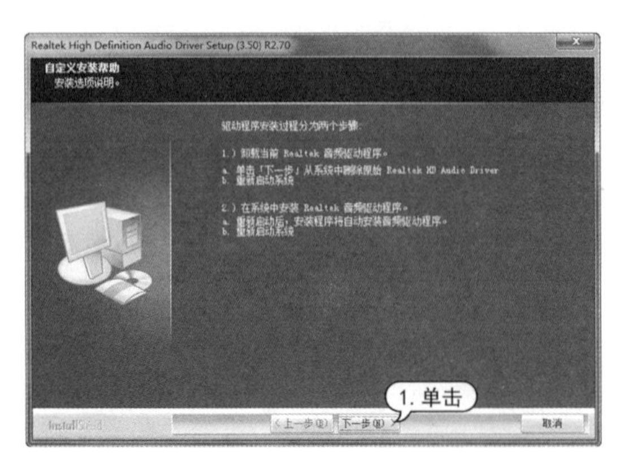

图 6-20 显示驱动程序安装步骤

图 6-21 自动卸载旧版驱动程序

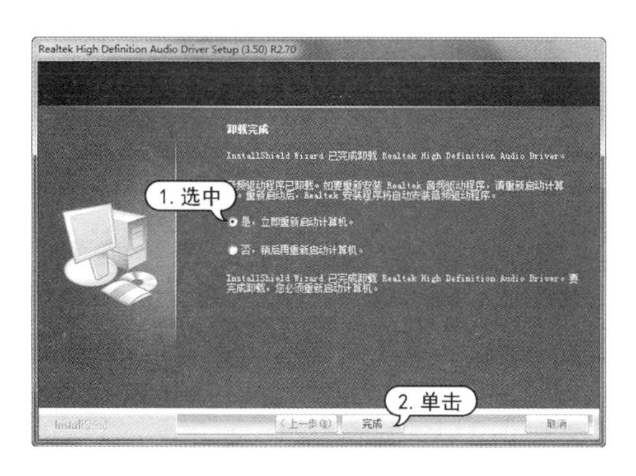

图 6-22　重启电脑

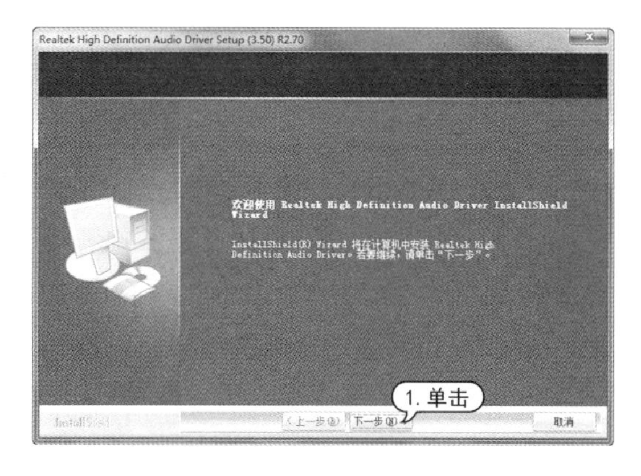

图 6-23　继续未完成的安装

STEP 07 开始安装新的声卡驱动程序(当显示【正在安装】界面时,用户需稍等片刻)。驱动程序安装完成后,打开完成安装的对话框,选中【是,立即重新启动计算机】单选按钮,然后单击【完成】按钮,重新启动电脑后,即完成声卡驱动程序的安装。

实用技巧

驱动程序安装完成后,系统都会提示用户重新启动电脑,为了避免每安装一种驱动程序都重启电脑的麻烦,用户可选择稍后重启电脑选项,等驱动程序全部安装完成后再重启电脑。

6.2.4　安装网卡驱动程序

网络如今已进入了千家万户,要想用电脑上网,就必须为电脑安装网卡,同时还要为网卡安装驱动程序,以保证网卡的正常运行。

【例 6-4】 在电脑中安装网卡驱动程序。

STEP 01 双击网卡驱动程序的安装文件,如图 6-24 所示,启动网卡安装程序。

STEP 02 系统将自动打开【欢迎使用】对话框,单击【下一步】按钮,如图 6-25 所示。

STEP 03 打开【许可证协议】对话框,选中【我接受许可协议中的条款】单选按钮,单击【下一步】按钮,如图 6-26 所示。

STEP 04 打开【可以安装程序了】对话框,单击【安装】按钮,如图 6-27 所示。

图 6-24　启动网卡驱动程序安装

图 6-25　【欢迎使用】对话框

轻松学电脑教程系列

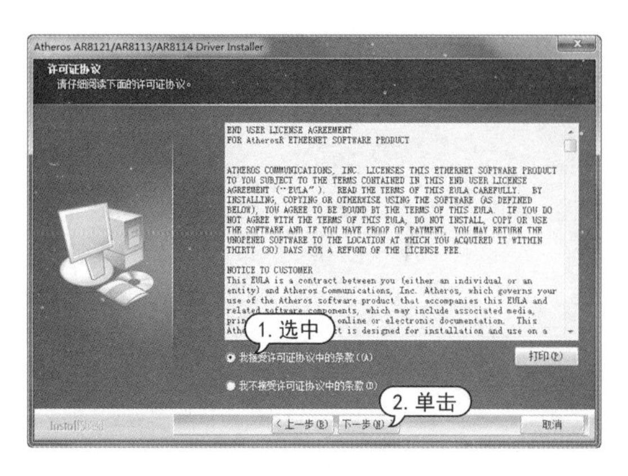

图 6-26 【许可证协议】对话框

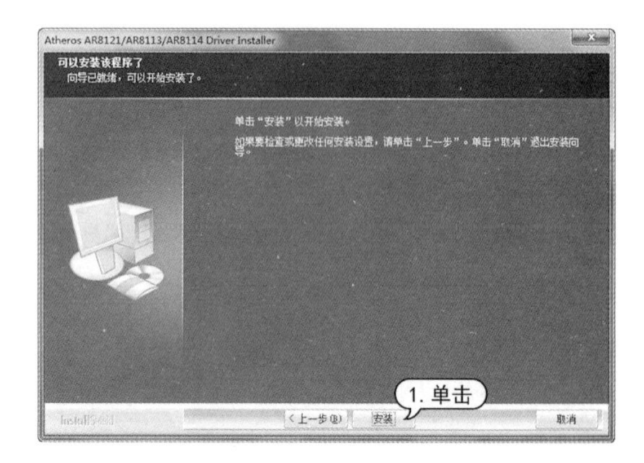

图 6-27 【安装】按钮

STEP 05 系统开始安装网卡驱动程序，并显示安装进度，如图 6-28 所示。

STEP 06 网卡驱动程序安装完成后，在弹出的对话框中单击【完成】按钮，系统会自动检测电脑的网络连接状态。单击【完成】按钮，如图 6-29 所示。

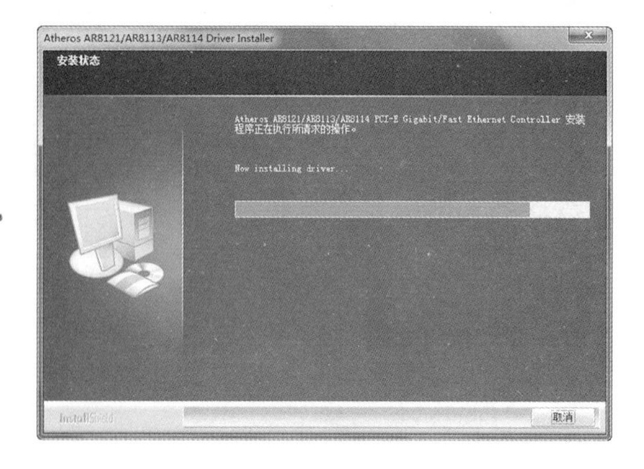

图 6-28 开始安装网卡驱动程序

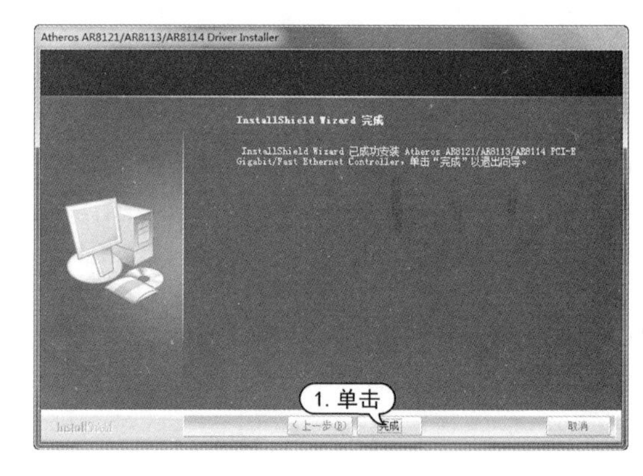

图 6-29 完成安装

6.3 使用设备管理器管理驱动程序

设备管理器是 Windows 的一种管理工具，可以使用它来管理电脑上的硬件设备，用来查看和更改设备属性、更新设备驱动程序、配置设备设置和卸载设备等。

6.3.1 查看硬件设备信息

通过设备管理器，用户可查看硬件的相关信息，例如哪些硬件没有安装驱动程序、哪些设备或端口被禁用等。

【例 6-5】 在电脑中查看硬件设备信息。视频

STEP 01 在系统桌面上右击【计算机】图标，在弹出的快捷菜单中选择【管理】命令，如图 6-30 所示。

STEP 02 打开【计算机管理】窗口，单击【计算机管理】窗口左侧列表中的【设备管理器】选项，窗口的右侧即会显示电脑中安装的硬件设备的信息，如图 6-31 所示。

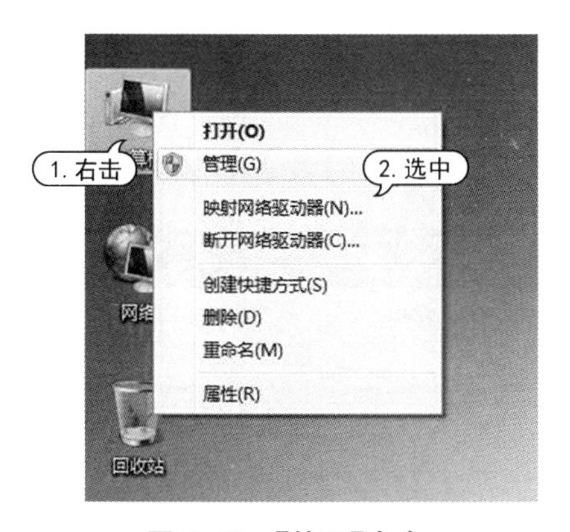

图 6-30　【管理】命令

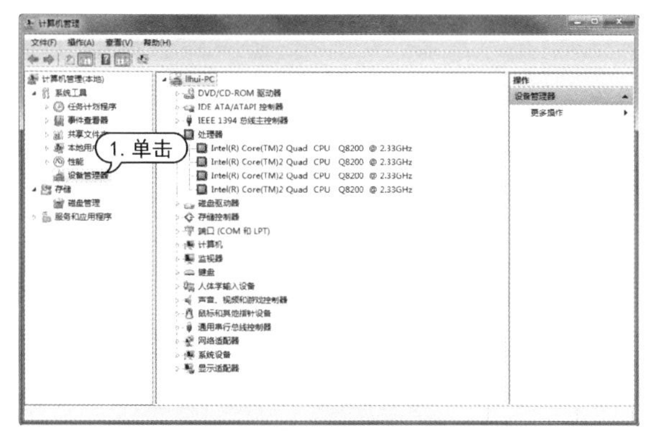

图 6-31　硬件设备的信息

在【计算机管理】窗口中，当某个设备运转不正常时，通常会出现以下 3 种提示：

① 红色叉号：表示该设备已被禁用，通常是用户不常用的一些设备或端口，禁用后可节省系统资源，提高启动速度。要想启用这些设备，可在该设备上右击鼠标，在弹出的快捷菜单中选择【启用】命令即可。

② 黄色的问号：表示该硬件设备未能被操作系统识别。

③ 黄色的感叹号：表示该硬件设备没有安装驱动程序或驱动程序安装不正确。

实用技巧

出现黄色的问号或黄色的感叹号时，用户为硬件安装正确的驱动程序即可。

6.3.2　更新硬件驱动程序

用户可通过设备管理器窗口查看或更新驱动程序。

【例 6-6】　在电脑中更新驱动程序。 视频

STEP 01 用户要查看显卡驱动程序，可在桌面上右击【计算机】图标，在弹出的快捷菜单中选择【管理】命令。在打开的【计算机管理】窗口中单击左侧列表的【设备管理器】命令，打开设备管理器界面。单击【显示适配器】选项前面的，如图 6-32 所示。

STEP 02 在展开的列表中，右击【NVIDIA GeForce 9600 GT】选项，在弹出的快捷菜单中选择【属性】命令。打开【NVIDIA GeForce 9600 GT 属性】对话框，在该对话框中，用户可查看显卡驱动程序的版本等信息，如图 6-33 所示。

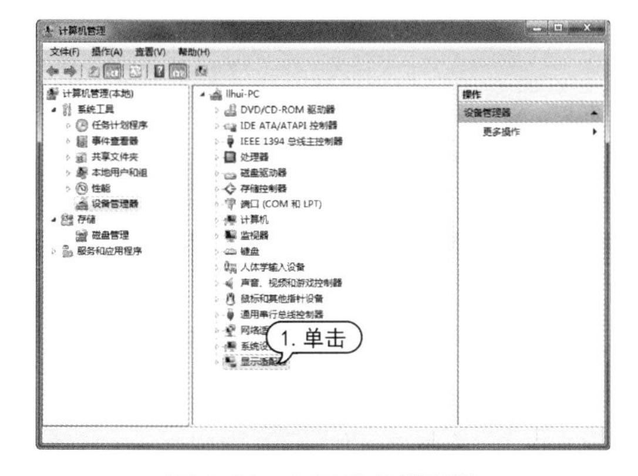

图 6-32　打开设备管理器

图 6-33　硬件设备的信息

轻松学电脑教程系列

STEP 03 在【设备管理器】窗口中右击【NVIDIA GeForce 9600 GT】选项，选择【更新驱动程序软件】命令，打开【更新向导】，如图 6-34 所示。

STEP 04 在【更新向导】对话框中，选中【自动搜索更新的驱动程序软件】选项，如图 6-35 所示。

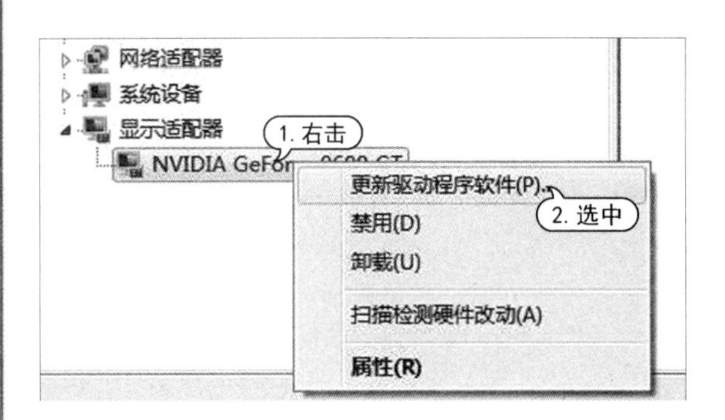

图 6-34 【管理】命令

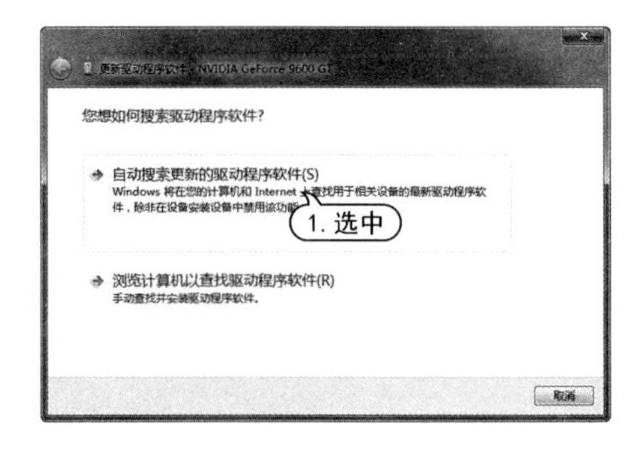

图 6-35 选中【自动搜索更新的驱动程序软件】选项

STEP 05 系统开始自动检测已安装的驱动信息，并搜索可以更新的驱动程序信息，如图 6-36 所示。

STEP 06 如果用户已经安装了最新版本的驱动程序，将显示如图 6-37 所示的对话框，提示用户无需更新，单击【关闭】按钮。

实用技巧

如果用户已经准备好了新版本的驱动，可选择【浏览计算机以查找驱动程序软件】选项，手动更新驱动程序。

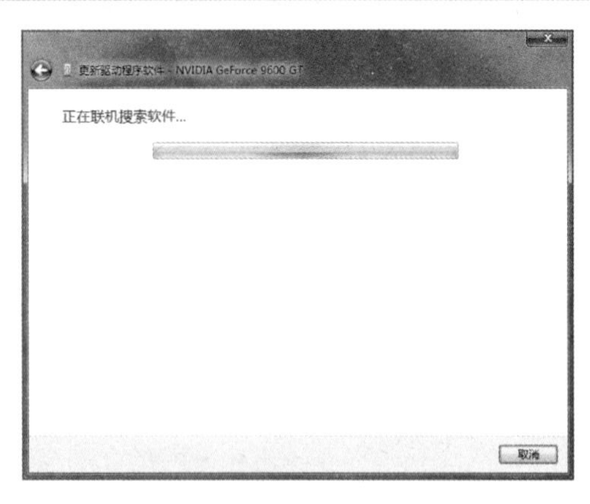

图 6-36 开始检测驱动信息

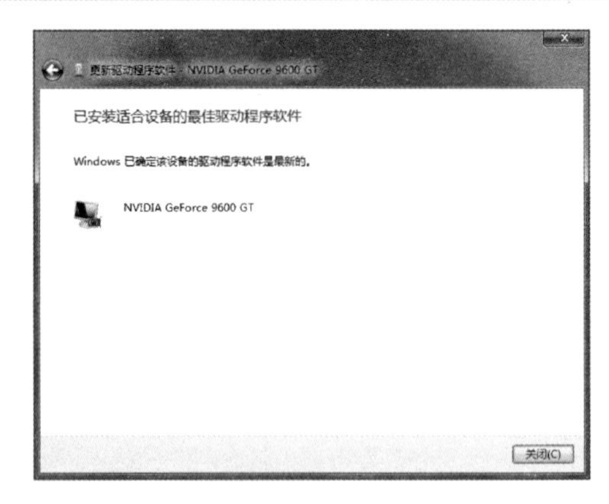

图 6-37 已安装最新版本驱动程序

6.3.3 卸载硬件驱动程序

用户可通过设备管理器来卸载硬件驱动程序。本节以卸载声卡驱动程序为例来介绍驱动程序的卸载方法。

【例 6-7】 在 Windows 7 操作系统中，使用设备管理器卸载声卡驱动程序。视频

STEP 01 打开设备管理器窗口，单击【声音、视频和游戏控制器】选项前方的▶，在展开的列表中右击要卸载的选项，在弹出的快捷菜单中选择【卸载】命令，如图 6-38 所示。

STEP 02 弹出【确认设备删除】对话框，选中【删除此设备的驱动程序软件】单选按钮，如图 6-39

所示。

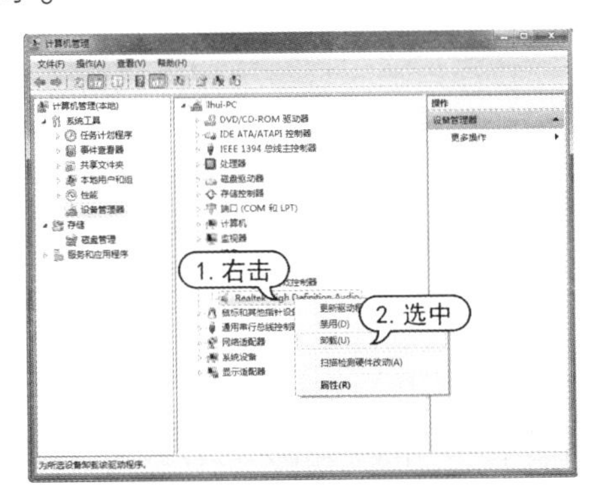

图 6-38　卸载驱动程序

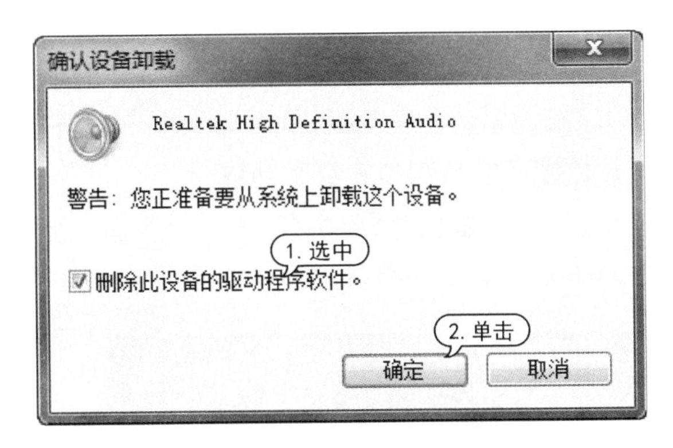

图 6-39　打开提示框

STEP 03 在打开的提示对话框中单击【确定】按钮，即可开始卸载驱动程序。打开【系统设置改变】对话框，单击【是】按钮，重新启动电脑，即完成声卡驱动程序的卸载。

6.4　使用驱动精灵管理驱动程序

驱动精灵是一款优秀的驱动程序管理专家，它不仅能够快速而准确地检测电脑中的硬件设备，为硬件寻找最佳匹配的驱动程序，而且还可以通过在线更新，及时地升级硬件驱动程序。它还可以快速地提取、备份以及还原硬件设备的驱动程序，既简化了原本繁琐的操作，同时也极大地提高了工作效率，是用户解决系统驱动程序问题的好帮手。

6.4.1　安装“驱动精灵”软件

要使用“驱动精灵”软件管理驱动程序，首先要安装驱动精灵。用户可通过网络下载，地址为 http://www. drivergenius. com。

【例 6-8】 安装驱动精灵。

STEP 01 下载“驱动精灵”程序，双击安装程序，打开安装向导。单击【一键安装】按钮，如图 6-40 所示。

STEP 02 开始安装“驱动精灵”软件，完成后打开软件的主界面，如图 6-41 所示。

图 6-40　安装向导

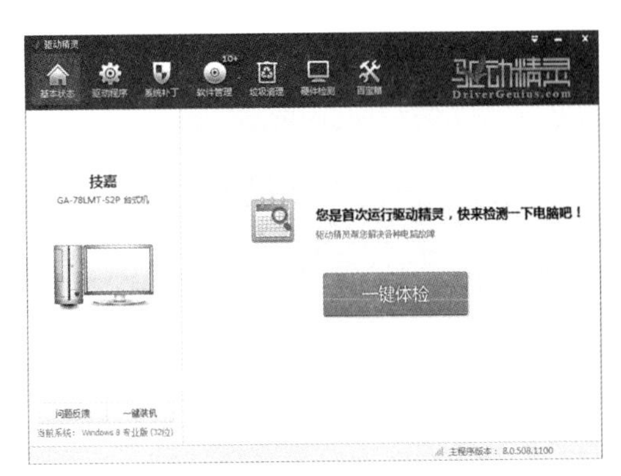

图 6-41　驱动精灵主界面

 6.4.2 检测和升级驱动程序

驱动精灵具有检测和升级驱动程序的功能，可以方便快捷地通过网络为硬件找到匹配的驱动程序或为驱动程序升级，从而免除用户手动查找驱动程序的麻烦。

【例 6-9】 检测和升级驱动程序。

STEP 01 启动“驱动精灵”程序后，单击主界面中的【一键体检】按钮，如图 6-42 所示，开始自动检测电脑的软、硬件信息，如图 6-43 所示。

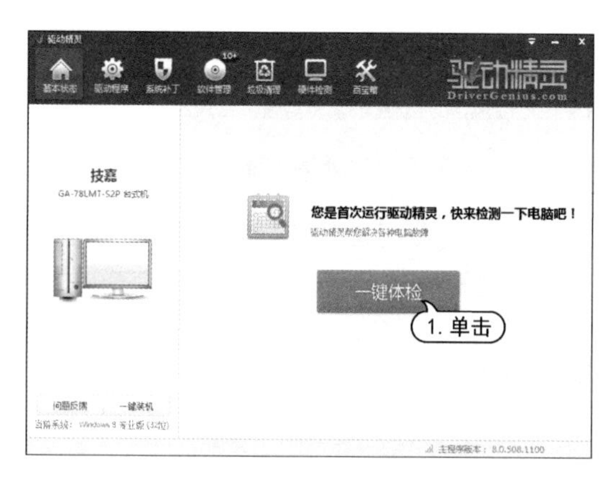

图 6-42 【一键体检】

图 6-43 自动检测电脑的软硬件信息

STEP 02 检测完成后，会进入主界面，并显示需要升级的驱动程序。单击界面中驱动程序名称后的【立即升级】按钮，如图 6-44 所示。

STEP 03 在打开的界面中选择需要更新的驱动程序，单击【安装】按钮，如图 6-45 所示。

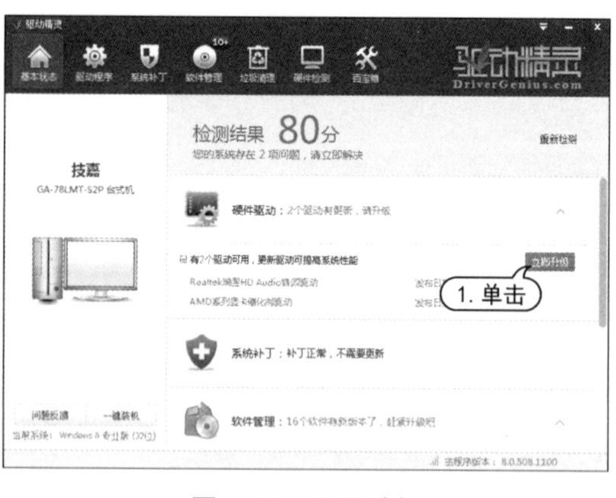

图 6-44 立即升级

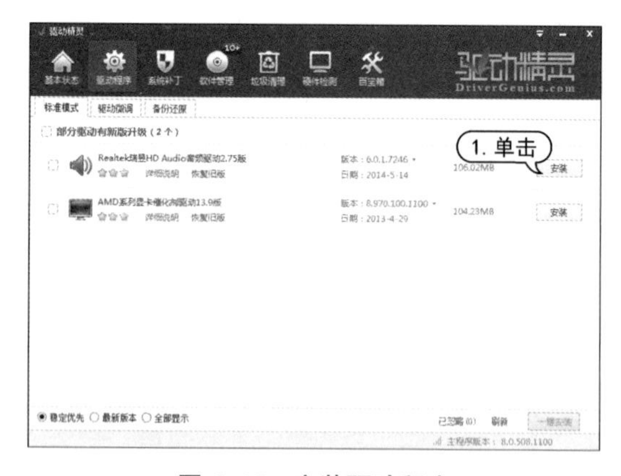

图 6-45 安装驱动程序

STEP 04 “驱动精灵”软件将自动开始下载用户选中的驱动程序更新文件，如图 6-46 所示。

STEP 05 完成驱动程序更新文件的下载后，将自动安装驱动程序，如图 6-47 所示。

STEP 06 在打开的驱动程序安装向导中单击【下一步】按钮，如图 6-48 所示。

STEP 07 完成驱动程序的更新安装后，单击【完成】按钮，如图 6-49 所示。

STEP 08 驱动程序安装程序将自动引导电脑重新启动。

图 6-46　自动下载驱动程序更新文件

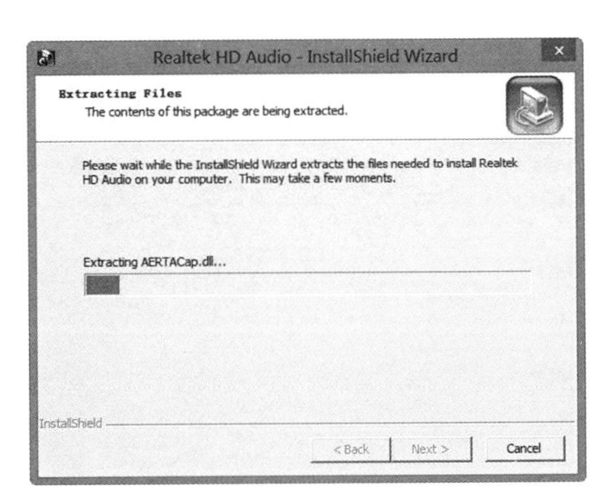

图 6-47　自动安装驱动程序

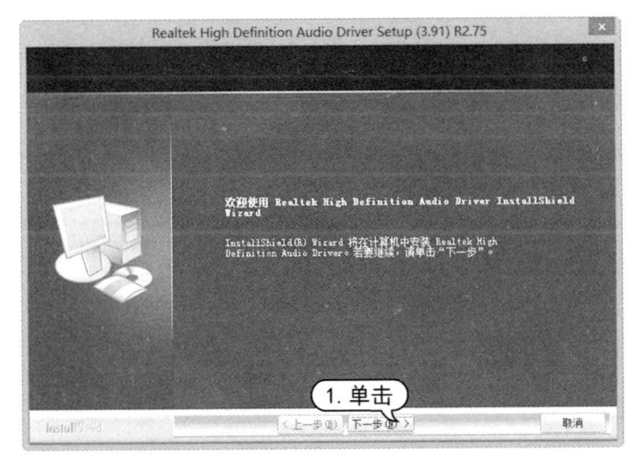

图 6-48　【欢迎使用】界面

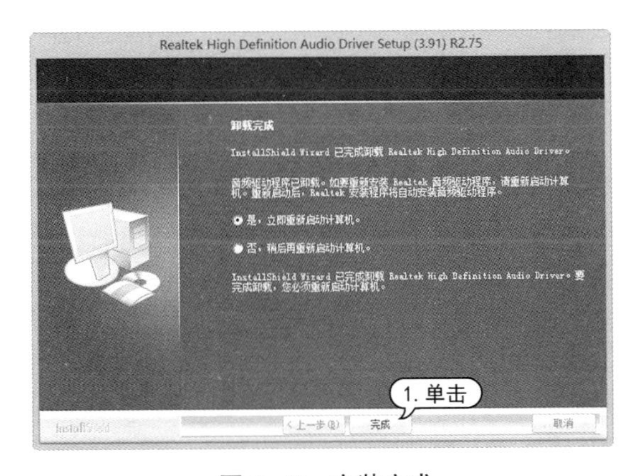

图 6-49　安装完成

6.4.3　备份与恢复驱动程序

驱动精灵还具有备份驱动程序的功能，用户可使用驱动精灵方便地备份硬件驱动程序，以便在驱动程序丢失或更新失败时，通过备份方便地进行还原。

1. 备份驱动程序

【例 6-10】 检测和升级驱动程序。

STEP 01 启动"驱动精灵"程序，在主界面中单击【驱动程序】选项卡，在打开的界面中选中【备份还原】选项卡，如图 6-50 所示。

STEP 02 在【备份还原】选项卡中选中要备份的驱动程序前对应的复选框。单击【一键备份】按钮，如图 6-51 所示。

STEP 03 开始备份选中的驱动程序，并显示备份进度，如图 6-52 所示。

STEP 04 驱动程序备份完成后，"驱动精灵"程序将显示如图 6-53 所示界面，提示已完成指定驱动程序的备份。

2. 还原驱动程序

如果用户备份了驱动程序，那么当驱动程序出错或更新失败而导致硬件不能正常运行时，就可以使用驱动精灵的还原功能来还原驱动程序。

图 6-50 【驱动程序】选项卡

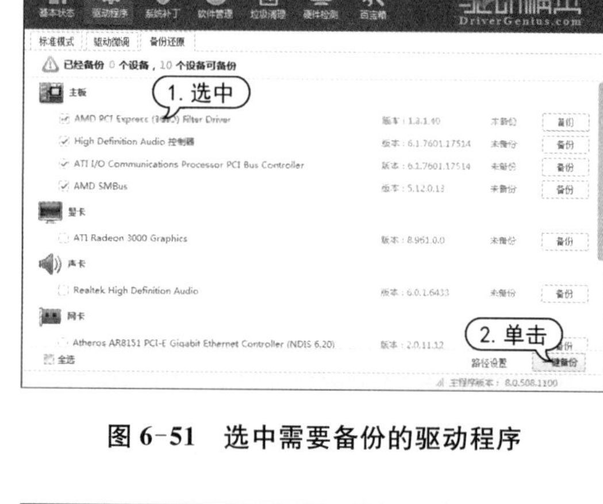

图 6-51 选中需要备份的驱动程序

图 6-52 开始备份驱动程序

图 6-53 完成驱动程序备份

【例 6-11】 使用驱动精灵还原驱动程序。

STEP 01 启动驱动精灵，单击【驱动程序】按钮，在打开的界面中选中【备份还原】选项卡，单击驱动程序后的【还原】按钮，如图 6-54 所示。

STEP 02 开始还原选中的驱动程序，并显示还原进度，如图 6-55 所示。

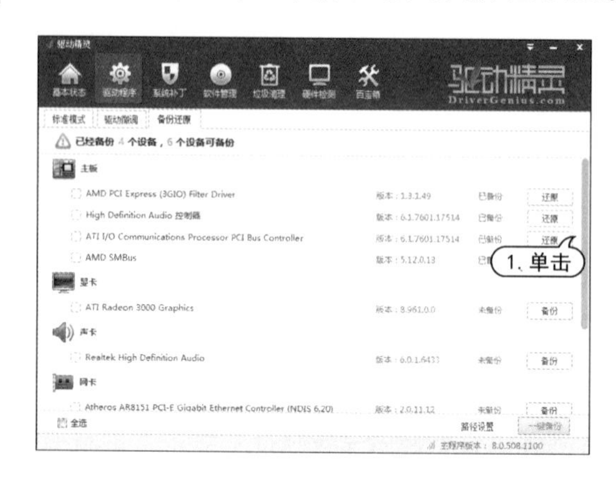

图 6-54 选择驱动程序

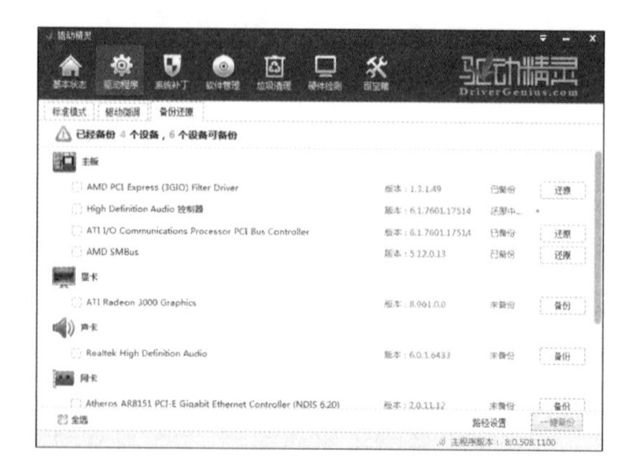

图 6-55 开始还原驱动程序

STEP 03 还原完成后，在打开的对话框中单击【是】按钮，重新启动电脑。

6.5 查看电脑硬件参数

我们可以对电脑的各项硬件参数进行查看，以更好地了解自己电脑的性能。硬件参数包括 CPU 主频、内存的大小和硬盘的大小等。

6.5.1 查看 CPU 主频

CPU 的主频即 CPU 内核工作的时钟频率。用户可通过【设备管理器】窗口来查看 CPU 的主频。

【例 6-12】 通过【系统】窗口查看内存容量。视频

STEP 01 右击【计算机】图标，在弹出的快捷菜单中选择【管理】命令，如图 6-56 所示。

STEP 02 打开【计算机管理】窗口，选择【计算机管理】窗口左侧列表中的【设备管理器】选项，窗口右侧即会显示电脑中安装的硬件设备的信息。展开【处理器】选项，即可查看 CPU 的主频，如图 6-57 所示。

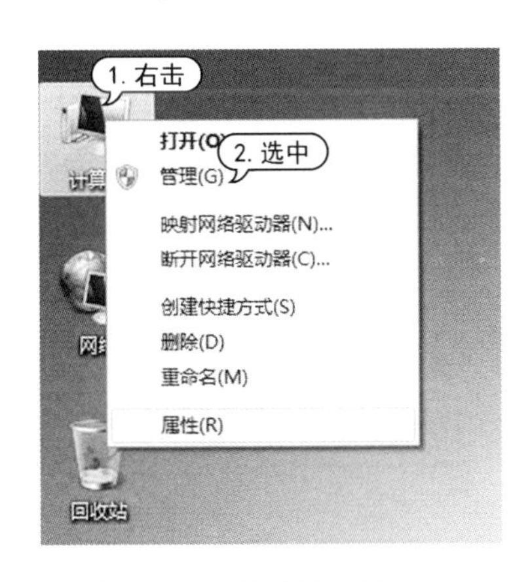

图 6-56　选择【管理】命令

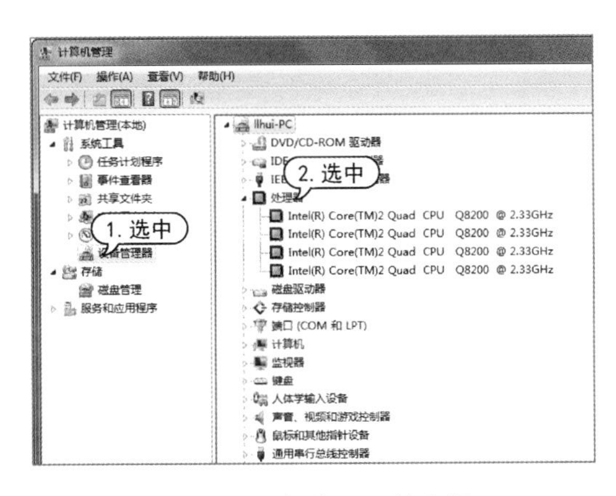

图 6-57　查看 CPU 的主频

6.5.2 查看内存容量

内存容量是指内存条的存储容量，是内存条的关键参数，用户可通过【系统】窗口查看内存的容量。

【例 6-13】 通过【系统】窗口查看内存容量。视频

STEP 01 右击【计算机】图标，在弹出的快捷菜单选择【属性】命令，如图 6-58 所示。

STEP 02 打开【系统】窗口，在【系统】区域，用户可看到内存容量以及可用容量，如图 6-59 方框所示。

6.5.3 查看硬盘容量

硬盘是电脑的主要数据存储设备，硬盘的容量决定着个人电脑的数据存储能力。用户可通过【设备管理器窗口】查看硬盘的总容量和各个分区的容量。

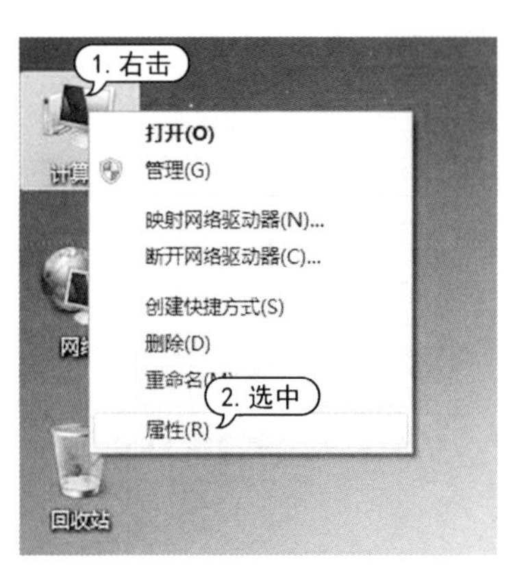

图 6-58　选择【属性】命令

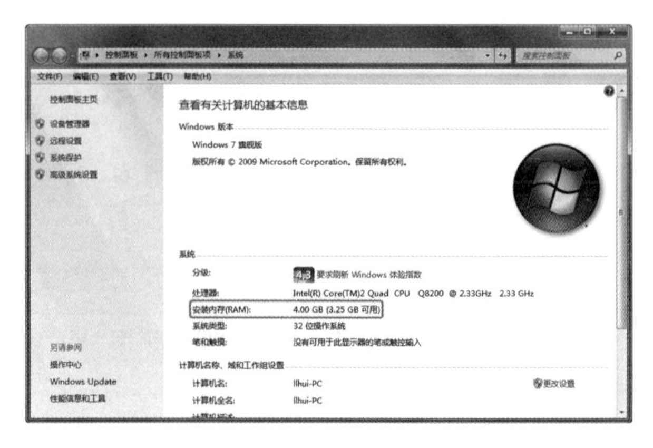

图 6-59　查看内存容量

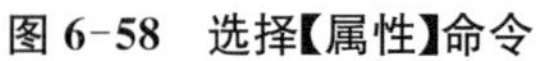
【例 6-14】 通过【磁盘管理】窗口查看硬盘容量。视频

STEP 01 右击【计算机】图标，在弹出的快捷菜单中选择【属性】命令，如图 6-60 所示。

STEP 02 打开【系统】窗口，单击【磁盘管理】选项，窗口的右侧即会显示硬盘的总容量和各个分区的容量，如图 6-61 所示。

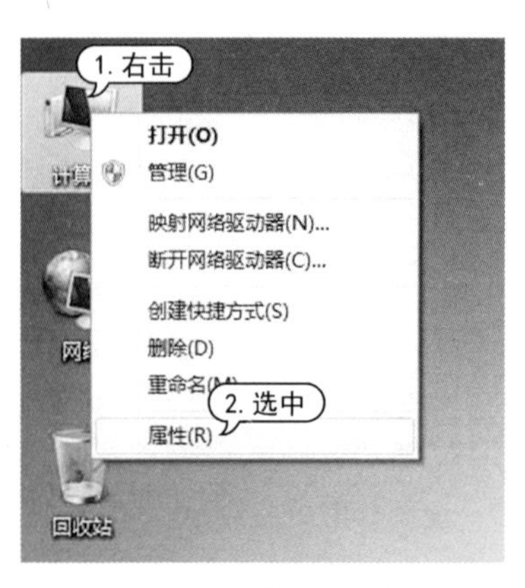

图 6-60　选择【属性】

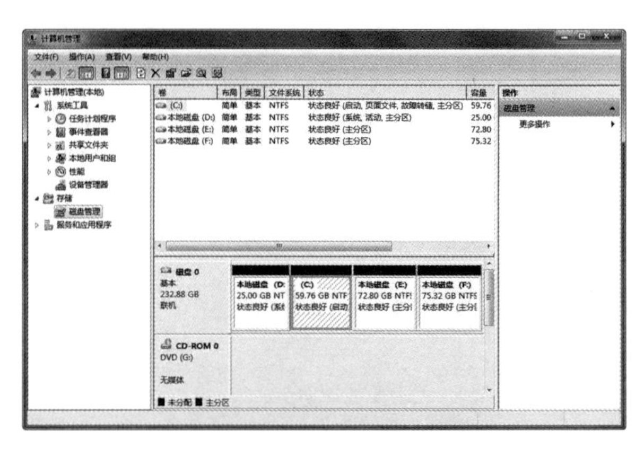

图 6-61　查看硬盘容量

6.5.4　查看键盘属性

键盘是重要的输入设备，了解键盘的型号和接口等属性，有助于用户更好地组装和使用键盘。

【例 6-15】 通过【控制面板】窗口查看键盘属性。视频

STEP 01 选择【开始】|【控制面板】命令，打开【控制面板】窗口，单击【键盘】图标，如图 6-62 所示。

STEP 02 打开【键盘属性】对话框，在【速度】选项卡中，用户可对键盘的各项参数进行设置，例如【重复延迟】、【重复速度】和【光标闪烁速度】等，如图 6-63 所示。

STEP 03 选择【硬件】选项卡，查看键盘型号和接口属性，单击【属性】按钮，如图 6-64 所示。

STEP 04 查看键盘的驱动程序信息，如图 6-65 所示。

图 6-62　【键盘】图标

图 6-63　设置参数

图 6-64　查看型号和接口属性

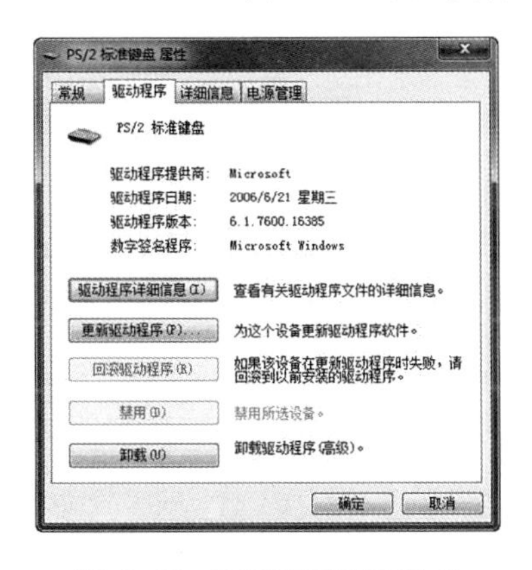

图 6-65　查看驱动程序信息

6.5.5　查看显卡属性

显卡是组成电脑的重要硬件设备之一，显卡性能的好坏直接影响着显示器的显示效果。查看显卡的相关信息可以帮助用户了解显卡的型号和显存等，方便维修或排除故障。

【例 6-16】　通过【控制面板】窗口查看显卡属性。 视频

STEP 01　选择【开始】|【控制面板】命令，打开【控制面板】窗口，双击【显示】图标，如图 6-66 所示。

STEP 02　打开【显示】窗口，在窗口的左侧选择【调整分辨率】选项，如图 6-67 所示。

图 6-66　【显示】图标

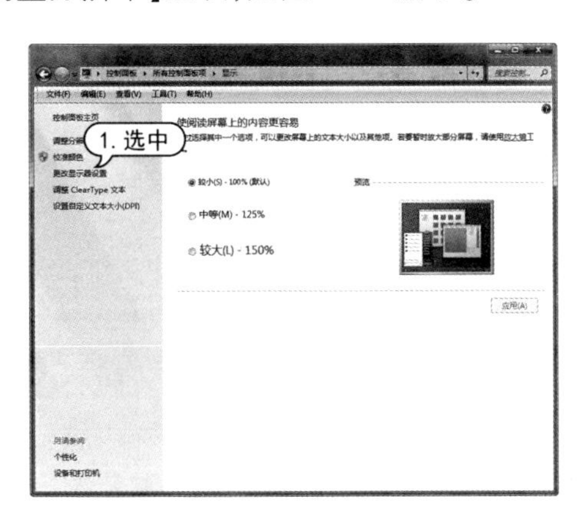

图 6-67　调整分辨率

轻松学电脑教程系列

STEP 03 打开【屏幕分辨率】窗口，选择【高级设置】选项，如图 6-68 所示。

STEP 04 打开如图 6-69 所示对话框，在其中可以查看显卡的型号以及驱动程序等信息。

图 6-68　高级设置

图 6-69　查看显卡信息

6.6　检测电脑硬件性能

了解了电脑硬件的参数以后，可以通过性能检测软件来检测硬件的实际性能。硬件测试软件会将测试结果以数字的形式展现给用户，方便用户直观地了解设备性能。

6.6.1　检测 CPU 性能

CPU-Z 是一款常见的 CPU 测试软件。CPU-Z 支持的 CPU 种类相当全面，软件的启动速度及检测速度都很快。另外，它还能检测主板和内存的相关信息。

下面将通过实例介绍使用 CPU-Z 软件检测电脑 CPU 性能的方法。

【例 6-17】 使用 CPU-Z 检测电脑中 CPU 的具体参数。视频

STEP 01 在电脑中安装并启动 CPU-Z 程序后，该软件将自动检测当前电脑 CPU 的参数(包括名称、工艺、型号等)，并显示在主界面中，如图 6-70 所示

STEP 02 在主界面中，有【缓存】、【主板】、【内存】等选项卡，选择【处理器】选项卡，查看 CPU 的具体参数指标，如图 6-71 所示。

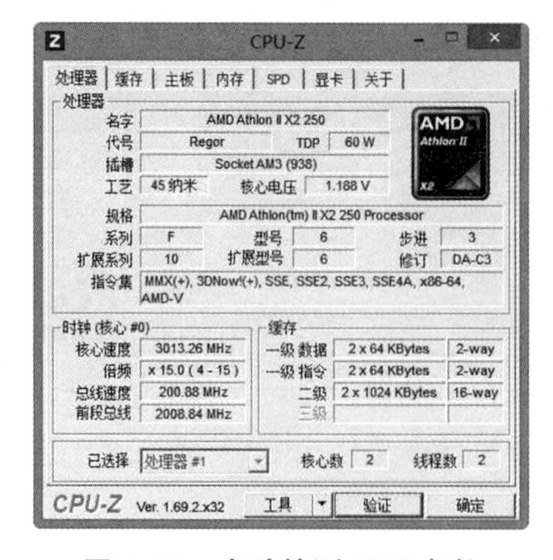

图 6-70　自动检测 CPU 参数

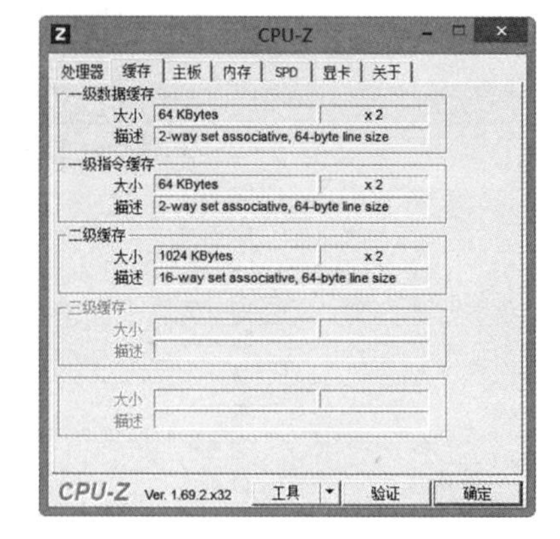

图 6-71　查看 CPU 信息

STEP 03 单击【工具】下拉列表按钮，在弹出的下拉列表中选中【保存报告】命令，可以将获取的

CPU 参数报告保存。

6.6.2　检测硬盘性能

HD Tune 是一款小巧易用的检测硬盘工具软件，其主要功能包括检测硬盘传输速率、检测健康状态、检测硬盘温度及磁盘表面扫描等。

HD Tune 还能检测出硬盘的固件版本、序列号、容量、缓存大小以及当前的 Ultra DMA 模式等。

【例 6-18】 使用 HD Tune 软件测试硬盘性能。视频

STEP 01 启动 HD Tune 程序，在界面中单击【开始】按钮，如图 6-72 所示。

STEP 02 HD Tune 将开始自动检测硬盘的基本性能，如图 6-73 所示。

实用技巧

如果用户电脑安装了一块以上的硬盘，可以在 HD Tune 主界面左上方的下拉列表框中选择要检测的硬盘。

STEP 03 【基准】选项卡中会显示通过检测得到的硬盘基准性能信息，如图 6-74 所示。

STEP 04 选中【磁盘信息】选项卡，在其中可以查看硬盘的基本信息，包括分区、支持功能、版本、序列号以及容量等，如图 6-75 所示。

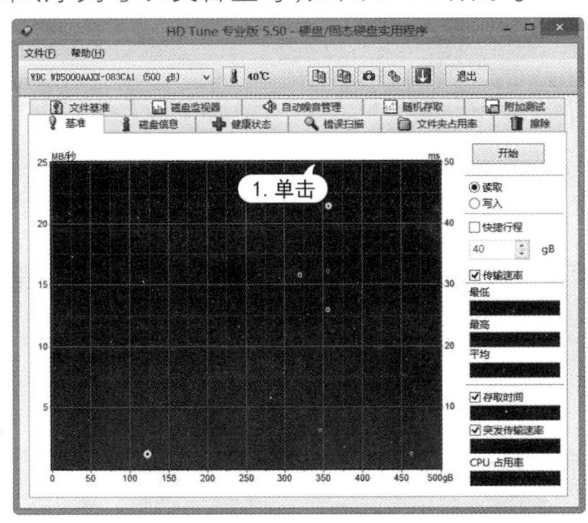

图 6-72　开始检测

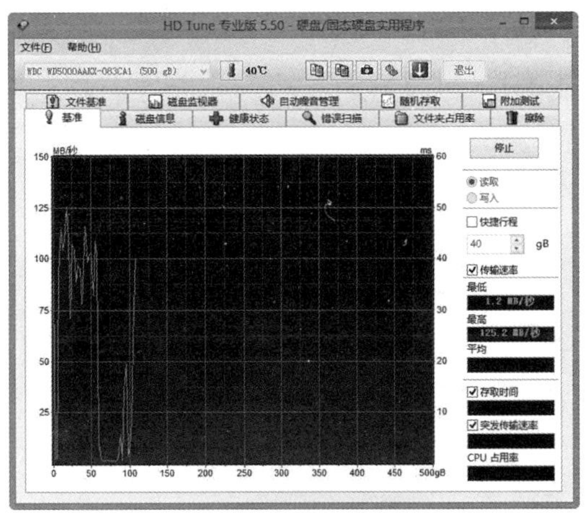

图 6-73　自动检测硬盘

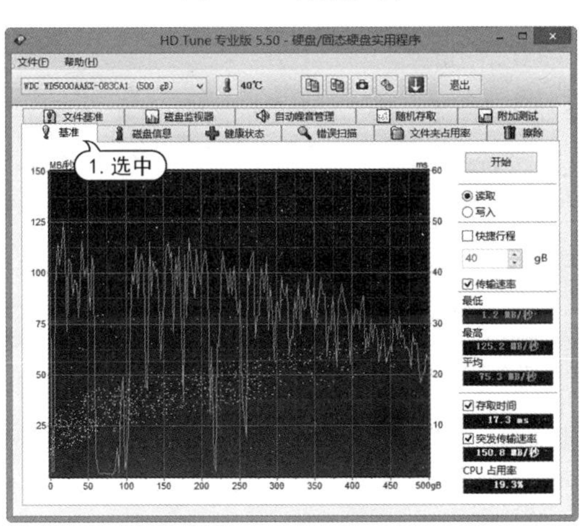

图 6-74　硬盘基准性能信息

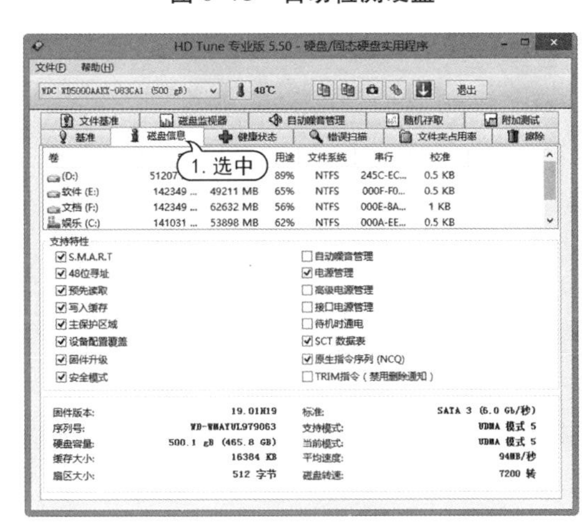

图 6-75　磁盘信息

轻松学电脑教程系列

STEP 05 选中【监控状态】选项卡，可以查阅硬盘内部存储的运行记录，如图 6-76 所示。

STEP 06 打开【错误扫描】选项卡，单击【开始】按钮，检查硬盘坏道，如图 6-77 所示。

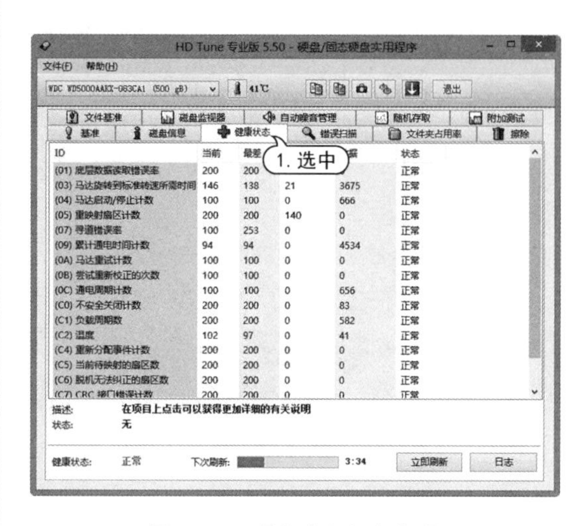

图 6-76 硬盘内部运行记录

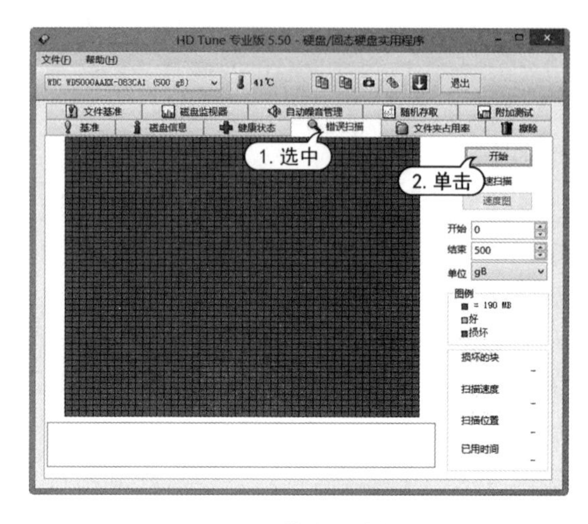

图 6-77 检查硬盘坏道

STEP 07 打开【擦除】选项卡，单击【开始】按钮，即可安全擦除硬盘中的数据，如图 6-78 所示。

STEP 08 选择【文件基准】选项卡，单击【开始】按钮，检测硬盘缓存性能，如图 6-79 所示。

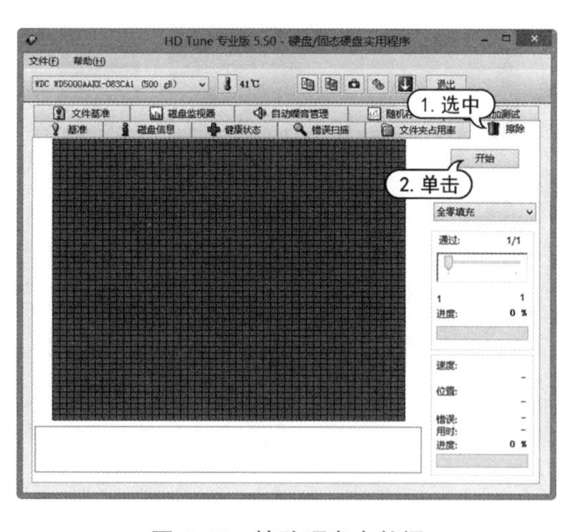

图 6-78 擦除硬盘中数据

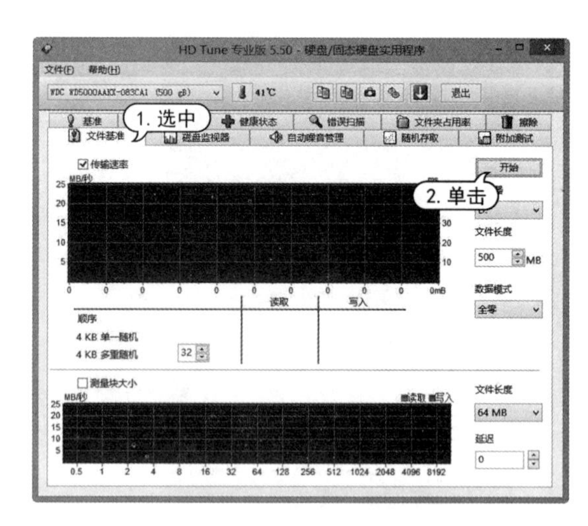

图 6-79 检测硬盘的缓存性能

STEP 09 打开【磁盘监视器】选项卡，单击【开始】按钮，可监视硬盘的实时读写状况，如图 6-80 所示。

STEP 10 打开【自动噪音管理】选项卡，向左拖动滑块可以降低硬盘的运行噪音，如图 6-81 所示。

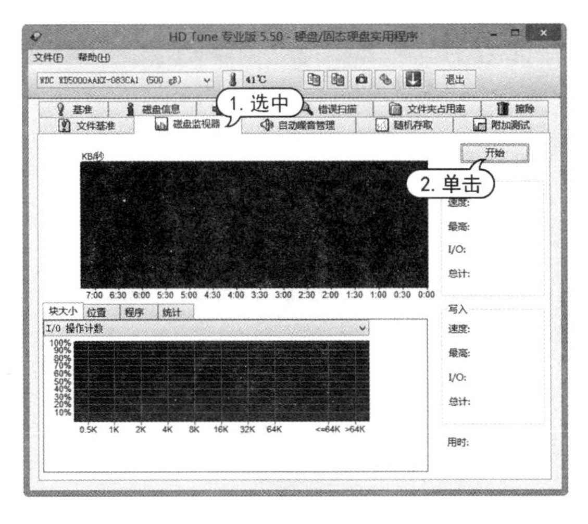

图 6-80　监视硬盘的实时读写状况

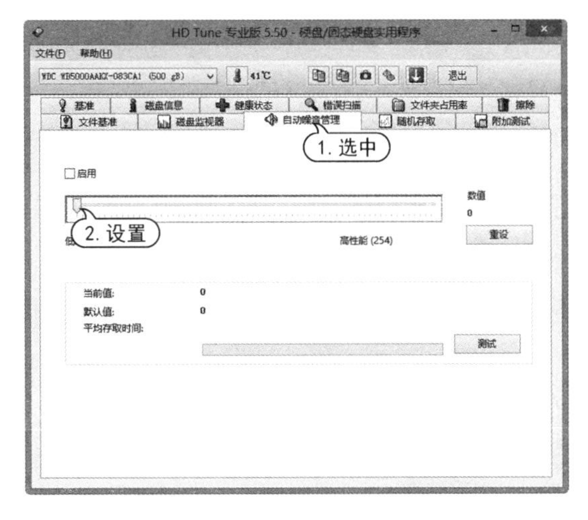

图 6-81　降低硬盘的运行噪音

STEP 11 打开【随机存取】选项卡，单击【开始】按钮，即可测试硬盘的寻道时间，如图 6-82 所示。

STEP 12 打开【附加测试】选项卡，在【测试】列表框中可以选择更多的一些硬盘性能测试，单击【开始】按钮开始测试，如图 6-83 所示。

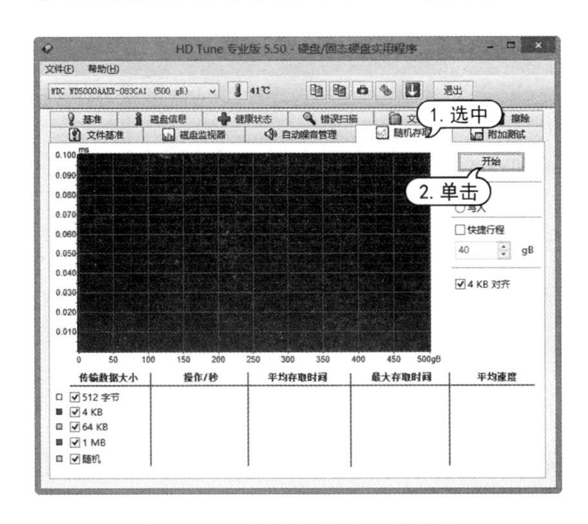

图 6-82　测试硬盘的寻道时间

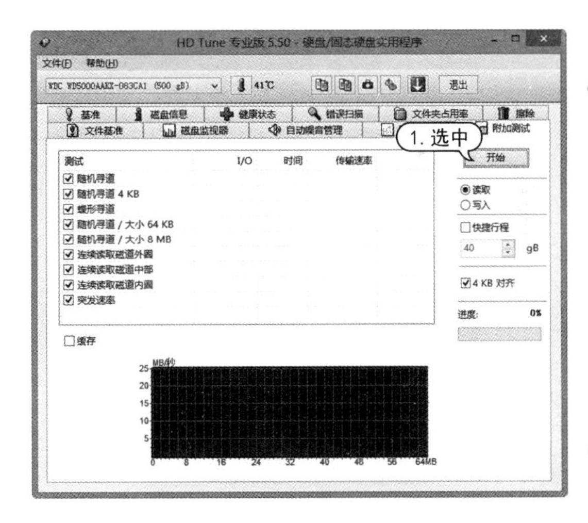

图 6-83　性能测试项目

6.6.3　检测显卡性能

3D Mark 是一款常用的显卡性能测试软件，其简单清晰的操作界面和公正准确的测试功能受到广大用户的好评。本节将通过一个实例介绍使用 3D Mark 检测显卡性能的方法。

【例 6-19】 使用 3D Mark 软件检测显卡性能。

STEP 01 启动 3D Mark，在主界面中单击 Select 按钮，如图 6-84 所示。

STEP 02 打开 Select Tests 对话框，在其中选择要测试的显卡项目，选择完成后单击 OK 按钮，如图 6-85 所示。

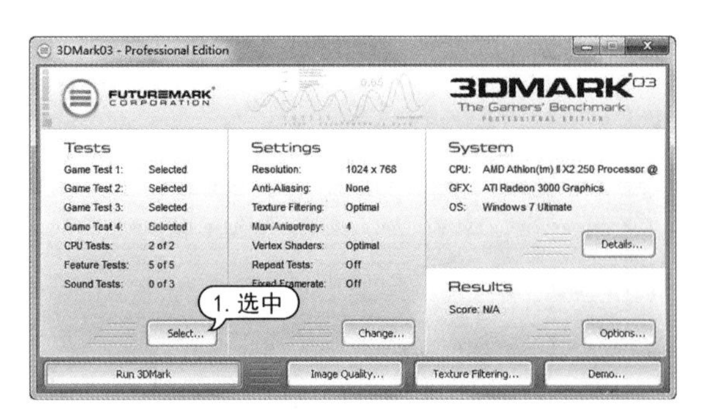

图 6-84 软件主界面

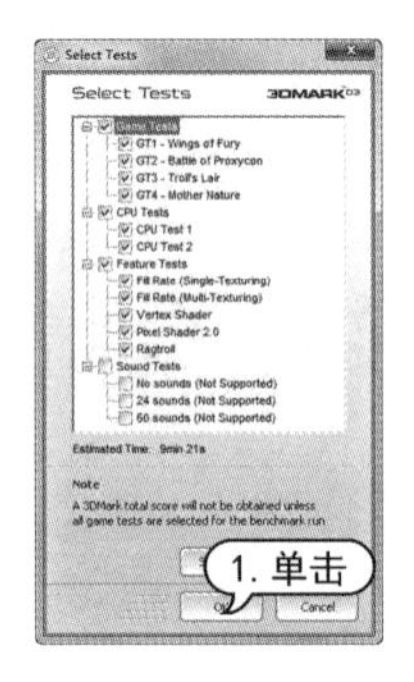

图 6-85 选择要测试的显卡项目

实用技巧

3D Mark 的版本越高,对显卡以及其他电脑硬件设备的要求也就越高。在相同电脑配置的情况下,3D Mark 的版本越高,测试得分越低。

STEP 03 返回 3D Mark 主界面,单击 Change 按钮,如图 6-86 所示。

STEP 04 打开 Benchmark Settings 对话框,在其中可以设置测试参数,例如可在 Resolution 下拉列表中选择测试时使用的分辨率,设置完成后单击 OK 按钮,如图 6-87 所示。

STEP 05 设置完测试内容与测试参数后,返回 3D Mark 主界面,单击 Run 3DMARK 按钮,3D Mark 开始自动测试显卡性能,如图 6-88 所示。

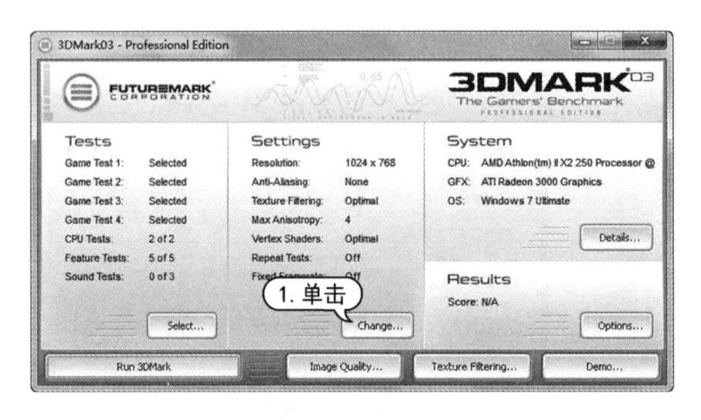

图 6-86 Change

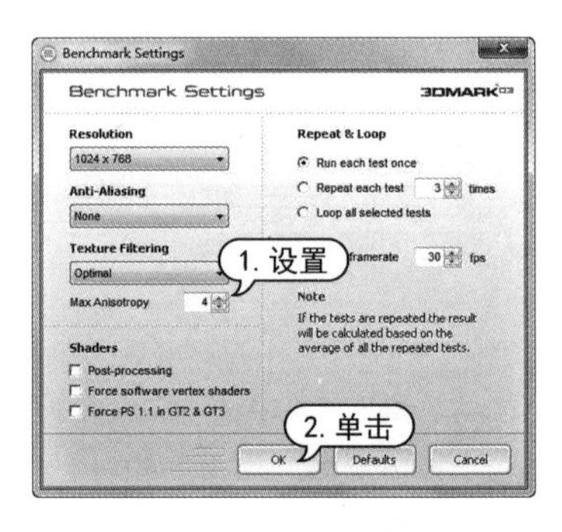

图 6-87 设置测试参数

STEP 06 测试完成后,3D Mark 会打开对话框显示测试得分,得分越高代表所测试显卡的性能越强,如图 6-89 所示。

图 6-88 测试显卡性能

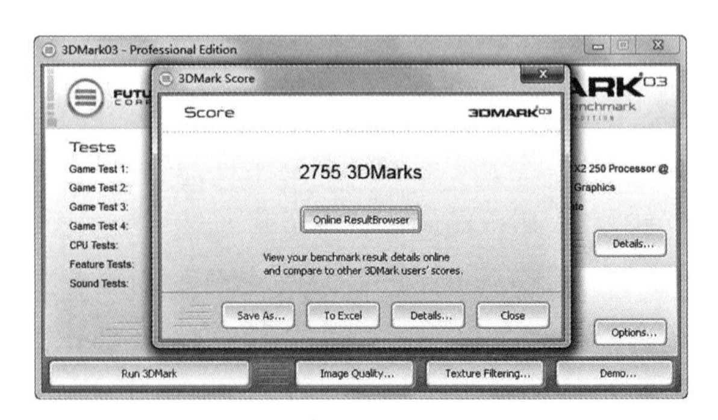

图 6-89 完成测试

6.6.4　检测内存性能

Mem Test 是常用的一款内存检测软件，它不但可以通过长时间运行以彻底检测内存的稳定度，还可同时测试内存的储存与检索数据的能力。

【例 6-20】 使用 MemTest 检测内存性能。视频

STEP 01 在开始检测前应先关闭其他所有的应用程序。双击 MemTest 的启动图标，打开欢迎界面。该界面中给出了 MemTest 的一些使用帮助，阅读完毕后，单击【确定】按钮，如图 6-90 所示。

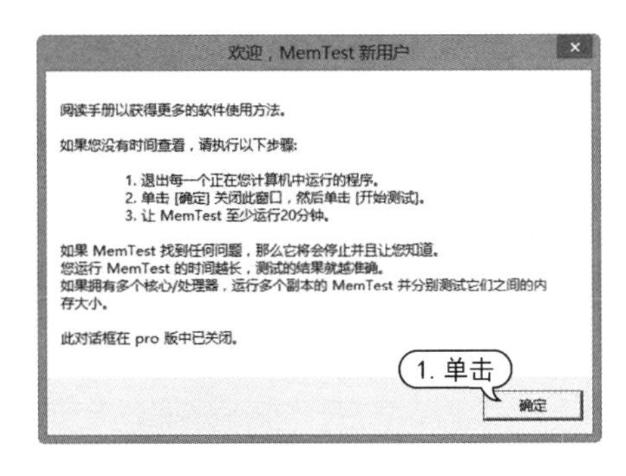

图 6-90　使用帮助

STEP 02 启动 MemTest 的主界面，单击【开始测试】按钮。Mem Test 默认将检测所有没有使用的内存，用户也可以在主界面的文本框中输入要检测内存的大小，如图 6-91 所示。

STEP 03 MemTest 开始检测内存性能，并在主界面下方实时显示检测结果，如图 6-92 所示。单击【停止测试】按钮可结束内存测试操作。在检测过程中出现错误的个数越少，内存的性能越稳定。

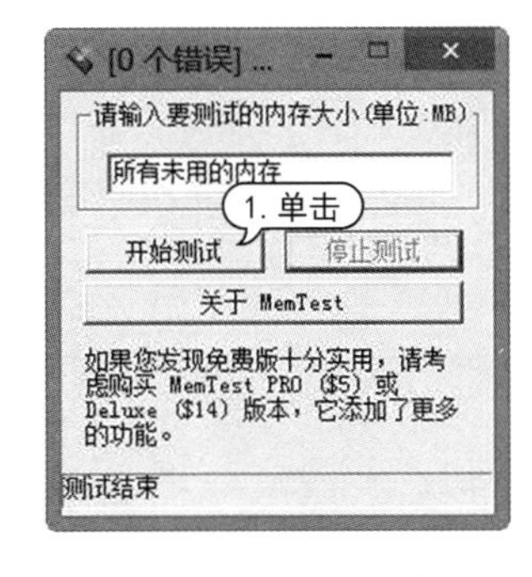

图 6-91　设置检测内容

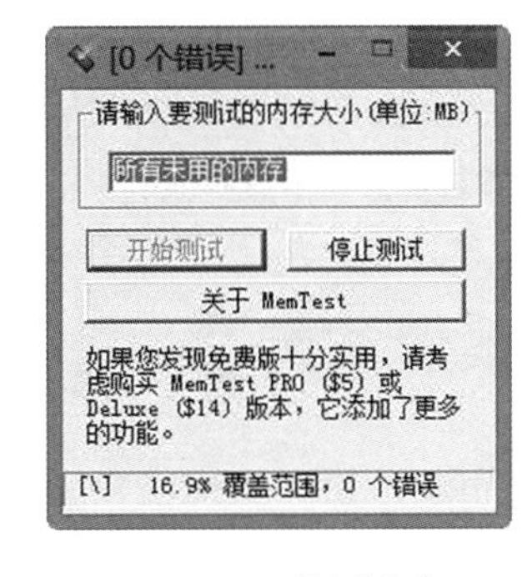

图 6-92　检测内存

6.6.5　检测显示器

Piexl Exerciser 是一款专业的液晶显示器测试软件，可以快速检测显示器存在的亮点和坏点。该软件无需安装即可执行。

【例 6-21】 使用 Piexl Exerciser 显示器性能检测软件检测液晶显示器的性能。视频

STEP 01 双击 Piexl Exerciser 启动图标，打开 Piexl Exerciser 软件的主界面。在该界面中选中【I have read】复选框，单击【Agree】按钮，如图 6-93 所示。

STEP 02 右击屏幕中显示的色块，在弹出的菜单中选中 Set Size/Location 命令，如图 6-94 所示。

STEP 03 打开 Set Size 对话框，在 Set Size 对话框中设置显示器的检测参数后，单击 OK 按钮，如图 6-95 所示。

STEP 04 右击屏幕中显示的色块，在弹出的菜单中选中 Set Refresh Rate 命令，打开 Settings 对话框。在对话框中输入显示器测试速率后，单击 OK 按钮，如图 6-96 所示。

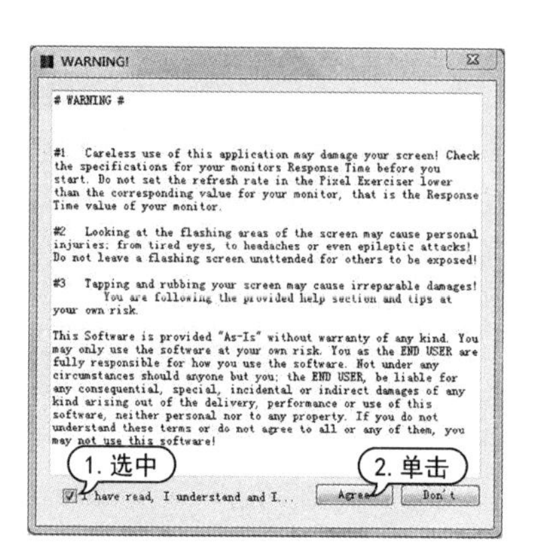

图 6-93　软件主界面

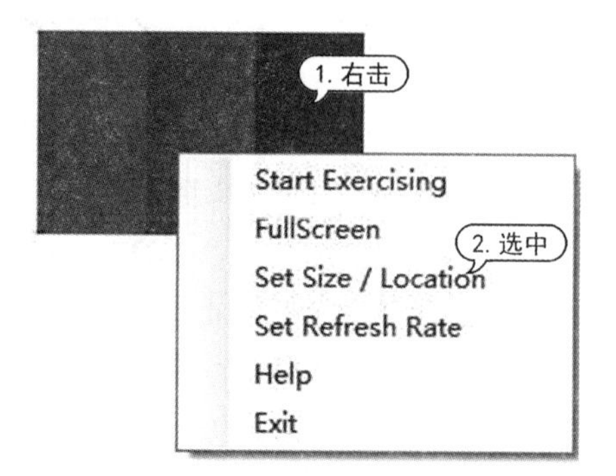

图 6-94　选中 Set Size/Location 命令

STEP 05 右击屏幕中显示的色块，在弹出的菜单中选中 Start Exercising 命令，开始检测显示器性能。

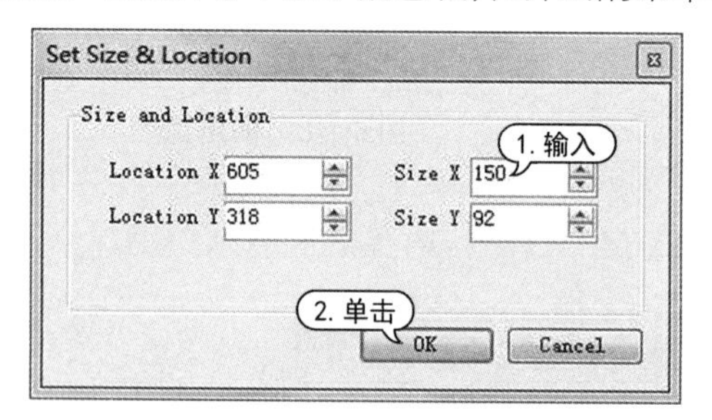

图 6-95　设置显示器的检测参数

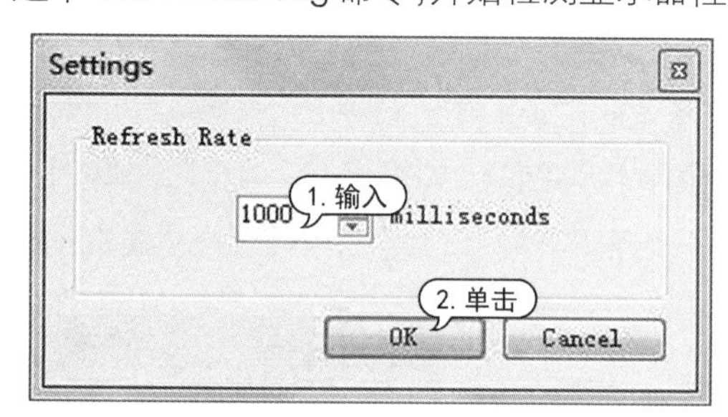

图 6-96　输入显示器测试速率

6.7 案例演练

本次案例演练向用户介绍一款比较常用的硬件检测软件——鲁大师，让用户进一步掌握查看和维护电脑硬件的方法。

【例 6-22】 使用“鲁大师”硬件检测工具检测并查看硬件详细信息。 视频

STEP 01 下载并安装“鲁大师”软件。启动软件将自动检测电脑硬件信息，如图 6-97 所示。

STEP 02 在界面左侧单击【硬件健康】按钮，打开的界面中将显示硬件的制造信息，如图 6-98 所示。

图 6-97　自动检测电脑硬件信息

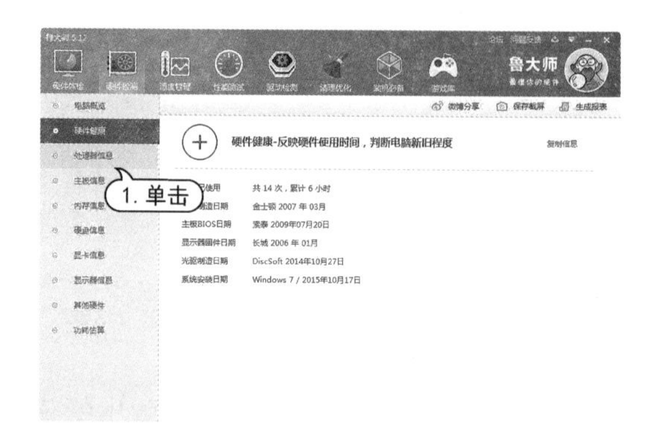

图 6-98　显示硬件的制造信息

STEP 03 单击左侧的【处理器信息】按钮，在打开的界面中可以查看 CPU 的详细信息，例如处理器类型、速度、生产工艺、插槽类型、缓存以及处理器特征等，如图 6-99 所示。

STEP 04 单击左侧的【主板信息】按钮，将显示电脑主板的详细信息，包括型号、芯片组、BIOS 版本和制造日期，如图 6-100 所示。

STEP 05 单击左侧的【内存信息】按钮，将显示电脑内存的详细信息，包括制造日期、型号和序列号等，如图 6-101 所示。

STEP 06 单击左侧的【硬盘信息】按钮，将显示电脑硬盘的详细信息，包括产品型号、容量大小、转速、缓存、使用次数、数据传输率等，如图 6-102 所示。

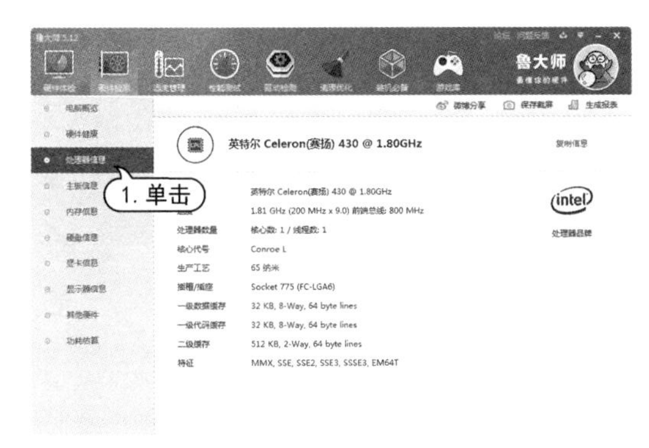

图 6-99　查看 CPU 的详细信息

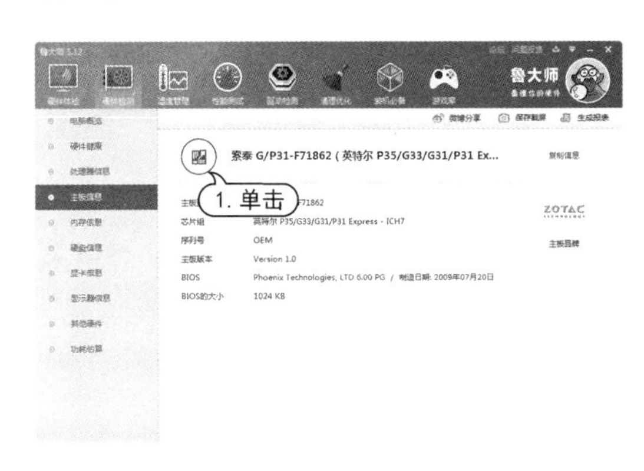

图 6-100　显示电脑主板的详细信息

图 6-101　显示电脑内存的详细信息

图 6-102　显示电脑硬盘的详细信息

STEP 07 单击左侧的【显卡信息】按钮，将显示电脑显卡的详细信息，包括显卡型号、显存大小、制造商等，如图 6-103 所示。

STEP 08 单击左侧的【显示器信息】按钮，将显示显示器的详细信息，包括产品信号、显示器平面尺寸等，如图 6-104 所示。

STEP 09 单击左侧的【网卡信息】按钮，将显示电脑网卡的详细信息，包括网卡型号和制造商，如图 6-105 所示。

STEP 10 单击左侧的【功耗估算】按钮，将显示功耗估算的详细信息，如图 6-106 所示。

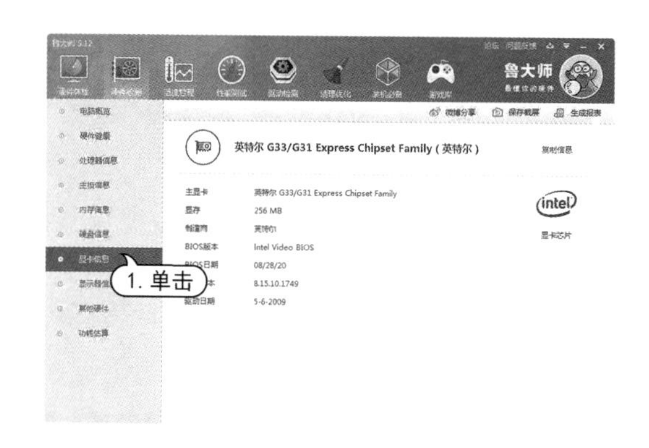

图 6-103　显示电脑显卡的详细信息

图 6-104　显示显示器的详细信息

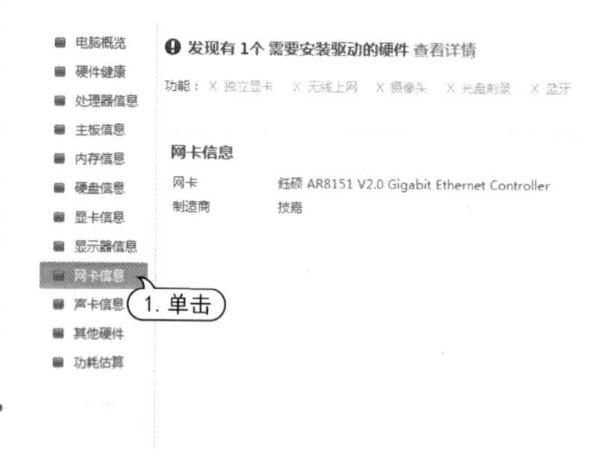

图 6-105　显示电脑网卡的详细信息

图 6-106　显示功耗估算的详细信息

第 7 章

系统应用与常用软件

安装好 Windows 7 操作系统之后，就可以开始体验了。电脑在日常办公使用中，需要很多软件和硬件外部设备加以辅助。常用的软件有 WinRAR 压缩软件、图片浏览软件等。本章将详细介绍在电脑中如何操作 Windows 7 系统和常用软件。

对应的光盘视频

例 7-1　调整窗口大小
例 7-2　窗口的排列
例 7-3　自动隐藏任务栏
例 7-6　更换桌面背景
例 7-7　设置屏幕保护程序
例 7-8　更改颜色和外观
例 7-9　将多个文件压缩
例 7-10　通过右键压缩文件
例 7-11　管理压缩文件
例 7-12　编辑图片
例 7-13　批量重命名文件
例 7-14　转换图片格式
例 7-15　播放网络电源
例 7-16　播放本地电影

7.1 Windows 7 的窗口和对话框

窗口是 Windows 操作系统的重要组成部分，很多操作都是通过窗口完成的。对话框是用户操作电脑过程中系统弹出的一个特殊窗口。在对话框中，用户通过对选项的选择和设置，可以对相应的对象进行特定的操作。

7.1.1 窗口的组成

Windows 7 中最为常用的就是【电脑】窗口和应用程序的窗口，这些窗口的组成元素基本相同。

以【电脑】窗口为例，组成元素主要有标题栏、地址栏、搜索栏、工具栏、窗口工作区等元素，如图 7-1 所示。

- 标题栏：标题栏位于窗口的最顶端，标题栏最右端有“最小化”“最大化/还原”“关闭”3 个按钮。用户可以通过标题栏移动、关闭窗口或改变窗口的大小。
- 地址栏：用于显示和输入当前浏览位置的详细路径信息。Windows 7 的地址栏提供按钮功能，单击地址栏文件夹后的“▸”按钮，将弹出一个下拉菜单，里面列出了与该文件夹同级的其他文件夹，在菜单中选择相应的路径便可跳转到对应的文件夹，如图 7-2 所示。

图 7-1 【电脑】窗口

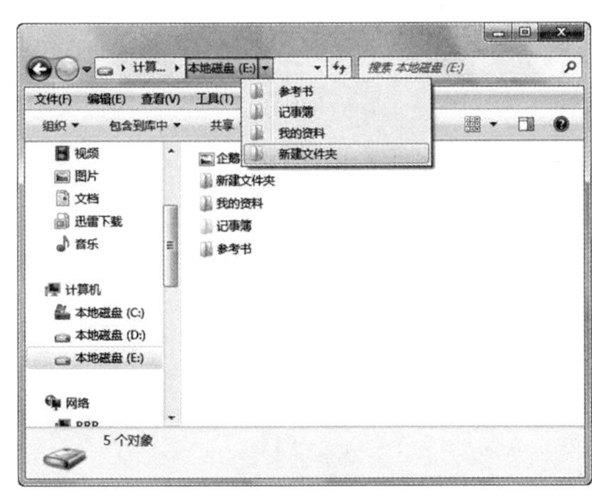

图 7-2 地址栏

- 搜索栏：Windows 7 窗口右上角的搜索栏与【开始】菜单中的【搜索框】作用和用法相同，都具有在电脑中搜索各种文件的功能。搜索时，地址栏中会显示搜索进度情况，如图 7-3 所示。
- 工具栏：工具栏位于地址栏下方，提供了一些基本工具和菜单任务，如图 7-4 所示。

图 7-3 搜索栏

图 7-4 工具栏

- 窗口工作区：用于显示主要的内容，如多个不同的文件夹、磁盘驱动等。它是窗口中最主要的部分。
- 导航窗格：导航窗格位于窗口左侧的位置，它给用户提供了树状结构的文件夹列表，从而方

便用户迅速地定位所需的目标。窗格从上到下分为不同的类别，单击每个类别前的箭头，可以展开或者合并。

- 状态栏：位于窗口的最底部，用于显示当前操作的状态及提示信息，或当前用户选定对象的详细信息。

7.1.2 窗口的预览和切换

Windows 7 操作系统提供了多种方式让用户可以快捷方便地切换预览窗口。

1. Alt+Tab 键切换预览窗口

当用户使用 Aero 主题时，按下 Alt+Tab 键后，切换面板中会显示当前打开的窗口的缩略图，除了当前选定窗口外，其余的窗口都呈现透明状态。按住 Alt 键不放，再按 Tab 键或滚动鼠标滚轮就可以在窗口缩略图中切换，如图 7-5 所示。

2. Win+Tab 键的 3D 切换效果

按下 Win+Tab 键切换窗口时，可以看到立体 3D 切换效果。可按住 Win 键不放，再按 Tab 或鼠标滚轮来切换各个窗口，如图 7-6 所示。

3. 通过任务栏图标切换预览窗口

当鼠标指针移至任务栏中某个程序的按钮上时，在该按钮的上方会显示与该程序相关的所有打开的窗口的预览缩略图，单击其中的某一个缩略图，即可切换至该窗口，如图 7-7 所示。

图 7-5 预览窗口

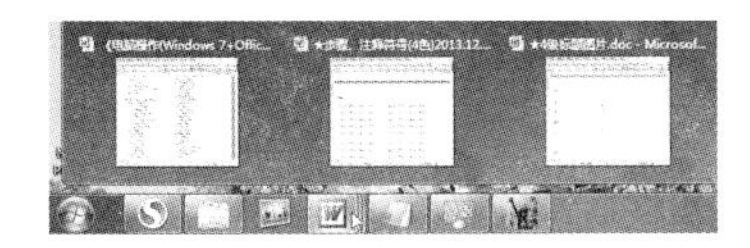

图 7-7 通过任务栏图标预览窗口

图 7-6 3D 切换效果

7.1.3 调整窗口大小

在 Windows7 系统中，用户可以通过窗口右上角的最小化、最大化和还原按钮来调整窗口的形状。

【例 7-1】 使用最大化、还原和最小化按钮，调整【电脑】窗口大小。 视频

STEP 01 双击【电脑】图标，打开【电脑】窗口，单击右上角的【最大化】按钮，设置窗口最大化，如图 7-8 所示。

STEP 02 窗口最大化后，将占满屏幕显示，此时【最大化】按钮变为【还原】按钮，单击即可还原窗口大小。单击【最大化】按钮左侧的【最小化】按钮，可以将【最小化】按钮隐藏在任务栏中，如图 7-9 所示。

STEP 03 单击【最大化】按钮右侧的【关闭】按钮，可以关闭【电脑】窗口。

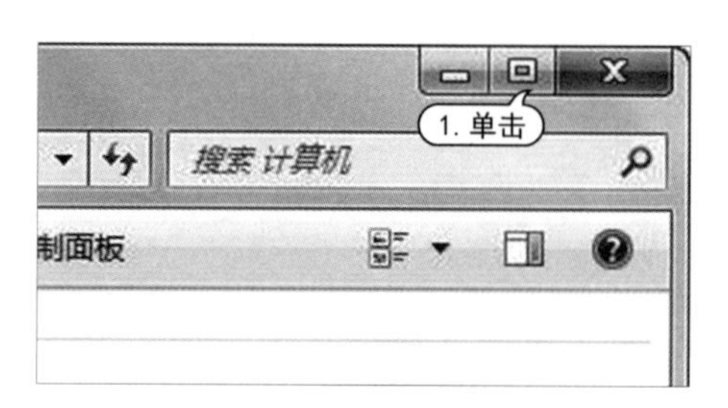

图 7-8　单击【最大化】按钮

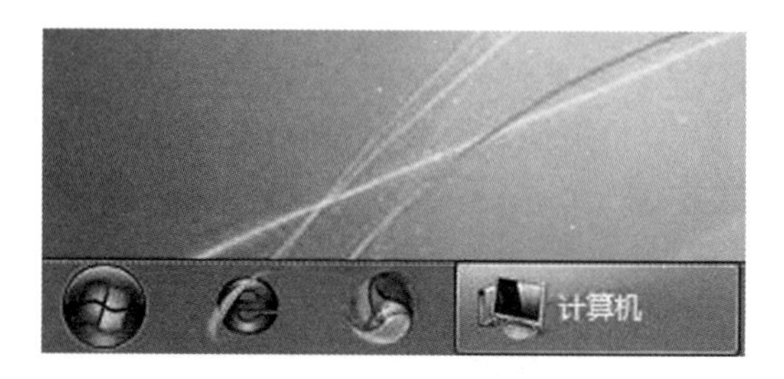

图 7-9　隐藏在任务栏中

7.1.4　窗口的排列

在 Windows 7 操作系统中，提供了层叠窗口、堆叠显示窗口和并排显示窗口 3 种窗口排列方法，使窗口排列更加整齐，方便用户进行各种操作。

【例 7-2】　将打开的多个应用程序窗口按照层叠方式排列。 视频

STEP 01 打开多个应用程序窗口，在任务栏的空白处右击鼠标，在弹出的快捷菜单中选择【层叠窗口】命令，如图 7-10 所示。

STEP 02 此时，打开的所有窗口（最小化的窗口除外）将会以层叠的方式在桌面上显示，如图 7-11 所示。

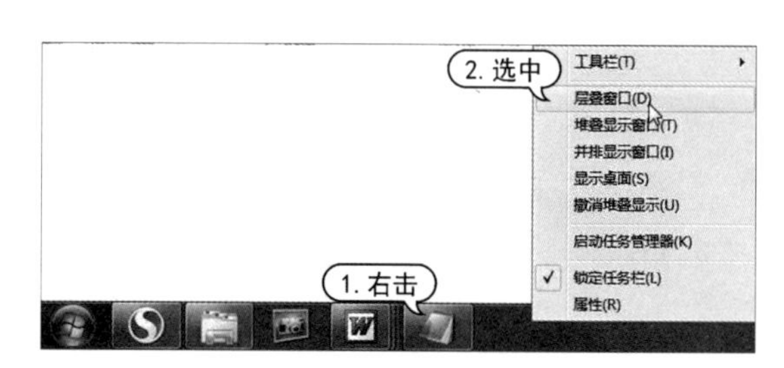

图 7-10　【层叠窗口】命令

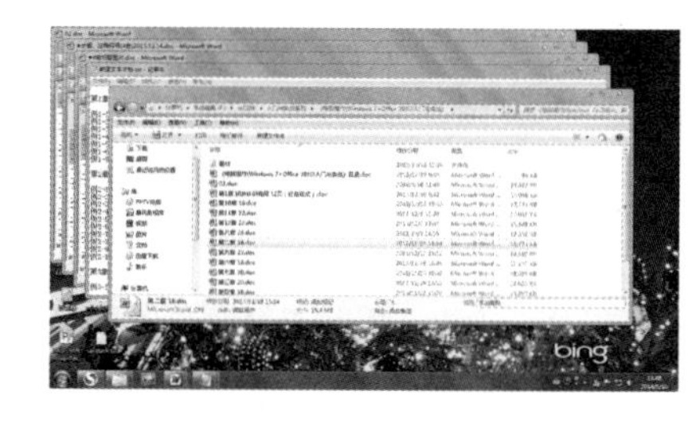

图 7-11　以层叠的方式在桌面上显示

7.2　设置个性化任务栏

7.2.1　自动隐藏任务栏

如果用户打开的窗口过大，窗口的下方将被任务栏覆盖，这时用户可以选择将任务栏隐藏，以给桌面提供更多的视觉空间。

【例 7-3】　在 Windows 7 中将任务栏设置为自动隐藏。 视频

STEP 01 右击任务栏的空白处，在弹出的快捷菜单中，选择【属性】命令，如图 7-12 所示。

STEP 02 弹出【任务栏和『开始』菜单属性】对话框，选中【自动隐藏任务栏】复选框，单击【确定】按钮，完成设置，如图 7-13 所示。

STEP 03 此时任务栏即会自动隐藏，而将鼠标指针移动至原任务栏的位置，任务栏会自动重新显示；当鼠标指针离开时，任务栏会重新隐藏，如图 7-14 所示。

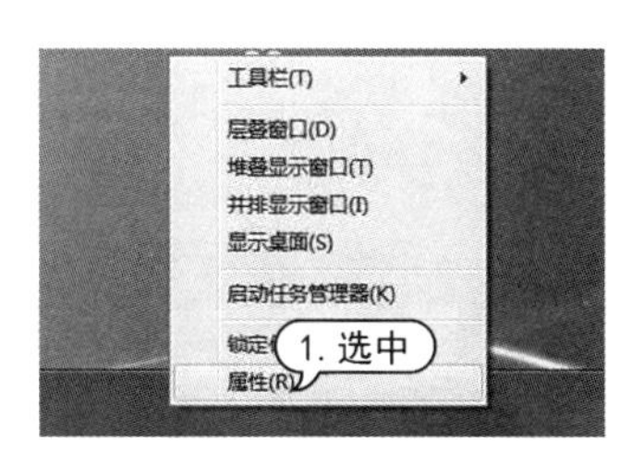

图 7-12　【属性】命令

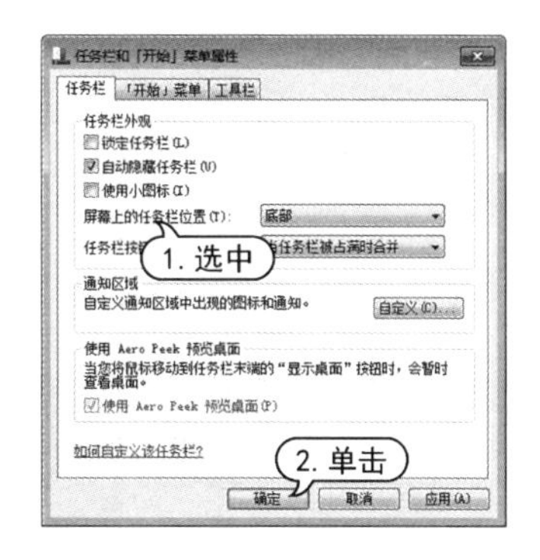

图 7-13　任务栏和『开始』菜单属性

图 7-14　任务栏自动隐藏

7.2.2　调整任务栏的位置

任务栏并非只能摆放在桌面的最下方，用户可根据喜好将任务栏摆放到桌面的上方、左侧或右侧。

要调整任务栏的位置，先右击任务栏的空白处，在弹出的快捷菜单中取消选中【锁定任务栏】选项，如图 7-15 所示。然后将鼠标指针移至任务栏的空白处，按住鼠标左键不放并拖动光标至桌面的左侧，此时任务栏摆放至桌面左侧，如图 7-16 所示。

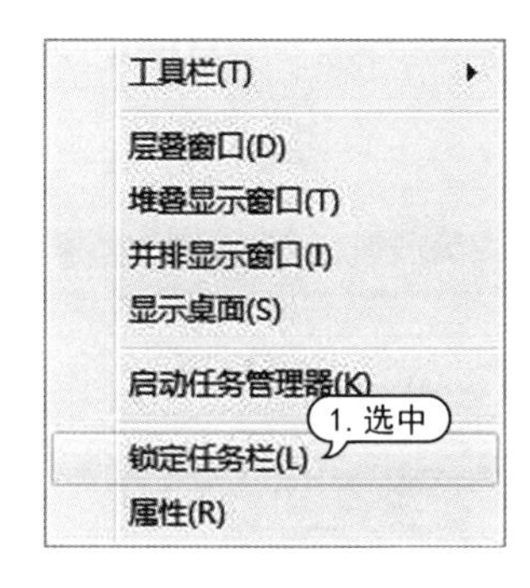

图 7-15　取消选中【锁定任务栏】选项

图 7-16　将任务栏拖动至桌面左侧

7.2.3　更改按钮的显示方式

Windows 7 任务栏中的按钮会默认合并，如果用户觉得这种方式不符合使用习惯，可通过设置来更改。

【例 7-4】 使 Windows 7 任务栏中的按钮不再自动合并。

STEP 01 右击任务栏的空白处,在弹出的快捷菜单中选择【属性】命令。

STEP 02 打开【任务栏和「开始」菜单属性】对话框,在【任务栏按钮】下拉菜单中选择【从不合并】选项,单击【确定】按钮,如图 7-17 所示。

STEP 03 任务栏中相似的任务栏按钮将不再自动合并,如图 7-18 所示。

图 7-17 选择【从不合并】

图 7-18 任务栏按钮将不再自动合并

7.2.4 自定义通知区域

任务栏的通知区域显示当前运行的一些程序的图标,例如 QQ、迅雷、瑞星杀毒软件等。如果打开的程序过多,通知区域会显得杂乱无章。Windows 7 操作系统为通知区域设置了一个小面板,程序的图标都存放在这个小面板中,为任务栏节省了大量的空间。用户还可自定义任务栏通知区域中图标的显示方式,以方便操作。

【例 7-5】 自定义通知区域中图标的显示方式。

STEP 01 单击通知区域的【显示隐藏的图标】按钮,弹出通知区域面板,选择【自定义】选项,如图 7-19 所示。

STEP 02 打开【通知区域图标】对话框,在 QQ 选项后方的下拉菜单中选择【显示图标和通知】选项,如图 7-20 所示。

图 7-19 通知区域面板

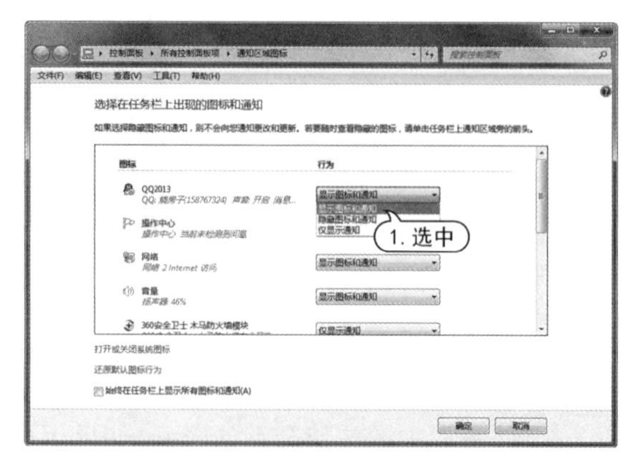

图 7-20 【通知区域图标】对话框

STEP 04 设置完成后，通知区域中将显示 QQ 图标，如图 7-21 所示。

STEP 05 若想重新隐藏 QQ 图标，直接将 QQ 图标拖动至小面板中即可，如图 7-22 所示。

图 7-21　重新显示 QQ 图标

图 7-22　将 QQ 图标拖动至小面板

7.3　设置电脑办公环境

使用 Windows 7 进行电脑办公时，用户可根据自己的习惯和喜好打造个性化的办公环境，如设置桌面背景、日期和时间等。

7.3.1　设置桌面背景

桌面背景是 Windows 7 系统桌面的背景图案，又叫墙纸。用户可以根据自己的喜好更换桌面背景。

【例 7-6】 更换桌面背景。视频

STEP 01 启动 Windows 7 系统，右击桌面空白处，在弹出的快捷菜单中选择【个性化】命令，如图 7-23 所示。

STEP 02 打开【个性化】对话框，选择【桌面背景】图标，如图 7-24 所示。

图 7-23　【个性化】命令

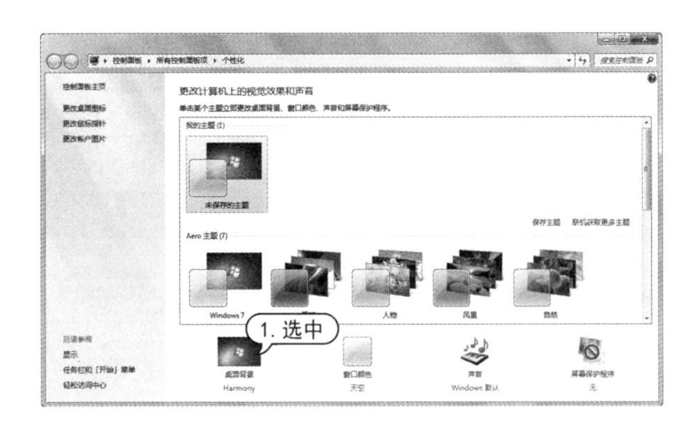

图 7-24　桌面背景

STEP 03 打开【桌面背景】对话框，单击【全面清除】按钮，然后选中一副图片，单击【保存修改】按钮，如图 7-25 所示。

STEP 04 此时操作系统桌面背景的效果如图 7-26 所示。

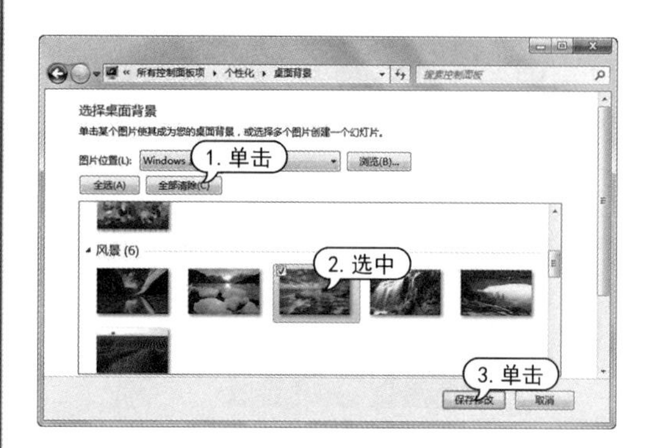

图 7-25　保存修改

图 7-26　系统桌面效果

7.3.2　设置屏幕保护

屏幕保护程序是为了保护显示器而设计的一种专门的程序，是在一定时间内没有使用鼠标或键盘进行任何操作而在屏幕上显示的画面。设置屏幕保护程序可以对显示器起到保护作用，使显示器处于节能状态。

【例 7-7】 在 Windows 7 中，使用“气泡”作为屏幕保护程序。视频

STEP 01 在桌面空白处右击，在弹出的快捷菜单中选择【个性化】命令，弹出【个性化】窗口，选择下方的【屏幕保护程序】选项。

STEP 02 打开【屏幕保护程序设置】对话框。在【屏幕保护程序】下拉菜单中选择【气泡】选项，在【等待】微调框中设置时间为“1 分钟”，设置完成后，单击【确定】按钮，完成屏幕保护程序的设置，如图 7-27 所示。

STEP 03 当屏幕静止时间超过设定的等待时间时（鼠标、键盘均没有任何动作），系统即自动启动屏幕保护程序，如图 7-28 所示。

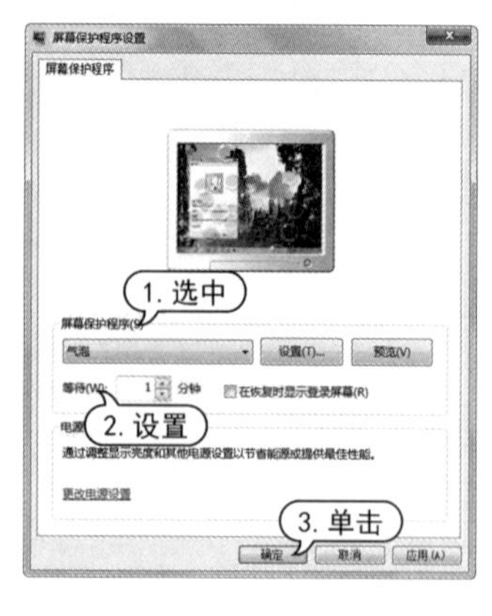

图 7-27　设置屏幕保护

图 7-28　系统屏幕保护效果

7.3.3　更改颜色和外观

在 Windows 7 操作系统中，用户可根据自己的喜好自定义窗口、【开始】菜单以及任务栏的颜色和外观。

【例 7-8】 为 Windows 7 操作系统的窗口设置个性化的颜色和外观。视频

STEP 01 在桌面空白处右击，在弹出的快捷菜单中选择【个性化】命令，弹出【个性化】对话框，选择【窗口颜色】图标，如图 7-29 所示。

STEP 02 打开【窗口颜色和外观】对话框，选择【高级外观设置】选项，如图 7-30 所示。

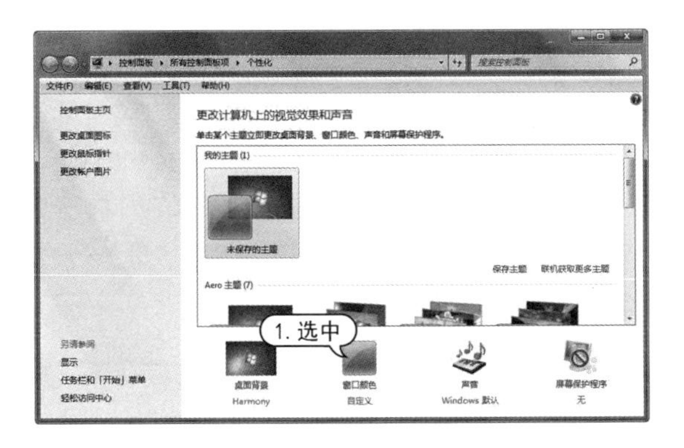

图 7-29　选择【窗口颜色】图标　　图 7-30　【窗口颜色和外观】对话框

STEP 03 打开【窗口颜色和外观】对话框，在【项目】下拉菜单中选择【活动窗口标题栏】选项，如图 7-31 所示。

STEP 04 在【颜色 1】下拉菜单中选择【绿色】，在【颜色 2】下拉菜单中选择【紫色】，如图 7-32 所示。

STEP 05 选择完成后，在【窗口颜色和外观】对话框中单击【确定】按钮，如图 7-33 所示。

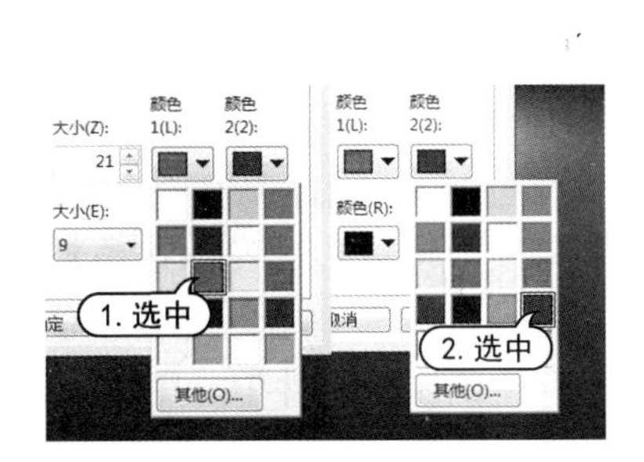

图 7-31　活动窗口标题栏　　图 7-32　选择颜色　　图 7-33　完成设置

实用技巧

用户可以在【颜色】下拉列表中单击【其他】按钮，在弹出的【颜色】对话框中自定义颜色。

7.4　文件压缩和解压缩——WinRAR

在使用电脑的过程中，经常会碰到一些体积比较大的文件或者是比较零碎的文件，这些文件放在电脑中会占据比较大的空间，也不利于电脑中文件的管理。此时可以使用 WinRAR 将这些文件压缩，以便管理和查看。

7.4.1 压缩文件

WinRAR 是目前最流行的一款文件压缩软件，其界面友好，使用方便，能够创建自释放文件，修复损坏的压缩文件，并支持加密功能。使用 WinRAR 压缩软件有两种方法：一种是通过 WinRAR 的主界面来压缩；另一种是直接使用右键快捷菜单来压缩。

1. 通过 WinRAR 主界面压缩

【例 7-9】 使用 WinRAR 将多个文件压缩成一个文件。 视频

STEP 01 选择【开始】|【所有程序】|【WinRAR】|【WinRAR】命令。

STEP 02 弹出 WinRAR 程序的主界面。选择要压缩的文件夹的路径，然后在下面的列表中选中要压缩的多个文件，如图 7-34 所示。

STEP 03 单击工具栏中的【添加】按钮，打开【压缩文件名和参数】对话框。

STEP 04 在【压缩文件名】文本框中输入“我的收藏”，单击【确定】按钮，即可开始压缩文件，如图 7-35 所示。

图 7-34 选择要压缩的文件夹的路径

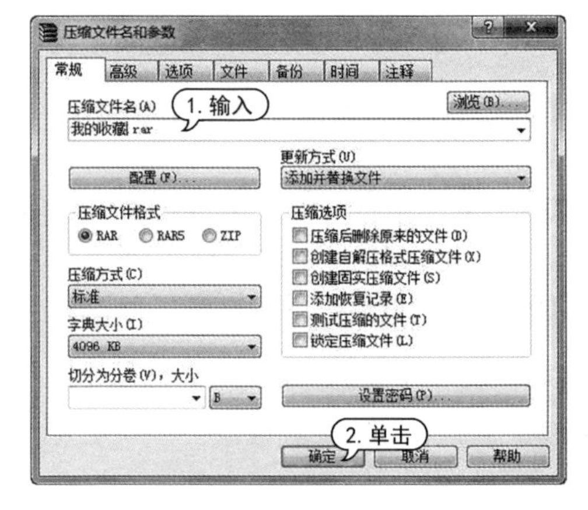

图 7-35 完成设置

在【压缩文件名和参数】对话框的【常规】选项卡中有【压缩文件名】、【压缩文件格式】、【压缩方式】、【压缩分卷大小、字节】、【更新方式】和【压缩选项】几个选项区域。

- 【压缩文件名】：单击【浏览】按钮，可选择一个已经存在的压缩文件，此时 WinRAR 会将新添加的文件压缩到这个已经存在的压缩文件中。用户也可输入新的压缩文件名。
- 【压缩文件格式】：选择 RAR 格式可得到较大的压缩率，选择 ZIP 格式可得到较快的压缩速度。
- 【压缩方式】：选择标准选项即可。
- 【压缩分卷大小、字节】：当把一个较大的文件分成几部分压缩时，可在此区域指定每一部分文件的大小。
- 【更新方式】：选择压缩文件的更新方式。
- 【压缩选项】：有多项选择，例如压缩完成后是否删除源文件等。

2. 通过右键快捷菜单压缩文件

WinRAR 成功安装后，系统会自动在右键快捷菜单中添加压缩和解压缩文件的命令以方便用户使用。

【例 7-10】使用右键快捷菜单将多本电子书压缩为一个压缩文件。 视频

STEP 01 打开要压缩的文件所在的文件夹。按【Ctrl + A】组合键选中这些文件，在选中的文件上右击，在弹出的快捷菜单中选择【添加到压缩文件】命令，如图 7-36 所示。

STEP 02 在打开的【压缩文件名和参数】对话框中输入“PDF 备份”，单击【确定】按钮，开始压缩文件，如图 7-37 所示。

STEP 03 文件压缩完成后，程序默认将压缩过的文件和源文件存放在同一目录中。

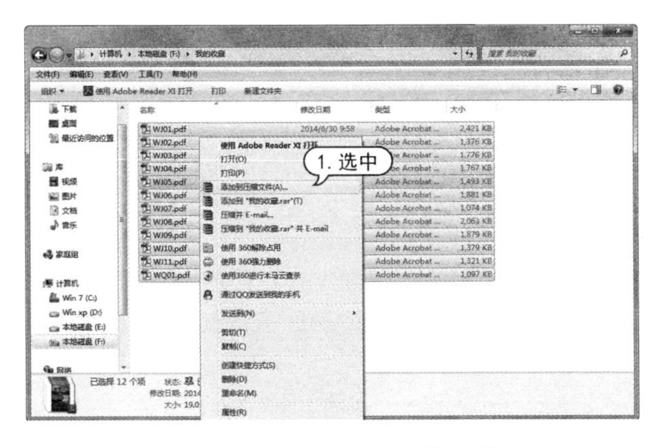

图 7-36　右击需要压缩的文件

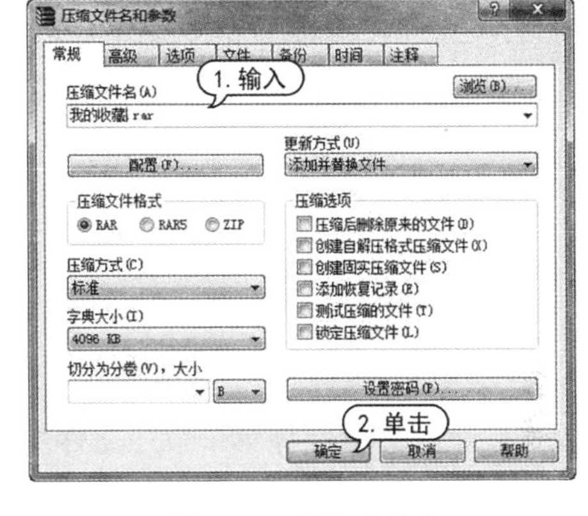

图 7-37　输入文件名

7.4.2　解压缩文件

压缩文件必须要解压才能查看。解压文件可采用以下几种方法。

1. 通过 WinRAR 主界面解压文件

选择【开始】|【所有程序】|【WinRAR】|【WinRAR】命令，选择【文件】|【打开压缩文件】选项，如图 7-38 所示。选择要解压的文件，单击【打开】按钮，如图 7-39 所示。选定的压缩文件将被解压，解压的结果会显示在 WinRAR 主界面的文件列表中。

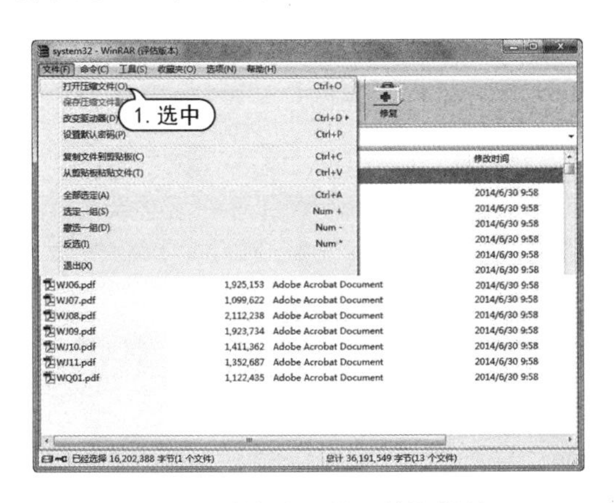

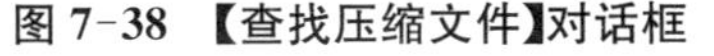

图 7-38　【查找压缩文件】对话框

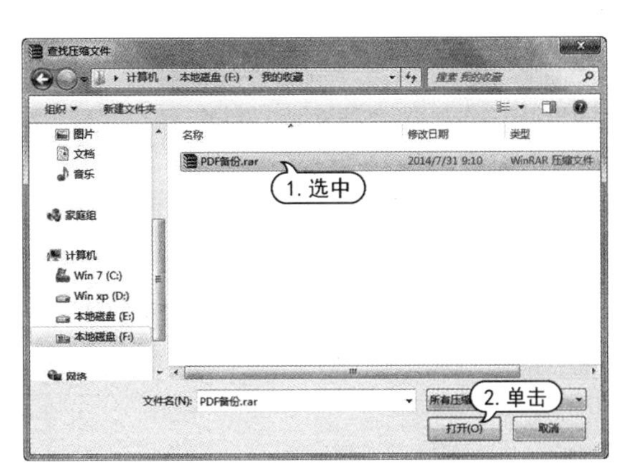

图 7-39　选择要解压的文件

通过 WinRAR 的主界面也可将压缩文件解压到指定的文件夹中：单击【路径】文本框最右侧的按钮，选择压缩文件的路径，在下面的列表中选中要解压的文件，单击【解压到】按钮，如图 7-40 所示。

打开【解压路径和选项】对话框，在【目标路径】下拉列表框中设置解压的目标路径，单击【确定】按钮，即可将该压缩文件解压到指定的文件夹中，如图 7-41 所示。

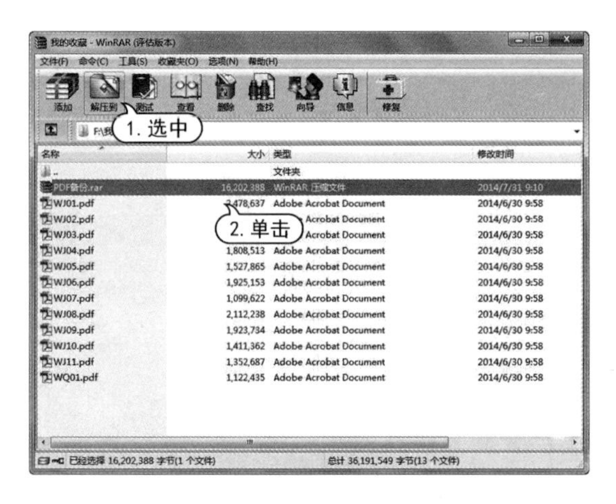

图 7-40　选中要解压的文件

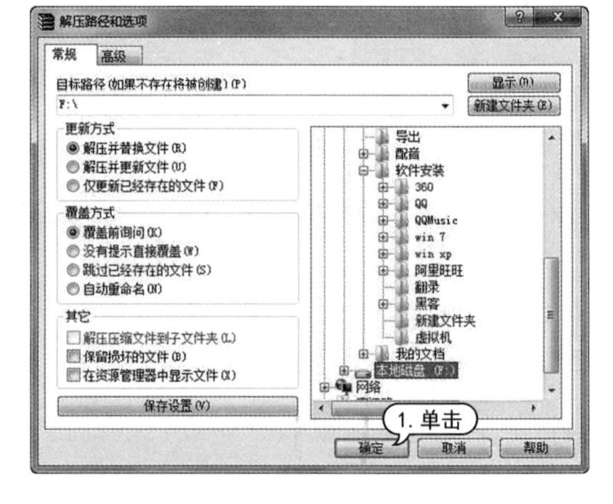

图 7-41　完成设置

2. 使用右键快捷菜单解压文件

直接右击要解压的文件，在弹出的快捷菜单中有【解压文件】、【解压到当前文件夹】和【解压到…】3 个相关命令。

- 选择【解压文件】命令，打开【解压路径和选项】对话框。用户可对解压后文件的具体参数进行设置，例如【目标路径】、【更新方式】等。设置完成后，单击【确定】按钮，即可开始解压文件。
- 选择【解压到当前文件夹】命令，系统将按照默认设置，将该压缩文件解压到当前的目录中，如图 7-42 所示。
- 选择【解压到…】命令，可将压缩文件解压到当前的目录中，并将解压后的文件保存在和压缩文件同名的文件夹中。

3. 使用左键解压文件

直接双击压缩文件，可打开 WinRAR 主界面，同时该压缩文件会被自动解压，解压后的文件会显示在 WinRAR 主界面的文件列表中，如图 7-43 所示。

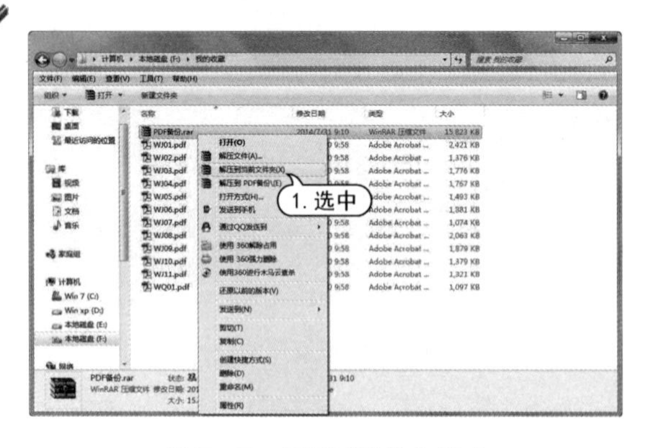

图 7-42　解压到当前文件夹

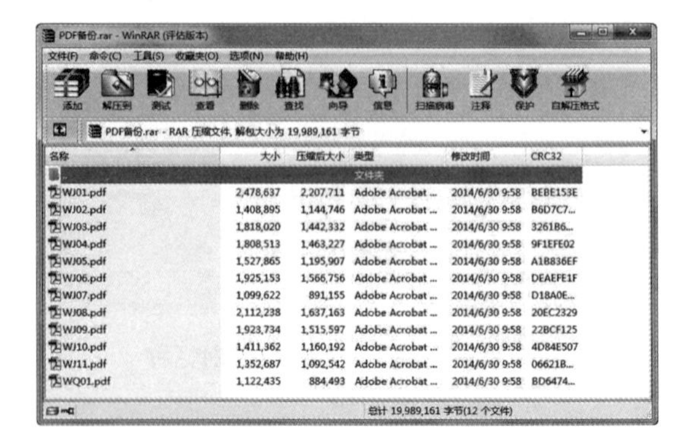

图 7-43　显示解压文件

7.4.3　管理压缩文件

在创建压缩文件时，可能会遗漏要压缩的文件或多选了无需压缩的文件。这时可以使用 WinRAR 管理文件，其无需重新进行压缩操作，只需在已压缩好的文件里添加或删除即可。

【例 7-11】　在创建好的压缩文件中添加新的文件和删除多选文件。视频

STEP 01　双击压缩文件，打开 WinRAR 窗口，单击【添加】按钮。打开【请选择要添加的文件】对话框，选择需添加到压缩文件中的电子书，单击【确定】按钮，打开【压缩文件名和参数】对话框，如图 7-44 所示，单击【确定】按钮，即可将文件添加到压缩文件中。

STEP 02　在 WinRAR 窗口中选中要删除的文件，单击【删除】按钮即可删除，如图 7-45 所示。

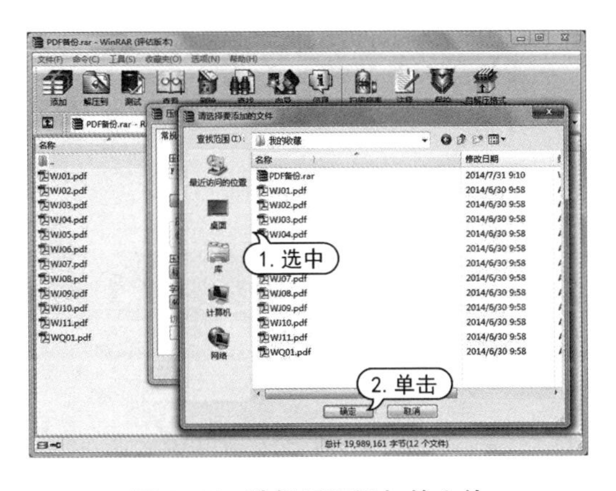

图 7-44　选择需要添加的文件

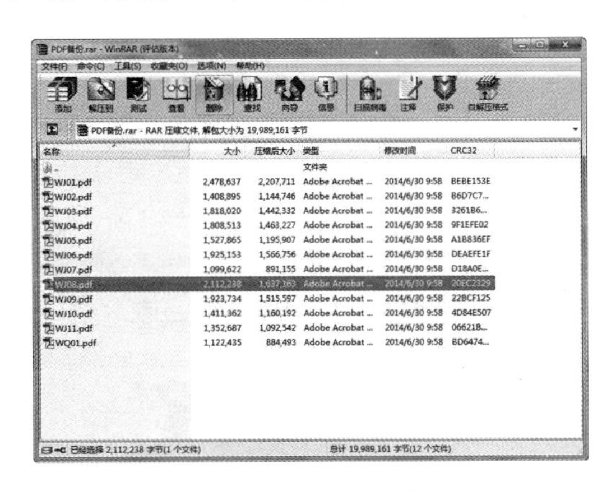

图 7-45　删除文件

7.5　使用图片浏览软件

要查看电脑中的图片，就要使用图片查看软件。ACDSee 是一款非常好用的图像查看处理软件，被广泛地应用在图像获取、管理以及优化等各个方面。同时，使用该软件内置的图片编辑工具可以轻松处理各类数码图片。

7.5.1　浏览图片

ACDSee 软件提供了多种查看方式供用户浏览图片，用户在安装 ACDSee 软件后，双击桌面上图标，即可启动 ACDSee，如图 7-46 所示。

启动 ACDSee 后，在界面左侧的【文件夹】列表框中选择路径，双击某幅图片的缩略图，即可查看该图片，如图 7-47 所示。

7.5.2　编辑图片

使用 ACDSee 不仅能够浏览图片，还可对图片进行简单的编辑。

【例 7-12】　使用 ACDSee 对电脑硬盘中保存的图片进行编辑。视频

STEP 01　启动 ACDSee，双击打开需要编辑的图片。

STEP 02　单击图片查看窗口右上方的【编辑】按钮，打开图片编辑面板。单击界面左侧的【曝光】选项，打开曝光参数设置面板，如图 7-48 所示。

图 7-46　ACDSee 图标　　图 7-47　ACDSee 界面

STEP 03 在【预设值】下拉列表框中，选择【提高对比度】选项，拖动下方的【曝光】滑块、【对比度】滑块和【填充光线】滑块，可以调整图片相应的曝光参数值。

STEP 04 单击【完成】按钮，如图 7-49 所示。

图 7-48　曝光参数设置面板

图 7-49　调整图片曝光参数值

STEP 05 返回图片管理器窗口，单击软件界面左侧工具条中【裁剪】按钮，如图 7-50 所示。

STEP 06 打开【裁剪】面板，在窗口的右侧，可拖动 8 个控制点来选择图像的裁剪范围，如图7-51 所示。

图 7-50　裁剪图像

图 7-51　选择图像的裁剪范围

STEP 07 单击【完成】按钮，完成图片的裁剪，如图 7-52 所示。

STEP 08 图片编辑完成后，单击【保存】按钮，对图片进行保存，如图 7-53 所示。

图 7-52　完成图片的裁剪

图 7-53　保存图片

7.5.3　批量重命名文件

如果用户需要一次对大量的图片进行统一的命名，可以使用 ACDSee 的批量重命名功能。

【例 7-13】 使用 ACDSee 对文件夹中的所有文件进行统一命名。视频

STEP 01 启动 ACDSee，在主界面左侧的【文件夹】列表框中展开【桌面】|【我的图片】选项，如图 7-54 所示。

STEP 02 此时，在 ACDSeee 软件主界面中间的文件区域将显示【我的图片】文件夹中的所有图片。按 Ctrl + A 组合键，选定该文件夹中的所有图片，然后选择【工具】|【批量】|【重命名】命令，如图 7-55 所示。

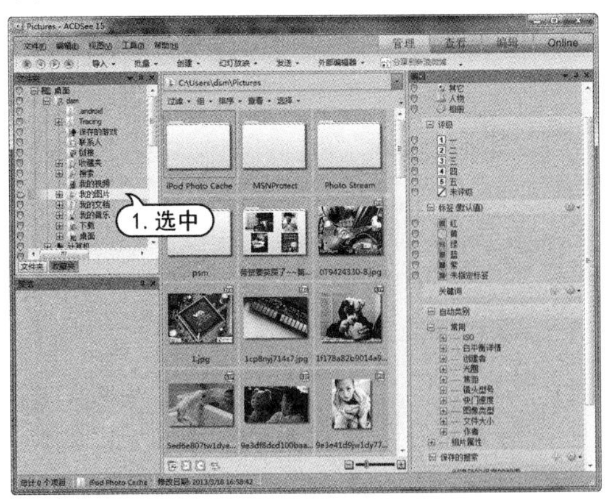

图 7-54　展开选项

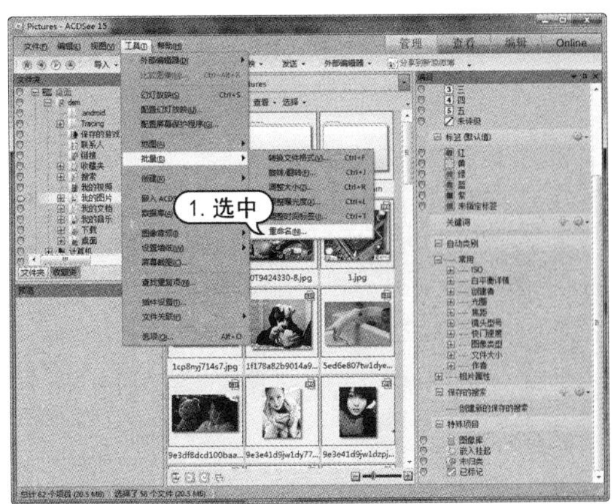

图 7-55　重命名

STEP 03 打开【批量重命名】对话框，选中【使用模板重命名文件】复选框，在【模版】文本框中输入“摄影＃＃＃”。

STEP 04 选中【使用数字替换＃】单选按钮，在【开始于】区域选中【固定值】单选按钮，在其后的

微调框中设置数值为“1”，此时，在对话框的【预览】列表框中将会显示重命名前后的图片名称，如图 7-56 所示。

STEP 05 设置完成后，单击【开始重命名】命令，系统开始批量重命名图片。命名完成后，打开【正重命名文件】对话框，单击【完成】按钮，完成图片的批量重命名，如图 7-57 所示。

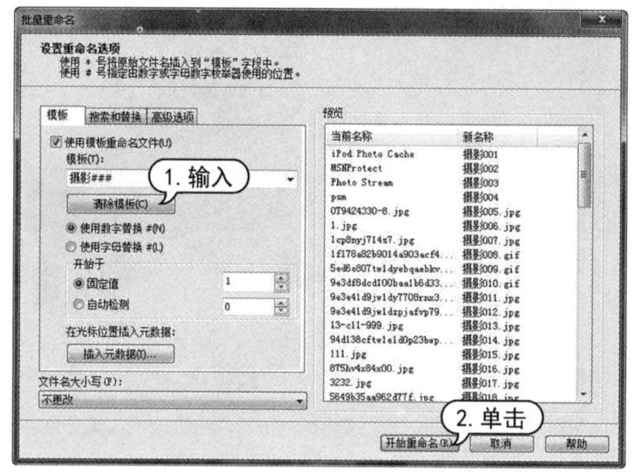

图 7-56　输入文件名

图 7-57　批量重命名

7.5.4　转换图片格式

ACDSee 具有图片文件格式相互转换的功能，使用它可以轻松地执行图片格式转换操作。

【例 7-14】 使用 ACDSee 将【我的图片】文件夹中的图片转换为 BMP 格式。视频

STEP 01 在 ACDSee 中按住 Ctrl 键，选中需要转化格式的图片文件。选择【工具】|【批量】|【转换文件格式】命令。

STEP 02 打开【批量转换文件格式】对话框，在【格式】列表框中选择【BMP】格式，单击【下一步】按钮，如图 7-58 所示。

STEP 03 打开【设置输出选项】对话框，选中【将修改过的图像放入源文件夹】单选按钮，单击【下一步】按钮，如图 7-59 所示。

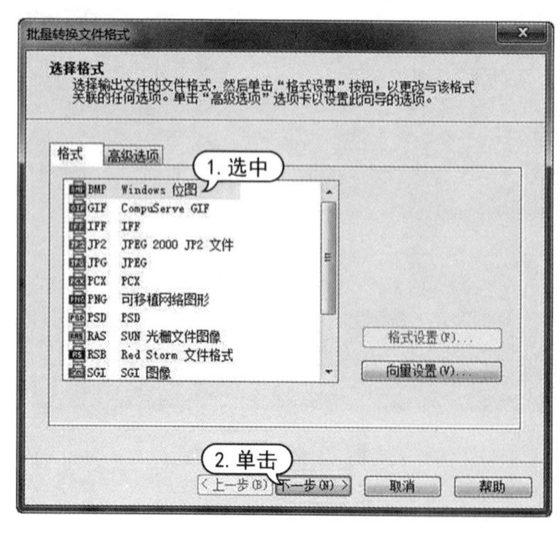

图 7-58　选择格式

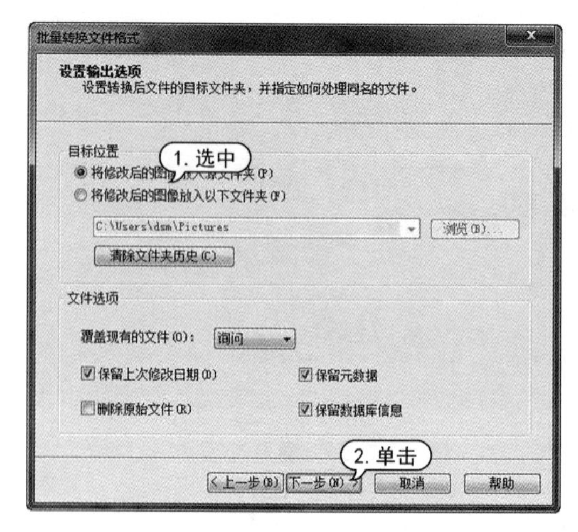

图 7-59　【设置输出选项】对话框

STEP 04 打开【设置多页选项】对话框，保持默认设置，单击【开始转换】按钮，如图 7-60 所示。

STEP 05 开始转换图片文件并显示进度。转换格式完成后，单击【完成】按钮，如图 7-61 所示。

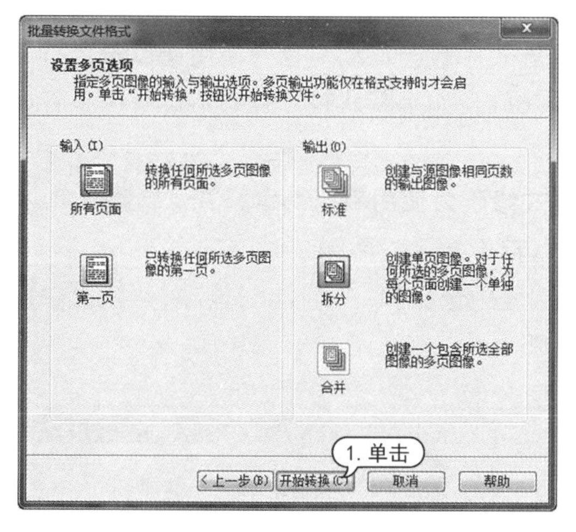

图 7-60　保持默认设置

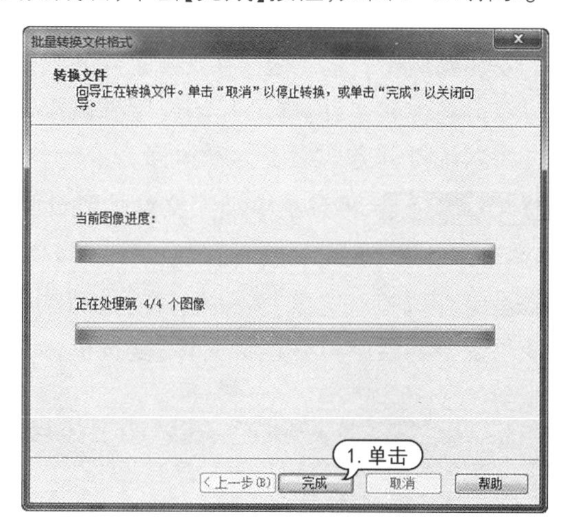

图 7-61　完成格式转换

7.6　影音播放软件——暴风影音

暴风影音是北京暴风科技有限公司推出的一款视频播放器。该播放器兼容大多数的视频和音频格式，是目前最为流行的影音播放软件之一。它掌握了超过 500 种视频格式使用领先的 MEE 播放引擎，使播放更加清晰流畅，是播放视频文件的理想选择。

7.6.1　播放网络电影

为了方便用户通过网络观看影片，暴风影音提供了【在线影视】功能。使用该功能，用户可方便地通过网络观看自己想看的电影。

【例 7-15】　通过暴风影音的【在线影视】功能观看网络影片。 视频

STEP 01 启动暴风影音播放器，默认情况下会自动在播放器右侧打开播放列表。如果没有打开播放列表，可在播放器主界面的右下角单击【打开播放列表】按钮，如图 7-62 所示。

STEP 02 打开播放列表后，切换至【在线影视】选项卡。在该列表中双击想要观看的影片，稍作缓冲后即开始播放，如图 7-63 所示。

图 7-62　启动暴风影音

图 7-63　播放影片

轻松学电脑教程系列

 7.6.2 播放本地电影

安装暴风影音后,系统中视频文件的默认打开方式一般会自动变更为使用暴风影音打开。此时双击某视频文件,即可开始使用暴风影音进行播放。如果默认打开方式不是暴风影音,用户可将默认打开方式设置为暴风影音。

【例 7-16】 将系统中视频文件的默认打开方式修改为使用暴风影音打开。 视频

STEP 01 右击视频文件,选择【打开方式】|【选择默认程序】命令,如图 7-64 所示。

STEP 02 打开【打开方式】对话框,在【推荐的程序】列表中选择【暴风影音 5】选项,然后选中【始终使用选择的程序打开这种文件】复选框,如图 7-65 所示。

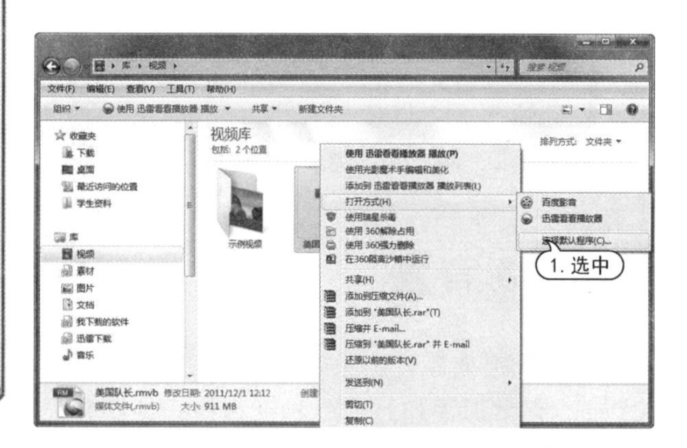

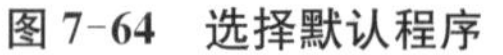
图 7-64 选择默认程序

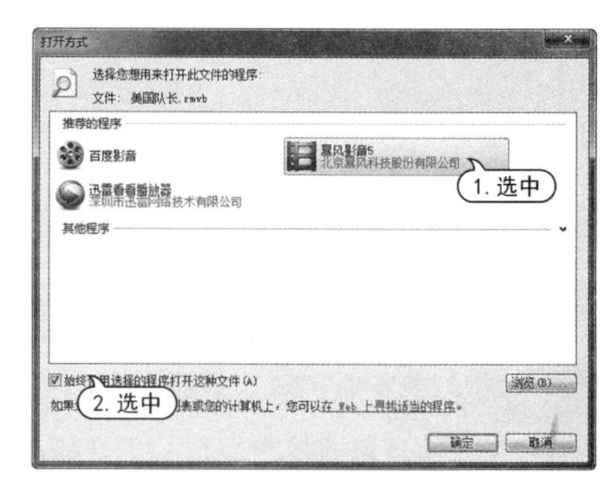

图 7-65 选择打开程序

STEP 03 单击【确定】按钮,即可将视频文件的默认打开方式设置为使用暴风影音打开,此时视频文件的图标也会变成暴风影音的格式,如图 7-66 所示。

STEP 04 双击视频文件,使用暴风影音播放,如图 7-67 所示。

图 7-66 暴风影音图标

图 7-67 播放视频文件

 7.6.3 常用快捷操作

在使用暴风影音看电影时,如果能熟记一些常用的快捷键操作,则可增加更多的视听

享受。

- 全屏显示影片：按 Enter 键，可以全屏显示影片，再次按下 Enter 键可恢复原始大小。
- 暂停播放：按 Space(空格)键或单击影片，可以暂停播放。
- 快进：按右方向键→或者向右拖动播放控制条可以快进。
- 快退：按左方向键←或者向左拖动播放控制条可以快退。
- 加速/减速播放：按 Ctrl+ ↑ 键或 Ctrl+ ↓ 键，可使影片加速或减速播放。
- 截图：按 F5 键，可以截取当前影片的画面。
- 升高音量：按向上方向键 ↑ 或者向前滚动鼠标滚轮可以升高音量。
- 减小音量：按向下方向键 ↓ 或者向后滚动鼠标滚轮可以减小音量。
- 静音：按 Ctrl+M 可关闭声音。

7.7　图片处理软件

非专业人士照出来的照片难免会有许多不满意之处，这时可利用电脑对照片进行处理，以达到完美的效果。这里介绍一款非常好用的照片画质改善和个性化处理软件——光影魔术手。它不要求用户有非常专业的知识，只要懂得操作电脑，就能够将一张普通的照片轻松地 DIY 出具有专业水准的效果。

7.7.1　调整图片大小

将数码相机照出的照片复制到电脑中进行浏览时，其大小往往不太令人满意，此时可使用光影魔术手调整照片的大小。

【例 7-17】 使用光影魔术手调整照片的大小。

STEP 01 启动光影魔术手，单击【打开】按钮，打开【打开】对话框，选择要调整大小的照片，单击【打开】按钮，打开照片，如图 7-68 所示。

STEP 02 单击【尺寸】下拉按钮，在打开的常用【尺寸】下拉列表中选择照片尺寸，如图 7-69 所示。

图 7-68　打开照片 1

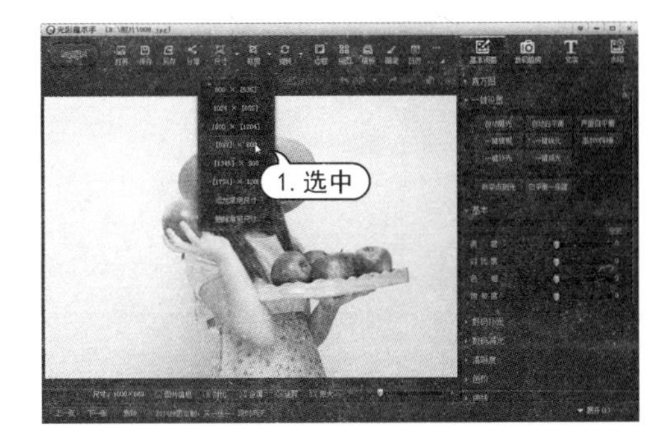

图 7-69　选择照片尺寸

STEP 03 选择完成后，单击【保存】按钮，打开【保存提示】对话框，询问用户是否覆盖原图，单击【确定】按钮，用调整大小后的图片覆盖原图，如图 7-70 所示。

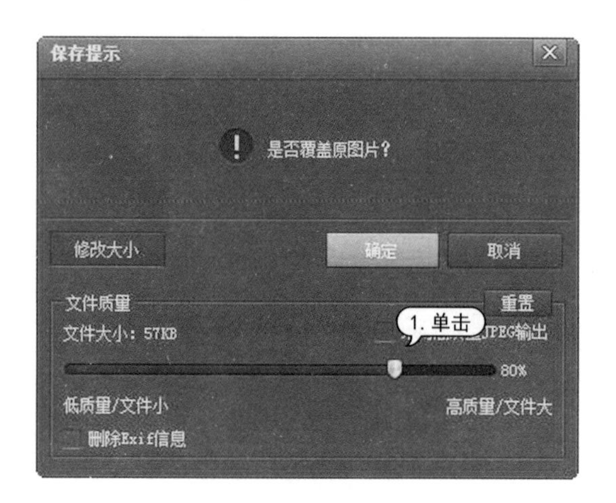

图 7-70　保存提示

实用技巧

如果想保留原图,可单击【另存】按钮,将修改后的图片另存为一个新文件。选中【采用高质量 JPEG 输出】复选框,可保证输出照片的质量。

7.7.2　裁剪照片

如果想在照片中突出某个主题,或者去掉不想要的部分,可以使用光影魔术手的裁剪功能,对照片进行裁剪。

【例 7-18】 使用光影魔术手的裁剪功能对照片进行裁剪。

STEP 01 启动光影魔术手,单击【打开】按钮,打开【打开】对话框,选择需要裁剪的数码照片,单击【打开】按钮,打开照片,如图 7-71 所示。

STEP 02 单击工具栏中的【裁剪】按钮,打开图像裁剪界面。

STEP 03 将鼠标指针移至照片上,当变成形状时,按下鼠标左键并在图片上拖动出一个矩形选框,框选需要保留的部分,释放鼠标左键,此时被框选的部分周围将出现虚线,其他部分将会以羽化状态显示。

STEP 04 调节界面右侧的【圆角】滑杆,可以将裁剪区域边框设置为圆角,单击【确定】按钮,裁剪照片,返回主界面,显示裁剪后的图像,如图 7-72 所示。

图 7-71　打开照片 2

图 7-72　裁剪图像

STEP 05 在工具栏中单击【另存】按钮,保存裁剪后的照片,如图 7-73 所示。

图 7-73　保存照片

> **实用技巧**
>
> 调节界面右侧的【旋转角度】滑杆，可以旋转图片，角度为正数时，图像顺时针旋转；角度为负数时，图像逆时针旋转。

7.7.3　使用数码暗房

光影魔术手的真正强大之处在于对照片的加工和处理功能。相比于 Photoshop 等专业图片处理软件，光影魔术手对于数码照片的针对性更强，加工程序却更为简单，即使是没有任何基础的新手也可以迅速上手。下面介绍使用数码暗房来调整照片的色彩和风格。

【例 7-19】　使用光影魔术手的数码暗房功能为照片添加特效。

STEP 01 启动光影魔术手，单击【打开】按钮，打开要加工的照片。

STEP 02 单击主界面中的【数码暗房】按钮，打开数码暗房列表框，如图 7-74 所示。

STEP 03 单击【黑白效果】按钮，可使图片变为黑白效果，如图 7-75 所示。

图 7-74　数码暗房列表框

图 7-75　黑白效果

STEP 04 使用【柔光镜】效果，可柔化照片，使照片更加细腻，如图 7-76 所示。

图 7-76　柔化照片

> **实用技巧**
>
> 打开黑白效果的参数设置面板，在该面板中可对黑白效果的参数进行设置。

轻松学电脑教程系列

STEP 05 使用【铅笔素描】功能，可使照片呈现铅笔素描效果，如图 7-77 所示。

STEP 06 使用【人像美容】功能，可通过调节【磨皮力度】、【亮白】和【范围】3 个参数来美化照片，如图 7-78 所示。

图 7-77　铅笔素描效果

图 7-78　人像美容

STEP 07 调节到满意的效果后，单击【确定】按钮，返回软件主界面，单击【保存】按钮，保存调节后的照片。

7.7.4　使用边框效果

使用光影魔术手的边框功能，可以通过简单的步骤为照片添加边框修饰效果，达到美化照片的目的。

【例 7-20】 使用光影魔术手为数码照片添加边框。

STEP 01 启动光影魔术手，单击【打开】按钮，打开要添加边框的照片，如图 7-79 所示。

STEP 02 单击主界面中的【边框】按钮，选择【多图边框】命令。

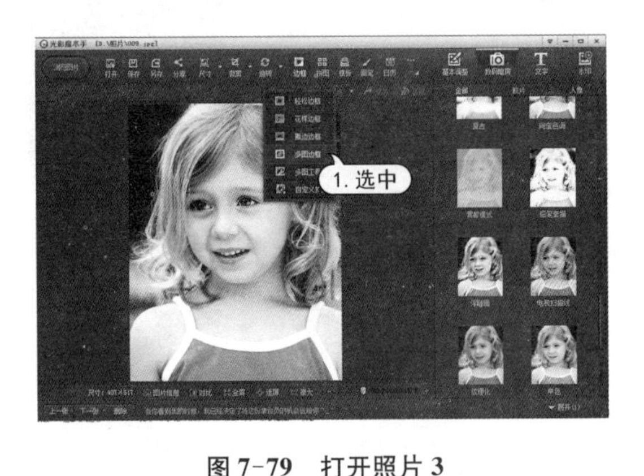

图 7-79　打开照片 3

实用技巧

单击【多图边框】界面的左上角可调整照片在边框中的显示区域。

STEP 03 打开【多图边框】界面，选择一个自己喜欢的多图边框效果，如图 7-80 所示。

STEP 04 调整完成后，单击【确定】按钮使用该边框，返回软件主界面，单击【保存】按钮，保存应用了边框效果的照片，如图 7-81 所示。

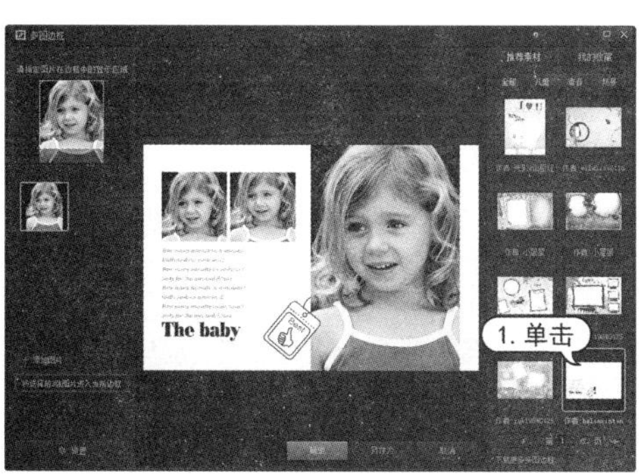

图 7-80　选择边框

图 7-81　保存应用边框

7.7.5　为照片添加文字

使用光影魔手术可以方便地为照片添加文字，丰富照片内容。

【例 7-21】 使用光影魔术手为数码照片添加文字。

STEP 01 启动光影魔术手，单击【打开】按钮，打开要添加文字的照片，如图 7-82 所示。单击主界面右上角的【文字】按钮，打开添加文字界面。

STEP 02 在【文字】文本框中输入要添加的文字，文字会自动显示在照片中，如图 7-83 所示。

图 7-82　选择图片

图 7-83　输入文字

STEP 03 在【字体】下拉列表框中设置字体为【方正剪纸简体】，设置字号为【39】号，设置字体颜色为橙色。打开【高级设置】选项，选中【发光】复选框，设置发光效果为白色；选中【阴影】复选框，设置【上下】参数为 5，【左右】参数为 －5，调节【透明度】滑杆，设置透明度为 26%，调节【旋转角度】滑杆，设置旋转角度为 18°，如图 7-84 所示。

STEP 04 使用鼠标将文字拖动到照片的合适位置，单击【保存】按钮，保存添加文字后的照片，如图 7-85 所示。

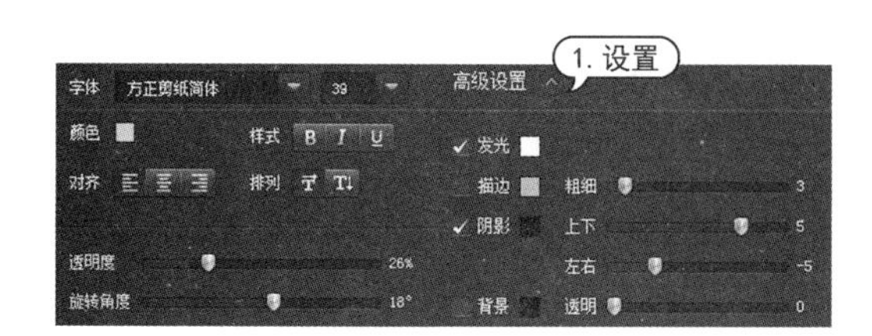

图 7-84　设置参数

图 7-85　完成设置

轻松学电脑教程系列

7.8 案例演练

本章的案例演练为 HyperSnap 截图软件的使用，以便让用户更好地掌握该软件的基本操作方法和技巧，进一步掌握电脑软件在日常办公中的应用。

7.8.1 配置截图热键

在使用 HyperSnap 截图软件之前，用户首先需要配置屏幕捕捉热键，通过热键可以方便地调用 HyperSnap 的各种截图功能，从而更有效地进行截图。

【例 7-22】 配置 HyperSnap 中的屏幕捕捉热键。

STEP 01 启动 HyperSnap 软件，打开【捕捉】选项卡，单击【热键】按钮，如图 7-86 所示。

STEP 02 打开【屏幕捕捉热键】对话框，单击【自定义键盘】按钮，如图 7-87 所示。

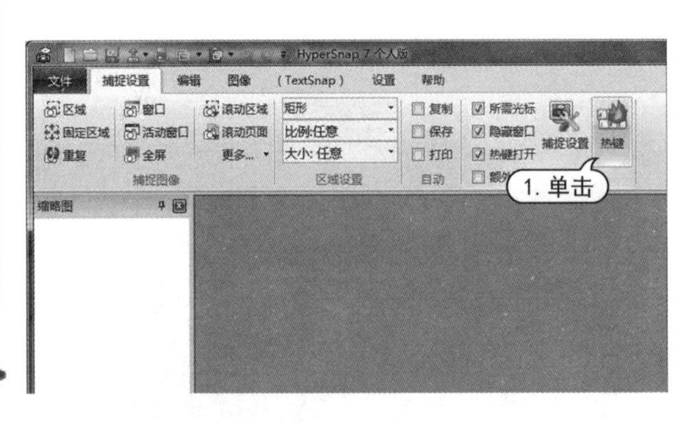

图 7-86 启动 HyperSnap 软件

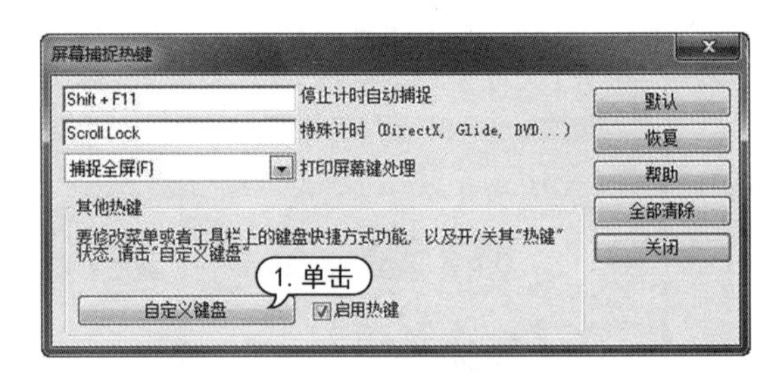

图 7-87 【屏幕捕捉热键】对话框

STEP 03 打开【自定义】对话框，在【分类和命令】列表框中，选择【按钮】选项，将光标定位在【按下新快捷键】文本框中，按 F3 快捷键，单击【分配】按钮，如图 7-88 所示。

STEP 04 快捷键 F3 将显示在【当前快捷】列表框中，选中系统默认的快捷键，单击【移除】按钮删除，选中【启动该热键，即使主窗口最小化】复选框，如图 7-89 所示。

STEP 05 使用同样的方法，设置【捕捉窗口】功能的热键为 F4，【捕捉全屏幕】功能的热键为 F5、【捕捉区域】的热键为 F6，单击【关闭】按钮，完成设置。

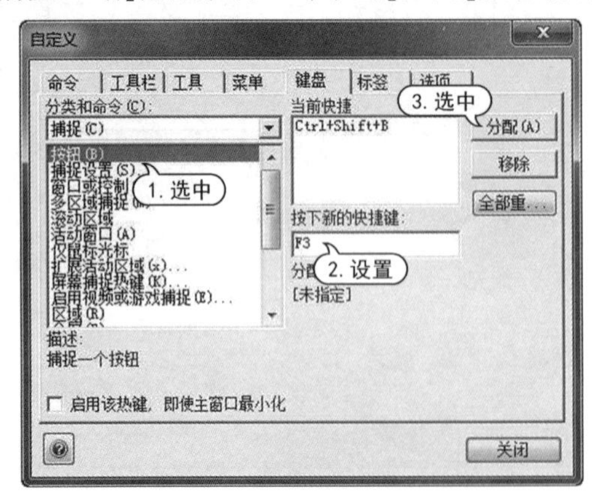

图 7-88 【自定义】对话框

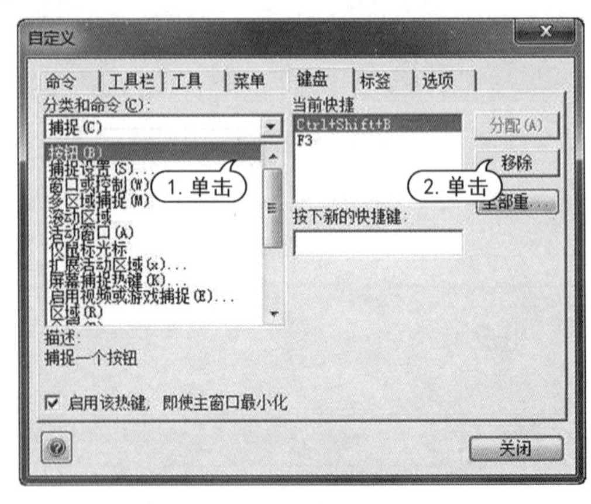

图 7-89 删除快捷键

7.8.2　屏幕截图

启用 HyperSnap 热键后，用户就可以快捷地截取屏幕上的不同部分。

【例 7-23】 使用 HyperSnap 截取电脑桌面和【资源管理器】窗口。

STEP 06 启动 HyperSnap 软件，按 F5 快捷键即可截取整个 Windows 7 桌面，如图 7-90 所示。

STEP 07 在电脑桌面上双击【电脑】图标，打开【资源管理器】窗口。按 F4 快捷键并单击【资源管理器】窗口中的标题栏，即可截取【资源管理器】窗口，如图 7-91 所示。

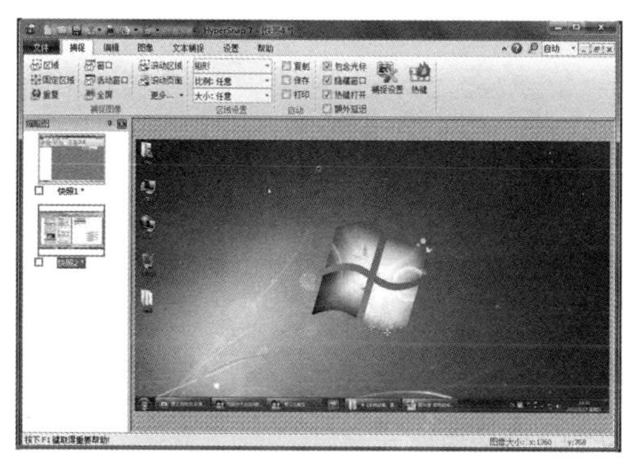

图 7-90　截取 Windows 7 桌面

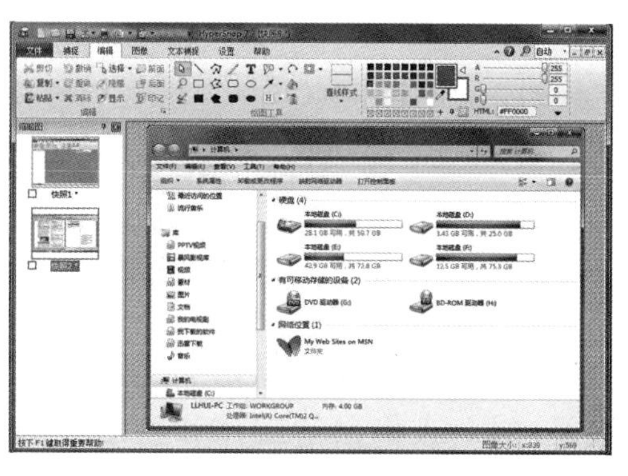

图 7-91　截取【资源管理器】窗口

STEP 08 按下 F6 键，此时光标将显示为十字线，同时屏幕左下侧会弹出一个窗口，其中显示了光标所在区域的放大图像，如图 7-92 所示。

STEP 09 在【资源管理器】窗口中的磁盘驱动器左上侧按住左键不放，并向右下方移动，至磁盘驱动器的右下角松开，即可截取所选区域图片，如图 7-93 所示。

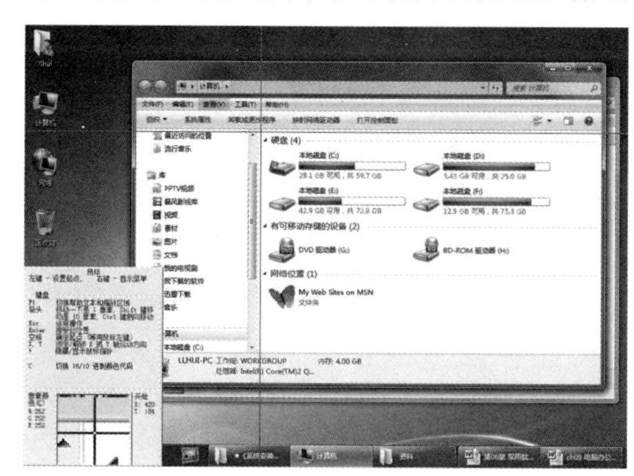

图 7-92　截取图像

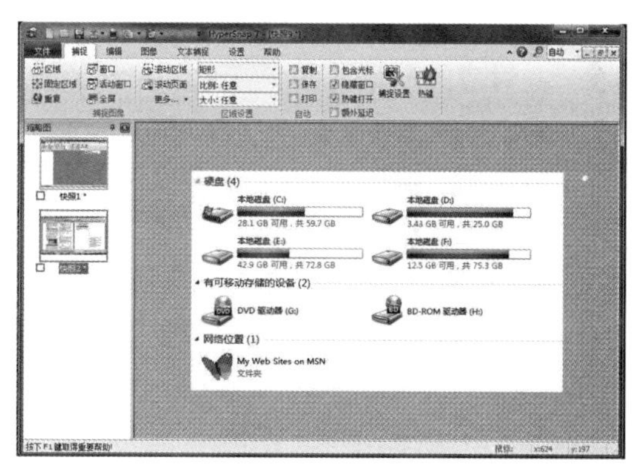

图 7-93　完成截取

第8章 电脑的网络应用

作为电脑技术和通信技术的产物，电脑网络帮助人们实现了电脑之间的资源共享、协同操作等功能。随着信息化社会的不断发展，电脑网络已经广泛普及，成为人们日常工作和生活中必不可少的部分。

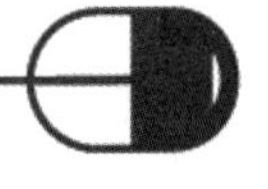

对应的光盘视频

例 8-1　自定义菜单及菜单命令
例 8-2　添加自定义工具栏
例 8-3　新建工作区
例 8-4　新建文档
例 8-5　设置自动备份文件参数
例 8-6　设置页面尺寸
例 8-7　使用位图页面背景
例 8-8　添加页面
例 8-9　显示与设置网格

8.1 网卡

网卡是局域网中连接电脑和传输介质的接口，它不仅实现了与局域网传输介质之间的物理连接和电信号匹配，还实现了帧的发送与接收、帧的封装与拆封、介质访问控制、数据的编码与解码、数据缓存的功能等。

本节将详细介绍网卡的常见类型、硬件结构、工作方式和选购常识。

8.1.1 网卡的常见类型

随着超大规模集成电路的不断发展，电脑配件一方面朝着更高性能的方向发展；另一方面朝着高度整合的方向发展。在这一趋势下，网卡逐渐演化为独立网卡和集成网卡两种不同的形态，其各自的特点如下。

- 集成网卡：集成网卡（Integrated LAN）又称为板载网卡，是一种将网卡集成到主板上的做法。集成网卡是主板不可缺少的一部分，有 10 M/100 M、DUAL 网卡、千兆网卡及无线网卡等类型。目前，市场上大部分的主板都设计有集成网卡，如图 8-1 所示。
- 独立网卡：独立网卡相对集成网卡在使用与维护上都更加灵活，且能够为用户提供更为稳定的网络连接服务，其外观与其他电脑适配卡类似，如图 8-2 所示。

图 8-1 主板上的集成网卡芯片

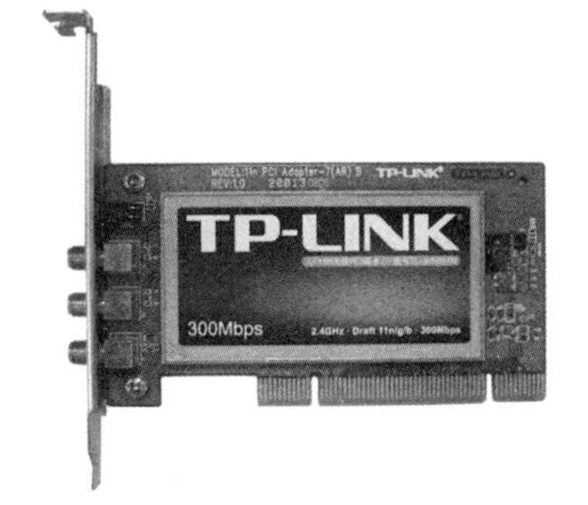

图 8-2 独立网卡

虽然独立网卡与集成网卡在形态上有所区别，但这两类网卡在技术和功能等方面却没有太多的不同，其分类方式也较为一致。

1. 按照数据通信速率分类

常见网卡所遵循的通信速率标准分为 10 Mb/s、100 Mb/s、10/100 Mb/s 自适应、10/100/1 000 Mb/s 自适应等几种，其中 10 Mb/s 的网卡由于速度太慢，早已退出主流市场；100 Mb/s 速率的网卡虽然在市场上非常常见，但随着人们对网络速度需求的增加，已经开始逐渐退出市场，取而代之的是 10/100 Mb/s 自适应以及更快的 1 000 Mb/s 网卡。

2. 按照总线接口类型分类

在独立网卡中，根据网卡与电脑连接时所采用总线的接口类型不同，可以将网卡分为 PCI 网卡、PCI-E 网卡、USB 网卡等几种类型。

- PCI 网卡：采用 PCI 插槽，主要用于 100 Mb/s 速率的网卡产品。
- PCI-E 网卡：采用 PCI-Exp ress X1 接口，支持1 000 Mb/sUSB 网卡即速率。

- USB 网卡：采用 USB 接口，此类网卡的特点是体积小巧，便于携带、安装、使用。

图 8-3　PCI-E 接口网卡

图 8-4　USB 接口网卡

3. 按照网卡应用领域分类

按照网卡应用领域分类，分为普通网卡与服务器网卡两类，其区别在于服务器网卡在带宽、接口数量、稳定性、纠错能力等方面都强于普通网卡。此外，很多服务器网卡都支持冗余备份、热插拔等功能。

8.1.2　网卡的工作方式

当电脑需要发送数据时，网卡将会持续侦听通信介质上的载波(载波由电压指示)情况，以确定信道是否被其他站点所占用。当发现通信介质无载波(空闲)时，便开始发送数据帧，同时继续侦听通信介质，以防止数据冲突。在该过程中，如果检测到冲突，便会立即停止本次发送，并向通信介质发送“阻塞”信号，告知已与其他站点发生冲突。在等待一定时间后，重新尝试发送数据，如图 8-5 所示。

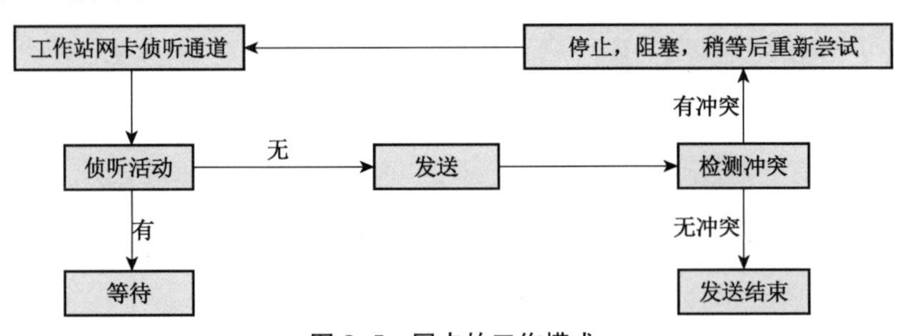

图 8-5　网卡的工作模式

8.1.3　网卡的选购常识

网卡虽然不是电脑的主要配件，但却在电脑与网络的通信中起着极其重要的作用，因此，用户在选购网卡时，也应了解一些常识性的知识，包括网卡的品牌、规格、工艺等。

- 网卡的品牌：用户在购买网卡时，应选择信誉较好的品牌，例如 3 COM、Intel、D-Link、TP-LINK 等，如图 8-6 所示。这是因为品牌信誉较好的网卡在质量上有保障，其售后服务也较普通品牌的产品要好。
- 网卡的工艺：与其他电子产品一样，网卡的制作工艺也体现在材料质量、焊接质量等方面。用户在选购网卡时，可以通过检查网卡 PCB(电路板)上焊点是否均匀、干净以及有无虚焊、

脱焊等现象，来判断一块显卡的工艺水平，如图 8-7 所示。

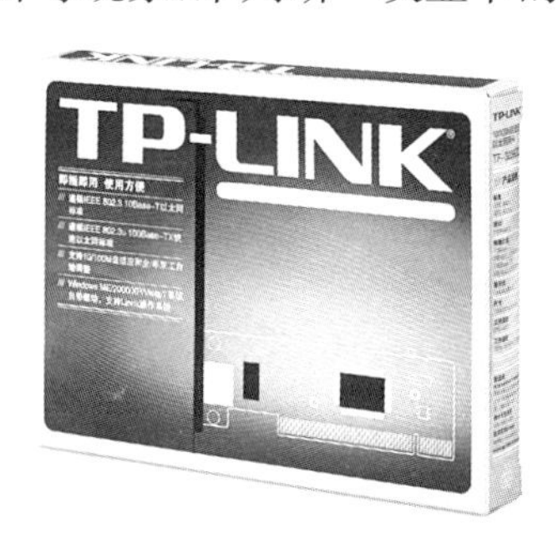

图 8-6　TP-LINK 网卡

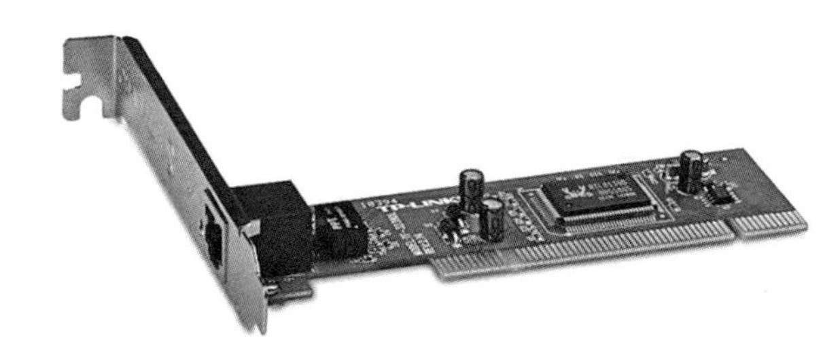

图 8-7　网卡的工艺

- 网卡的接口和速率：用户在选购网卡之前，应明确选购网卡的类型、接口、传输速率及其他相关情况，以免出现购买的网卡无法使用或不能满足需求的情况。

8.2　双绞线

双绞线（网线）是局域网中最常见的一种传输介质，尤其是在目前常见的以太局域网中，双绞线更是必不可少的布线材料。本节将详细介绍双绞线的组成、分类、规格以及其连接方式等内容。

8.2.1　双绞线的分类

双绞线（Twisted Pair）是由两条相互绝缘的导线按照一定的规格互相缠绕（一般以顺时针缠绕）在一起而制成的一种通用配线，属于信息通信网络传输介质，如图 8-8 和图 8-9 所示。双绞线过去主要用于传输模拟信号，但现在同样适用于数字信号的传输。

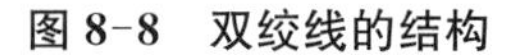

图 8-8　双绞线的结构

图 8-9　双绞线的外观

1. 按有无屏蔽层分类

目前，局域网中所使用的双绞线根据结构的不同，主要分为屏蔽双绞线和非屏蔽双绞线两种类型，其各自的特点如下。

- 屏蔽双绞线：屏蔽双绞线电缆的外层由铝箔包裹，以减小辐射，如图 8-10 所示。根据屏蔽方式的不同，屏蔽双绞线又分为两类，即 STP（Shielded Twisted-Pair）和 FTP（Foil Twisted-Pair）。其中，STP 是指双绞线内的每条线都有各自屏蔽层，而 FTP 则是采用整体屏蔽。需要注意的是，屏蔽只在整条电缆均有屏蔽装置，并且两端正确接地的情况下才起作用。

- 非屏蔽双绞线：非屏蔽双绞线(UTP)无金属屏蔽材料，只有一层绝缘胶皮包裹，如图 8-11 所示。UTP 价格相对便宜，组网灵活，其线路优点是阻燃效果好，不容易引起火灾。

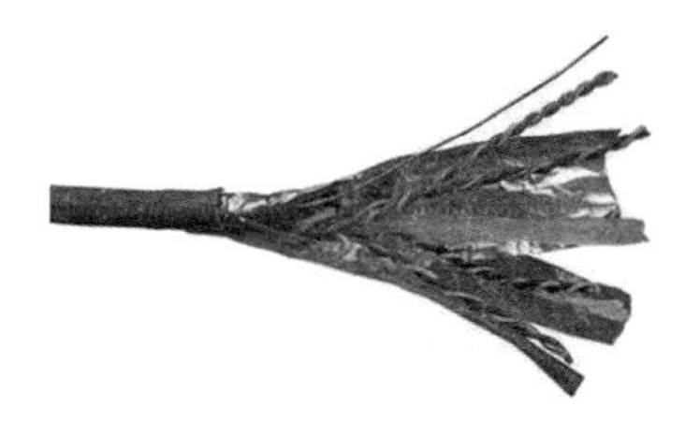

图 8-10　屏蔽双绞线

图 8-11　非屏蔽双绞线

实用技巧

在实际组建局域网的过程中，采用的大都是非屏蔽双绞线。本书下面所介绍的双绞线也都是指非屏蔽双绞线。

2. 按线径粗细分类

常见的双绞线包括五类线、超五类线以及六类线等。前者线径细而后者线径粗，其具体型号如下所示。

- 五类线(CAT5)：五类双绞线是最常用的以太网电缆线。相对四类线，五类线增加了绕线密度，并且外套一种高质量的绝缘材料，其线缆最高频率带宽为 100 MHz，最高传输率为 100 Mb/s，用于语音传输和最高传输速率为 100 Mb/s 的数据传输，主要用于 100 BASE-T 和 1 000 BASE-T 网络，最大网段长为 100 m。
- 超五类线(CAT5e)：超五类线主要用于千兆位以太网(1 000 Mb/s)，其具有衰减小、串扰少等特点。
- 六类线(CAT6)：六类线的传输性能远远高于超五类，最适用于传输速率高于 1 Gb/s 的应用，其电缆传输频率为 1～250 MHz。
- 超六类线(CAT6e)：超六类线的传输带宽介于六类和七类之间，为 500 MHz。
- 七类线(CAT7)：七类线的传输带宽为 600 MHz，可用于 10 Gb/s 以太网。

8.2.2　双绞线的水晶头

在局域网中，双绞线的两端都必须安装 RJ-45 连接器(俗称水晶头)才能与网卡、其他网络设备相连，发挥网线的作用，如图 8-12 和图 8-13 所示。

图 8-12　RJ-45 水晶头

图 8-13　网卡的 RJ-45 接口

双绞线水晶头的安装制作标准有 EIA/TIA 568A 和 EIA/TIA568B，其线序排列方法如

表8-1所示。

表 8-1　水晶头线序排列

标　　准	线序排列方法(从左至右)
EIA/TIA568A	绿白、绿、橙白、蓝、蓝白、橙、棕白、棕
EIA/TIA568B	橙白、橙、绿白、蓝、蓝白、绿、棕白、棕

根据双绞线网线制作方法的不同,分为直连线和交叉线。

- 直连线:用于连接网络中的电脑与集线器(或交换机)。直连线又分为一一对应接法和 100 M 接法。其中一一对应接法,即双绞线的两头连线互相对应,一头的一脚一定要连着另一头的一脚,虽无顺序要求,但要一致,如图 8-14 所示。采用 100 M 接法的直连线能满足 100 M 带宽的通信速率,其接法虽然也是一一对应,但每一脚的颜色是固定的:橙白、橙、绿白、蓝、蓝白、绿、棕白、棕。

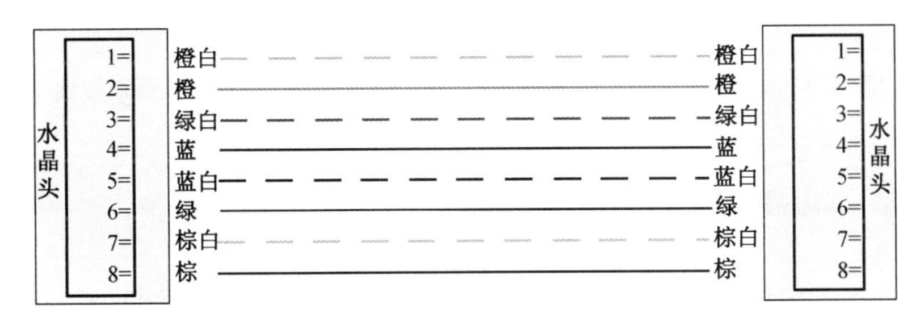

图 8-14　直连线

- 交叉线:交叉线称为反线,其线序按照一端 568 A、一端 568 B 的标准排列,并用 RJ－45 水晶头夹好,如图 8-15 所示。交叉线一般用于相同设备的连接,如路由器连接路由器、电脑连接电脑。

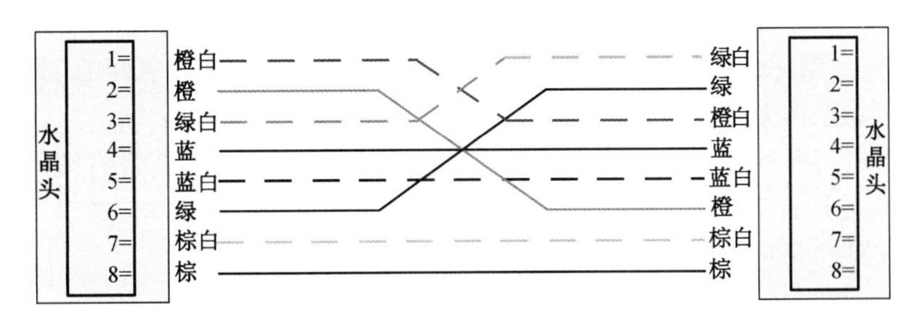

图 8-15　交叉线

8.2.3　双绞线的选购常识

网线(双绞线)质量的好坏直接影响网络通信的效果。用户在选购网线的过程中,应考虑种类、品牌、包裹层等问题。

- 鉴别网线的种类:在网络产品市场中,网线的品牌及种类数不胜数。大多数用户选购的网线类型是五类线或超五类线。由于许多消费者对网线不太了解,所以一部分商家便会将三类线的导线封装在印有五类双绞线字样的电缆中冒充五类线出售,或将五类线当成超五类线销售。因此，用户在选购网线时，应对比五类与超五类线的特征，鉴别买到的网线种类，如图 8-16 所示。

▽ 注意品牌：从双绞线的外观来看，五类双绞线采用质地较好并耐热、耐寒的硬胶作为外部包裹层，使其能在严酷的环境下不出现断裂或褶皱，其内部使用做工比较扎实的 8 条铜线，即使反复弯曲铜线也不易折断，具有很强的韧性，如图 8-17 所示。用户在选购时，不仅要注意品牌，而且还应注意拿到手的网线质量。

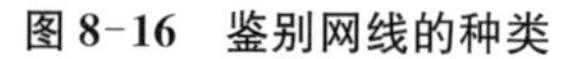

图 8-16 鉴别网线的种类

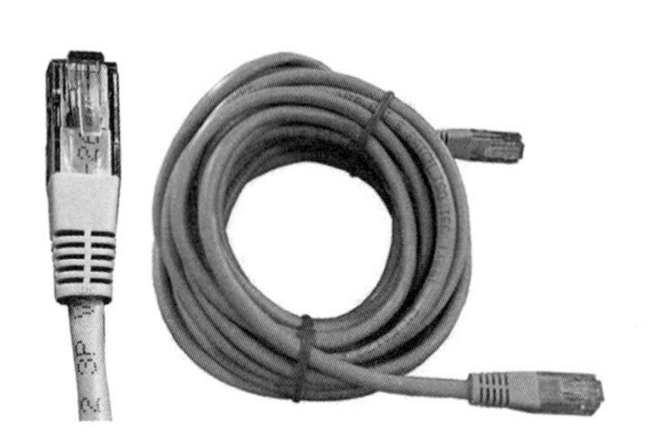

图 8-17 品牌双绞线

8.3 ADSL Modem

ADSL Modem 是 ADSL(非对称用户数字环路)提供调制数据和解调数据的设备器，最高支持 8 Mb/s(下行)和 1 Mb/s(上行)的速率，抗干扰能力强，适于普通家庭用户使用。

8.3.1 ADSL Modem 的常见类型

目前，市场上出现的 ADSL Modem，按照其与电脑的连接方式，可以分为以太网 ADSL Modem、USB ADSL Modem 以及 PCI ADSL Modem 等几种。

1. 以太网 ADSL Modem

以太网 ADSL Modem 是一种通过以太网接口与电脑进行连接的 ADSL Modem。常见的 ADSL Modem 都属于以太网 ADSL Modem，如图 8-18 所示。

以太网 ADSL Modem 的性能最为强大，功能较丰富，有的型号还带有路由和桥接功能，其特点是安装与使用都非常简单，只要将线缆与其进行连接后即可开始工作。

2. USB ADSL Modem

USB ADSL Modem 在以太网 ADSL Modem 的基础上增加了 USB 接口，如图 8-19 所示。用户可以选择使用以太网接口或 USB 接口与电脑进行连接。USB ADSL Modem 的内部结构、工作原理与以太网 ADSL Modem 并没有太大的区别。

3. PCI ADSL Modem

PCI ADSL Modem 是一种内置式 Modem。相对于以太网 ADSL Modem 和 USB ADSL Modem，该 ADSL Modem 的安装方式稍微复杂一些，需要打开电脑主机机箱，将 Modem 安装在主板上相应的插槽内。PCI ADSL Modem 大都只有一个电话接口，其线缆的连接较简单。

图 8-18　以太网 ADSL Modem

图 8-19　USB ADSL Modem

8.3.2　ADSL Modem 的工作原理

用户在通过 ADSL Modem 浏览 Internet 时，经过 ADSL Modem 编码的信号会在进入电话局后由局端 ADSL 设备首先对信号进行识别与分离。经过分离后，如果是语音信号则传至电话程控交换机，进入电话网；如果是数字信号则直接接入 Internet，如图 8-20 所示。

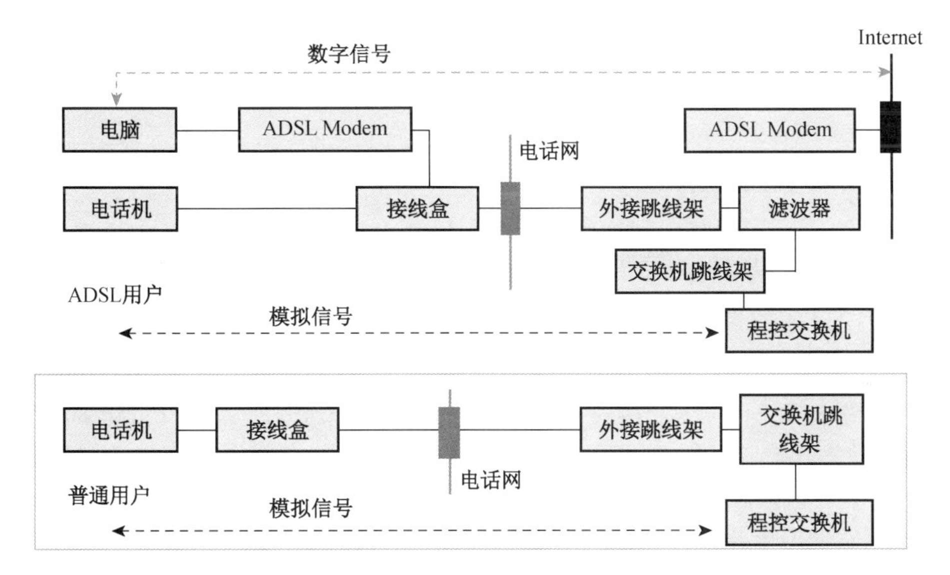

图 8-20　ADSL Modem 的工作原理

8.3.3　ADSL Modem 的选购常识

用户在选购 ADSL Modem 的过程中，应充分考虑其接口、安装软件以及是否随机附带分离器等方面。

- 选择接口：现在 ADSL Modem 的接口方式主要有以太网、USB 和 PCI 三种。USB、PCI 接口的 ADSL Modem 适用于家庭用户，性价比较好，并且小巧、方便、实用；外置型以太网接口的 ADSL Modem 更适用于企业和办公室的局域网，它可以带多台电脑进行上网。有的以太网接口的 ADSL Modem 同时具有桥接和路由的功能，这样就可以省掉路由器。外置型以太网接口带路由功能的 ADSL Modem 支持 DHCP、NAT、RIP 等功能，还有自己的 IP POOL（IP 池），可以给局域网内的用户自动分配 IP，既方便了网络的搭建，又能够节约组网的成本，如图 8-21 所示。
- 比较安装软件：虽然 ADSL 被电信公司广泛推广，而且 ADSL Modem 在装配和使用上都

很方便,但并不等于说 ADSL 在推广中就毫无障碍。由于 ADSL Modem 的设置相对较复杂,厂商提供的安装软件的好坏直接决定用户是否能够顺利地安装 ADSL Modem。因此,用户在选购 ADSL Modem 时,应充分考虑安装软件是否简单易用,如图 8-22 所示。

图 8-21 ADSL Modem

图 8-22 ADSL Modem 配件

- 是否附带分离器:由于 ADSL 使用的信道与普通 Modem 不同,其利用电话介质但不占用电话线,因此需要一个分离器。有的厂家为了追求低价,就将分离器单独拿出来卖,这样 ADSL Modem 本身就会相对便宜,用户选购时应注意这一点。

8.4 局域网交换机

交换(Switching)是按照通信两端传输信息的需要,用人工或设备自动完成的方式,将要传输的信息送到符合要求的相应路由上的技术统称。

8.4.1 交换机与集线器的区别

局域网中的交换机也称为交换式 Hub(集线器),如图 8-23 所示。20 世纪 80 年代初期,第一代 LAN 技术开始应用时,即使是在上百个用户共享网络介质的环境中,10 Mb/s 似乎也是一个非凡带宽。但随着电脑技术的不断发展和网络应用范围的不断扩宽,局域网远远超出了 10 Mb/s 传输的要求,网络交换技术开始出现并很快得到了广泛应用。

用集线器组成的网络被称为共享式网络,而用交换机组成的网络则被称为交换式网络。共享式以太网存在的主要问题是所有用户共享带宽,每个用户的实际可用带宽随着网络用户数量的增加而递减。这是因为,当信息繁忙时,多个用户可能同时“争用”一个信道,而一个信道在某一时刻只允许一个用户占用,所以大量的用户经常处于监测等待状态,从而致使信号传输时产生抖动、停滞或失真,严重影响网络的性能。

而在交换式以太网中,交换机(如图 8-24 所示)提供给每个用户的信息通道,除非两个源端口企图同时将信息发送至一个目的端口,否则多个源端口与目的端口之间可同时进行通信而不会发生冲突。

图 8-23 集线器

图 8-24 交换机

综上所述，交换机只在工作方式上与集线器不同，其他如连接方式、速度选择等基本相同。目前，市场上常见的交换机从速度上同样分为 10/100 Mb/s、100 Mb/s 和 1 000 Mb/s 等几种，其所提供的端口数有 8 口、16 口和 24 口等。

8.4.2　交换机的常用功能

交换式局域网可向用户提供共享式局域网不能实现的一些功能，主要包括隔离冲突区域，扩展距离、扩大联机数量、数据率灵活等。

1. 隔离冲突域

在共享式以太网中，使用 CSMA/CD(带有检测冲突的载波侦听多方访问协议)算法来进行介质访问控制。如果两个或者更多站点同时检测到信道空闲而又准备发射，它们将发生冲突。一组竞争信道访问的站点称为冲突域。显然同一个冲突域中的站点竞争信道，会导致冲突和退避；而不同冲突域的站点不会竞争公共信道，不会产生冲突。

在交换式局域网中，每个交换机端口对应一个冲突域，端口就是冲突域终点，由于交换机具有交换功能，故不同端口的站点之间不会产生冲突。如果每个端口只连接一台电脑站点，那么任何一对站点之间都不会有冲突。若一个端口连接一个共享式局域网，那么该端口的所有站点之间会产生冲突，但该端口的站点和交换机其他端口的站点之间不会产生冲突，因为交换机隔离了每个端口的冲突域。

2. 扩展距离、扩大联机数量

交换机每个端口可以连接一台电脑或者一个局域网，其下级交换机还可以再连接局域网，所以交换机扩展了局域网的连接距离。用户还可以在交换机上连接多台电脑，也扩展了局域网连接电脑的数量。

3. 数据率灵活

交换式局域网中交换机的每个端口可以使用不同的数据率，所以可以以不同的数据率部署站点，非常灵活。

8.4.3　交换机的选购常识

目前，各网络设备公司不断推出不同功能、不同种类的交换机产品，价格也越来越低廉。但是，众多的品牌和产品系列给用户带来了一定的选择困难。选择交换机时需要考虑以下几个方面。

- 外形和尺寸：如果用户应用的网络规模较大，或已经完成综合布线，工程要求网络设备集中管理，用户可以选择功能较多、端口数量较多的交换机，如图 8-25 所示，19 英寸宽的机架式交换机是首选。如果用户应用的网络规模较小，如家庭网，则可以考虑选择性价比较高的桌面型交换机。
- 端口数量：交换机的端口数量应该根据网络中的信息点数量来决定，在满足需求的情况下，考虑到留有一定的冗余，以便日后增加信息点。若网络规模较小，如家庭网，用户选择 6～8 端口交换机就能够满足需求，如图 8-26 所示。
- 背板带宽：交换机所有端口间的通信都要通过背板完成，背板所有能够提供的带宽就是端口间通信时的总带宽。带宽越大，能够给各通信端口提供的可用带宽就越大，数据交换的速度就越快。因此，在选购交换机时用户应根据自身的需要选择适当背板带宽的交换机。

图 8-25　机架式交换机

图 8-26　家用交换机

8.5　宽带路由器

宽带路由器(如图 8-27 和图 8-28 所示)是近几年来新兴的一种网络产品,它伴随着宽带的普及应运而生。宽带路由器在一个紧凑的箱子中集成了路由器、防火墙、带宽控制和管理等功能,具备快速转发能力,拥有灵活的网络管理和丰富的网络状态等特点。

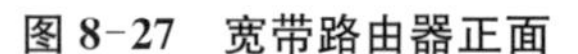

图 8-27　宽带路由器正面

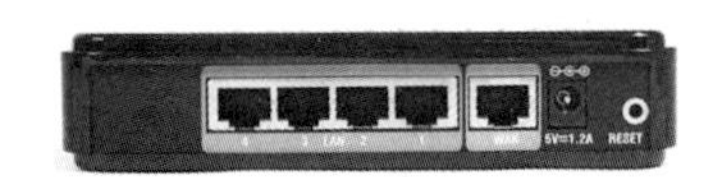

图 8-28　宽带路由器背面

8.5.1　路由器的常用功能

宽带路由器的 WAN 接口能够自动检测或手动设定带宽运营商的接入类型,具备宽带运营商客户端发起功能,可以作为 PPPoE 客户端,也可以作为 DHCP(Dynamic Host Configuration Protocol,动态主机分配协议)客户端,还可分配固定的 IP 地址。下面介绍宽带路由器的一些常用功能。

1. 内置 PPPoE 虚拟拨号

在宽带数字线上进行拨号,不同于模拟电话线上用调制解调器的拨号。一般情况下,采用专门的协议 PPPoE(Point-to-Point Protocol over Etherne),拨号后直接由验证服务器进行检验,检验通过后就建立起一条高速的用户数字线,并分配相应的动态 IP。宽带路由器或带路由的以太网接口 ADSL 等都内置有 PPPoE 虚拟拨号功能,可以方便地替代手工拨号接入宽带。

2. 内置 DHCP 服务器

宽带路由器都内置有 DHCP 服务器的功能和交换机端口,便于用户组网。DHCP 允许服务器向客户端动态分配 IP 地址和配置信息。

3. 网络地址转换功能

宽带路由器一般利用网络地址转换功能(NAT)实现多用户的共享接入。NAT 功能比传统的采用代理服务器的 Proxy Server 方式具有更多的优点。NAT 功能提供了连接互联网的一种简单方式,并且通过隐藏内部网络地址的手段为用户提供安全保护。

8.5.2　路由器的选购常识

由于宽带路由器和其他网络设备一样,品种繁多,性能和质量也参差不齐,因此用户在选

购时，应充分考虑需求、品牌、功能、指标参数等因素，综合各项参数做出最终的选择。

- 明确需求：用户在选购宽带路由器时，应首先明确自身需求。由于应用环境的不同，用户对宽带路由器也有不同的要求，如 SOHO（家庭办公）用户需要简单、稳定、快捷的宽带路由器；而中小型企业和网吧用户对宽带路由器的要求则是技术成熟、安全、组网简单方便、宽带接入成本低廉等。
- 指标参数：路由器作为一种网间连接设备，一个作用是连通不同的网络；另一个作用是选择信息传送的线路。选择快捷路径，能大大提高通信速度，减轻网络系统的通信负荷，节约网络系统资源，提高网络系统性能。其中，宽带路由器的吞吐量、交换速度及响应时间是 3 个最为重要的参数，用户在选购时应特别留意。
- 功能选择：随着技术的不断发展，宽带路由器的功能不断扩展。目前，市场上大部分宽带路由器提供 VPN、防火墙、DMZ、按需拨号、支持虚拟服务器、支持动态 DNS 等功能。用户在选购时，应根据自己的需求选择合适的产品。
- 选择品牌：在购买宽带路由器时，应选择信誉较好的名牌产品，例如 Cisco、D-Link、TP-LINK 等。

8.6　无线网络设备简介

无线网络是利用无线电波作为信息传输媒介构成的无线局域网（WLAN），与有线网络的用途十分类似。组建无线网络所使用的设备称为无线网络设备，与普通有线网络所使用的设备有一定的差别。

8.6.1　无线 AP

无线 AP（Access Point），是用于无线网络的无线交换机（如图 8-29 所示），也是无线网络的核心。无线 AP 是移动电脑用户进入有线网络的接入点，主要用于宽带家庭、大楼内部以及园区内部，典型距离覆盖为几十米至上百米，目前主要技术为 802.11 系列。大多数无线 AP 还带有接入点客户端模式（AP client），可以和其他 AP 进行无线连接，延展网络的覆盖范围。

图 8-29　无线宽带路由器

1. 单纯型无线 AP 与无线路由器的区别

单纯型无线 AP 的功能相对简单，其功能相当于无线交换机（与集线器的功能类似）。无线 AP 主要是提供无线工作站对有线局域网和有线局域网对无线工作站的访问，在访问接入点覆盖范围内的无线工作站可以通过它进行相互访问。

通俗地讲，无线 AP 是无线网和有线网之间沟通的桥梁。由于无线 AP 的覆盖范围是一个向外扩展的圆形区域，因此，应当尽量把无线 AP 放置在无线网络的中心位置，而且各无线客户端与无线 AP 的直线距离最好不要超过 30 m，以避免因通信信号衰减而导致通信失败。

无线路由器除了提供 WAN 接口（广域网接口）外，还提供有线 LAN 口（局域网接口），借助于路由器功能，可以实现家庭无线网络的 Internet 连接共享以及 ADSL、小区宽带的无线共享接入。无线路由器可以将通过它进行无线和有线连接的终端都分配到一个子网，这样子网内的各种设备交换数据就非常方便。

2. 组网方式

无线路由器将 WAN 接口直接与 ADSL 中的 Ethernet 接口连接，将无线网卡与电脑连接，并进行相应的配置，实现无线局域网的组建，如图 8-30 所示。

单纯的无线 AP 没有拨号功能，只能与有线局域网中的交换机或者宽带路由器连接后，才能在组建无线局域网的同时使之共享 Internet 连接，如图 8-31 所示。

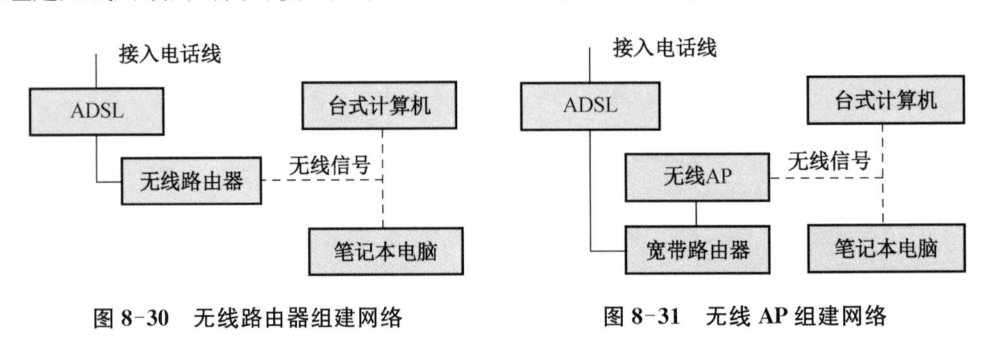

图 8-30　无线路由器组建网络　　图 8-31　无线 AP 组建网络

8.6.2　无线网卡

无线网卡与普通网卡的功能相同，是安装在电脑中利用无线传输介质与其他无线设备进行连接的装置。无线网卡不像有线网卡的主流产品只有 10/100/1 000 Mb/s 等规格，而是分为 11 Mb/s、54 Mb/s 以及 108 Mb/s 等，不同的传输速率属于不同的无线网络传输标准。

1. 无线网络的传输标准

与无线网络传输有关的 IEEE 802.11 系列标准中，与现在用户实际使用有关的标准包括 802.11 a、802.11 b、802.11 g 和 802.11 n。其中，802.11 a 标准和 802.11 g 标准的传输速率都是 54 Mb/s，但 802.11 a 标准的5 GHz工作频段很容易和其他信号冲突，而 802.11 g 标准的 2.4 GHz 工作频段则相对稳定。

工作在 2.4 GHz 频段的还有 802.11 b 标准，但其传输速率只能达到 11 Mb/s。现在随着 802.11 g 标准产品的大量降价，802.11 b 标准已经逐渐被淘汰。

2. 无线网卡的接口类型

无线网卡除了具有多种不同的标准之外，还包含有多种不同的应用方式。例如，按照接口，可以将无线网卡划分为 PCI 接口无线网卡、PCMCIA 接口无线网卡和 USB 接口无线网卡等几种。

- PCI 接口无线网卡：PCI 接口的无线网卡主要是针对台式电脑的 PCI 插槽而设计的，如图 8-32 所示。台式电脑可以通过安装无线网卡，接入到无线局域网中，实现无线上网。
- PCMCIA 接口无线网卡：PCMCIA 无线网卡专门为笔记本电脑设计，将 PCMCIA 无线网

卡插入(如图 8-33 所示)到笔记本电脑的 PCMCIA 接口后,即可使笔记本电脑接入无线局域网。

图 8-32　PCI 接口无线网卡　　　　图 8-33　PCMCIA 接口无线网卡

- USB 接口无线网卡:USB 接口无线网卡采用 USB 接口与电脑连接,具有即插即用、散热性强、传输速度快等优点,如图 8-34 所示。

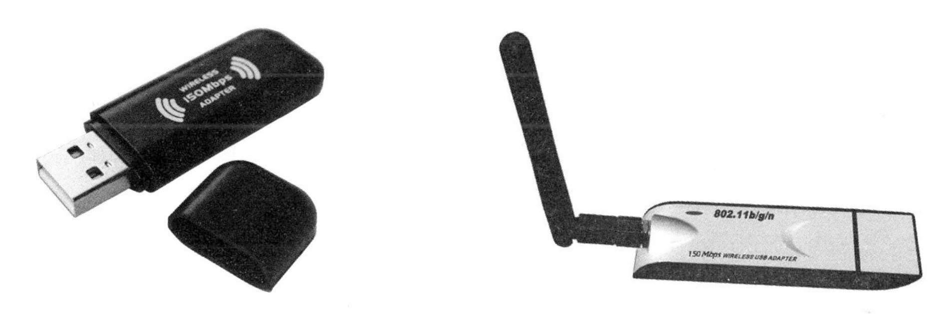

图 8-34　USB 接口无线网卡

8.6.3　无线网络设备的选购常识

由于无线局域网具有众多优点,所以已经被广泛地应用。但对于全新的无线局域网设备,多数用户相对较为陌生。下面介绍选购无线网络设备时应注意的一些问题。

1. 选择无线网络标准

用户在选购无线网络设备时,需要注意设备所支持的标准。例如目前无线局域网设备支持较多的为 IEEE 802.11 b 和 IEEE 802.11 g 两种标准,也有设备支持 IEEE 802.11 a 或同时支持 IEEE 802.11 b 和 IEEE 802.11 g 等几种标准,这时就需要考虑到设备的兼容性问题。

2. 网络连接功能

实际上,无线路由器即是具备宽带接入端口,具有路由功能,采用无线通信的普通路由器。无线网卡与普通网卡一样,只不过采用无线方式进行数据传输。因此,用户选购的宽带路由器应带有端口(4 个端口),并提供 Internet 共享功能,各方面比较适合于局域网连接,能够自动分配 IP 地址,便于管理。

3. 路由技术

用户在选购无线路由器时,应了解无线路由器所支持的技术。例如,是否包含 NAT 技术、具有 DHCP 功能等。此外,为了保证电脑上网安全,无线路由器还需要带有防火墙功能,这样可以防止黑客攻击,避免网络受病毒侵害。

4. 数据传输距离

在有线局域网中,两个站点的距离通过双绞线连接的在 100 m 以内,采用单模光纤也只能达到 3 000 m,而无线局域网中两个站点间的距离目前可以达到 50 km,距离数千米的建筑物中的网络可以集成为一个局域网。

5. 其他

选购无线上网卡和选购其他数码产品的原则一样,满足用户需求即可。

- 选择商家:在选购无线上网卡时,用户首先要明确使用的环境地域,因为中国移动的 GPRS 和中国联通的 CDMA 网络建设程度不同,所以在选购时要了解使用地域的网络覆盖情况。
- 选择性能和生产商:目前市场上各种型号的无线上网卡种类繁多,在选购时应考虑产品的生产商和产品性能参数,往往著名厂商的产品性能稳定,质量也有保障。

8.7 案例演练

本章将通过完成制作网线和使用 ADSL 拨号上网两个项目,帮助用户进一步掌握电脑网络设备的相关知识与应用方法。

8.7.1 制作网线

【例 8-1】 使用双绞线、水晶头和剥线钳自制一根网线。

STEP 01 在开始制作网线之前,用户应准备必要的网线制作工具,包括剥线钳、简易打线刀和多功能螺丝刀,如图 8-35 所示。

STEP 02 将双绞线的一端放入剥线钳的剥线口中,定位在距离顶端 20 mm 的位置,如图 8-36 所示。

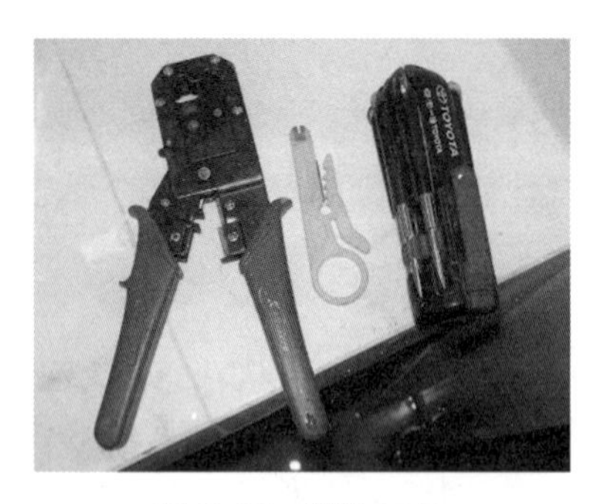

图 8-35 制作工具

图 8-36 定位网线

STEP 03 压紧剥线钳后旋转 360°,使剥线口中的刀片切开网线的灰色包裹层,如图 8-37 所示。

STEP 04 当剥线口切开网线包裹层后,拉出网线,如图 8-38 所示。

STEP 05 将双绞线中的 8 根不同颜色的线按照 586 A 和 586 B 的线序排列(参考 8.2 节介绍的线序),如图 8-39 所示。

STEP 06 将整理完成线序的网线拉直,如图 8-40 所示。将拉直的网线放入剥线钳中,将不齐的网线剪齐。

STEP 07 在将水晶头背面 8 个金属压片面对自己,从左至右分别将网线按照【STEP05】所整理的线序插入水晶头,如图 8-41 所示。

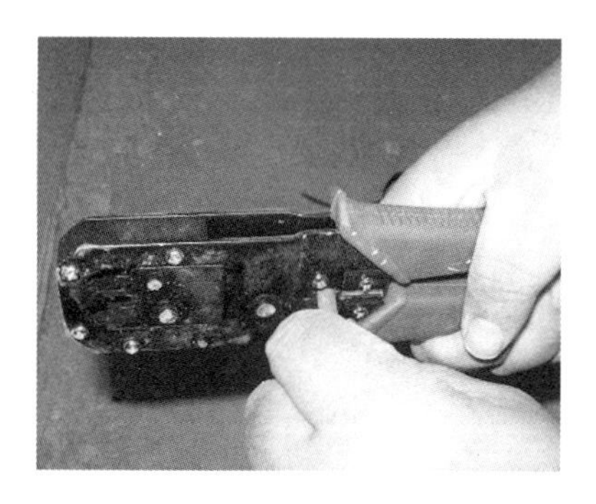

图 8-37　旋转双绞线

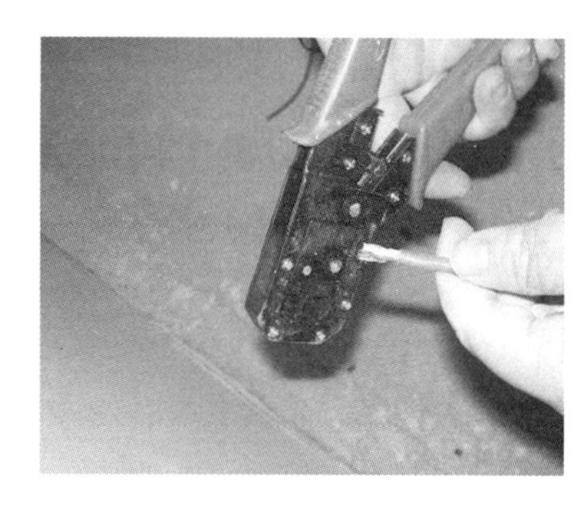

图 8-38　拉出双绞线

图 8-39　整理线序

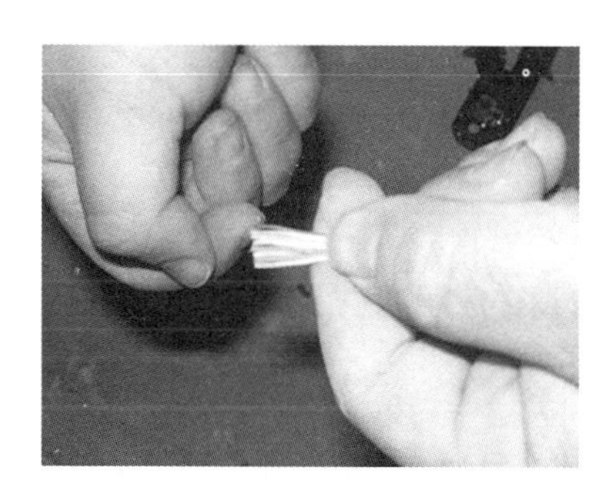

图 8-40　拉直网线

STEP 08 检查网线是否都进入水晶头，将网线固定，如图 8-42 所示。

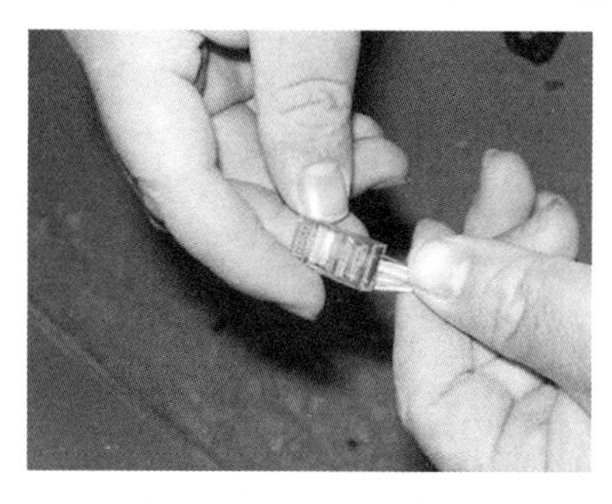

图 8-41　插入水晶头

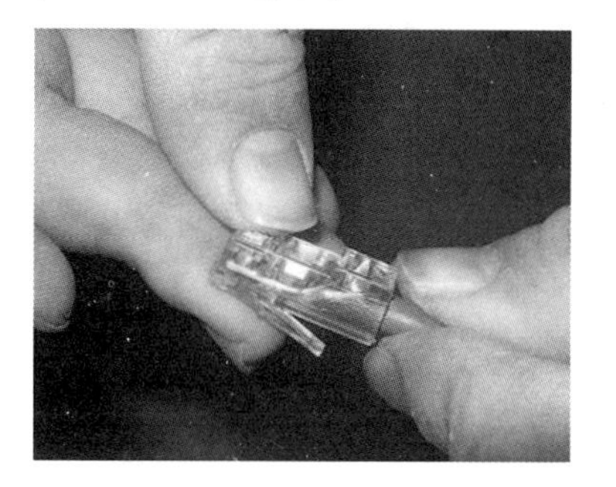

图 8-42　检查水晶头

STEP 09 将水晶头放入剥线钳的压线槽后，用力挤压剥线钳钳柄，如图 8-43 所示。

STEP 10 将水晶头上的铜片压至铜线内，如图 8-44 所示。

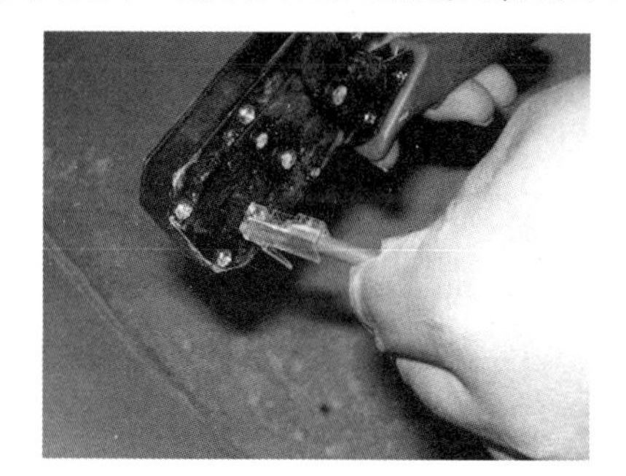

图 8-43　放入压线槽

图 8-44　压制水晶头

STEP 11 使用相同的方法制作网线的另一头，完成后即可得到一根网线。

8.7.2 设置 ADSL 宽带上网

在上网冲浪之前，用户必须先建立 Internet 连接，将自己的电脑同 Internet 连接起来，否则无法获取网络上的信息。目前，我国个人用户上网接入方式主要有 ADSL 宽带上网、小区宽带上网、专线上网和无线上网等几种，下面介绍如何使用 ADSL 宽带上网。

【例 8-2】 通过 ADSL Modem 拨号上网。

STEP 01 拆开 ADSL Modem 包装，准备好安装 Modem 所需的所有配件，如图 8-45 所示。

STEP 02 拔下电话机上的电话线，将它与电话信号分离器相连。将 ADSL Modem 附件中的两根电话线分别连接电话机、电话信号分离器和 Modem 的 Line 接口。将 ADSL Modem 附件中网线的一头连接在 Modem 的 Ethernet 接口上，另一头连接在电脑的网卡接口上，如图 8-46 所示。

STEP 03 打开【控制面板】窗口，双击【网络和共享中心】图标，如图 8-47 所示。

STEP 04 打开【网络和共享中心】窗口，单击【设置新的连接或网络】选项，如图 8-48 所示。

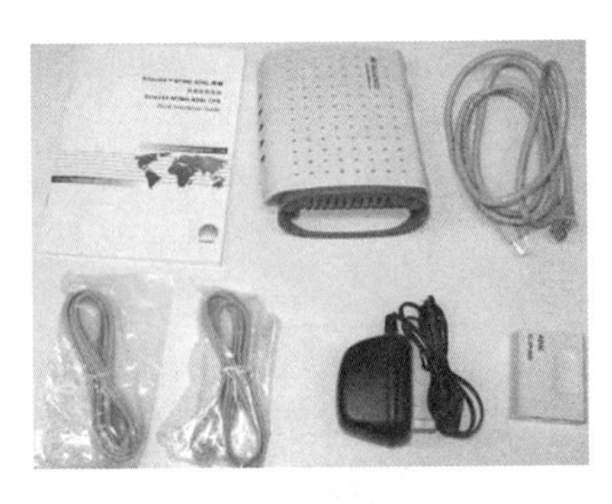

图 8-45 准备好配件

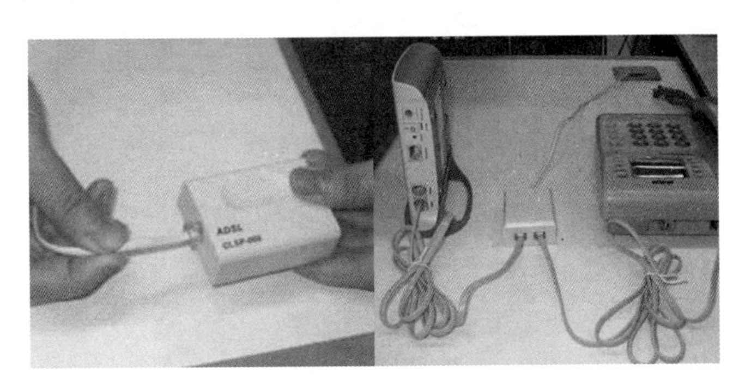

图 8-46 连接线路

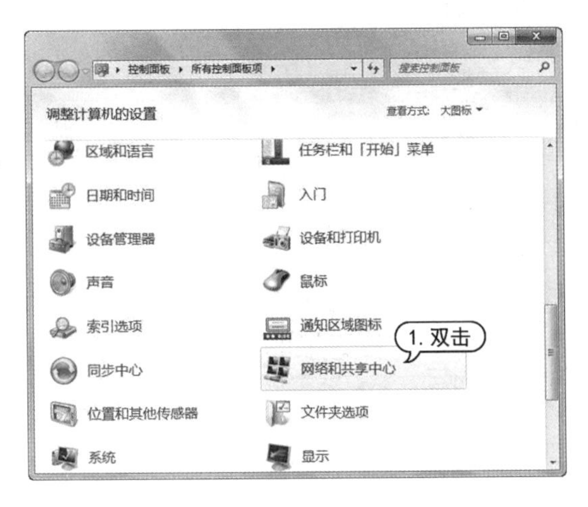

图 8-47 【控制面板】窗口

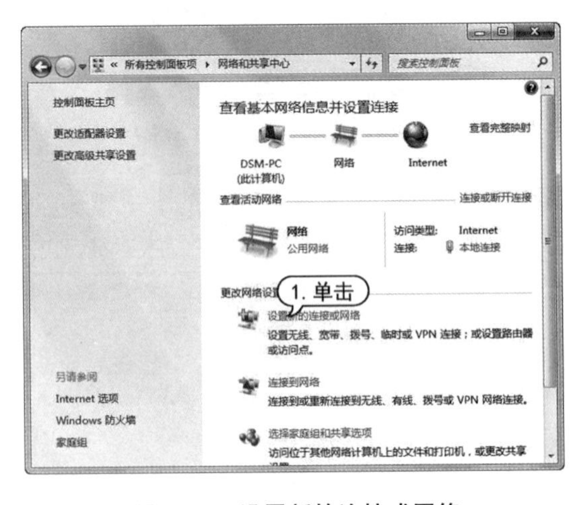

图 8-48 设置新的连接或网络

STEP 05 打开【设置连接或网络】窗口，选中【连接到 Internet】选项，单击【下一步】按钮，如图 8-49所示。

STEP 06 打开【连接到 Internet】窗口，如图 8-50 所示，单击【宽带 PPPoE】按钮，打开【键入您的 Internet 服务提供商提供的信息】窗口。

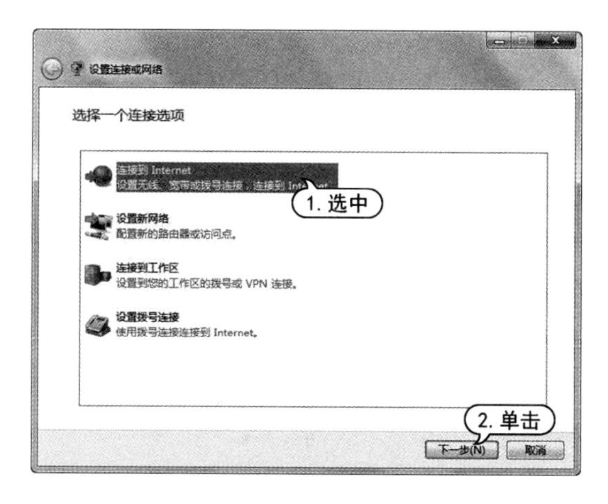

图 8-49　【设置连接或网络】窗口

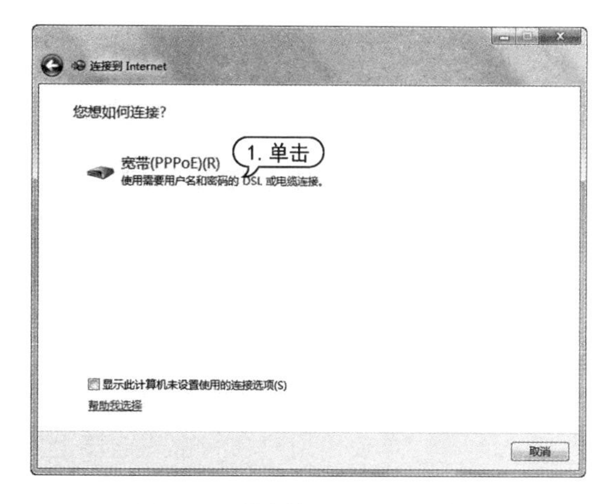

图 8-50　【连接到 Internet】窗口

STEP 07 在【用户名】和【密码】文本框中输入 ADSL 拨号账号和密码，选中【记住此密码】复选框，如图 8-51 所示。

STEP 08 在【键入您的 Internet 服务提供商提供的信息】窗口中，单击【连接】按钮，系统将开始创建 ADSL 宽带拨号连接，如图 8-52 所示。

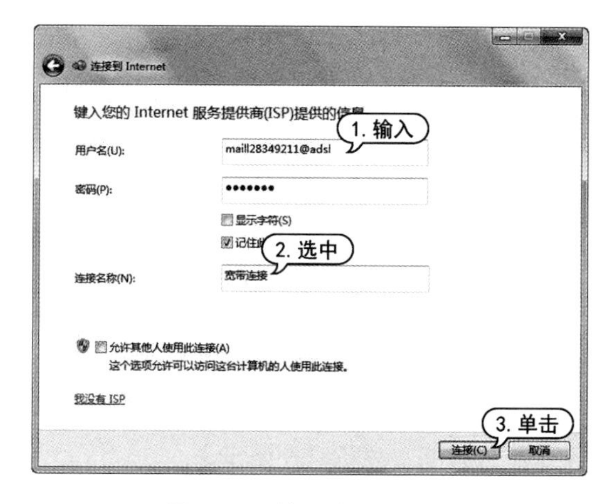

图 8-51　输入账号和密码

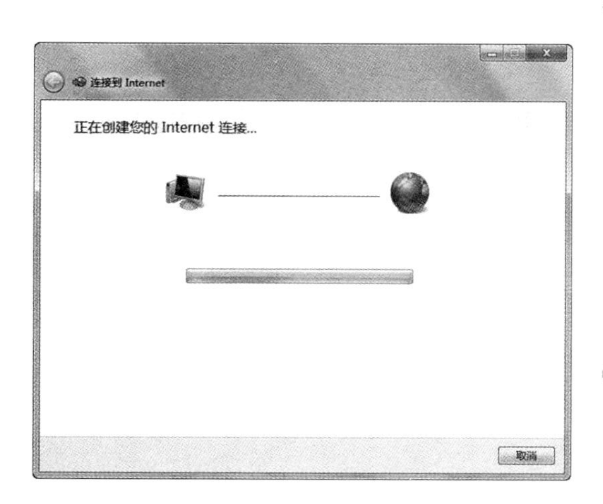

图 8-52　开始创建 ADSL 宽带拨号连接

STEP 09 完成连接后，启动 IE 浏览器，在地址栏中输入要访问的网站网址 www. 163. com，按 Enter 键，打开网易的首页，如图 8-53 所示。

STEP 10 单击【新选项卡】按钮，打开一个新的选项卡。在浏览器地址栏中输入网址：www. sohu. com，按 Enter 键，打开搜狐网的首页，如图 8-54 所示。

图 8-53 输入网址

图 8-54 打开网页

8.7.3 设置拨号上网

【例 8-3】 使用用户名和密码连接上网。

STEP 01 单击【开始】按钮，选择【控制面板】选项，弹出【控制面板】对话框，单击【网络和共享中心】图标，如图 8-55 所示。

STEP 02 在弹出的【选择一个连接选项】对话框中，选择【连接到 Internet】选项，单击【下一步】按钮，如图 8-56 所示。

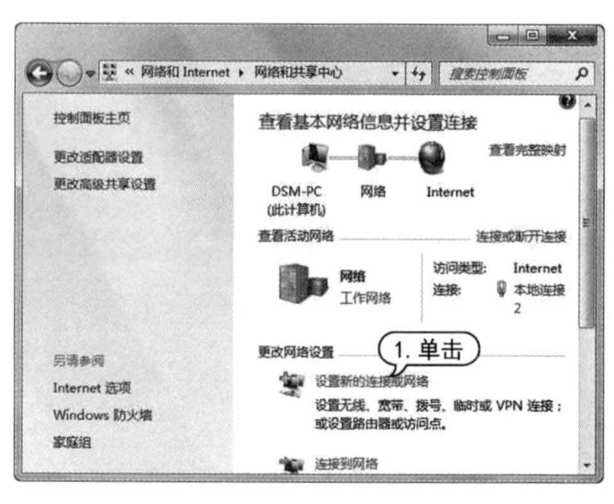

图 8-55 控制面板

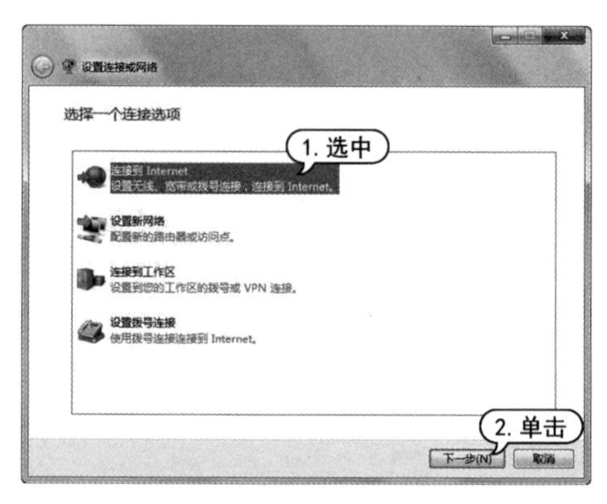

图 8-56 选择【连接到 Internet】

STEP 03 在弹出的【您想如何连接】对话框中，单击【无线】选项，如图 8-57 所示。

STEP 04 桌面的右下角自动弹出一个对话框，显示所有可用的无线网络信号，并按照信号强度从高到低的方式排列，选择 qhwknj 无线连接，单击【连接】按钮，如图 8-58 所示。

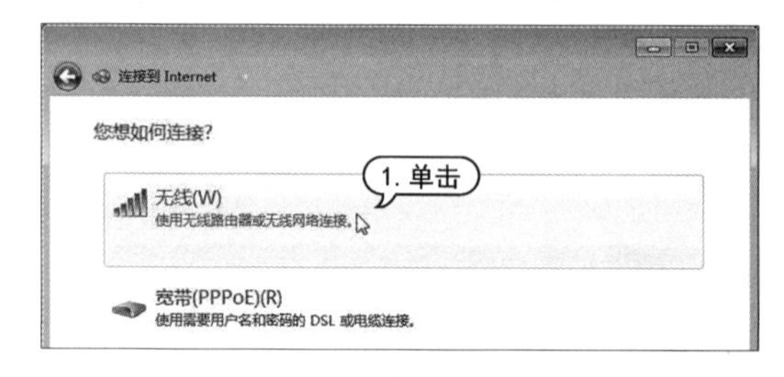

图 8-57 【无线】选项

图 8-58 选择网络

STEP 05 如果无线网络设置了密码，则会弹出【输入网络安全密钥】窗口，在【安全密钥】文本框

中输入无线网络的密码,单击【确定】按钮,进行网络连接,如图 8-59 所示。

STEP 06 连接成功后,在【网络和共享中心】对话框中可查看网络的连接状态,如图 8-60 所示。

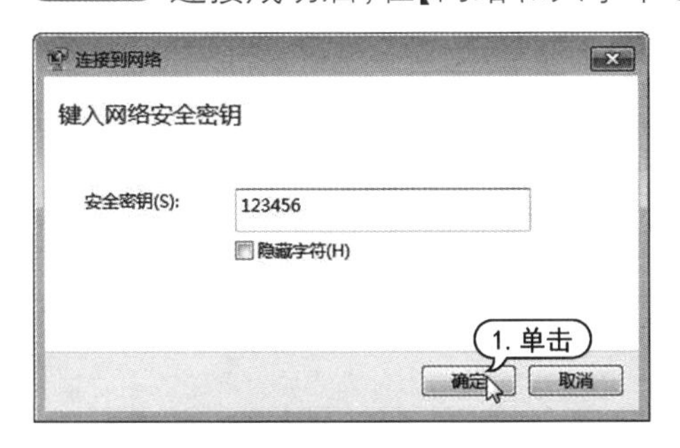

图 8-59 输入密码

图 8-60 查看网络连接状态

8.7.4 检测网络连通状态

Ping 是用来检查网络是否畅通及网络连接速度的命令,主要用于确定本地电脑是否能与另一台电脑交换(发送与接收)数据包,并根据返回的信息检测两台电脑之间的网络是否通畅。可以使用 ping 命令测试网络连通性,查看电脑是否已经成功接入局域网。

【例 8-4】 在命令提示符中使用 ping 命令查看网络连通性。

STEP 01 按【Win+R】组合键,弹出【运行】对话框,如图 8-61 所示。

STEP 02 在【打开】的文本框中输入“cmd”命令,单击【确定】按钮,弹出【命令提示符】对话框。

STEP 03 在【命令提示符】对话框中输入命令,格式为“ping+空格+IP 地址”,如“ping 192.168.1.2”,如图 8-62 所示。

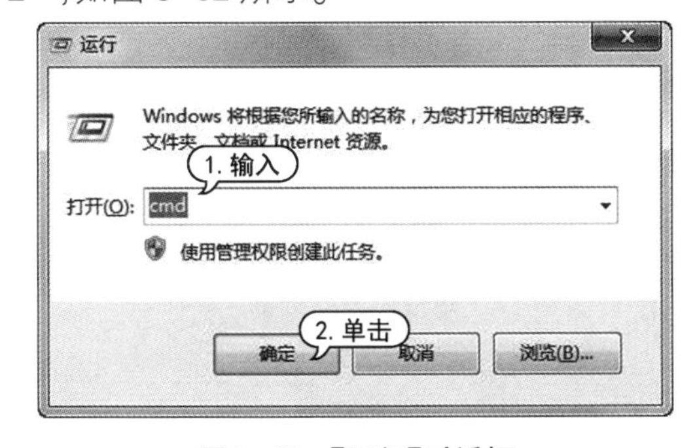

图 8-61 【运行】对话框

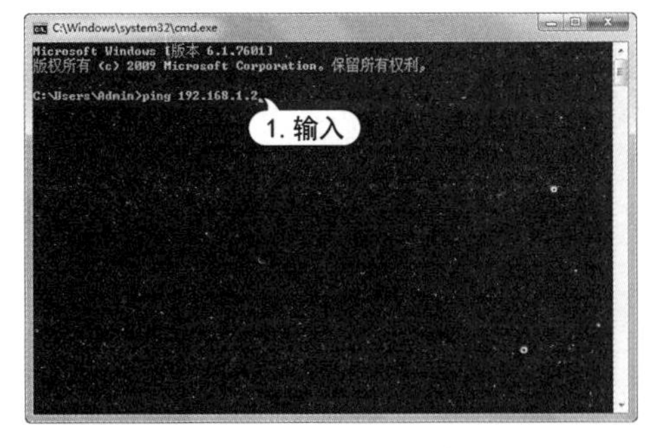

图 8-62 输入命令

STEP 04 按【Enter】键,若显示“来自……”,则表示两台电脑之间是连通的,如图 8-63 所示。若显示“请求超时”或“无法访问目标主机”的信息,则表示两台电脑之间不能连通,如图 8-64 所示。

STEP 05 输入“ping+空格+网站地址”可测试本机与某个服务器的连通状态,如图 8-65 所示。

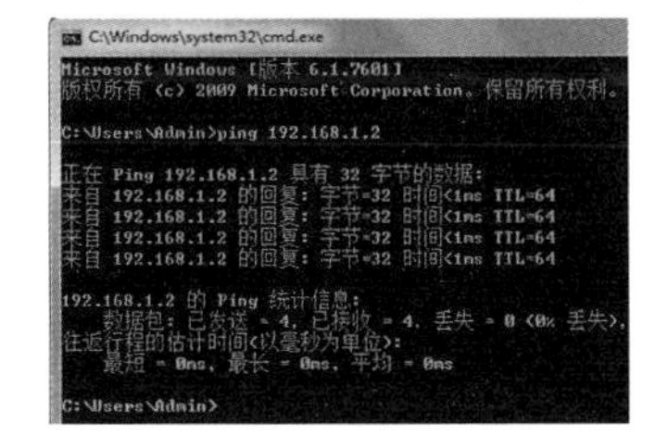

图 8-63 电脑连通

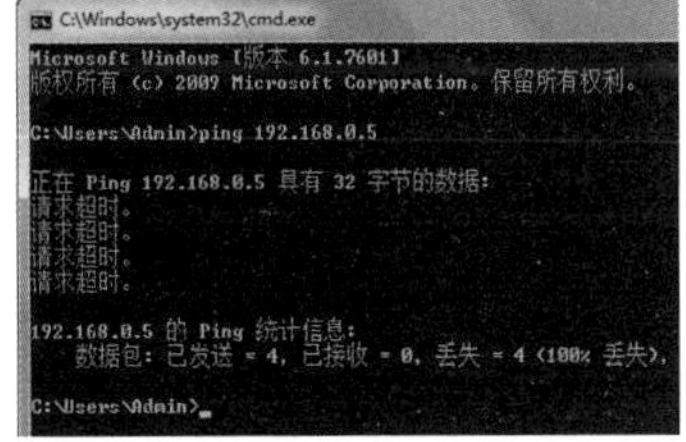

图 8-64 请求超时

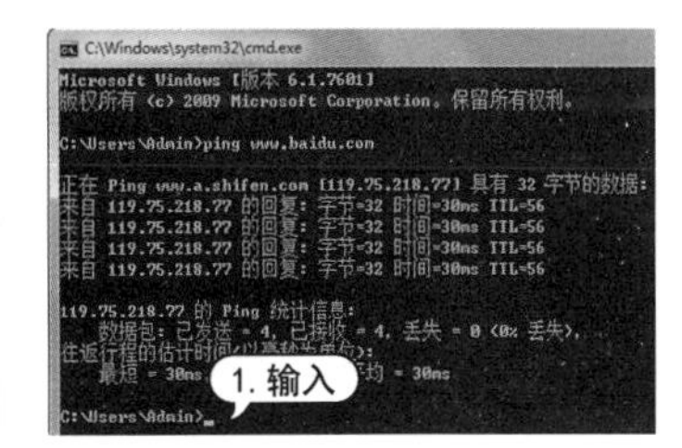

图 8-65 输入网站地址

第 9 章

电脑的日常维护与安全防范

在使用电脑的过程中，若能养成良好的使用习惯并对电脑进行定期维护，不但可以大大延长电脑硬件的工作寿命，还能提高电脑的运行效率，降低电脑发生故障的几率。本章将详细介绍电脑安全与维护方面的常用操作。

对应的光盘视频

例 9-1 关闭 Windows 防火墙

例 9-2 开启系统自动更新

例 9-3 配置系统自动更新

例 9-5 备份与还原系统数据

例 9-6 备份与还原注册表

例 9-7 使用木马专家查杀木马

例 9-11 隐藏磁盘驱动器

例 9-13 设置反间谍软件

9.1　电脑日常维护常识

9.1.1　适宜的使用环境

要想使电脑保持健康，应该在一个良好的使用环境下操作电脑。

- 环境温度：电脑正常运行的理想环境温度是 5～35℃，其安放位置最好远离热源并避免阳光直射，如图 9-1 所示。
- 环境湿度：最适宜的湿度是 30%～80%，湿度太高可能会使电脑受潮而引起内部短路，烧毁硬件；湿度太低，则容易产生静电。
- 清洁的环境：电脑要放在一个比较清洁的环境中，以免大量的灰尘进入电脑而引起故障，如图 9-2 所示。

图 9-1　温度合适的机房

图 9-2　清洁的环境

- 远离磁场干扰：强磁场会对电脑的性能产生很坏的影响，例如导致硬盘数据丢失，显示器产生花斑和抖动等。强磁场干扰主要来自大功率电器和音响设备等，因此，电脑要尽量远离这些设备。
- 电源电压：电脑的正常运行需要稳定的电压。如果家里电压不够稳定，一定要使用带有保险丝的插座，或者为电脑配置 UPS 电源。

9.1.2　正确的使用习惯

在日常的工作中，正确使用电脑，并养成好习惯，可以使电脑的使用寿命更长，运行状态更加稳定。

- 电脑的大多数故障都是软件的问题，而病毒又是造成软件故障的常见原因。在日常使用电脑的过程中，做好防范电脑病毒的查毒工作十分必要，如图 9-3 所示。
- 在电脑内设插拔连接时，或在连接打印机、扫描仪、Modem、音响等外设时，应先确保切断电源，以免引起主机或外设烧毁，如图 9-4 所示。
- 避免频繁开关电脑，因为给电脑组件供电的电源是开关电源，要求至少关闭电源半分钟后才可再次开启。若市电供电线路电压不稳定，偏差太大（大于 20%），或者供电线路接触不良（观察电压表指针抖动幅度较大），则可以考虑配置 UPS 或净化电源，以免造成电脑组件的迅速老化或损坏，如图 9-5 所示。
- 定期清洁电脑（包括显示器、键盘、鼠标以及机箱散热器等），使电脑经常处于良好的工作状

态，如图 9-6 所示。

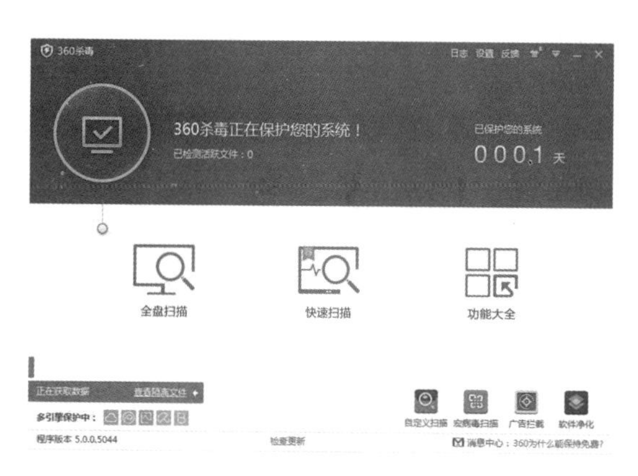

图 9-3　防范病毒

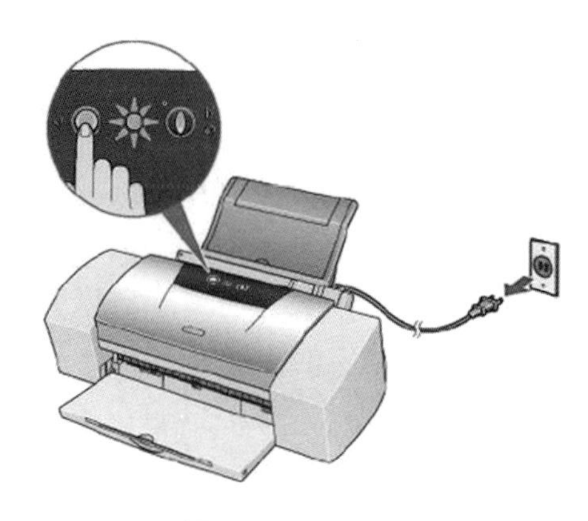

图 9-4　切断电源

图 9-5　避免频繁开关电脑

图 9-6　清洁电脑

- 电脑与音响设备连接时，要注意防磁，防反串烧（即电脑并未工作时，从电器和音频、视频等端口传导过来的漏电压、电流或感应电压烧坏电脑）。电脑的供电电源要与其他电器分开，避免与其他电器共用一个电源插板线，且信号线要与电源线分开连接，不要相互交错或缠绕在一起。

9.2　维护电脑硬件设备

对电脑硬件部分的维护是整个维护工作的重点。用户在对电脑硬件进行维护的过程中，除了要检查硬件的连接状态以外，还应注意保持各部分硬件的清洁。

9.2.1　硬件维护注意事项

在维护电脑硬件的过程中，用户应注意以下事项：

- 有些原装和品牌电脑不允许用户自己打开机箱，如图 9-7 所示。如擅自打开机箱可能会失去一些由厂商提供的保修权利，用户应特别注意。
- 各部件要轻拿轻放，尤其是硬盘，防止损坏零件。
- 拆卸时注意各插接线的方位，如硬盘线、电源线等，以便正确还原。
- 用螺丝固定各部件时，应先对准部件的位置，然后再上紧螺丝。尤其是主板，略有位置偏差就可能导致插卡接触不良，而主板安装不平将可能导致内存条、适配卡接触不良甚至造成短路，时间一长可能会发生形变，从而导致故障发生，如图 9-8 所示。
- 由于电脑板卡上的集成电路器件多采用 MOS 技术制造，这种半导体器件对静电高压相当敏感。当带静电的人或物触及这些器件后，就会产生静电释放，释放的静电高压将损坏这些器件。因此维护电脑时要特别注意静电防护。①在打开机箱之前，双手应该触摸一下地面或者墙壁，释放身上的静电。拿主板和插卡时，应尽量拿卡的边缘，不要用手接触板卡的集成电路。②不要穿容易与地板、地毯摩擦产生静电的胶鞋在各类地毯上行走。脚穿金属鞋能很好地释放人身上的静电，有条件的工作场所应采用防静电地板。
- 断开所有电源。

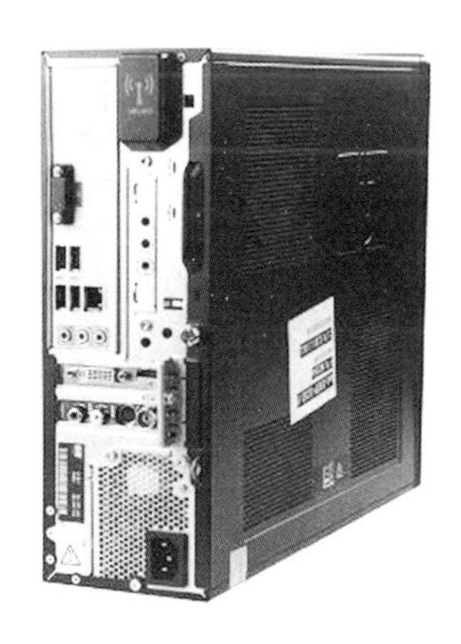

图 9-7　不要擅自打开机箱

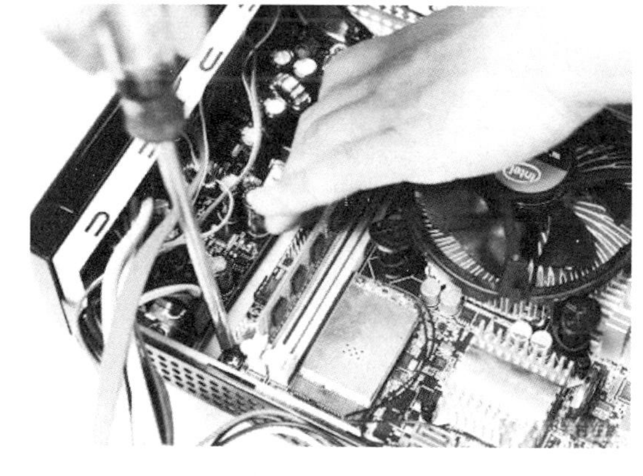

图 9-8　正确用螺丝固定各部件

9.2.2 维护主要硬件设备

1. 维护与保养 CPU

电脑内部绝大部分数据都是通过 CPU 处理的，因此 CPU 的发热量很大，对 CPU 的维护和保养主要是做好散热工作。

- CPU 散热性能的高低关键在于散热风扇与导热硅脂质量的好坏。若采用风冷式 CPU 散热，为了保证 CPU 的散热能力，应定期清理 CPU 散热风扇的灰尘，如图 9-9 所示。
- 发现 CPU 的温度一直过高时，需要在 CPU 表面重新涂抹 CPU 导热硅脂，如图 9-10 所示。
- 若 CPU 采用水冷散热器，在日常使用过程中，需要注意观察水冷设备的工作情况，包括水冷头、水管和散热器等，如图 9-11 和图 9-12 所示。

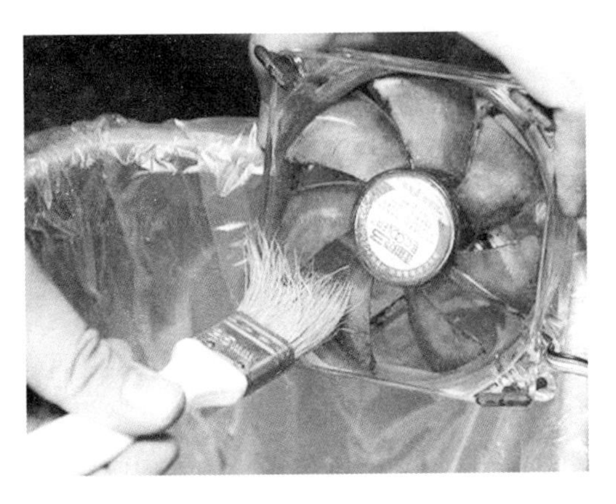

图 9-9　CPU 散热风扇容易吸纳灰尘

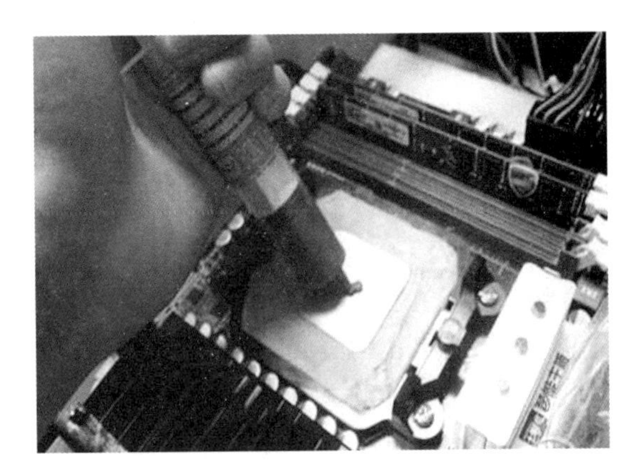

图 9-10　重新涂抹导热硅脂

图 9-11　CPU 水冷头和水管

图 9-12　水冷散热器

2. 维护与保养硬盘

随着硬盘技术的改进，其可靠性已大大提高，但如果不注意使用方法，也会引起硬盘故障。因此，对硬盘进行维护十分必要。

- 环境的温度和清洁条件：由于硬盘主轴电机是高速运转的部件，再加上硬盘是密封的，所以周围温度如果太高，热量散不出来，就会导致硬盘产生故障；但如果温度太低，又会影响硬盘的读写效果。因此，硬盘工作的温度最好是在 20～30℃。
- 防静电：硬盘电路中有些大规模集成电路是 MOS 工艺制成的，MOS 电路对静电特别敏感，易受静电感应而被击穿损坏，因此要注意防静电问题。由于人体常带静电，在安装或拆卸、维修硬盘系统时，不要用手触摸印制板上的焊点，如图 9-13 所示。当拆卸硬盘系统以存储或运输时，一定要将其装入抗静电塑料袋中。
- 经常备份数据：由于硬盘中保存了很多重要的数据，因此要对硬盘上的数据进行保护。每隔一定时间对重要数据作一次备份（硬盘系统信息区以及 CMOS 设置），如图 9-14 所示。
- 防磁场干扰：硬盘是通过对盘片表面磁层进行磁化来记录数据信息的，如果硬盘靠近强磁场，将有可能破坏磁记录，导致所记录的数据遭受破坏。因此必须注意防磁，以免丢失重要数据。防磁主要是让电脑不要靠近音箱、喇叭、电视机等带有强磁场的物体。

图 9-13　防静电

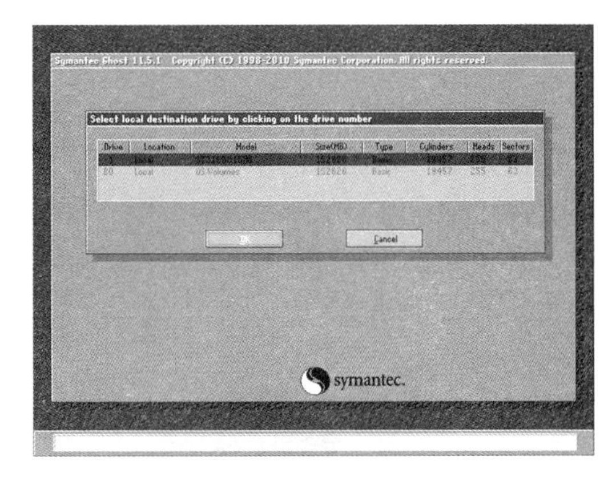

图 9-14　经常备份数据

- 碎片整理，预防病毒：定期对硬盘文件碎片进行重整；利用版本较新的杀毒软件对硬盘进行定期的病毒检测；从外来 U 盘上将信息复制到硬盘时，应先对 U 盘进行病毒检查，防止硬盘感染病毒。

电脑中的主要数据都保存在硬盘中，硬盘一旦损坏，会给用户造成很大的损失。硬盘安装在机箱的内部，一般不会随意移动，在拆卸时要注意以下几点：

- 拆卸硬盘时，尽量在正常关机并等待磁盘停止转动后（听到硬盘的声音逐渐变小并消失）再进行移动。
- 移动硬盘时，应用手捏住硬盘的两侧，尽量避免手与硬盘背面的电路板直接接触。注意轻拿轻放，尽量不要磕碰或者与其他坚硬物体相撞，如图 9-15 所示。
- 硬盘内部的结构比较脆弱，应避免擅自拆卸硬盘的外壳，如图 9-16 所示。

图 9-15　移动硬盘

图 9-16　避免擅自拆卸硬盘的外壳

3. 维护与保养光驱

光驱是电脑中的读写设备，对光驱保养应注意以下几点：

- 光驱的主要作用是读取光盘，因此要提高光驱的寿命，首先要注意光盘的选择，要选择高质量光盘，如图 9-17 所示。尽量不要使用盗版或质量差的光盘，因为如果盘片质量差，激光头就需要多次重复读取数据，从而使其工作时间加长，加快激光头的磨损，进而缩短光驱寿命。

- 光驱在使用的过程中应保持水平放置，不能倾斜放置。
- 使用完光驱后应立即关闭仓门，防止灰尘进入。
- 关闭光驱时应使用光驱前面板上的开关盒按键，切不可用手直接将其推入盘盒，以免损坏光驱的传动齿轮。
- 放置光盘的时候不要用手捏住光盘的反光面移动光盘，因为指纹有时会导致光驱的读写发生错误，如图 9-18 所示。

图 9-17 选择高质量光盘

图 9-18 正确放置光盘

- 光盘不用时将其从光驱中取出，否则会导致光驱负荷加重，缩短使用寿命。
- 尽量避免直接用光驱播放光碟，这样会大大加速激光头的老化，可将光碟中的内容复制到硬盘中进行播放。

4. 维护与保养各种适配卡

系统主板和各种适配卡（例如内存、显卡、网卡）是机箱内部的重要配件。这些配件都是电子元件，没有机械设备，因此在使用过程中几乎不存在机械磨损，维护起来也相对简单。适配卡的维护主要有下面几项工作：

- 只有完全插入正确的插槽中，才不会造成接触不良。如果扩展卡固定不牢（比如与机箱固定的螺丝松动），在使用电脑过程中碰撞了机箱，就有可能造成扩展卡的故障。出现这种问题后，只要打开机箱，重新安装一遍就可以了。有时扩展卡接触不良是因为插槽内积有过多灰尘，这时需要把扩展卡拆下来，然后用软毛刷擦掉插槽内的灰尘，重新安装即可，如图 9-19 所示。
- 如果使用时间比较长，扩展卡接头会因为与空气接触而产生氧化，这时候需要把扩展卡拆下来，然后用软橡皮轻轻擦拭接头部位，将氧化物去除，如图 9-20 所示。在擦拭的时候应当非常小心，不要损坏接头部位。
- 使用过程中有时会出现主板上的插槽松动，造成扩展卡接触不良，这时候可以将扩展卡更换到其他同类型插槽上即可。这种情况一般较少出现，也可以找经销商进行主板维修。
- 如果每次开机都发现时间不正确，说明主板的电池快没电了，需要更换主板的电池。如果不及时更换主板电池，电池电量全部用完后，CMOS 信息就会丢失。更换主板电池的方法比较简单，只要找到电池的位置，然后用一块新的纽扣电池更换原来的电池即可。

图 9-19　清理灰尘

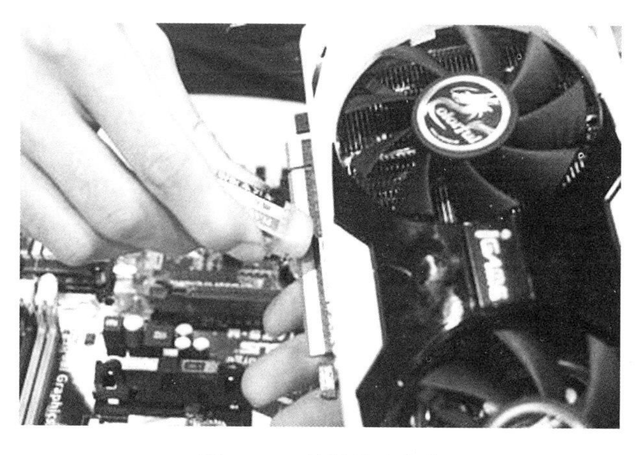

图 9-20　擦拭接头部位

5. 维护与保养液晶显示器

液晶显示器(LCD)是比较容易损耗的器件,在使用时要注意以下几点:

- 避免屏幕内部烧坏:如果长时间不用,一定要关闭显示器,或者降低显示器的亮度,避免内部部件烧坏或者老化。这种损坏一旦发生就是永久性的,无法挽回。
- 注意防潮:长时间不用显示器,可以定期通电工作一段时间,让显示器工作时产生的热量将机内的潮气蒸发掉。另外,不要让任何湿气进入 LCD。如发现有雾气,要用软布将其轻轻地擦去,然后才能打开电源。
- 正确清洁显示器屏幕:如果发现显示屏表面有污迹,可将清洁液(或清水)喷洒在显示器表面,然后再用软布轻轻地将其擦去,如图 9-21 和图 9-22 所示。

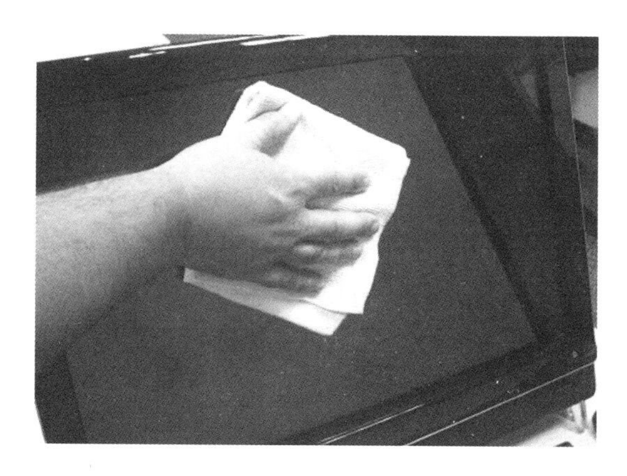

图 9-21　擦拭显示器

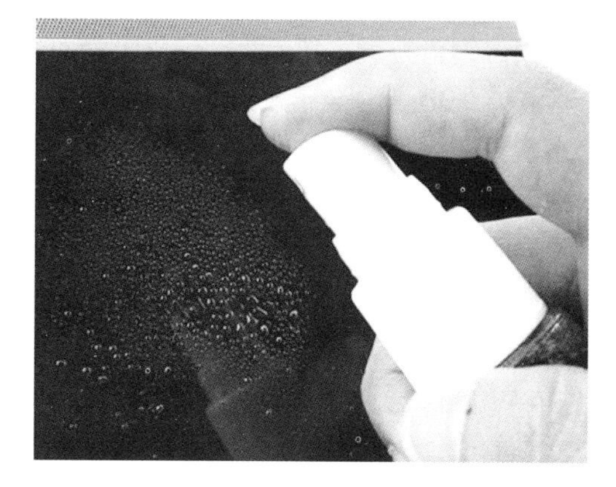

图 9-22　使用清洁液

- 避免冲击屏幕:LCD 屏幕十分脆弱,所以要避免强烈的冲击和振动。注意不要对 LCD 显示器表面施加压力。
- 切勿拆卸:一般用户尽量不要拆卸 LCD,因为即使在电脑关闭了很长时间以后,背景照明组件中的 CFL 换流器依旧可能带有大约 1 000 V 的高压,能够导致严重的人身伤害。

6. 维护与保养键盘

键盘是电脑最基本的部件之一,因此其使用频率较高。按键用力过大、金属物掉入键盘以及茶水等溅入键盘内，都会造成键盘内部微型开关弹片变形或锈蚀，出现按键不灵的现象。键盘日常维护主要从以下几个方面考虑：

- 键盘是受系统软件支持与管理的，不同机型的键盘不能随意更换。更换键盘时，应切断电脑电源，并把键盘背面的选择开关置于当前电脑的相应位置上。
- 电容式键盘因其特殊的结构，易出现在开机时自检正常，但其纵向、横向多个键同时不起作用，或局部多键同时失灵的故障。此时，应拆开键盘外壳，仔细观察失灵按键是否在同一行(或列)电路上。若是，且印制线路又无断裂，则是连接的金属线条接触不良所致。拆开键盘内电路板及薄膜基片，把两者连接的金属印制线条擦净，之后将两者吻合好，装好压条压紧即可，如图 9-23 所示。
- 键盘内过多的尘土会妨碍电路正常工作，有时甚至会造成误操作。应定期清洁表面的污垢，一般清洁可以用柔软干净的湿布擦拭键盘；对于顽固的污垢可以先用中性的清洁剂擦除，再用湿布对其进行擦洗，如图 9-24 所示。

图 9-23　清洁键盘的键位

图 9-24　清洗键盘表面

- 机械式键盘按键失灵，大多是金属触点接触不良，或因弹簧弹性减弱而出现失灵。应重点检查维护键盘的金属触点和内部触点弹簧。
- 大多数键盘没有防水装置，一旦有液体流进，便会使键盘受到损害，造成接触不良、电路腐蚀和短路等故障。当大量液体进入键盘时，应当尽快关机，将键盘接口拔下，打开键盘，用干净吸水的软布擦干内部的积水，最后在通风处自然晾干即可。
- 大多数主板都提供了键盘开机功能。要正确使用这一功能。自己组装电脑时必须选用工作电流大的电源和工作电流小的键盘，否则容易导致故障。

7. 维护与保养鼠标

鼠标的维护是电脑外部设备维护工作中最常做的工作。使用光电鼠标时，要特别注意保持感光板的清洁和感光状态良好，避免污垢附着在发光二极管或光敏三极管上，遮挡光线的接收。无论是在什么情况下，都要注意不要对鼠标进行热插拔，这样极易把鼠标和鼠标接口烧坏。鼠标能够灵活操作的一个条件是鼠标具有一定的悬垂度，长期使用后，鼠标底座四角上的小垫层会被磨低，导致鼠标悬垂度随之降低，鼠标的灵活性有所下降。这时将鼠标底座四角垫高一些，通常就能解决问题，如图 9-25 所示。垫高的材料可以用办公常用的透明胶纸等，可多垫几层，直到感觉鼠标已经完全恢复灵活性为止。

8. 维护与保养电源系统

电源是一个容易被忽略但却非常重要的设备，它负责供应整台电脑所需要的能量，一旦电

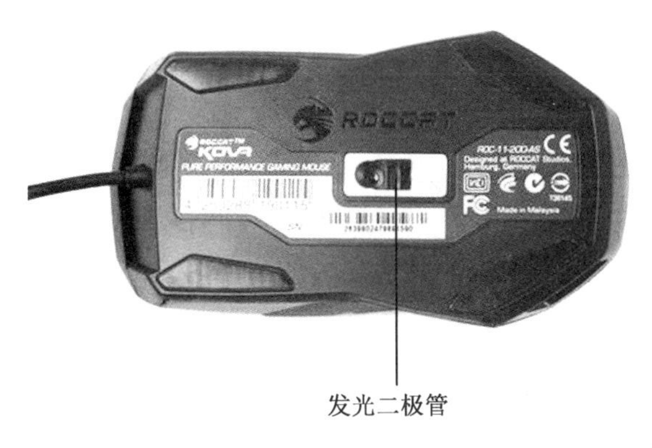

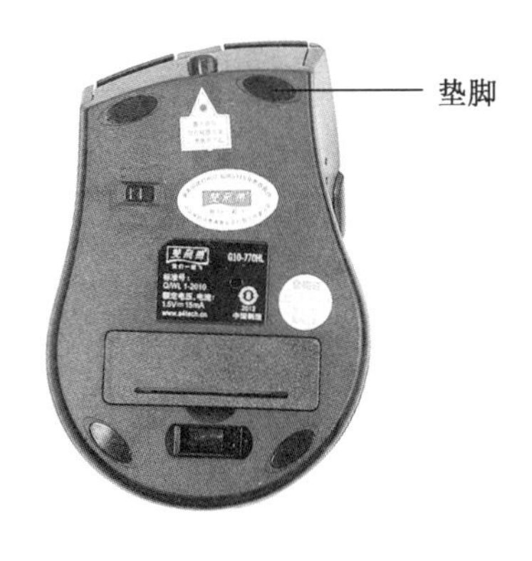

图 9-25　鼠标

源出现问题，整个系统都会瘫痪。电源的日常保养与维护主要是除尘，即使用吹气球一类的辅助工具从电源后部的散热口处清理电源的内部灰尘，如图 9-26 所示。为了防止因为突然断电对电脑电源造成损伤，还可以为电源配置 UPS（不间断电源），如图 9-27 所示。这样即使断电，通过 UPS 供电，用户仍可正常关闭电脑电源。

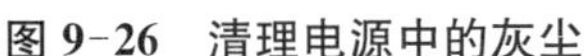
图 9-26　清理电源中的灰尘

图 9-27　UPS

9.2.3　维护电脑常用外设

随着电脑技术的不断发展，电脑的外接设备也越来越丰富，常用的外接设备包括打印机、扫描仪、U 盘以及移动硬盘等。本节就将介绍如何保养与维护这些电脑外接设备。

1. 维护与保养打印机

在打印机的使用过程中，经常对打印机进行维护，可以延长打印机的使用寿命，提高打印机的打印质量。

- 打印机必须放在平稳、干净、防潮、无酸碱腐蚀的工作环境中，并且应远离热源、震源和日光的直接照晒，如图 9-28 所示。
- 保持清洁，定期用小刷子或吸尘器清扫机内的灰尘和纸屑，经常用在稀释的中性洗涤剂中浸泡过的软布擦拭打印机机壳，以保证良好的清洁度，如图 9-29 所示。
- 在加电情况下，不要插拔打印电缆，以免烧坏打印机与主机接口元件。插拔前一定要关掉主机和打印机电源。
- 正确使用操作面板上的进纸、退纸、跳行、跳页等按钮，尽量不要用手旋转手柄。

图 9-28　正确放置打印机

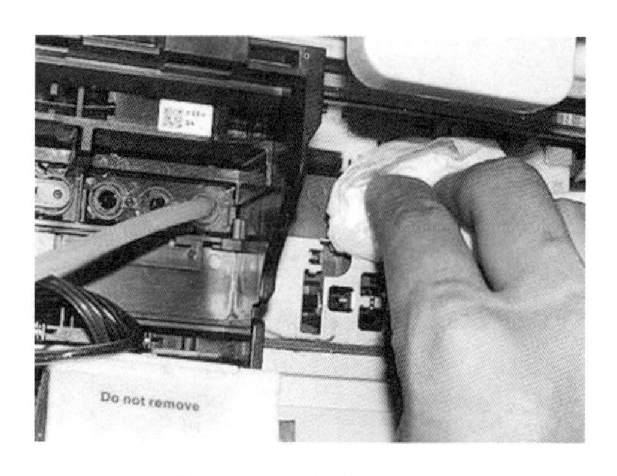

图 9-29　清洁打印机

- 经常检查打印机的机械部分有无螺钉松动或脱落，检查打印机的电源和接口连接电线有无接触不良的现象。
- 电源线要有良好的接地装置，以防止静电积累和雷击烧坏打印通信口等。
- 应选择高质量的色带。色带是由带基和油墨制成的，高质量色带的带基没有明显的接痕，其连接处是用超声波焊接工艺处理过的，油墨均匀；而低质量的色带的带基则有明显的双层接头，油墨质量很差。
- 应尽量减少打印机空转，最好在需要打印时才打开打印机。
- 要尽量避免打印蜡纸。因为蜡纸上的石蜡会与打印胶辊上的橡胶发生化学反应，使橡胶膨胀变形。

目前使用最为普遍的打印机类型为喷墨打印机与激光打印机。其中喷墨打印机日常维护主要有以下几方面的内容：

- 内部除尘：喷墨打印机内部除尘时应注意不要擦拭齿轮、打印头和墨盒附近的区域；一般情况下不要移动打印头，特别是有些打印机的打印头处于机械锁定状态，用手无法移动打印头，如果强行用力移动，将造成打印机机械部分损坏；不能用纸制品清洁打印机内部，以免机内残留纸屑；不能使用挥发性液体清洁打印机，以免损坏打印机表面。
- 更换墨盒：更换墨盒应注意不能用手触摸墨水盒出口处，以防杂质混入墨水盒，如图 9-30 所示。

图 9-30　更换打印机墨盒

- 清洗打印头：大多数喷墨打印机开机即会自动清洗打印头，并设有按钮可手动对打印头进行清洗，具体清洗操作可参照喷墨打印机操作手册上的步骤进行。

激光打印机也需要定期清洁维护，特别是在打印纸张上沾有残余墨粉时，必须清洁打印机内部。如果长期不对打印机进行维护，则会使机内污染严重，比如电晕电极吸附残留墨粉、光学部件脏污、输纸部件积存纸尘而运转不灵等。这些严重污染不仅会影响打印质量，还会造成打印机故障。对激光打印机的清洁维护有如下方面：

- 内部除尘的主要对象有齿轮、导电端子、扫描器窗口和墨粉传感器等，如图 9-31 所示。可用柔软的干布对其进行擦拭。
- 外部除尘时可使用拧干的湿布擦拭，如果外表面较脏，可使用中性清洁剂，但不能使用挥发性液体清洁打印机，以免损坏打印机表面。
- 在对感光鼓及墨粉盒用油漆刷除尘时，应注意不能用坚硬的毛刷清扫感光鼓表面，以免损坏感光鼓表面膜，如图 9-32 所示。

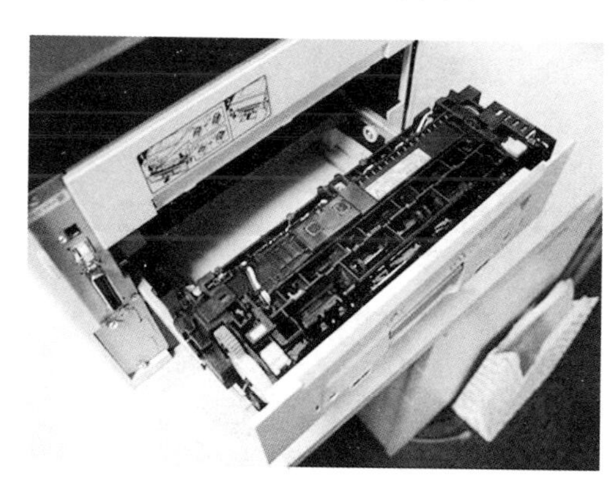

图 9-31　打印机内部

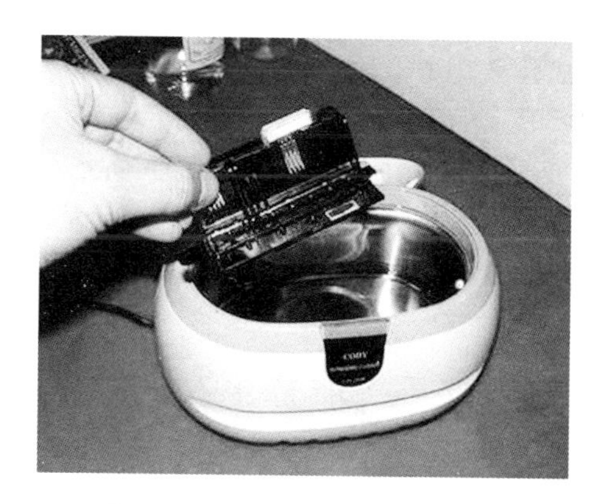

图 9-32　墨盒除尘

2. 维护与保养移动存储设备

目前最主要的电脑移动存储设备包括 U 盘与移动硬盘。掌握维护与保养这些移动存储设备的方法，可以提高这些设备的使用可靠性，延长设备的使用寿命。

在日常使用 U 盘的过程中，用户应注意以下几点：

- 不要在 U 盘的指示灯闪得飞快时拔出 U 盘，因为这时 U 盘正在读取或写入数据，中途拔出可能会造成硬件和数据的损坏，如图 9-33 所示。
- 不要在备份文档完毕后立即关闭相关的程序，因为这个时候 U 盘上的指示灯还在闪烁，说明程序还没完全结束，拔出 U 盘，很容易影响备份。所以文件备份到 U 盘后，应过一些时间再关闭相关程序，以防意外。
- U 盘一般都有写保护开关，如图 9-34 所示。应该在 U 盘插入电脑接口之前切换开关，不要在 U 盘工作状态下进行切换。
- 在系统提示“无法停止”时也不要轻易拔出 U 盘，这样会造成数据遗失。
- 注意将 U 盘放置在干燥的环境中，不要让 U 盘口接口长时间暴露在空气中，否则容易造成表面金属氧化，降低接口敏感性。
- 不要将长时间不用的 U 盘一直插在 USB 接口上，否则一方面容易引起接口老化；另一方面对 U 盘也是一种损耗。

图 9-33　U 盘指示灯闪烁

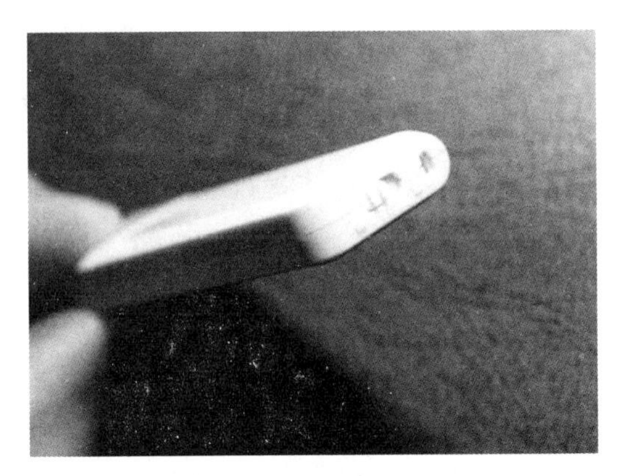

图 9-34　U 盘的写保护开关

- U 盘的存储原理和硬盘有很大的不同,不要整理碎片,否则影响使用寿命。
- U 盘里可能会有 U 盘病毒,插入电脑时最好进行 U 盘杀毒。

在日常使用移动硬盘的过程中,用户应注意以下几点:

- 移动硬盘工作时尽量保持水平,无抖动,如图 9-35 所示。
- 应及时移除移动硬盘,如图 9-36 所示。不少用户为了图省事,无论是否使用移动硬盘都将它连接到电脑上,这样电脑一旦感染病毒,病毒就可能通过电脑 USB 端口感染移动硬盘,从而影响移动硬盘的稳定性。

图 9-35　移动硬盘保持水平

图 9-36　移除移动硬盘

- 尽量使用主板上自带的 USB 接口,因为有的机箱前置 USB 接口和主板 USB 接针的连接很差,这也是造成前置 USB 接口出现问题的主要因素。
- 拔下移动硬盘前一定先停止该设备,若复制完文件就立刻直接拔下 USB 移动硬盘很容易引起文件复制的错误,下次使用时就会发现文件复制不全或损坏的问题。若遇到无法停止设备的时候,可以先关机再拔下移动硬盘。
- 使用移动硬盘时应把皮套之类的影响散热的外包装全取下来。
- 为了供电稳定,双头线尽量都插上。
- 定期对移动硬盘进行碎片整理。
- 平时存放移动硬盘时注意防水(潮)、防磁、防摔。

9.3　维护电脑软件系统

操作系统是电脑运行的软件平台,系统的稳定与否直接关系到电脑的操作。下面介绍电脑系统的日常维护,包括清理垃圾文件、整理磁盘碎片以及启用系统防火墙等。

9.3.1　关闭 Windows 防火墙

操作系统安装完成后，如果用户需要安装第三方防火墙，则可能会与 Windows 自带的防火墙产生冲突，此时用户可关闭 Windows 防火墙。

【例 9-1】 关闭 Windows 7 操作系统的防火墙功能。视频

STEP 01 单击【开始】按钮，选择【所有程序】|【附件】|【系统工具】|【控制面板】命令，在打开的【控制面板】窗口中双击【Windows 防火墙】选项，打开【Windows 防火墙】窗口，单击【打开或关闭 Windows 防火墙】选项，如图 9-37 所示。

STEP 02 打开【自定义设置】窗口，分别选中【家庭/工作(专用)网络位置设置】和【公用网络位置设置】组中的【关闭 Windows 防火墙(不推荐)】单选按钮，设置完成后单击【确定】按钮，如图 9-38 所示。

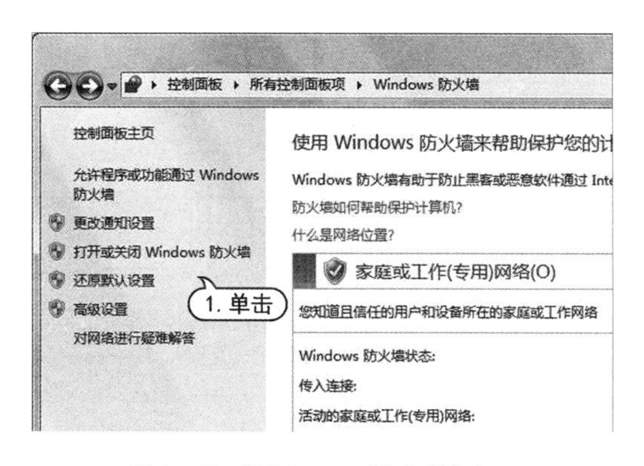

图 9-37　【Windows 防火墙】窗口

图 9-38　关闭 Windows 防火墙

STEP 03 返回【Windows 防火墙】窗口，可看到 Windows 7 防火墙已经被关闭。

9.3.2　设置操作系统自动更新

Windows 操作系统提供了自动更新的功能，开启自动更新后，系统可随时下载并安装最新的官方补丁程序，以有效预防病毒和木马程序的入侵，维护系统的正常运行。

1. 开启 Windows 自动更新

在安装 Windows 操作系统的过程中，当进行到更新设置步骤时，如果用户选择了【使用推荐设置】选项，则 Windows 自动更新是开启的。如果选择了【以后询问我】选项，用户可在安装完操作系统后，手动开启 Windows 自动更新。

【例 9-2】 在 Windows 操作系统中，通过【Windows Update】窗口开启自动更新功能。视频

STEP 01 单击【开始】按钮，选择【控制面板】命令，打开【控制面板】窗口，单击【Windows Update】选项，打开【Windows Update】窗口。

STEP 02 单击【更改设置】按钮，打开【更改设置】窗口，在【重要更新】下拉列表中选择【自动安装更新(推荐)】选项，如图 9-39 所示。

STEP 03 单击【确定】按钮，完成自动更新的开启。此时，系统会自动开始检查更新，并安装最新的更新文件，如图 9-40 所示。

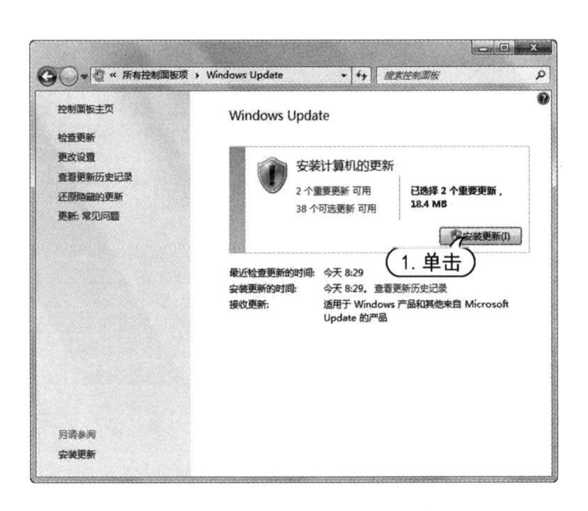

图 9-39 【Windows Update】窗口 1

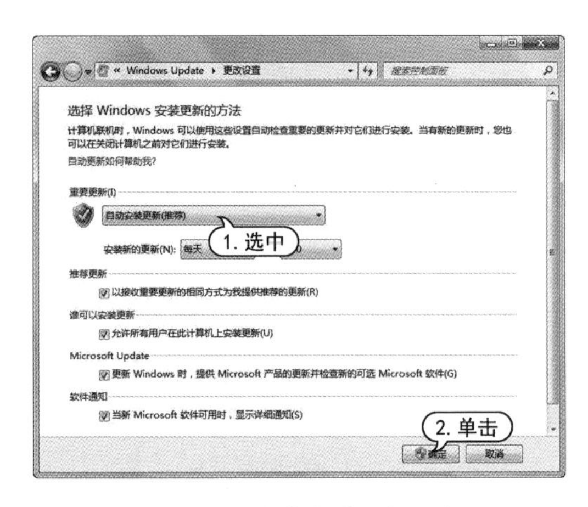

图 9-40 完成自动更新开启

STEP 04 今后，当 Windows 系统搜索到更新文件后，便会打开相应的窗口，提示有需要更新的文件。

2. 配置 Windows 自动更新

用户可对自动更新进行自定义，例如设置自动更新的频率、哪些用户可以进行自动更新等。

【例 9-3】 在 Windows 7 操作系统中设置自动更新的时间为每周的星期日上午 8 点。视频

STEP 01 单击【开始】按钮，选择【控制面板】命令，打开【控制面板】窗口，单击【Windows Update】选项，打开【Windows Update】窗口，如图 9-41 所示。

STEP 02 在【Windows Update】窗口中单击【更改设置】按钮，打开【更改设置】窗口，单击【安装新的更新】下拉列表按钮，并在打开的下拉列表中选择【每星期日】选项。

STEP 03 单击【在(A)】下拉列表按钮，在打开的下拉列表中选择【8:00】选项，单击【确定】按钮，如图 9-42 所示。

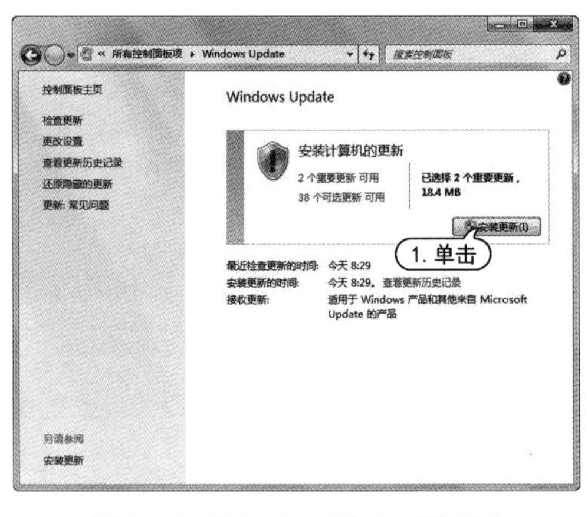

图 9-41 【Windows Update】窗口 2

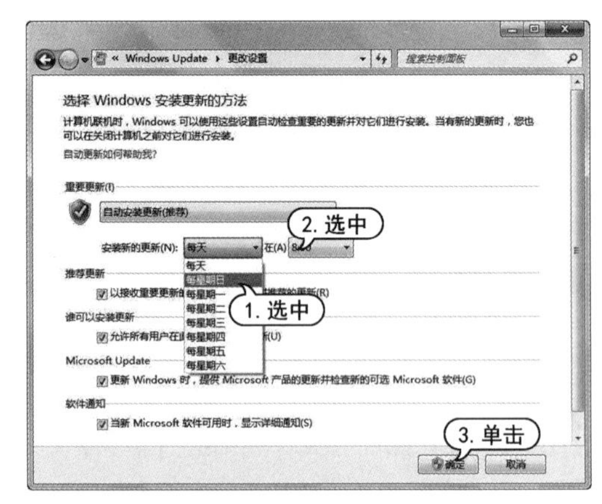

图 9-42 完成自动更新设置

3. 手动更新 Windows 系统

用户也可以手动进行 Windows 系统的更新操作。

【例 9-4】 手动更新当前的操作系统(Windows 7 系统)。

STEP 01 打开【Windows Update】窗口,当系统有更新文件可以安装时,会在窗口右侧进行提示,单击补丁说明超链接,如图 9-43 所示。

STEP 02 打开窗口的列表中会显示可以安装的更新程序,选中要安装的更新文件前的复选框。单击【可选】标签,打开可选更新列表,用户可以根据需要进行选择。选择完成后单击【确定】按钮,如图 9-44 所示。

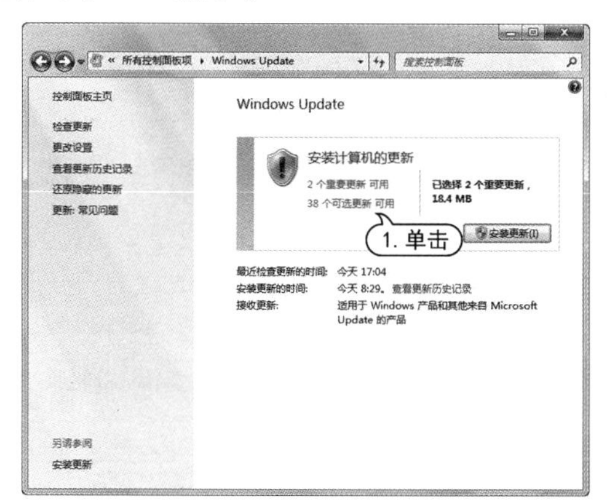

图 9-43 【Windows Update】窗口 3

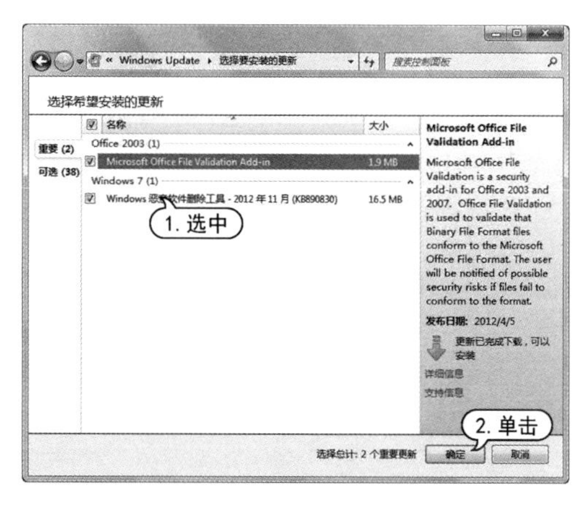

图 9-44 选择更新程序

STEP 03 返回【Windows Update】窗口,单击【安装更新】按钮,如图 9-45 所示。

STEP 04 在打开的窗口中选中【我接受许可条款】单选按钮,单击【下一步】按钮,如图 9-46 所示。

STEP 05 根据 Windows 更新提示逐步操作即可完成手动系统更新文件的安装。

图 9-45 设置安装更新

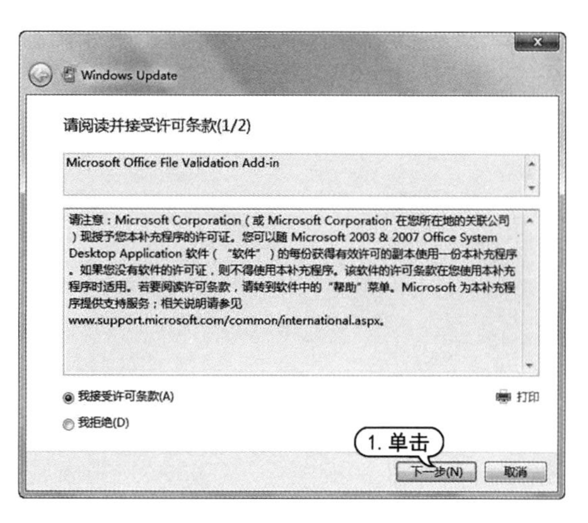

图 9-46 接受许可条款

9.4 数据和系统的备份与还原

电脑一旦感染上病毒,就很有可能造成硬盘数据的丢失,因此做好对硬盘数据的备份非常重要。Windows 7 自带了系统还原功能，当系统出现问题时，该功能可以将系统还原到过去的某个状态，不会丢失数据文件。

9.4.1 备份和还原系统数据

Windows 7 系统环境中的数据备份与还原功能较其他版本的 Windows 系统有明显的提升。用户几乎无须借助第三方软件，即可对系统中重要的数据自定义地进行备份、保护。

【例 9-5】 备份和还原系统数据。视频

STEP 01 选择【开始】|【控制面板】|【系统和安全】|【备份和还原】选项，打开【备份和还原】对话框，选中【设置备份】选项，如图 9-47 所示。

STEP 02 打开【设置备份】对话框，选中【让 Windows 选择(推荐)】单选按钮，单击【下一步】按钮，如图 9-48 所示。

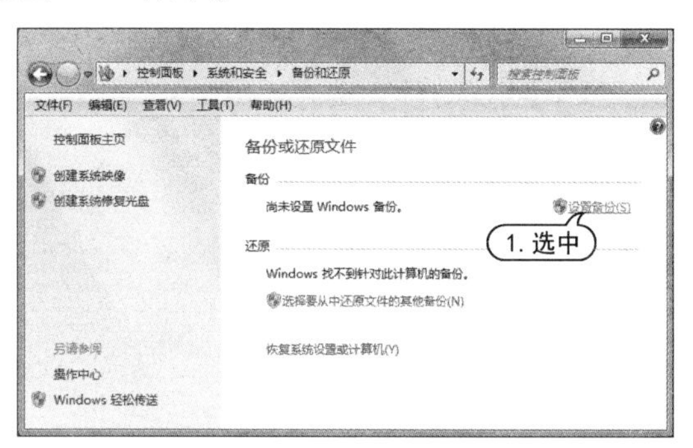

图 9-47 【备份和还原】对话框

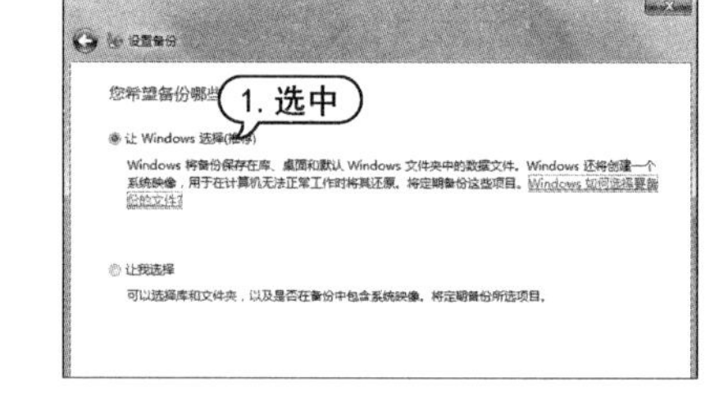

图 9-48 【设置备份】对话框

STEP 03 打开【设置备份】对话框，查看备份项目，单击【保存设置并进行备份】按钮，如图 9-49 所示。

STEP 04 打开【备份或还原文件】对话框，进行文件备份，单击【查看详细信息】按钮，如图 9-50 所示。

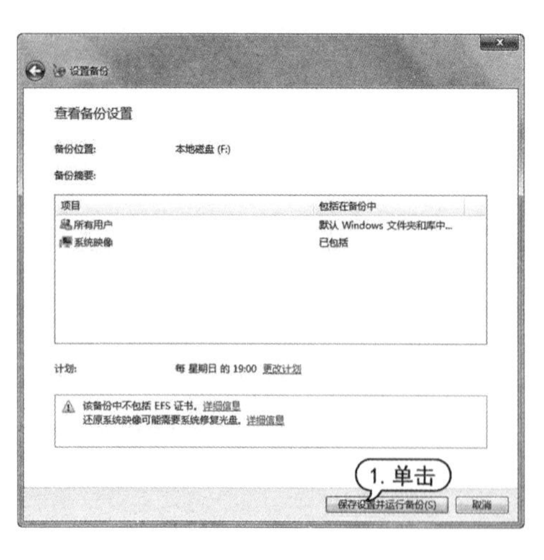

图 9-49 查看备份设置

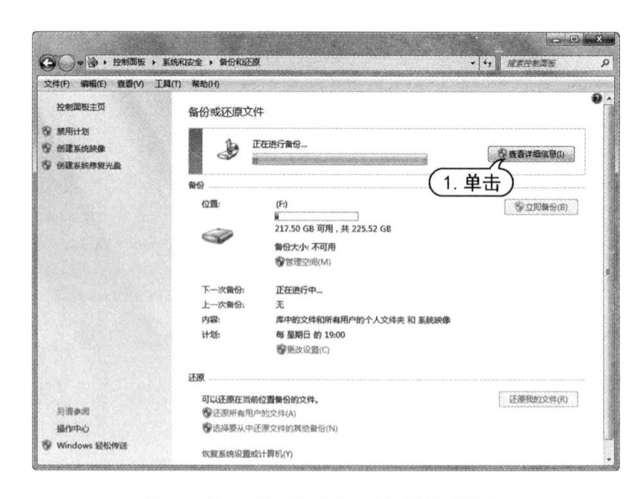

图 9-50 【备份或还原文件】对话框

STEP 05 查看文件备份的进度，文件越大备份所需要的时间就越长，如图 9-51 所示。

STEP 06 文件备份完毕后，单击【还原我的文件】按钮，如图 9-52 所示。

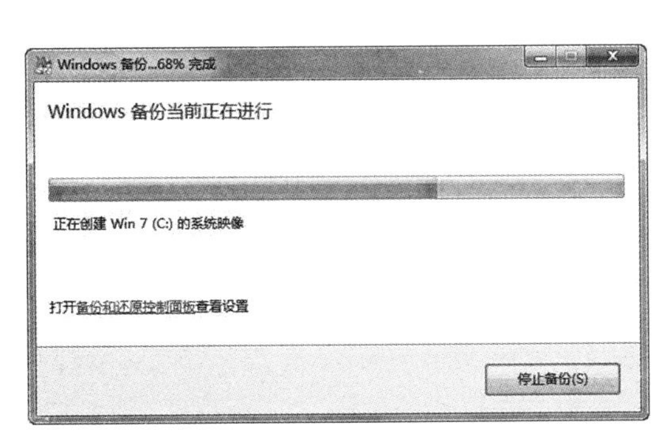

图 9-51　文件备份进度

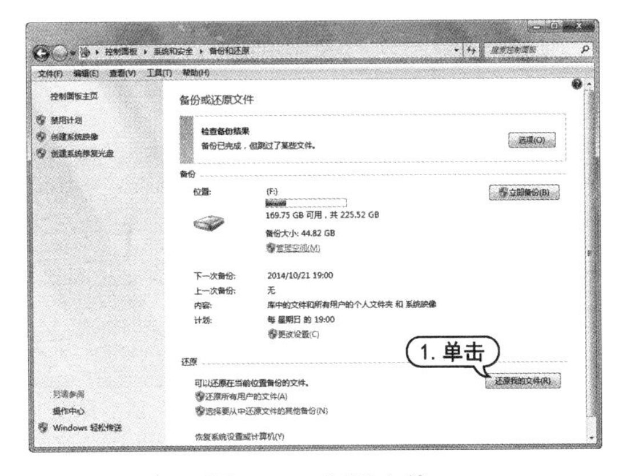

图 9-52　还原文件

STEP 07 打开【还原文件】对话框，单击【浏览文件夹】按钮，如图 9-53 所示。

STEP 08 打开【浏览文件夹或驱动器的备份】对话框，选中需要还原文件的备份文件夹，单击【添加文件夹】按钮，如图 9-54 所示。

STEP 09 打开【还原文件】对话框，选中【在原始位置】单选按钮，单击【还原】按钮，如图 9-55 所示。文件进行还原，单击【完成】按钮，如图 9-56 所示。

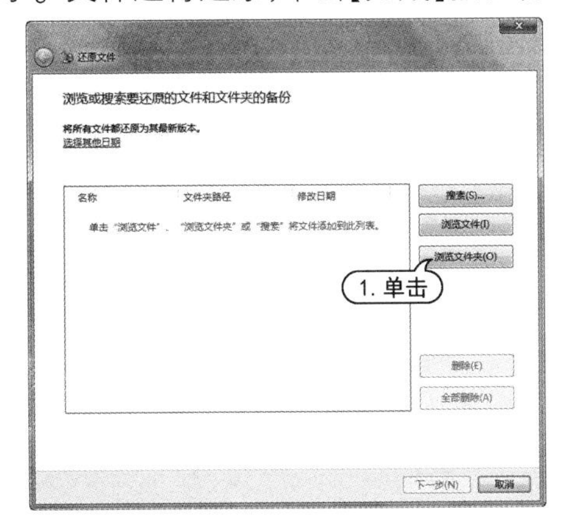

图 9-53　【还原文件】对话框

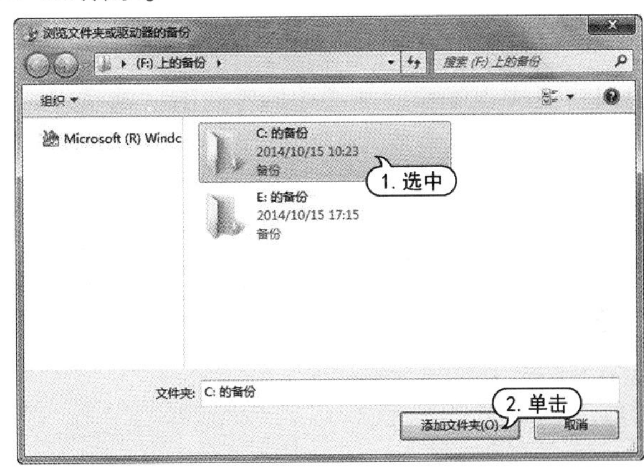

图 9-54　【浏览文件夹或驱动器的备份】对话框

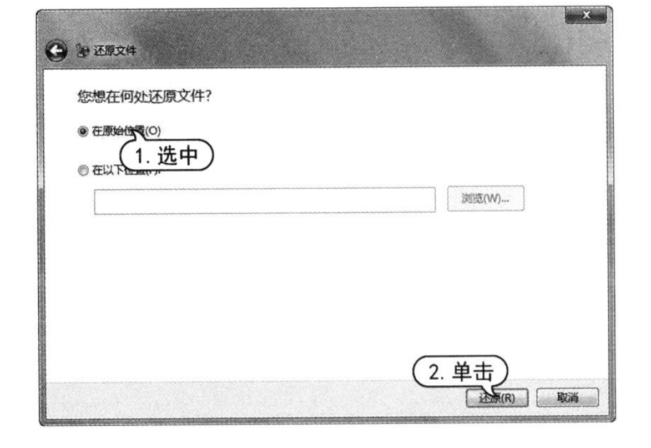

图 9-55　【还原文件】对话框

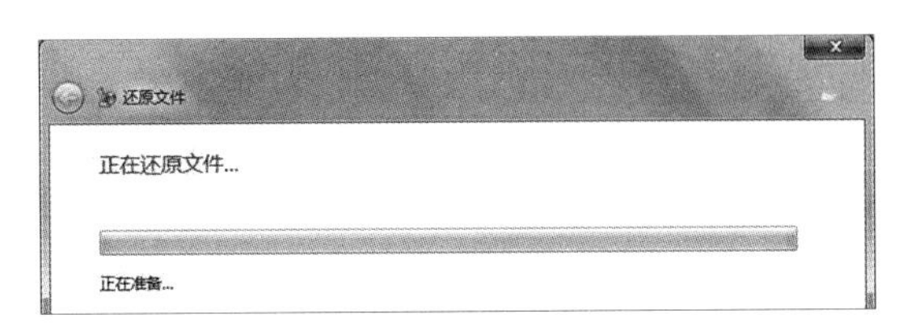

图 9-56　文件还原进度

STEP 10 返回【备份或还原文件】对话框，选中【管理空间】选项，如图 9-57 所示。

STEP 11 打开【管理 Windows 备份磁盘空间】对话框，查看空间使用情况，如图 9-58 所示。

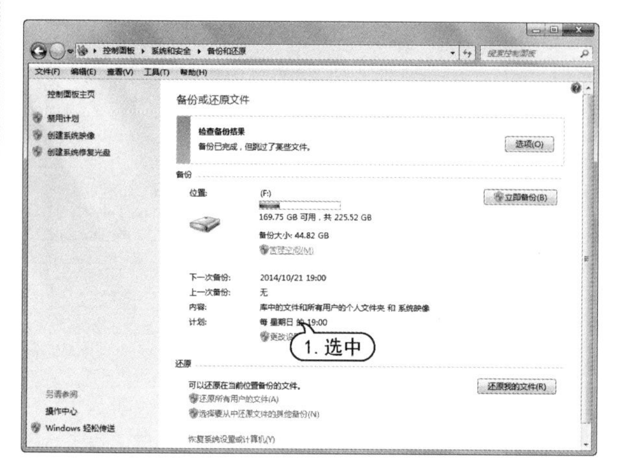

图 9-57 【管理空间】选项

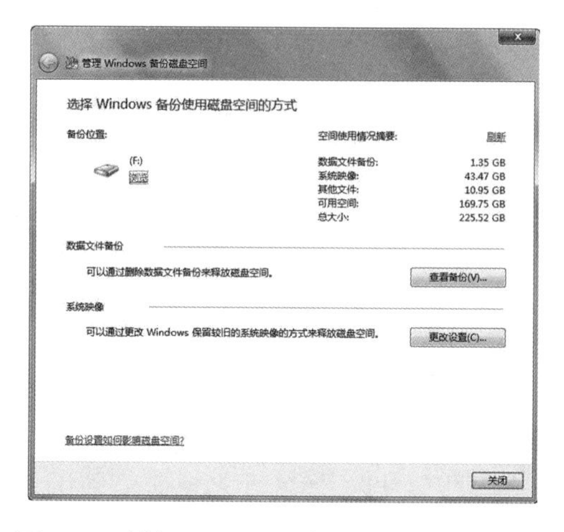

图 9-58 【管理 Windows 备份磁盘空间】对话框

 9.4.2 备份和还原注册表

Windows 注册表(Registry)实质上是一个庞大的数据库，它存储软、硬件的有关配置和状态信息，应用程序和资源管理器外壳的初始条件、首选项和卸载数据；整个系统的设置和各种许可，文件扩展名与应用程序的关联，硬件的描述、状态和属性；电脑性能记录和底层的系统状态信息以及各类其他数据。注册表编辑器是操作系统自带的注册表工具，通过该工具就能对注册表进行各种修改。

【例 9-6】 备份和还原注册表。视频

STEP 01 按【Win+R】组合键，打开【运行】对话框，在【打开】文本框中，输入"regedit"命令，单击【确认】按钮，如图 9-59 所示。

STEP 02 打开【注册表编辑器】对话框，在左侧窗格右击需要导出的根键或子键，在打开的快捷菜单中选择【导出】命令，如图 9-60 所示。

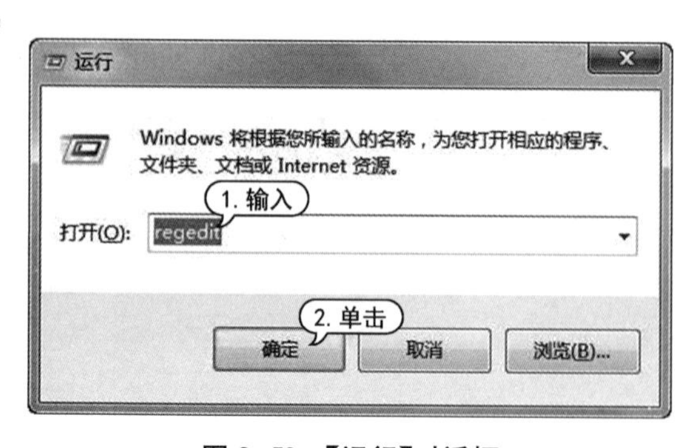

图 9-59 【运行】对话框

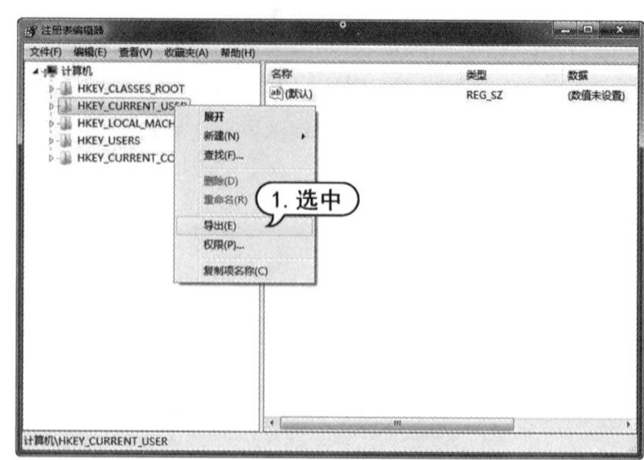

图 9-60 导出注册表

STEP 03 打开【导出注册表文件】对话框，设置保存路径，在【文件名】文本框中输入文件名，选中【所选分支】单选按钮，保存所选的注册表文件，单击【保存】按钮，如图 9-61 所示。

STEP 04 返回【注册表编辑器】对话框，选择【文件】|【导入】命令。

STEP 05 打开【导入注册表文件】对话框，选择需要导入的注册表文件，单击【打开】按钮。完成注册表文件还原操作，如图 9-62 所示。

图 9-61　保存注册表

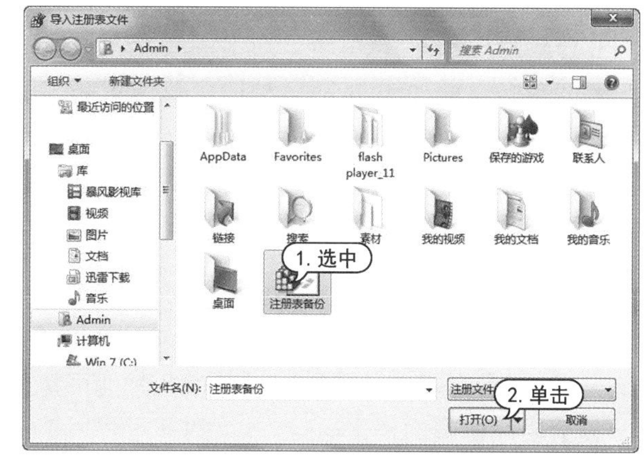

图 9-62　导入注册表文件

9.5　电脑安全概述

安全的系统会利用一些专门的安全特征来控制对信息的访问，只有经过适当授权的人，或者以这些人的名义进行的进程才可以读、写、创建和删除这些信息。

9.5.1　了解电脑网络安全

电脑网络安全是指通过各种技术和管理措施，使网络系统正常运行，从而确保网络数据的可用性、完整性和保密性。建立网络安全保护措施的目的是确保经历过网络传输和交换的数据不会发生增加、修改、丢失和泄露等。一般来讲，网络安全威胁有以下几种。

- 破坏数据完整性：破坏数据完整性表示以非法手段获取对资源的使用权限，删除、修改、插入或重发某些重要信息，以取得有益于攻击者的响应；恶意添加、修改数据，以干扰用户的正常使用。
- 信息泄露或丢失：它是指人们有意或无意地将敏感数据对外泄露或丢失，通常包括信息在传输中泄露或丢失、信息在存储介质中泄露或丢失以及通过建立隐蔽隧道等方法窃取敏感信息等。例如，黑客可以利用电磁漏洞或搭线窃听等方式窃取机密信息；通过对信息流向、流量、通信频度和长度等参数的分析，推测出对自己有用的信息(用户账户、密码等)。
- 拒绝服务攻击：拒绝服务攻击是指不断地对网络服务系统或电脑系统进行干扰，以改变其正常的工作流程，执行无关程序使系统响应减慢甚至瘫痪，从而影响正常用户使用，甚至导致合法用户被排斥不能进入电脑网络系统或不能得到相应的服务。
- 非授权访问：是指没有预先经过同意就使用网络或电脑资源，如有意避开系统访问控制机制，对网络设备及资源进行非正常使用，或擅自扩大权限，越权访问信息。非授权访问有假冒、身份攻击、非法用户进入网络系统进行违规操作、合法用户以未授权方式操作等形式。
- 陷阱门和特洛伊木马：通过替换系统的合法程序，或者在合法程序里写入恶意代码以实现非授权进程，从而达到某种特定的目的。

- 利用网络散布病毒：病毒是在电脑程序中插入的破坏电脑功能或者数据，影响电脑使用，并能够自我复制的一组电脑指令或者程序代码。目前，电脑病毒已对电脑系统和电脑网络构成了严重的威胁。
- 混合威胁攻击：混合威胁是新型的安全攻击，主要表现为病毒与黑客编制的程序相结合的新型蠕虫病毒，可以借助多种途径及技术潜入企业、政府、银行等网络系统。
- 间谍软件、广告程序和垃圾邮件攻击：近年来，在全球范围内最流行的攻击方式是钓鱼式攻击，它利用间谍软件、广告程序和垃圾邮件将用户引入恶意网站，这类网站看起来与正常网站没有区别，但通常犯罪分子会以升级账户信息为理由要求用户提供机密资料，从而盗取可用信息。

9.5.2 病毒的特点

电脑病毒可以通过某些途径潜伏在其他可执行程序中，一旦环境达到病毒发作条件的时候，便会影响电脑的正常运行，严重的甚至可以造成系统瘫痪。Internet 中虽然存在着数不胜数的病毒，分类也不统一，但根据特征可以分为以下几种。

- 繁殖性：电脑病毒可以像生物病毒一样进行繁殖，当正常程序运行的时候，它也进行自身复制，是否具有繁殖、感染的特征是判断某段程序是否为电脑病毒的首要条件。
- 破坏性：电脑中毒后，可能会导致正常的程序无法运行，把电脑内的文件删除或使之受到不同程度的损坏，通常表现为增、删、改、移。
- 传染性：电脑病毒不但本身具有破坏性，更有害的是具有传染性，一旦病毒被复制或产生变种，其传播速度之快令人难以预防。传染性是病毒的基本特征。
- 潜伏性：有些病毒像定时炸弹一样，什么时间发作是预先设计好的。比如黑色星期五病毒，不到预定时间一点都觉察不出来，等到条件具备的时候一下子就爆发出来，对系统进行破坏。
- 隐蔽性：电脑病毒具有很强的隐蔽性，有的可以通过病毒软件检查出来，有的根本就查不出来，有的时隐时现、变化无常，这类病毒处理起来通常很困难。
- 可触发性：因某个事件或数值的出现，诱使病毒实施感染或进行攻击的特性称为可触发性。为了隐蔽，病毒必须潜伏，少做动作；但如果完全不动，一直潜伏的话，病毒既不能感染也不能进行破坏，便失去了杀伤力。

9.5.3 木马病毒的种类

木马(Trojan)这个名字来源于古希腊传说。“木马”程序是目前比较流行的病毒文件，与一般的病毒不同，它不会自我繁殖，也并不“刻意”地去感染其他文件，它通过将自身伪装，吸引用户下载执行，向施种木马者提供打开被种主机的门户，使施种者可以任意毁坏、窃取被种者的文件，甚至远程操控被种主机。木马病毒的产生严重危害着现代网络的安全运行。

- 网游木马：网络游戏木马通常采用记录用户键盘输入、Hook 游戏进程 API 函数等方法获取用户的密码和账号。窃取到的信息一般通过发送电子邮件或向远程脚本程序提交的方式发送给木马作者。
- 网银木马：是针对网上交易系统编写的木马病毒，其目的是盗取用户的卡号、密码，甚至安全证书。此类木马种类数量虽然比不上网游木马，但它的危害更加直接，受害用户的损失

更加惨重。

- 下载类木马：功能是从网络上下载其他病毒程序或安装广告软件。由于体积很小，下载类木马更容易传播，传播速度也更快。通常功能强大、体积也很大的后门类病毒，如"灰鸽子""黑洞"等，传播时都先单独编写一个小巧的下载类木马，用户中毒后会把后门主程序下载到本机运行。
- 代理类木马：用户感染代理类木马后，会在本机开启 HTTP、SOCKS 等代理服务功能。黑客把受感染电脑作为跳板，以被感染用户的身份进行黑客活动，达到隐藏自己的目的。
- FTP 型木马：FTP 型木马打开被控制电脑的 21 号端口(FTP 使用的默认端口)，使每一个人都可以用 FTP 客户端程序来不用密码连接到受控制端电脑，并且可以进行最高权限的上传和下载，窃取受害者的机密文件。新 FTP 木马还加上了密码功能，只有攻击者本人才知道正确的密码，从而进入对方电脑。
- 发送消息类木马：通过即时通讯软件自动发送含有恶意网址的消息，目的在于让收到消息的用户点击网址中毒，用户中毒后又会向更多好友发送病毒消息。此类病毒常用技术是搜索聊天窗口，进而控制该窗口自动发送文本内容。
- 即时通讯盗号型木马：主要目标在于即时通讯软件的登录账号和密码。原理和网游类木马类似。盗得他人账号后，可能偷窥聊天记录等隐私内容，或将账号卖掉。
- 网页点击类木马：恶意模拟用户点击广告等动作，在短时间内产生数以万计的点击量。病毒作者的编写目的一般是为了赚取高额的广告推广费用。

9.5.4　木马伪装

鉴于木马病毒的危害性，很多人对木马知识还是有一定了解的，这对木马的传播起了一定的抑制作用，因此木马制造者设计了多种功能来伪装木马，以达到降低用户警觉、欺骗用户的目的。

- 修改图标：木马可以将木马服务端程序的图标改成 HTML、TXT、ZIP 等各种文件图标，这有相当大的迷惑性，但是目前还不多见，并且这种伪装也不是无懈可击的，所以不用过于担心。
- 捆绑文件：将木马捆绑到一个安装程序上，当安装程序运行时，木马就在用户毫无察觉的情况下，偷偷的进入了系统。被捆绑的文件一般是可执行文件。
- 出错显示：有一定木马知识的人都知道，如果打开一个文件，没有任何反应，这很可能就是个木马程序，木马的设计者也意识到了这个缺陷，所以已经有木马有了出错显示的功能。当服务端用户打开木马程序时，会打开一个假的错误提示框，当用户信以为真时，木马就进入系统。
- 定制端口：老式的木马端口都是固定的，只要查一下特定的端口就知道感染了什么木马，所以现在很多新式的木马都加入了定制端口的功能，控制端用户可以在 1 024～65 535 之间任选一个作为木马端口，这样就给判断所感染的木马类型带来了麻烦。
- 自我销毁：以前当服务端用户打开含有木马的文件后，木马会将自己拷贝到 Windows 的系统文件夹中，原木马文件和系统文件夹中的木马文件的大小是一样的，中了木马的用户只要在近来收到的信件和下载的软件中找到原木马文件，然后根据原木马的大小去系统文件夹找相同大小的文件，就可判断出哪个是木马。木马的自我销毁功能是指安装完木马后，原木马文件将自动销毁，这样服务端用户就很难找到木马的来源，在没有查杀木马的工具帮助下，就很难删除木马了。

- 木马更名:安装到系统文件夹中的木马的文件名一般是固定的,只要在系统文件夹查找特定的文件,就可以断定中了什么木马。所以现在很多木马都允许控制端用户自由定制安装后的木马文件名,这样就很难判断所感染的木马类型了。

9.6 杀毒软件

杀毒软件是用于清除电脑病毒、特洛伊木马和恶意软件的软件。多数电脑杀毒软件都具备监控识别、病毒扫描、清除和自动升级等功能。

9.6.1 木马专家

木马专家 2016 是专业防杀木马的软件,除采用传统病毒库查杀木马外,还能智能查杀未知变种木马,自动监控内存可疑程序,实时查杀内存硬盘木马,采用第二代木马扫描内核,支持脱壳分析木马。

一般情况下,木马专家软件运行后即进入监控状态,可对系统进行木马防御拦截,但部分隐藏在硬盘的木马并没有在内存运行,这时用户可以使用扫描硬盘功能。可根据自己系统的情况,选择只扫描系统目录、扫描 C 盘,或者全面扫描所有分区,可有效地清除硬盘内隐藏的木马。

【例 9-7】 使用木马专家查杀木马。视频

STEP 01 双击【木马专家 2016】软件启动程序,如图 9-63 所示。

STEP 02 单击【扫描内存】按钮,打开【扫描内存】提示框,显示是否使用云鉴定全面分析,单击【确定】按钮。软件即可对内存所有调用模块进行扫描,如图 9-64 所示。

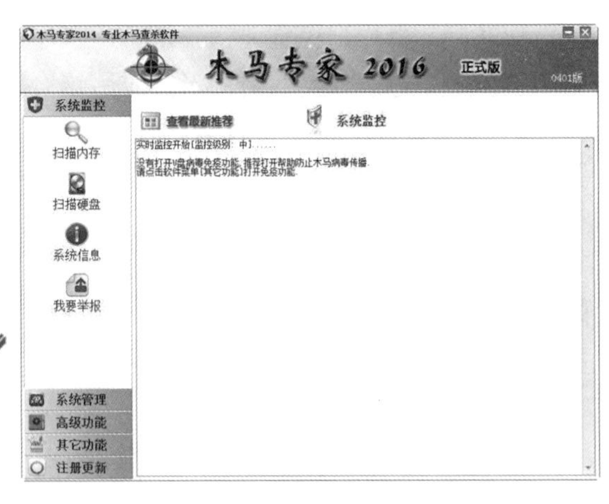

图 9-63 启动程序

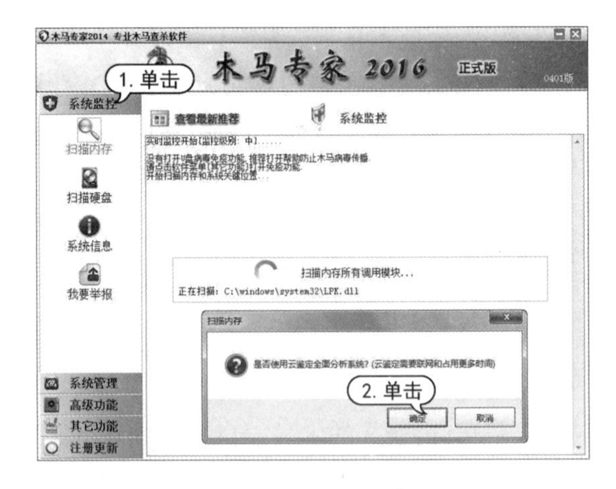

图 9-64 进行扫描

STEP 03 内存扫描完毕,自动进行联网云鉴定,云鉴定信息在列表中显示,如图 9-65 所示。

STEP 04 单击【扫描硬盘】按钮,在【扫描模式选择】选项中,单击下方的【开始自定义扫描】按钮,如图 9-66 所示。

STEP 05 打开【浏览文件夹】对话框,选择需要扫描的文件夹后,单击【确定】按钮,如图 9-67 所示。

STEP 06 进行硬盘扫描,扫描结果将显示在下方窗格中,如图 9-68 所示。

图 9-65　云鉴定信息

木马专家 2016 正式版
硬盘扫描分析
扫描模式选择
开始快速扫描
仅扫描Windows系统目录
开始全面扫描
扫描全部硬盘分区
1. 单击
开始自定义扫描
扫描指定目录或移动设备

图 9-66　自定义扫描

图 9-67　选择扫描文件

图 9-68　扫描硬盘

STEP 07 单击【系统信息】按钮,查看系统各项属性,单击【优化内存】按钮,如图 9-69 所示。

STEP 08 单击【系统管理】|【进程管理】按钮,选中任意进程后,在【进程识别信息】文本框中即会显示该进程的信息。若是可疑进程或未知项目,单击【中止进程】按钮,可停止该进程运行,如图 9-70 所示。

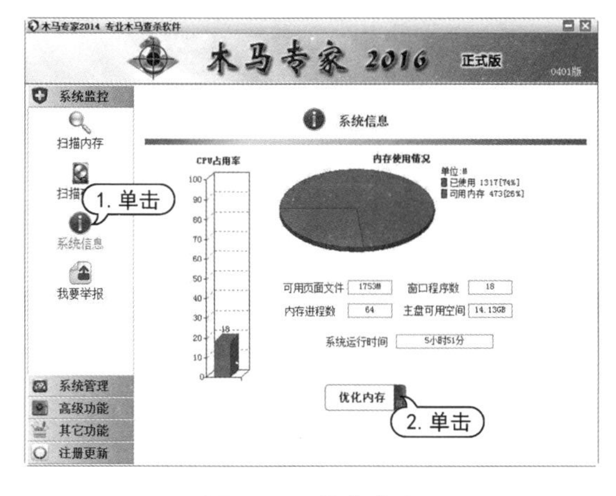

图 9-69　优化内存

图 9-70　进程信息

STEP 09 单击【启动管理】按钮，查看启动项目的详细信息。若发现可疑木马，单击【删除项目】按钮，删除木马，如图 9-71 所示。

STEP 10 单击【高级功能】|【修复系统】按钮，根据故障，选择修复内容，如图 9-72 所示。

STEP 11 单击【ARP 绑定】按钮，在【网关 IP 及网关的 MAC】文本框中输入 IP 地址和 MAC 地址，选择【开启 ARP 单向绑定功能】复选框，如图 9-73 所示。

STEP 12 单击【其他功能】|【修复 IE】按钮，选择要修复的选项，单击【开始修复】按钮，如图 9-74 所示。

STEP 13 单击【网络状态】按钮，查看进程、端口、远程地址等信息，如图 9-75 所示。

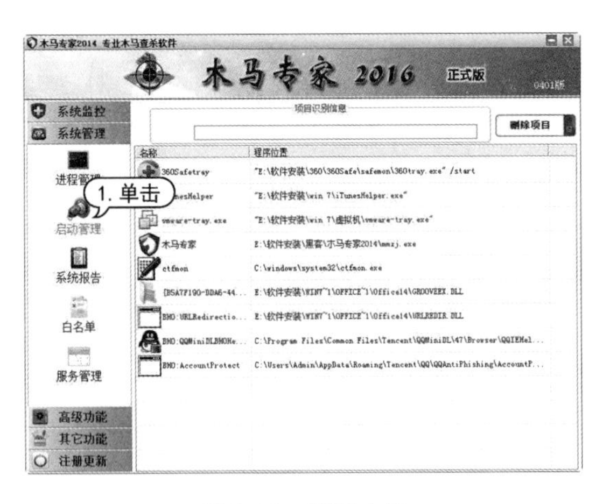

图 9-71　删除木马

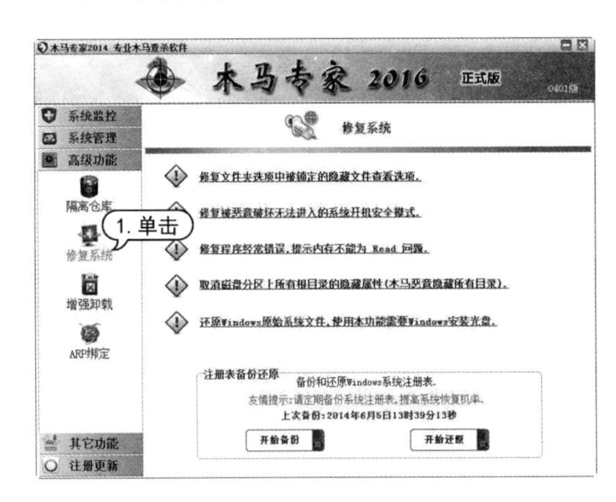

图 9-72　选择修复内容

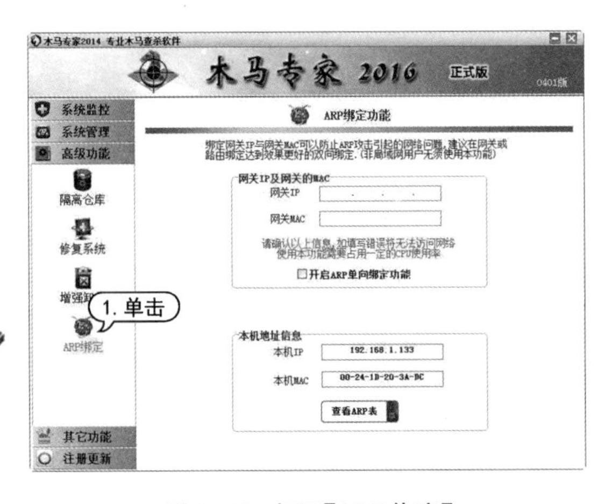

图 9-73　打开【ARP 绑定】

图 9-74　开始修复

STEP 14 单击【辅助工具】按钮，单击【浏览添加文件】按钮，添加文件，单击【开始粉碎】按钮，删除无法删除的顽固木马，如图 9-76 所示。

STEP 15 单击【其他辅助工具】按钮，合理利用其中工具，如图 9-77 所示。

STEP 16 单击【监控日志】按钮，查看本机监控日志，找寻黑客入侵痕迹，如图 9-78 所示。

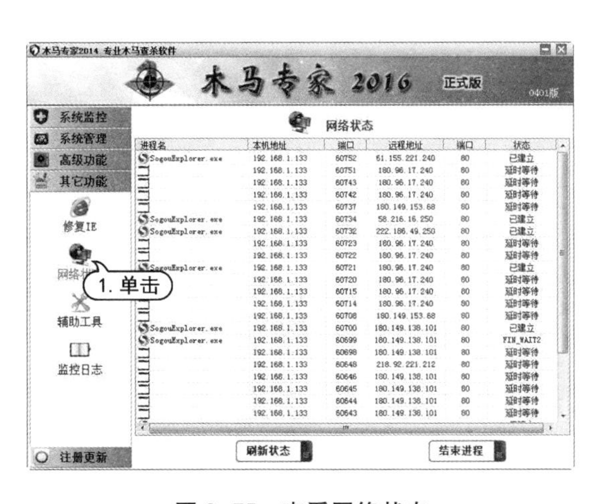

图 9-75　查看网络状态

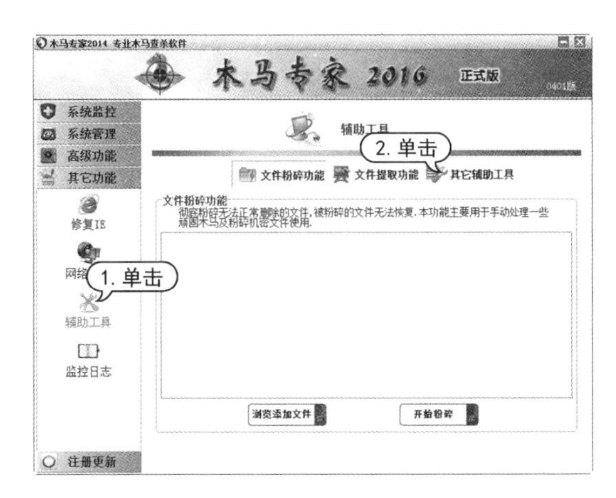

图 9-76　删除顽固木马

图 9-77　辅助工具

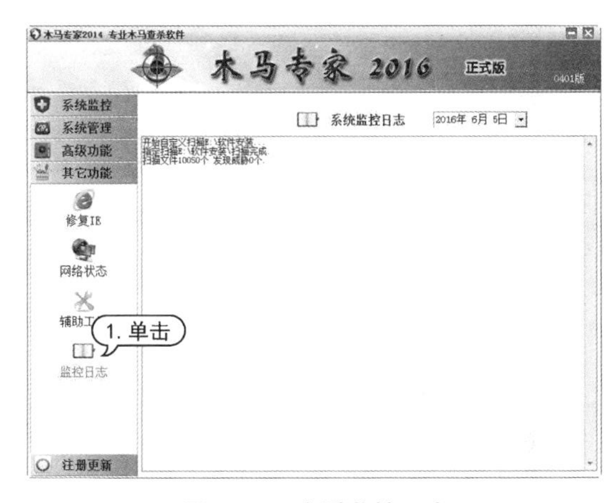

图 9-78　查看监控日志

9.6.2　Ad-Aware 工具

Ad-Aware 是一个很小的系统安全工具，它可以扫描网站发送的广告跟踪文件和相关文件，并且安全地将它们删除掉，避免用户泄露自己的隐私和数据。该软件的扫描速度相当快，并能够生成详细的报告。

【例 9-8】 使用 Ad-Aware 广告杀手。

STEP 01 双击【Ad-Aware 广告杀手】软件启动程序，单击左下方的【切换为高级模式】按钮。

STEP 02 打开【高级模式】窗格，单击【扫描系统】按钮，如图 9-79 所示。

STEP 03 打开【扫描模式】窗格，单击【设置】按钮，如图 9-80 所示。

STEP 04 打开【扫描设置】对话框，单击【选择文件夹】按钮，如图 9-81 所示。

STEP 05 打开【选择文件夹】对话框，选择要扫描的文件夹，单击【确定】按钮，如图 9-82 所示。

STEP 06 返回【扫描模式】窗格，单击【现在扫描】按钮，如图 9-83 所示。

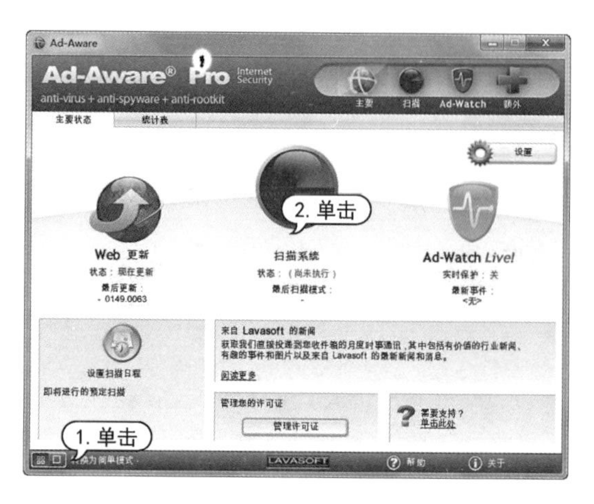

图 9-79　扫描系统

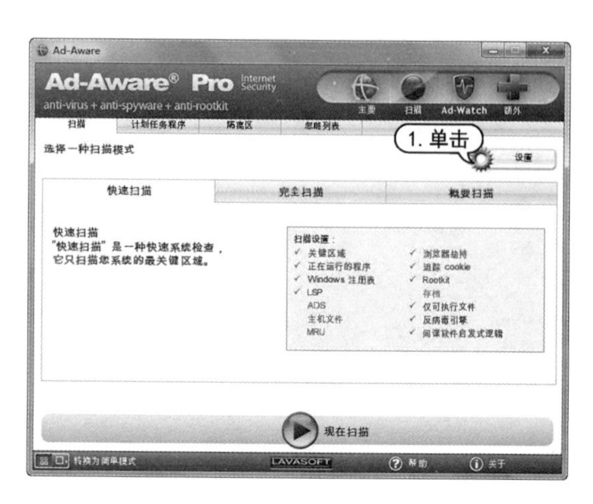

图 9-80　扫描模式

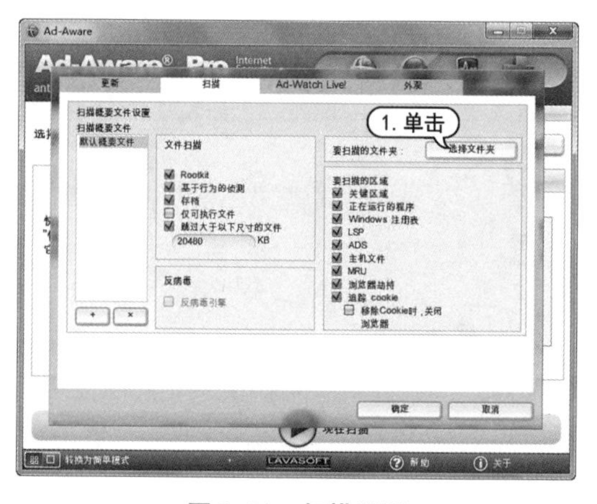

图 9-81　扫描设置

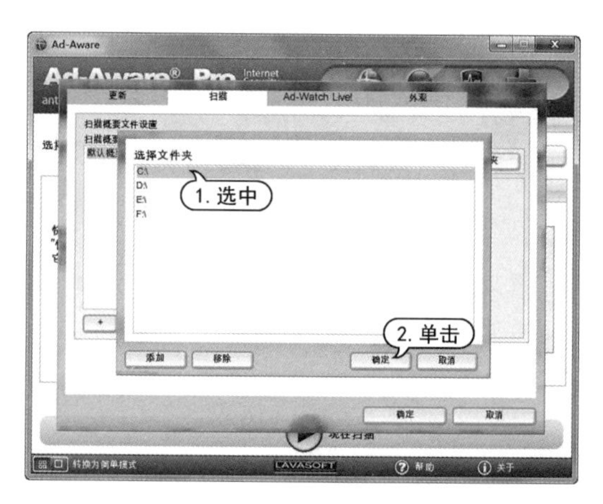

图 9-82　选择文件夹

STEP 07 扫描完成后，单击【建议操作】下拉列表，选择【修复所有】选项，如图 9-84 所示。

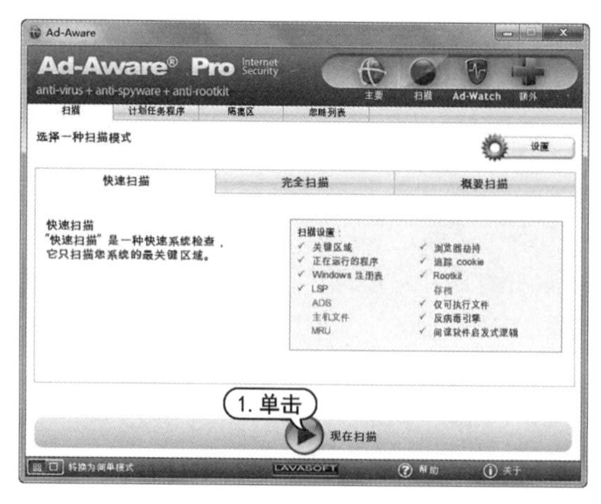

图 9-83　现在扫描

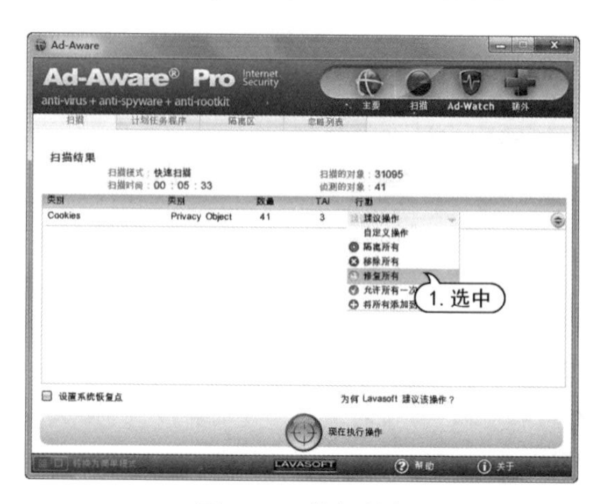

图 9-84　修复所有

STEP 08 打开提示框，单击【确定】按钮，进行修复。此时选定的操作将不能更改，如图 9-85 所示。

STEP 09 单击右上方的【Ad-Watch】按钮，打开【Ad-Watch】窗格，可以设置监视本机进程、注册表及网络状态，如图 9-86 所示。

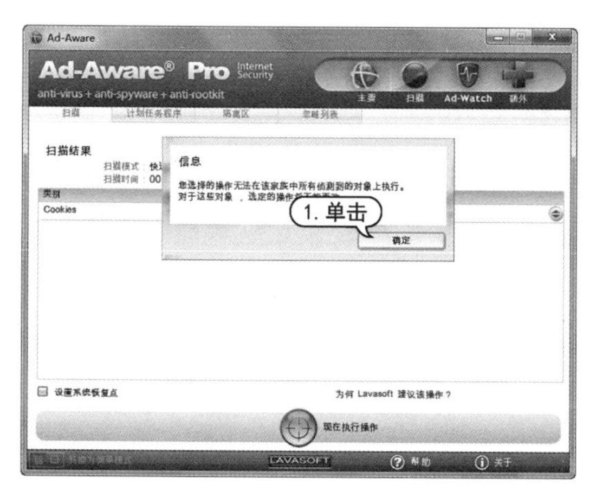

图 9-85　进行修复

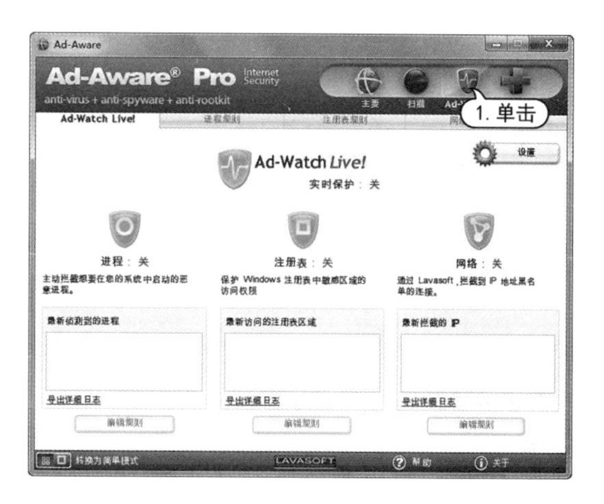

图 9-86　设置监控本机进程

STEP 10 单击右上方的【额外】按钮，进入【额外】窗格，如图 9-87 所示。

STEP 11 选中【Internet Explorer】列表中对应选项前的复选框，单击【设置】按钮，如图 9-88 所示。

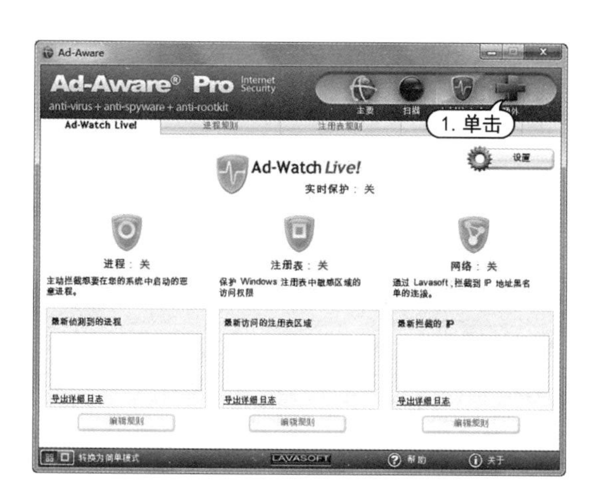

图 9-87　【额外】窗格

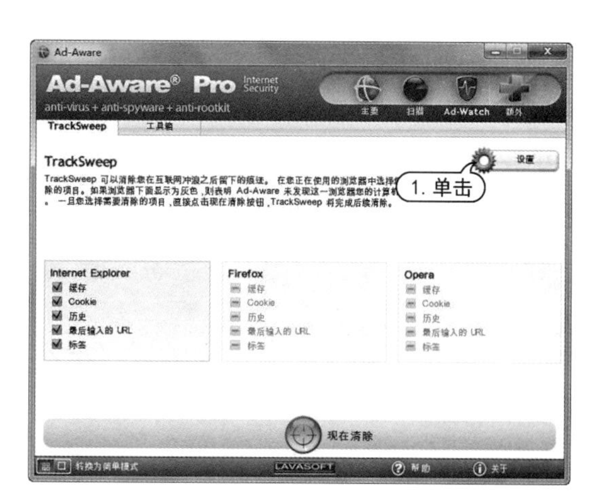

图 9-88　设置

STEP 12 选中【免打扰】复选框，在【语言】下拉列表中选择【简体中文】选项，单击【确定】按钮，如图 9-89 所示。

STEP 13 返回【额外】窗格，单击【现在清除】按钮，清除完成后，系统自动打开提示框，单击【确定】按钮，完成操作，如图 9-90 所示。

图 9-89　简体中文

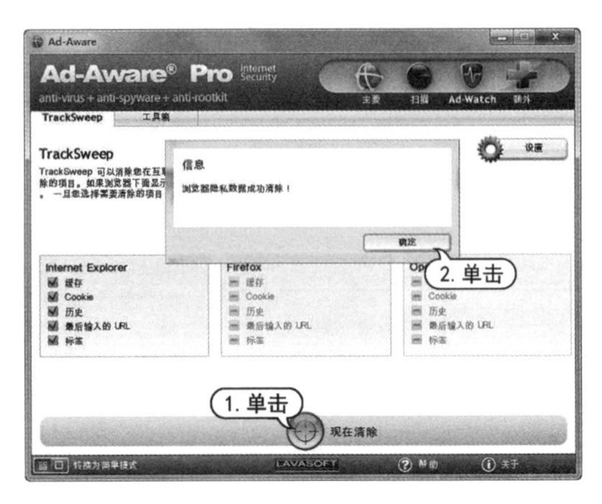

图 9-90　完成操作

9.7　案例演练

本章的案例演练为练习使用自动修复功能修复操作系统，使用安装光盘修复系统，隐藏磁盘启动器等。用户可以通过练习巩固本章所学的知识。

9.7.1　修复操作系统

当系统出现问题时，重装操作系统能完全解决问题，但是重装系统需要格式化硬盘，重装后还需要安装大量的应用软件，比较耗时耗力。通过修复使操作系统恢复正常能省去重装系统的麻烦。

【例 9-9】　使用自动修复功能修复系统错误。

STEP 01 重启电脑，开机时按【F8】键，进入 Windows【高级启动选项】界面，如图 9-91 所示。

STEP 02 选择【修复电脑】选项，然后按下【Enter】键，即可开始加载文件，如图 9-92 所示。

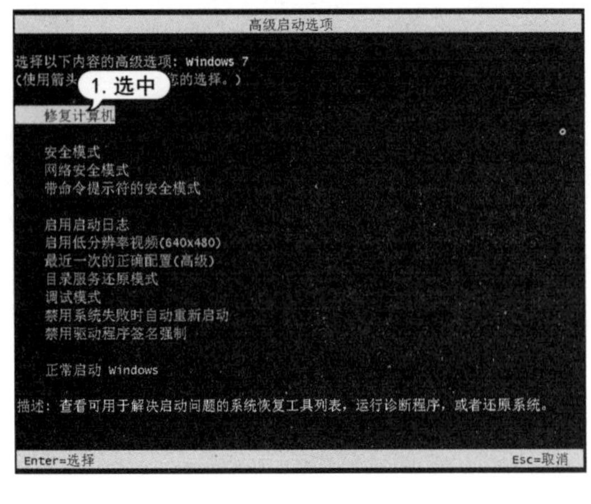

图 9-91　高级启动选项

图 9-92　修复电脑

STEP 03 打开【系统恢复选项】对话框，保持默认设置，单击【下一步】按钮，如图 9-93 所示。

STEP 04 输入用户名和密码，如果没有密码可以不填，然后单击【确定】按钮，如图 9-94 所示。

图 9-93　保持默认设置

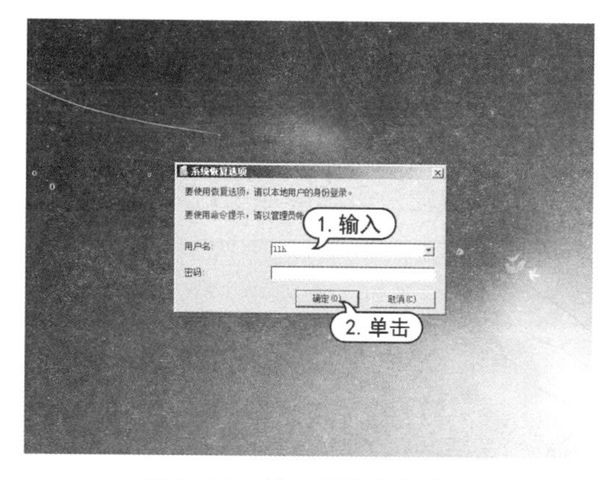

图 9-94　输入用户名和密码

STEP 05 打开【选择恢复工具】对话框，根据需求选择相应的恢复选项。单击【启动修复】选项，如图 9-95 所示。

STEP 06 系统开始自动检测和修复问题，如图 9-96 所示。

STEP 07 如果【启动修复】没有检测到问题，可返回【选择恢复工具】选项，然后单击【系统还原】选项，启动系统还原程序，然后单击【下一步】按钮，如图 9-97 所示。

STEP 08 打开【选择系统还原点】对话框，选择最近的还原点，然后单击【下一步】按钮，打开【确认还原点】对话框，如图 9-98 所示。

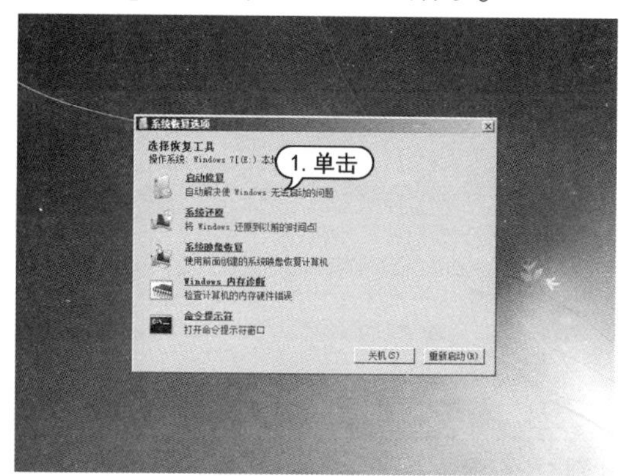

图 9-95　根据需求选择相应的恢复选项

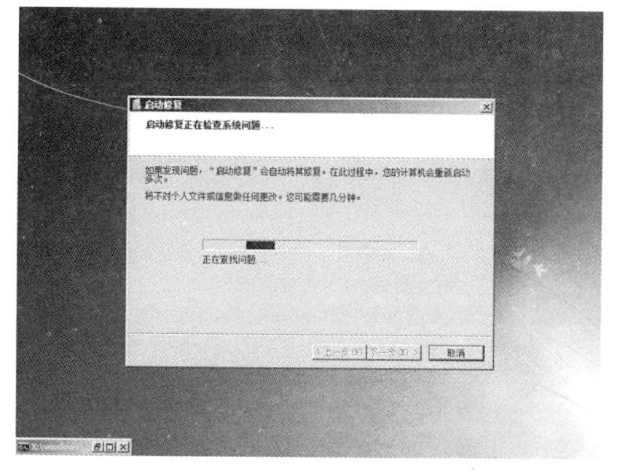

图 9-96　开始自动检查系统问题

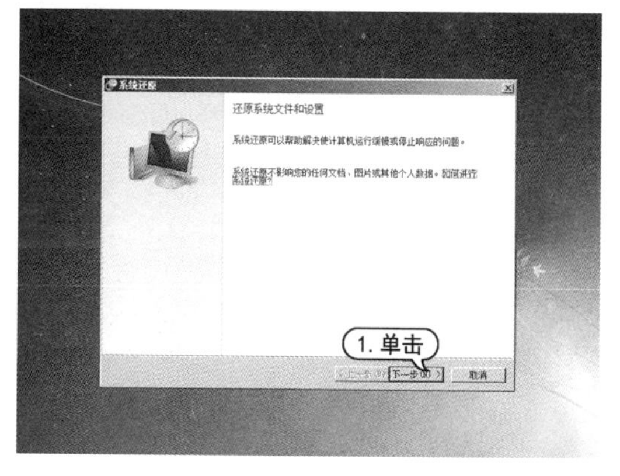

图 9-97　启动系统还原程序

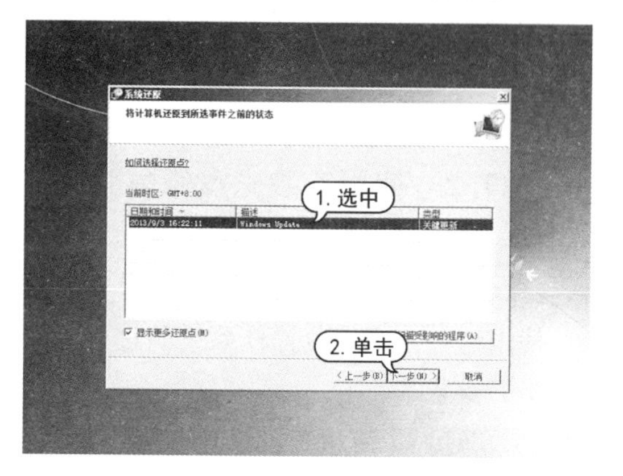

图 9-98　选择最近的还原点

实用技巧

单击【扫描受影响的程序】单选按钮，可以检测在执行系统还原后，哪些程序会受到影响

STEP 09 确认无误后，单击【完成】按钮，如图 9-99 所示。

STEP 10 在警告对话框中单击【是】按钮，开始对系统进行还原，如图 9-100 所示。

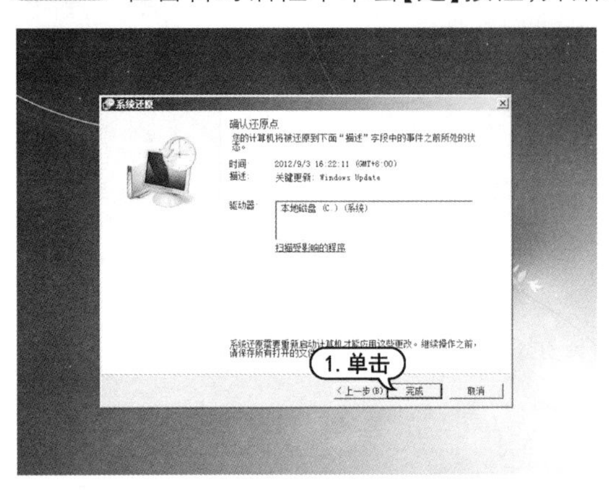

图 9-99　确认设置

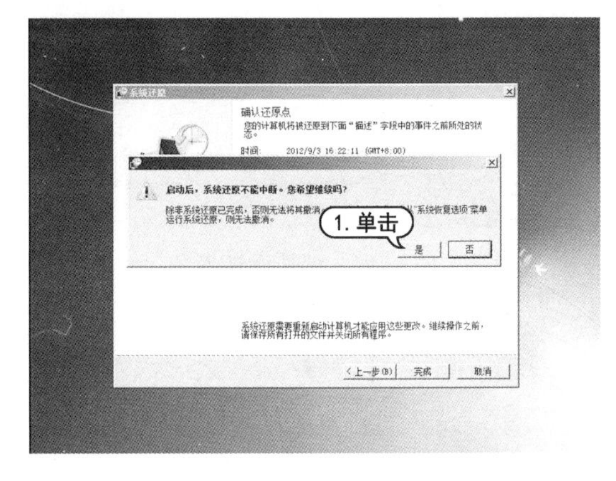

图 9-100　开始对系统进行还原

STEP 11 还原完成后，打开【系统还原已成功完成…】提示框，单击【重新启动】按钮，如图 9-101 所示。

STEP 12 重新启动操作系统，完成系统的还原操作，如图 9-102 所示。

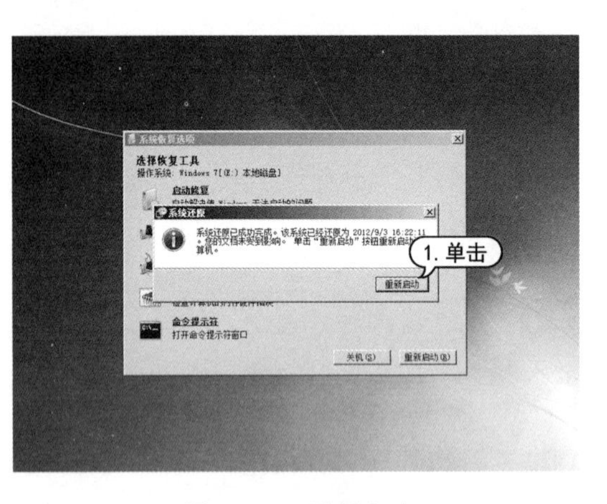

图 9-101　重新启动

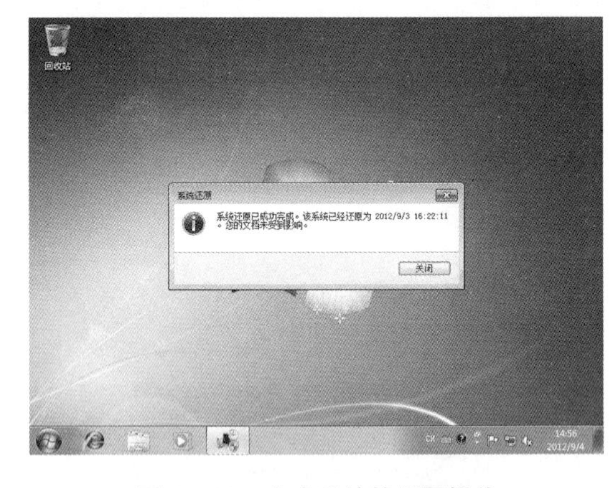

图 9-102　完成系统的还原操作

9.7.2　使用安装光盘修复系统

使用系统安装光盘对操作系统进行修复可以理解为是修复安装。当系统不能正常启动时，可以尝试使用光盘修复。

使用这种方式修复操作系统的过程与安装操作系统的过程相似，但是不会改变用户对系统做出的设置。

【例 9-10】 使用光盘修复功能修复系统错误。

STEP 01 放入系统安装光盘，重启电脑后，进入系统安装界面，单击【下一步】按钮，如图 9-103

所示。

STEP 02 打开【现在安装】界面，单击【修复电脑】选项，如图 9-104 所示。

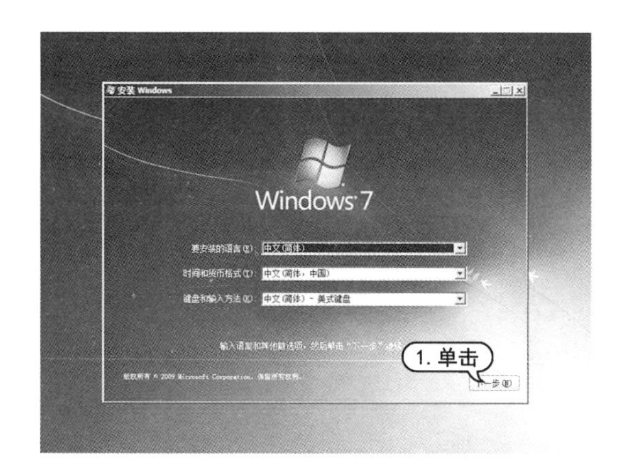

图 9-103　进入系统安装界面

图 9-104　修复电脑

STEP 03 系统开始为修复工作做准备，稍后打开如图 9-105 所示的对话框，选中 Windows 7 选项。

STEP 04 单击【下一步】按钮，打开【选择恢复工具】对话框，用户可继续进行修复操作，如图 9-106所示。

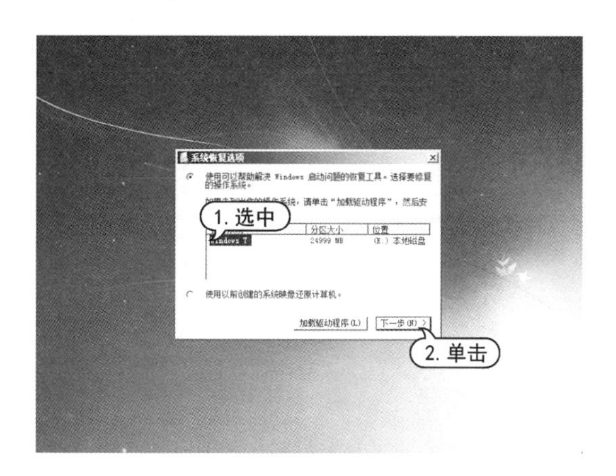

图 9-105　为修复工作做准备

图 9-106　执行修复操作

9.7.3　隐藏磁盘驱动器

【例 9-11】通过设置，将 D 盘隐藏。视频

STEP 01 在系统桌面右击【计算机】图标，在打开的快捷菜单中，选择【管理】命令，如图 9-107 所示。

STEP 02 打开【计算机管理】对话框，在左侧列表中，选择【存储】|【磁盘管理】选项。右击【本地磁盘(D:)】选项，在打开的快键菜单中，选择【更改驱动器号和路径】命令，如图 9-108 所示。

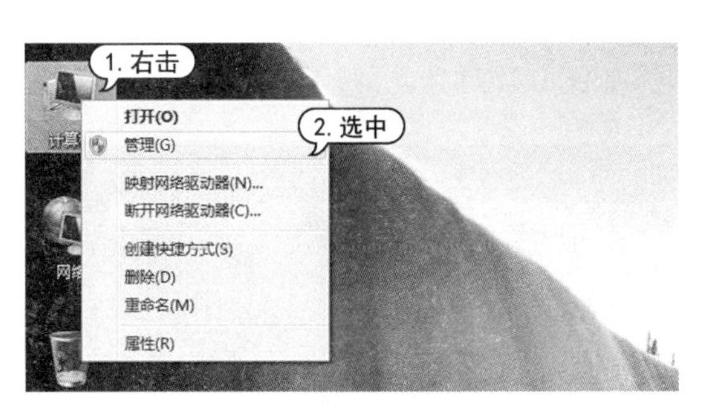

图 9-107　选择【管理】命令

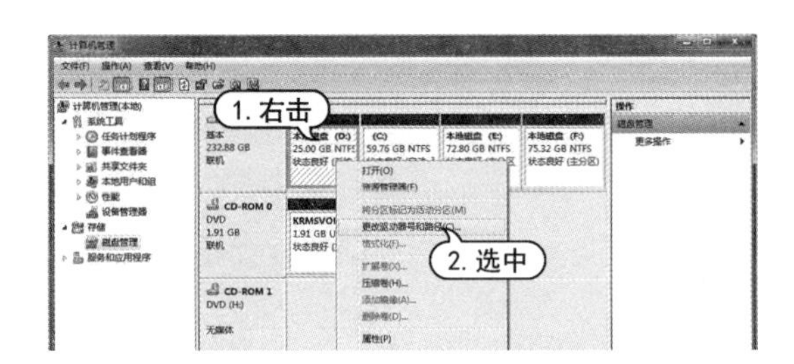

图 9-108　【计算机管理】对话框

STEP 03 在打开的【更改 D:(本地磁盘)驱动器号和路径】对话框，选中 D 盘，单击【删除】按钮，如图 9-109 所示。

STEP 04 打开【磁盘管理】提示框，并单击【是】按钮，如图 9-110 所示。

STEP 05 如果 D 盘有程序正在运行，将打开提示框，单击【是】按钮，停止磁盘运行，即可将 D 盘隐藏，如图 9-111 所示。打开【计算机】对话框，此时将不再显示 D 盘，如图 9-112 所示。

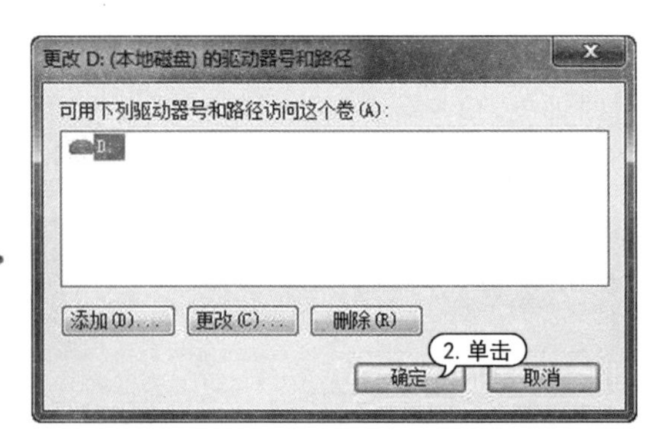

图 9-109　删除磁盘

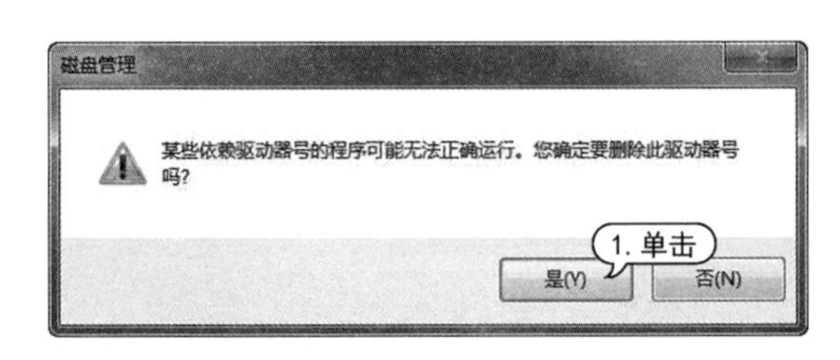

图 9-110　【磁盘管理】提示框

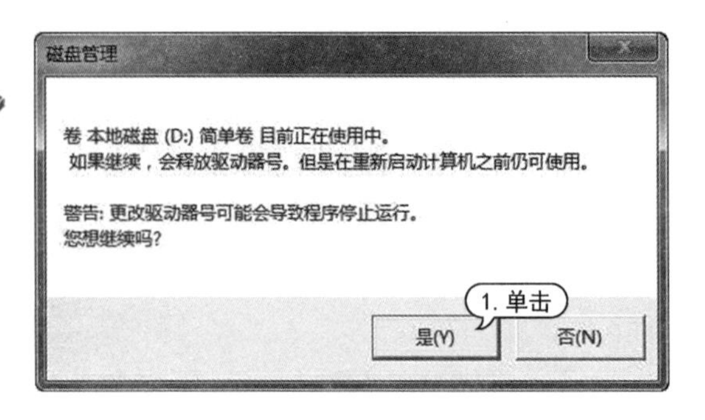

图 9-111　停止磁盘运行

图 9-112　隐藏 D 磁盘分区

9.7.4　使用 Windows 8 系统映像

Windows 8 系统自带了创建系统映像功能。用户可以通过简单几个步骤，创建系统映像，以便在需要时还原系统。

【例 9-12】 在 Windows 8 中使用系统映像。

STEP 01 打开【控制面板】窗口后，单击【Windows 7 文件恢复】选项，打开【Windows 文件恢复】窗口，如图 9-113 所示。

STEP 02 在【Windows 文件恢复】窗口中单击【创建系统映像】选项，如图 9-114 所示，打开【你想在何处保存备份】窗口。

图 9-113 【Windows 文件恢复】窗口

图 9-114 【你想在何处保存备份】窗口

STEP 03 在【你想在何处保存备份】窗口中选中【在硬盘上】单选按钮，在弹出的下拉列表中选中一个磁盘分区用于保存系统映像，单击【下一步】按钮，如图 9-115 所示。

STEP 04 在【你要在备份中包括哪些驱动器】对话框中选中需要备份的驱动器，单击【下一步】按钮，如图 9-116 所示。

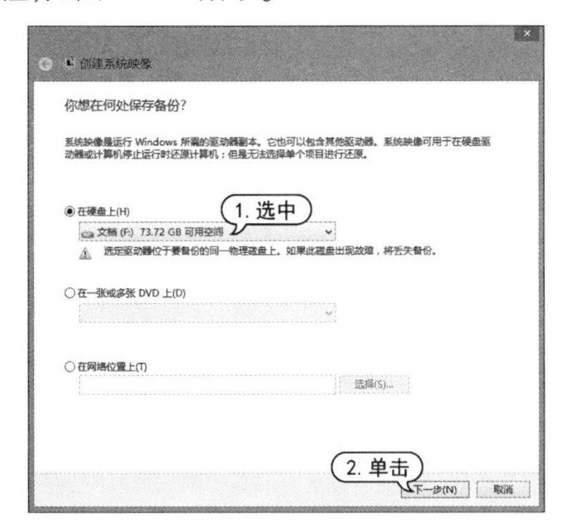

图 9-115 保存系统映像

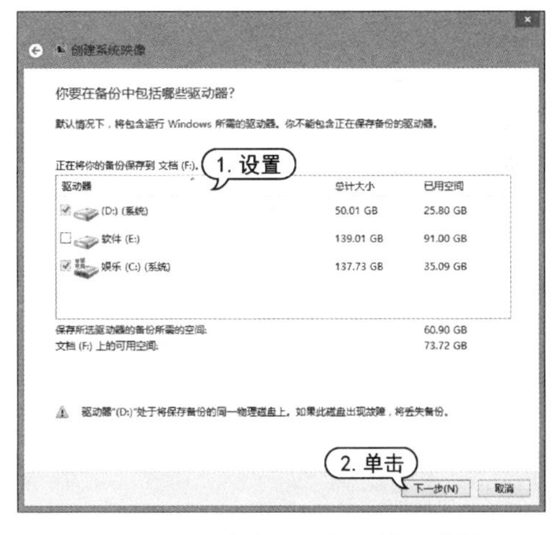

图 9-116 选中需要备份的驱动器

STEP 05 在打开的【确认你的备份设置】对话框中单击【开始备份】按钮即可开始备份系统映像，如图 9-117 所示。

STEP 06 在系统在备份完成后，若用户需要使用系统映像恢复 Windows 8 系统，可以重新启动电脑，在操作系统选择界面中单击【更改默认值或选择其他选项】按钮，如图 9-118 所示。

STEP 07 在打开的【选项】界面中单击【选择其他选项】按钮，如图 9-119 所示。

STEP 08 在【选择一个选项】界面中单击【疑难解答】按钮，打开【疑难解答】界面，如图 9-120 所示。

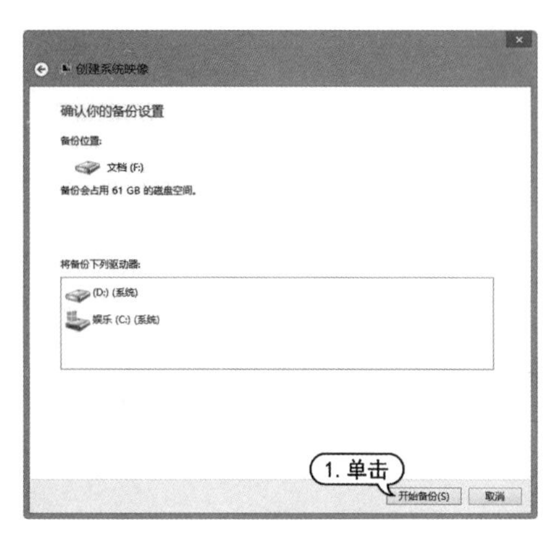

图 9-117 开始备份系统映像

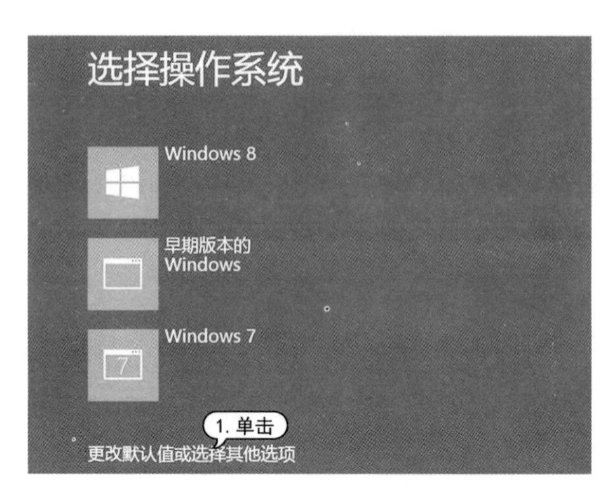

图 9-118 更改默认值或选择其他选项

图 9-119 选择其他选项

图 9-120 疑难解答

STEP 09 在【疑难解答】界面中单击【高级选项】按钮，如图 9-121 所示。

STEP 10 在【高级选项】界面中单击【系统映像恢复】按钮即可使用制作的系统映像恢复操作系统，如图 9-122 所示。

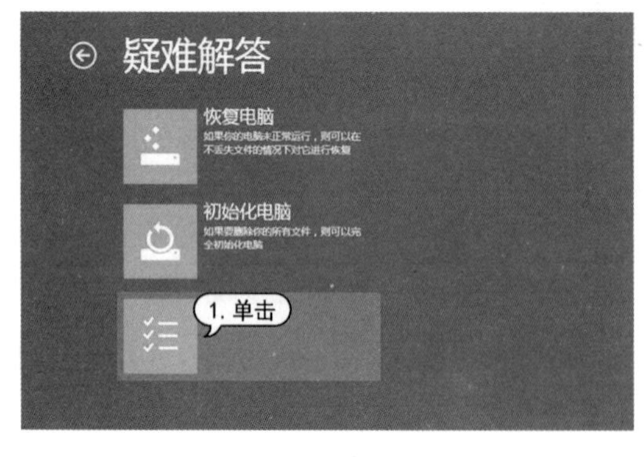

图 9-121 高级选项

图 9-122 恢复操作系统

9.7.5 创建系统还原点

系统在运行的过程中难免会出现故障，Windows 7 系统自带了系统还原功能，当系统出现问题时，该功能可以将系统还原到过去的某个状态，同时不会丢失个人的数据文件。

要使用 Windows 7 的系统还原功能，首先要有一个可靠的还原点。在默认设置下，Windows 7 每天都会自动创建还原点，用户也可手工创建还原点。

【例 9-13】 在 Windows 7 中手工创建一个系统还原点。 视频

STEP 01 在桌面上右击【计算机】图标，选择【属性】命令，打开【系统】窗口，如图 9-123 所示。

STEP 02 单击【系统】窗口左侧【系统保护】选项，打开【系统属性】对话框，如图 9-124 所示。

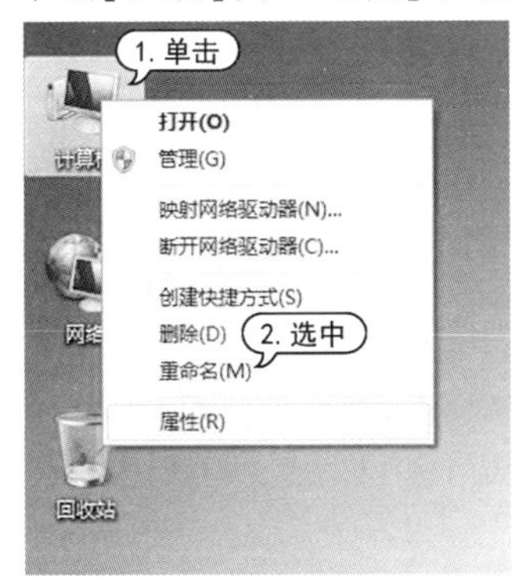

图 9-123 【属性】命令

图 9-124 系统属性

STEP 03 在【系统保护】选项卡中，单击【创建】按钮，如图 9-125 所示。

STEP 04 打开【创建还原点】对话框，在该对话框中为还原点设置一个名称，如图 9-126 所示。

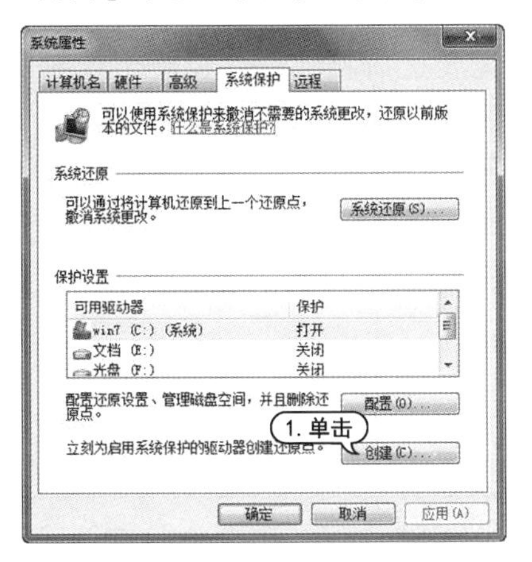

图 9-125 创建还原点

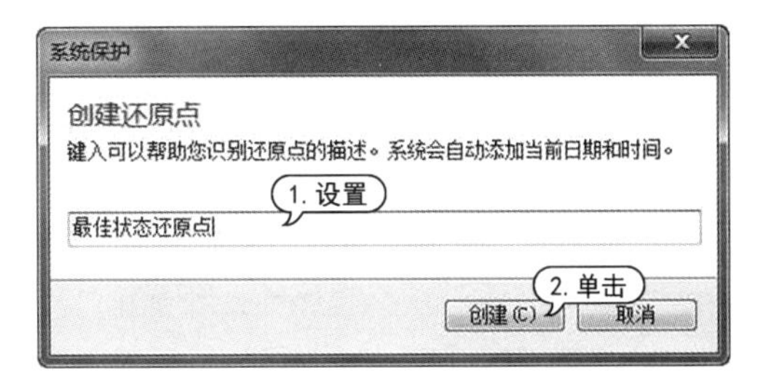

图 9-126 设置名称

STEP 05 单击【创建】按钮，开始创建系统还原点。

9.7.6 设置反间谍软件

Windows Defender 是一款由微软公司开发的免费反间谍软件。该软件集成于 Windows 7 操作系统中，可以帮用户检测及清除一些潜藏在电脑操作系统里的间谍软件及广告程序，并保护电脑不受来自网络的一些间谍软件的安全威胁及控制。

【例 9-14】 使用 Windows Defender 手动扫描间谍软件。 视频

STEP 01 选择【开始】|【控制面板】选项，弹出【控制面板】对话框，单击【Windows Defender】选项，如图 9-127 所示。

STEP 02 在弹出的【Windows Defender】对话框中单击【扫描】按钮右侧的倒三角按钮，会弹出 3

个选项供用户选择，分别是【快速扫描】选项、【完全扫描】选项和【自定义扫描】选项。选择【自定义扫描】选项，如图9-128所示。

图9-127 【Windows Defender】选项

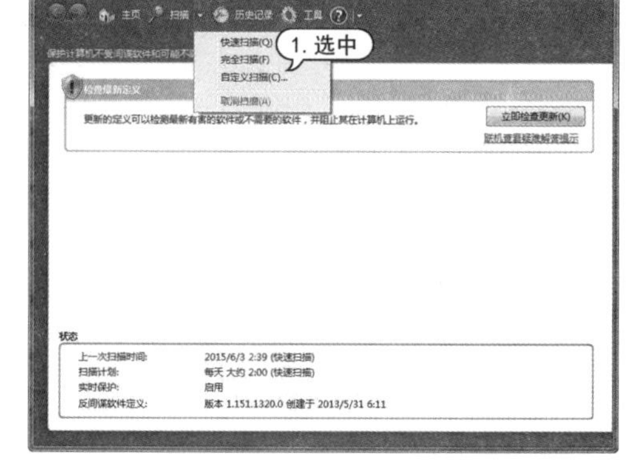

图9-128 【自定义扫描】选项

- 【快速扫描】：仅针对所在的分区进行扫描。
- 【完整扫描】：对所有的硬盘分区和当前与电脑连接的移动存储设备进行扫描，这种方式扫描速度较慢。
- 【自定义扫描】：用户可自定义扫描的磁盘分区和文件夹

STEP 03 在弹出的【扫描选项】对话框中单击【选择】按钮，如图9-129所示。

STEP 04 在弹出的【Windows Defender】对话框中选择需要进行扫描的磁盘分区或者文件夹。设置完成后，单击【确定】按钮，如图9-130所示。

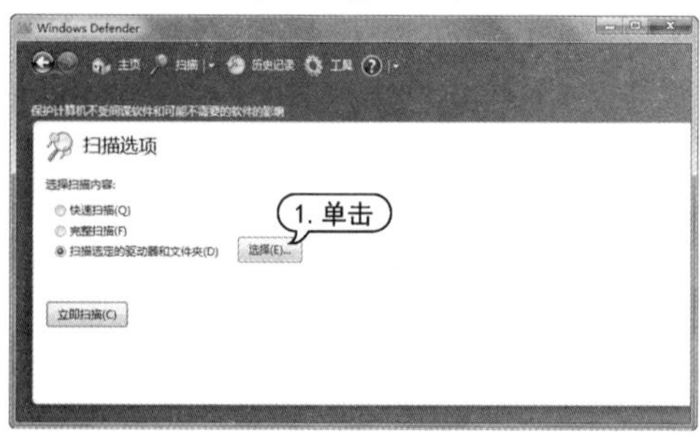

图9-129 【扫描选项】对话框

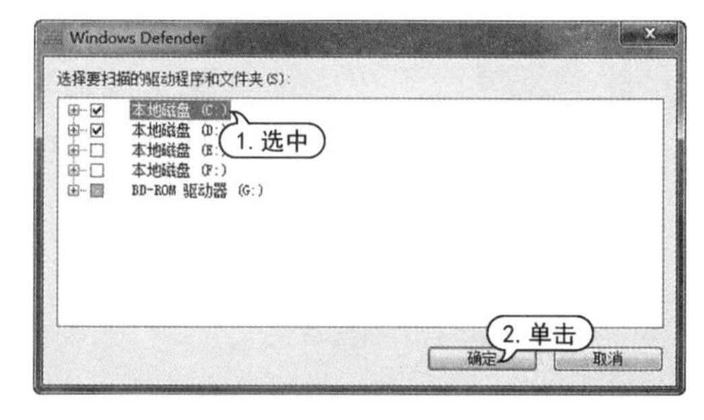

图9-130 选择磁盘分区

STEP 05 返回【扫描选项】对话框，单击【立即扫描】按钮，如图9-131所示。

STEP 06 开始对自定义的位置进行扫描，如图9-132所示。

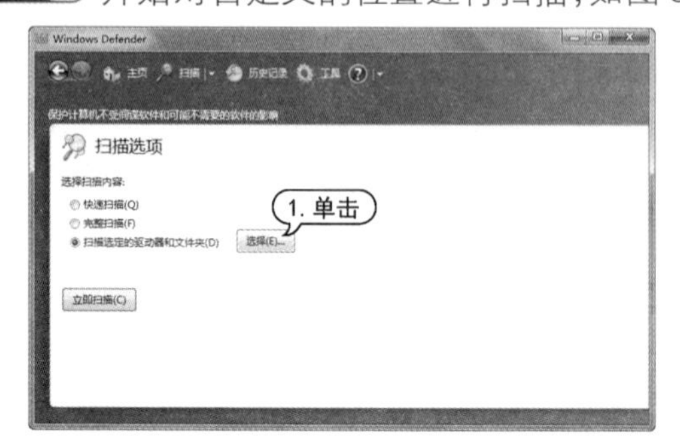

图9-131 立即扫描

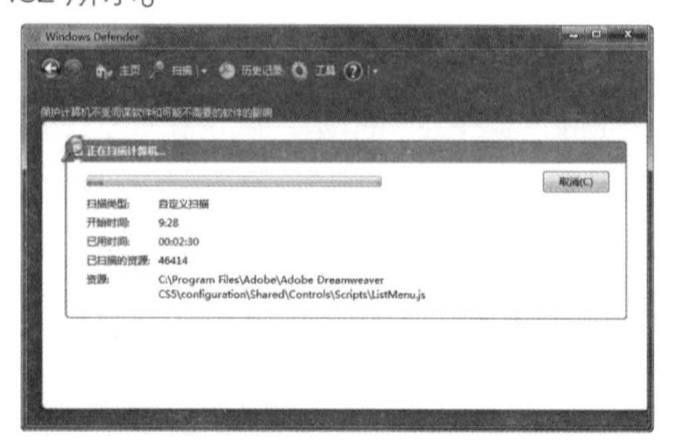

图9-132 进行扫描

第10章

电脑的优化

在日常使用电脑的过程中,对电脑进行优化不仅能够保证电脑的正常运行,还能够提高电脑的性能,使电脑时刻处于最佳工作状态。可以使用各种优化软件对电脑进行智能优化,使用户的电脑硬件和软件运行的更顺畅。

对应的光盘视频

例 10-1　设置虚拟内存
例 10-2　设置开机启动项
例 10-3　设置系统时间
例 10-4　清理卸载文件或更改程序
例 10-5　禁止自动更新重启提示
例 10-6　禁止保存搜索记录
例 10-7　关闭自带的刻录功能
例 10-8　禁止发送错误报告
例 10-9　磁盘清理
例 10-10　磁盘碎片整理
例 10-11　优化磁盘内部读写速度
例 10-12　优化磁盘外部传输速度
例 10-18　更改"我的文档"路径
例 10-19　移动 IE 临时文件夹
例 10-20　清理文档使用记录

 10.1 优化 Windows 系列

安装 Windows 7 操作系统若采用默认设置，则无法充分发挥电脑性能，此时进行一定的优化能够有效地提升电脑性能。

10.1.1 设置虚拟内存

系统在运行时会先将所需的指令和数据从外部存储器调入内存，CPU 再从内存中读取指令或数据进行运算，并将运算结果存储在内存中。在整个过程中，内存主要起着中转和传递的作用。

当用户运行一个程序需要大量数据，占用大量内存时，物理内存就有可能被"塞满"，此时系统会将那些暂时不用的数据放到硬盘中，而这些数据所占的空间就是虚拟内存。简单地说，虚拟内存的作用就是当物理内存占用完时，电脑将调用硬盘来充当内存，以缓解物理内存的不足。

Windows 操作系统是采用虚拟内存机制进行系统内存扩充的，调整虚拟内存可以有效地提高大型程序的执行效率。

【例 10-1】 在 Windows 7 操作系统中设置虚拟内存。视频

STEP 01 在桌面上右击【计算机】图标，在打开的快捷菜单中，选择【属性】命令，如图 10-1 所示。

STEP 02 在打开【系统】对话框中，选择左侧的【高级系统设置】选项，如图 10-2 所示。

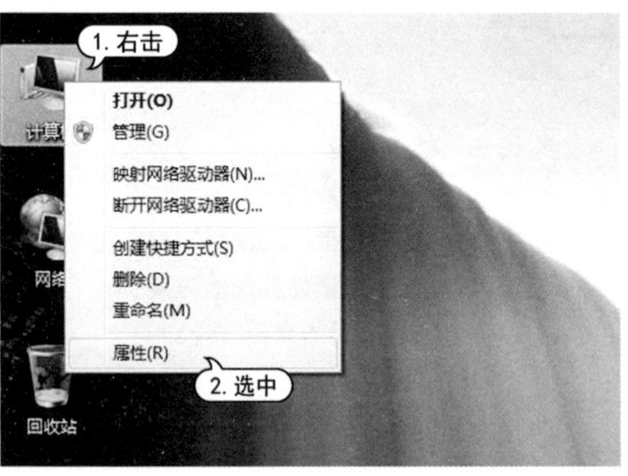

图 10-1 【属性】命令

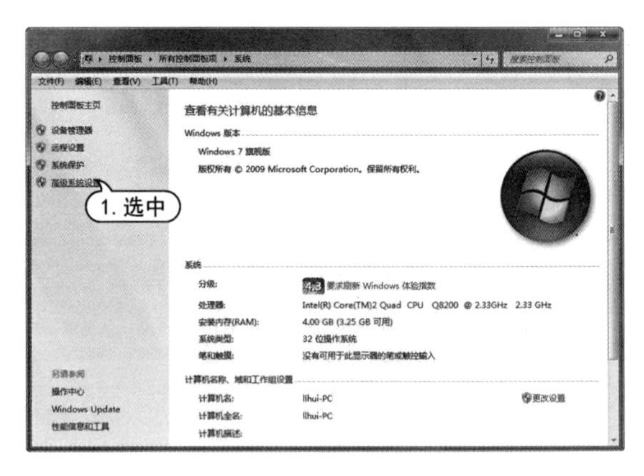

图 10-2 【系统】对话框

STEP 03 打开【系统属性】对话框，选择【高级】选项卡，在【性能】区域中单击【设置】按钮，如图 10-3 所示。

STEP 04 打开【性能选项】对话框，选择【高级】选项卡，在【虚拟内存】区域中单击【更改】按钮，如图 10-4 所示。

STEP 05 打开【虚拟内存】对话框，取消选中【自动管理所有驱动器的分页文件大小】复选框。在【驱动器】列表中选中【C 盘】选项，选中【自定义大小】单选按钮，在【初始大小】文本框中输入 2 000，在【最大值】文本框中输入 6 000，单击【设置】按钮，如图 10-5 所示。

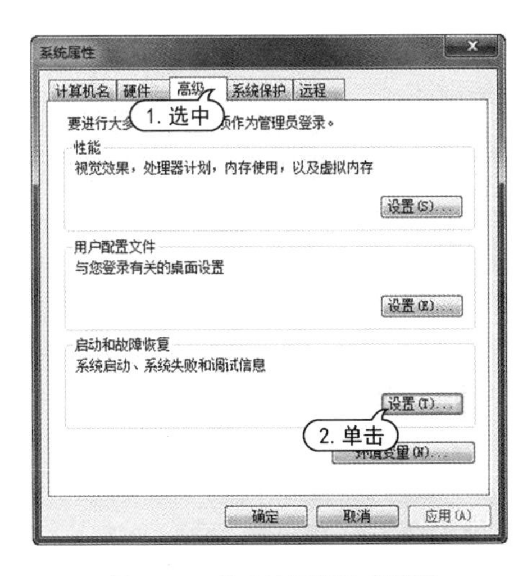

图 10-3 【系统属性】对话框

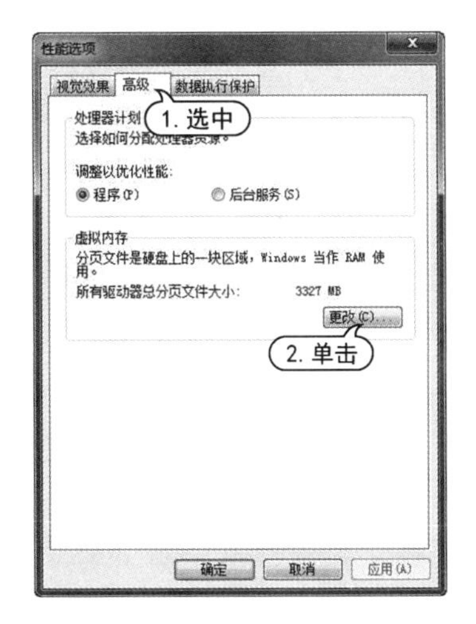

图 10-4 【性能选项】对话框

STEP 06 完成分页文件大小的设置，然后单击【确定】按钮，如图 10-6 所示。

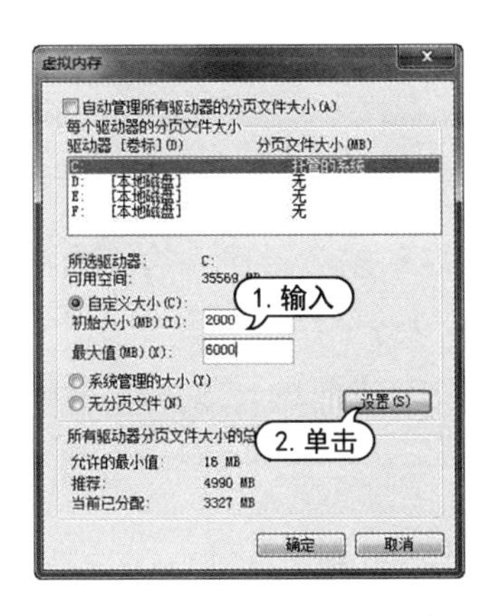

图 10-5 【虚拟内存】对话框

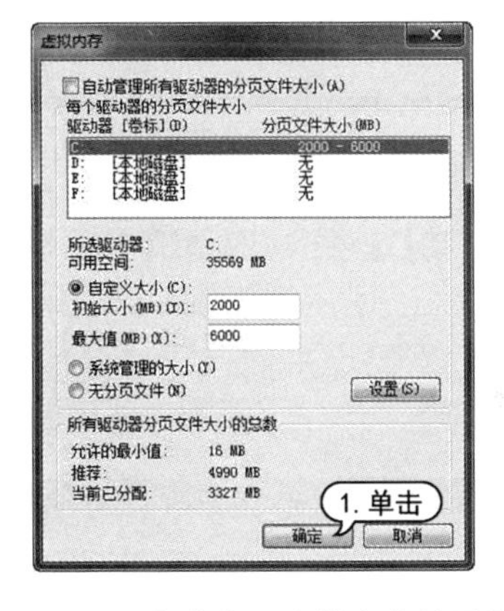

图 10-6 完成分页文件大小的设置

STEP 07 弹出【系统属性】提示框，提示用户需要重新启动电脑才能使设置生效，单击【确定】按钮，如图 10-7 所示。

STEP 08 关闭所有的上级对话框后，打开【必须重新启动计算机才能应用这些更改】提示框，单击【立即重新启动】按钮，重新启动电脑后即可使设置生效，如图 10-8 所示。

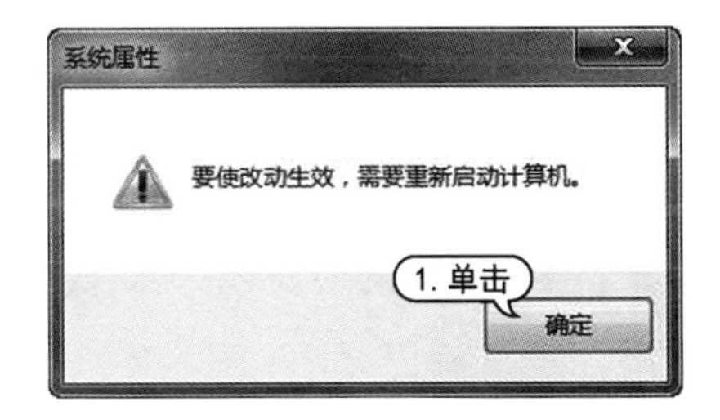

图 10-7 【系统属性】提示框

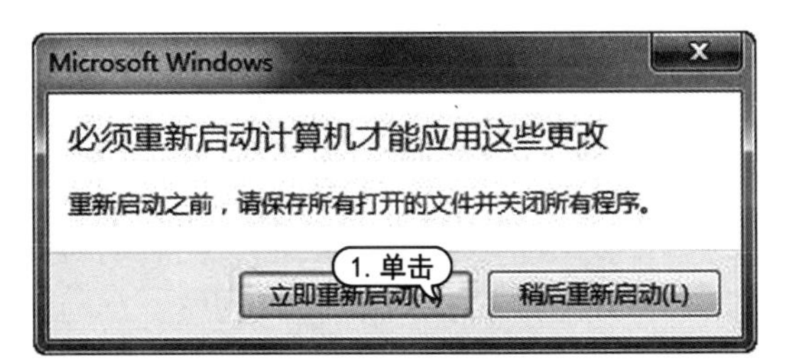

图 10-8 重启电脑

10.1.2 设置开机启动项

有些软件在安装完成后，会将自己的启动程序加入到开机启动项中，随着系统的自动启动而自动运行，这无疑会占用系统的资源，并影响到系统的启动速度。可以通过设置将不需要的开机启动项禁止。

【例 10-2】 禁止不需要的开机启动项。视频

STEP 01 按【Win＋R】组合键，打开【运行】对话框，在【打开】文本框中，输入“msconfig”命令，单击【确认】按钮，如图 10-9 所示。

STEP 02 打开【系统配置】对话框，选择【服务】选项卡，取消选中不需要开机启动的服务的复选框，如图 10-10 所示。

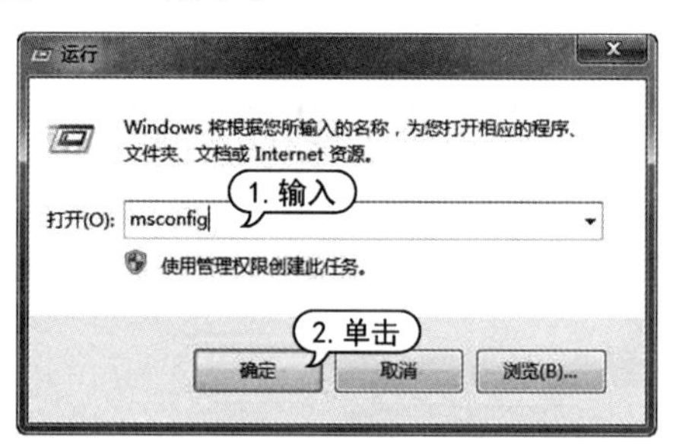

图 10-9 【运行】对话框

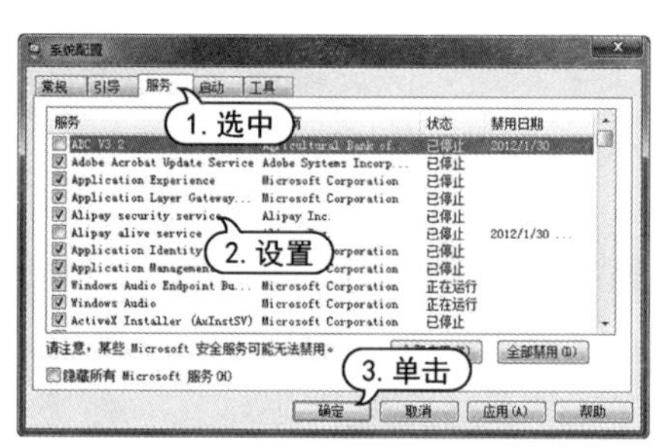

图 10-10 取消选中不需要开机启动的服务

STEP 03 切换到【启动】选项卡，取消选中不需要开机启动的应用程序的复选框，单击【确定】按钮，如图 10-11 所示。

STEP 04 打开【系统属性】提示框，单击【重新启动】按钮，重新启动电脑后设置即可生效，如图 10-12 所示。

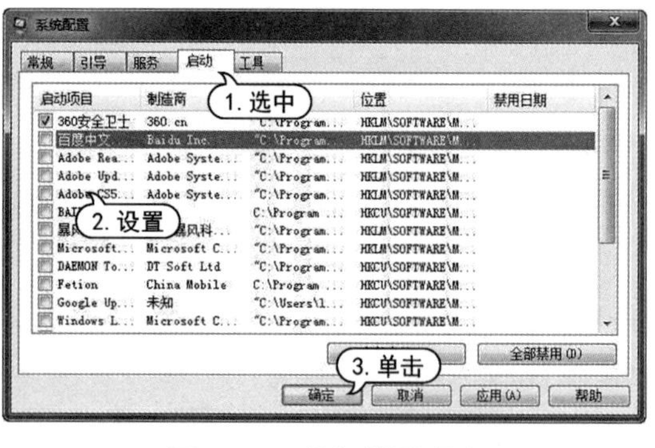

图 10-11 【启动】选项卡

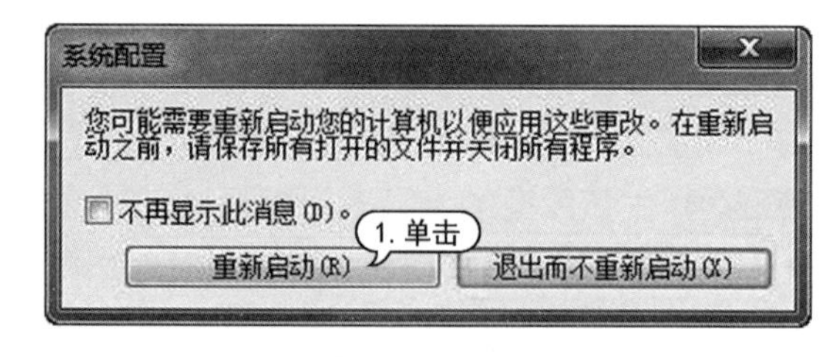

图 10-12 重新启动

10.1.3 设置系统时间

当电脑中安装了多个操作系统后，在启动时会显示多个操作系统的列表，系统默认等待时间是 30 s，可以根据需要对时间进行调整。

【例 10-3】 将选择操作系统的默认等待时间设置为 5 s。视频

STEP 01 在桌面上右击【计算机】图标，在打开的快捷菜单中，选择【属性】命令，如图 10-13 所示。在打开的【系统】对话框中，选择【高级系统设置】选项，如图 10-14 所示。

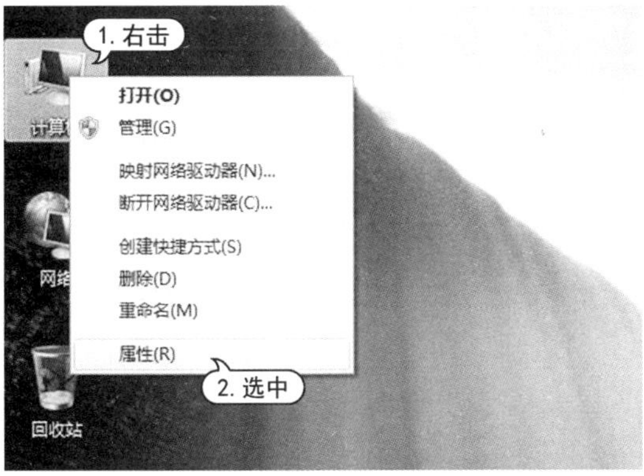

图 10-13　快捷菜单

图 10-14　【系统】对话框

STEP 02 打开【系统属性】对话框，选择【高级】选项卡，在【启动和故障恢复】区域单击【设置】按钮，如图 10-15 所示。

STEP 03 打开【启动和故障恢复】对话框，在【显示操作系统列表的时间】微调框中设置时间为【5】秒，单击【确定】按钮，如图 10-16 所示。

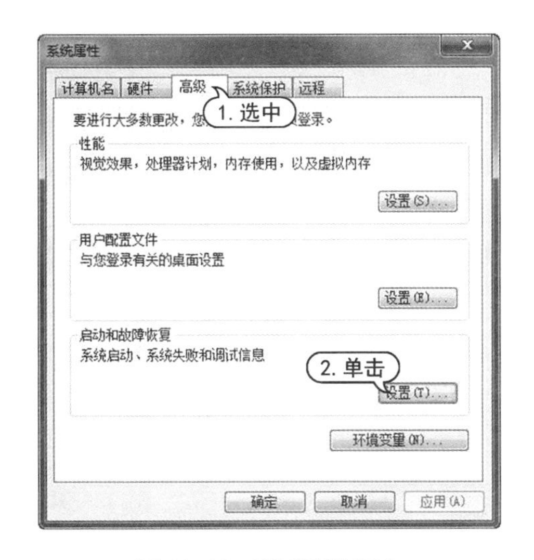

图 10-15　【高级】选项卡

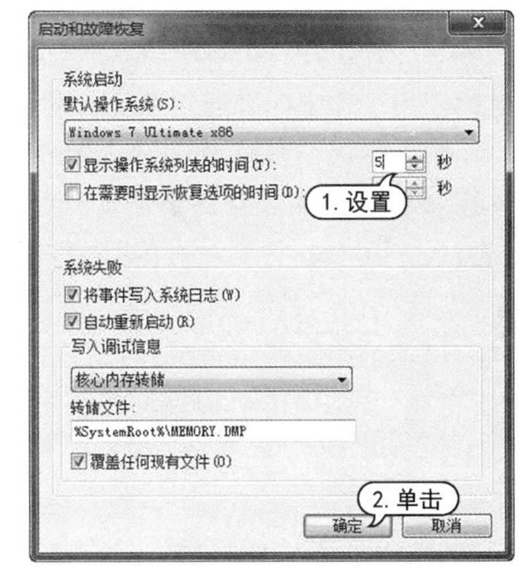

图 10-16　【启动和故障恢复】对话框

10.1.4　清理卸载文件或更改程序

卸载某个程序后，该程序可能依然会保留在【卸载或更改程序】对话框的列表中，用户可以通过修改注册表将其删除，从而达到对电脑的优化。

【例 10-4】 在注册表中，清理【卸载或更改程序】对话框列表。视频

STEP 01 按【Win+R】组合键，打开【运行】对话框，在【打开】文本框中，输入“regedit”命令，单击【确认】按钮。

STEP 02 打开【注册表编辑器】对话框，在注册表列表框中，展开【HKEY_LOCAL_MACHINE|SOFTWARE|Microsoft|Windows|CurrentVersion|Uninstall】选项，如图 10-17 所示。

STEP 03 在该项目下，用户可查看已删除程序的残留信息，将其删除即可，如图 10-18 所示。

图 10-17 【注册表编辑器】对话框

图 10-18 查看已删除程序的残留信息

10.2 关闭不需要的系统功能

Windows 7 系统在安装完成后，自动开启了许多功能。这些功能会占用系统的资源，如果不需要使用这些功能，可以将其关闭，以节省系统资源。

10.2.1 禁止自动更新重启提示

在电脑使用过程中如果遇到系统自动更新，完成自动更新后，系统会提示重新启动电脑，但是在工作中重启很不方便，只能不停地推迟，很麻烦。可以通过设置取消更新重启提示。

【例 10-5】 关闭系统自动更新重启提示。视频

STEP 01 按【Win+R】组合键，打开【运行】对话框，输入“gpedit. msc”命令，单击【确定】按钮，如图 10-19 所示。

STEP 02 打开【本地组策略编辑器】对话框，展开【计算机配置】|【管理模板】|【Windows 组件】选项，双击右侧列表中的【Windows Update】选项，如图 10-20 所示。

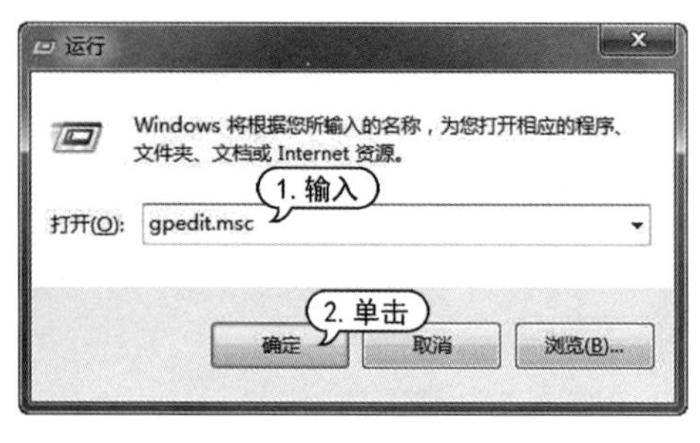

图 10-19 【运行】对话框

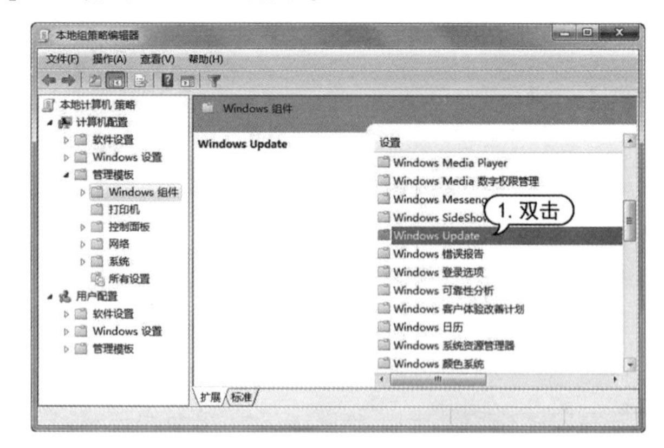

图 10-20 【本地组策略编辑器】对话框

STEP 03 打开【Windows Update】窗口，双击【对于已登录的用户，计划的自动更新安装不执行重新启动】选项，如图 10-21 所示。

STEP 04 打开【对于已登录的用户，计划的自动更新安装不执行重新启动】对话框，选中【已启

用】单选按钮，单击【确定】按钮，如图 10-22 所示。

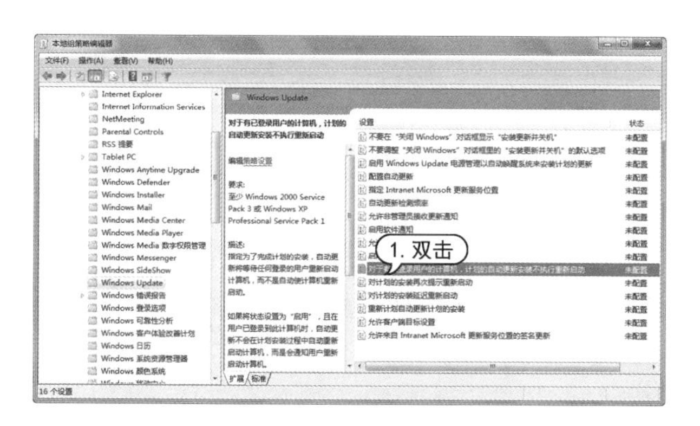

图 10-21　【Windows Update】窗口　　图 10-22　禁止更新重启

10.2.2　禁止保存搜索记录

Windows 7 的搜索历史记录会自动保存在下拉列表框中，用户可通过组策略禁止保存搜索记录，以提高系统速度。

【例 10-6】　禁止保存搜索记录。视频

STEP 01 按【Win + R】组合键，打开【运行】对话框，输入“gpedit. msc”命令，单击【确定】按钮。

STEP 02 打开【本地组策略编辑器】对话框，展开【用户配置】|【管理模板】|【Windows 组件】|【Windows 资源管理器】选项，在右侧的列表中双击【在 Windows 资源管理器搜索框中关闭最近搜索条目的显示】选项，如图 10-23 所示。

STEP 03 打开【在 Windows 资源管理器搜索框中关闭最近搜索条目的显示】对话框，选中【已启用】单选按钮，然后单击【确定】按钮，如图 10-24 所示。

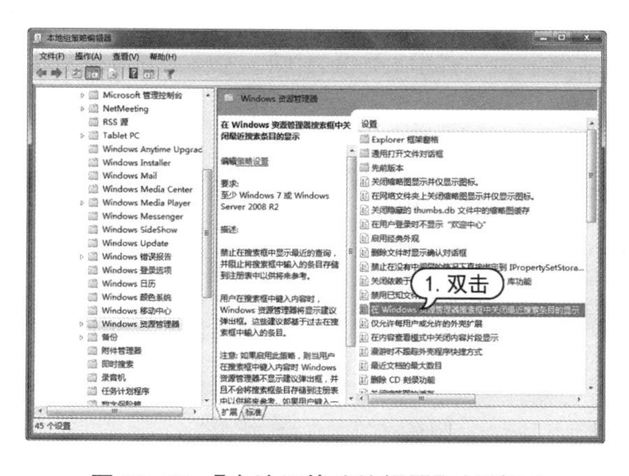

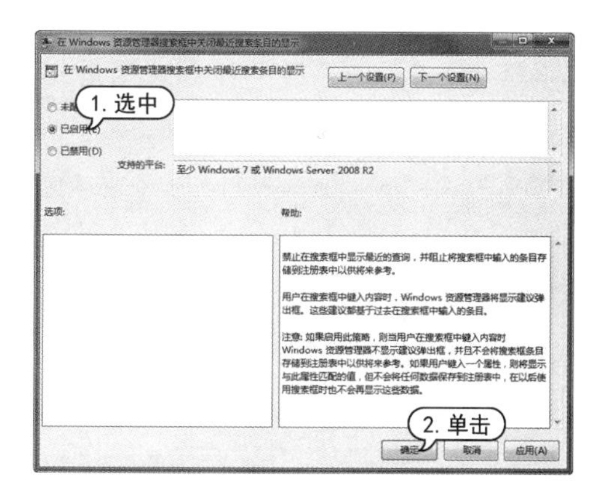

图 10-23　【本地组策略编辑器】对话框 1　　图 10-24　完成设置

10.2.3　关闭自带的刻录功能

【例 10-7】　关闭 Windows 7 系统自带的刻录功能。视频

STEP 01 按【Win + R】组合键，打开【运行】对话框，输入“gpedit. msc”命令，单击【确定】按钮。

STEP 02 打开【本地组策略编辑器】对话框，展开【用户配置 | 管理模板 | Windows 组件 | Windows

资源管理器】选项，在右侧的列表中双击【删除 CD 刻录功能】选项，如图 10-25 所示。

STEP 03 打开【删除 CD 刻录功能】对话框，选中【已启用】单选按钮，然后单击【确定】按钮，完成设置，如图 10-26 所示。

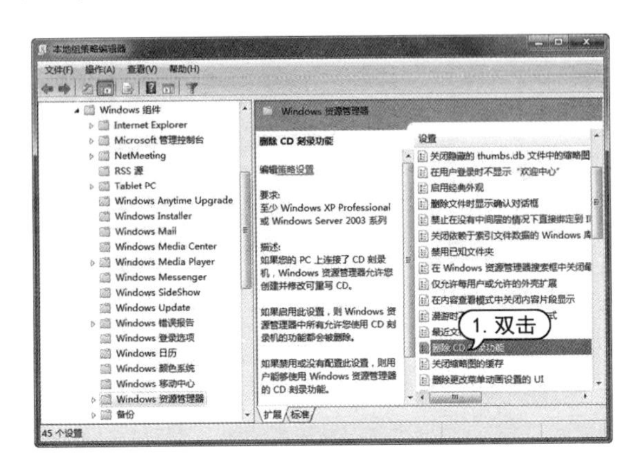

图 10-25 【本地组策略编辑器】对话框 2　　图 10-26 删除刻录功能

10.2.4 禁止发送错误报告

Windows 7 系统运行时，如果出现异常，即会打开一个错误报告对话框，询问是否将此错误提交给微软官方网站，用户可以通过组策略禁用这个错误报告弹窗，以提高系统速度。

【例 10-8】 禁止发送错误报告。视频

STEP 01 按【Win+R】组合键，打开【运行】对话框，输入“gpedit. msc”命令，单击【确定】按钮。

STEP 02 打开【本地组策略编辑器】对话框，展开【计算机配置】|【管理模板】|【系统|Internet 通信管理】|【Internet 通信设置】选项，在右侧的列表中双击【关闭 Windows 错误报告】选项，如图 10-27 所示。

STEP 03 打开【关闭 Windows 错误报告】对话框，选中【已启用】单选按钮，然后单击【确定】按钮，完成设置，如图 10-28 所示。

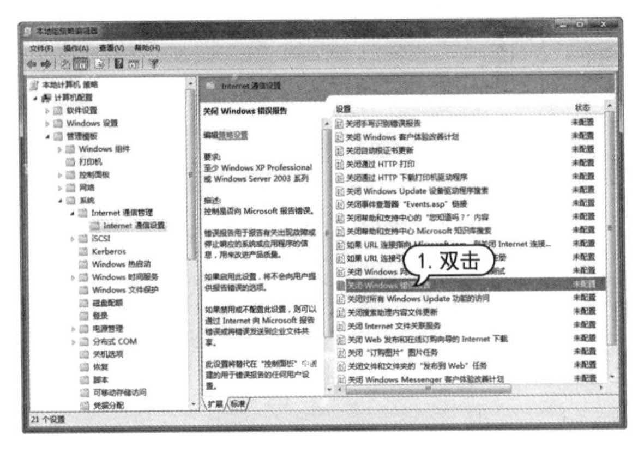

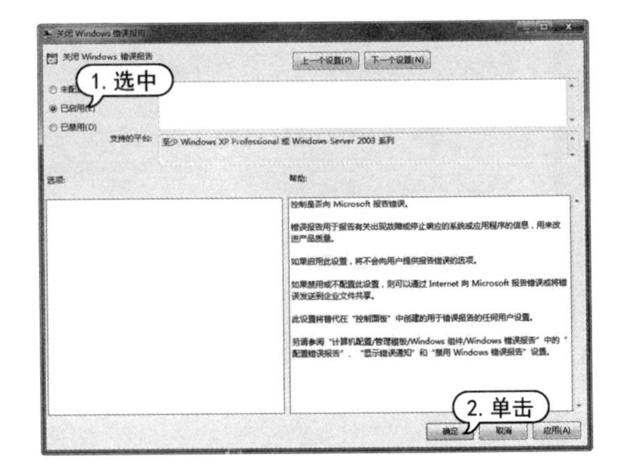

图 10-27 【本地组策略编辑器】对话框 3　　图 10-28 关闭错误报告

10.3　优化电脑磁盘

电脑的磁盘是使用最频繁的硬件之一，磁盘的外部传输速度和内部读写速度决定了硬盘的读写性。优化磁盘速度和清理磁盘可以在很大程度上延长电脑的使用寿命。

10.3.1　磁盘清理

各种应用程序的安装与卸载以及软件运行都会产生一些垃圾冗余文件，这些文件会直接影响电脑的性能。磁盘清理程序是系统自带的用于清理磁盘冗余内容的工具。

【例 10-9】清理 D 盘中的冗余文件。 视频

STEP 01 选择【开始】|【所有程序】|【附件】|【系统工具】|【磁盘清理】选项，如图 10-29 所示。

STEP 02 打开【磁盘清理：驱动器选择】对话框，在【驱动器】下拉列表中选择【D】盘，单击【确定】按钮，如图 10-30 所示。

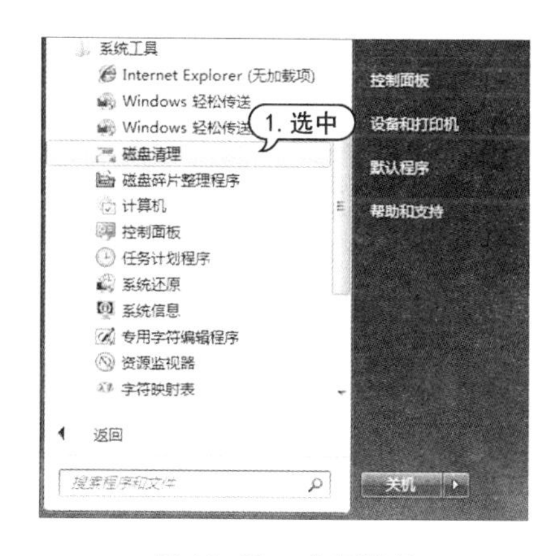

图 10-29　磁盘清理

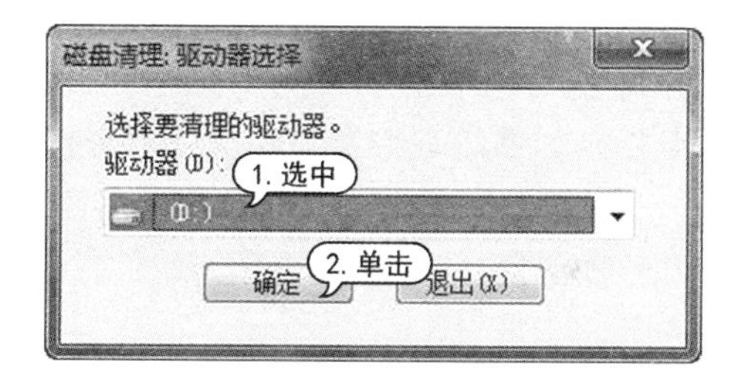

图 10-30　【磁盘清理：驱动器选择】对话框

STEP 03 打开【磁盘清理】对话框，系统开始分析 D 盘的冗余内容，如图 10-31 所示。

STEP 04 分析完成后，在【D:的磁盘清理】对话框中将显示分析后的结果。选中所需删除的内容的复选框（如本例选择【Office 安装文件】复选框），然后单击【确定】按钮，如图 10-32 所示。

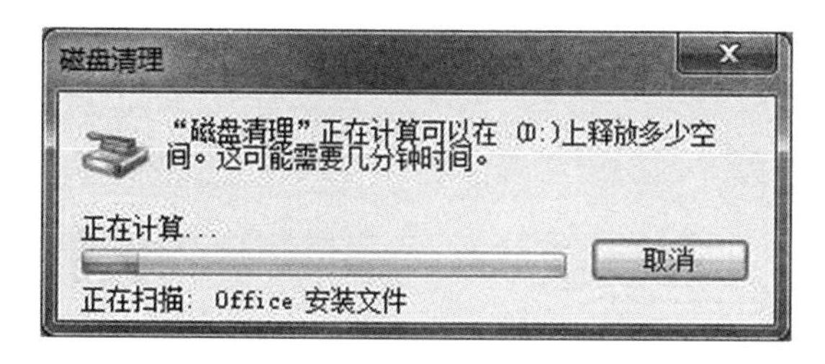

图 10-31　开始分析 D 盘冗余内容

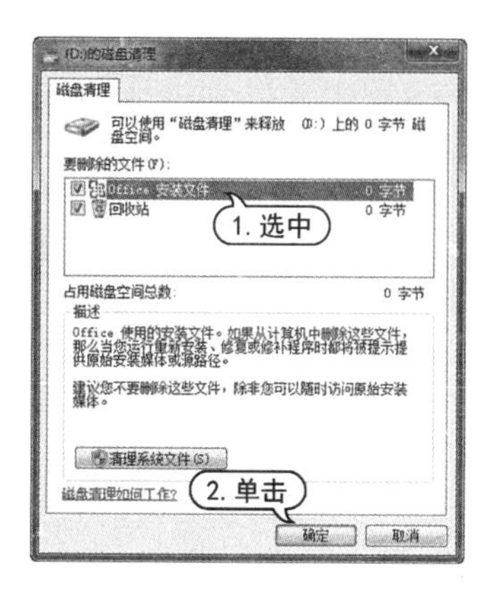

图 10-32　【D:的磁盘清理】对话框

STEP 04 打开【磁盘清理】提示框，单击【删除文件】按钮，如图 10-33 所示。

STEP 05 系统自动进行磁盘清理的操作，如图 10-34 所示。

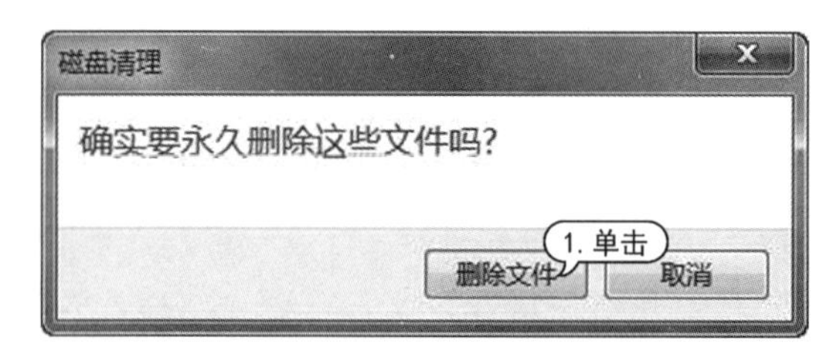

图 10-33 【磁盘清理】提示框

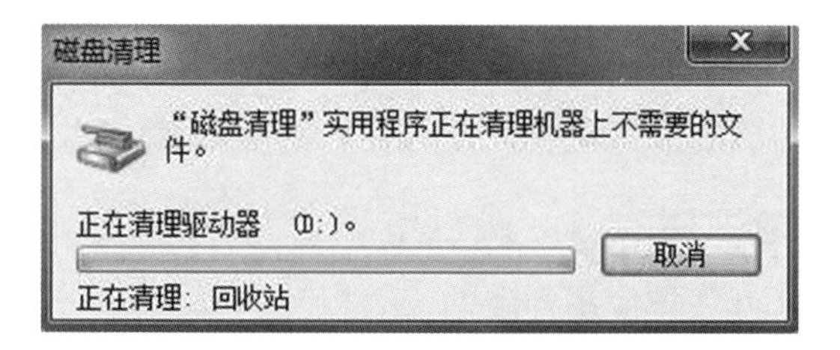

图 10-34 进行磁盘清理

10.3.2 磁盘碎片整理

在使用电脑时不免会有很多文件操作，比如创建、删除文件或者安装、卸载软件等操作，会在硬盘内部产生很多磁盘碎片。碎片的存在会影响系统往硬盘写入或从硬盘读取数据的速度，而且由于写入和读取数据不在连续的磁道上，也加快了磁头和盘片的磨损速度。定期清理磁盘碎片，对硬盘保护有很大的实际意义。

【例 10-10】 整理磁盘碎片。视频

STEP 01 选择【开始】|【所有程序】|【附件】|【系统工具】|【磁盘碎片整理程序】选项。

STEP 02 打开【磁盘碎片整理程序】对话框，选中要整理碎片的磁盘后，单击【分析磁盘】按钮，如图 10-35 所示。系统开始对该磁盘进行分析，分析完成后，将显示磁盘碎片的比率。

STEP 03 单击【磁盘碎片整理】按钮即可开始磁盘碎片整理操作。磁盘碎片整理完成后，将显示磁盘碎片整理结果，如图 10-36 所示。

图 10-35 【磁盘碎片整理程序】对话框

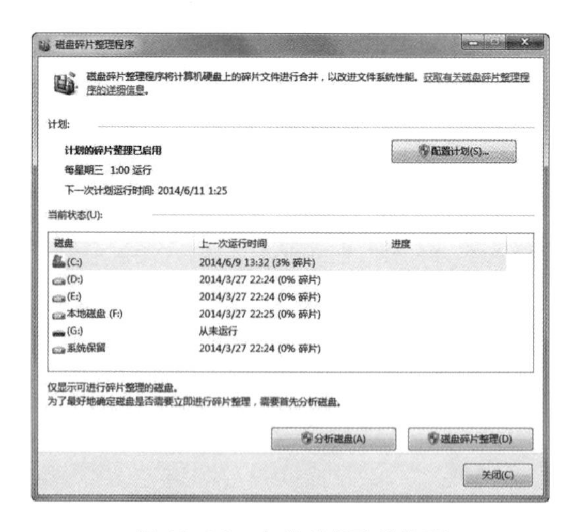

图 10-36 完成磁盘碎片整理

10.3.3 优化磁盘内部读写速度

优化电脑硬盘的外部传输速度和内部读写速度能有效地提升硬盘读写性能。

硬盘的内部读写速度是指从盘片上读取数据，然后存储在缓存中的速度，是硬盘整体性能

的决定性因素。

【例 10-11】 优化磁盘内部读写速度。视频

STEP 01 在桌面上，右击【计算机】图标，在打开的快捷菜单中，选择【属性】命令，如图 10-37 所示。

STEP 02 打开【系统】对话框，选择【设备管理器】选项，如图 10-38 所示。

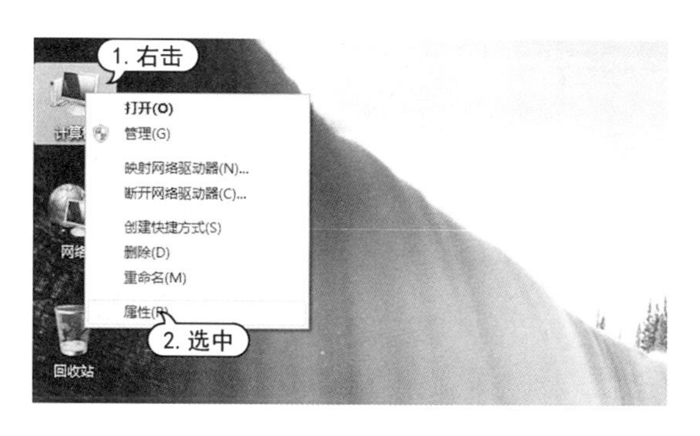

图 10-37　快捷菜单

图 10-38　【系统】对话框

STEP 03 打开【设备管理器】对话框，在【磁盘驱动器】选项下展开当前硬盘选项，右击，在打开的快捷菜单中选择【属性】命令，如图 10-39 所示。

STEP 04 在打开的磁盘【属性】对话框中选择【策略】选项卡，选中【启用磁盘上的写入缓存】复选框，然后单击【确定】按钮，完成设置，如图 10-40 所示。

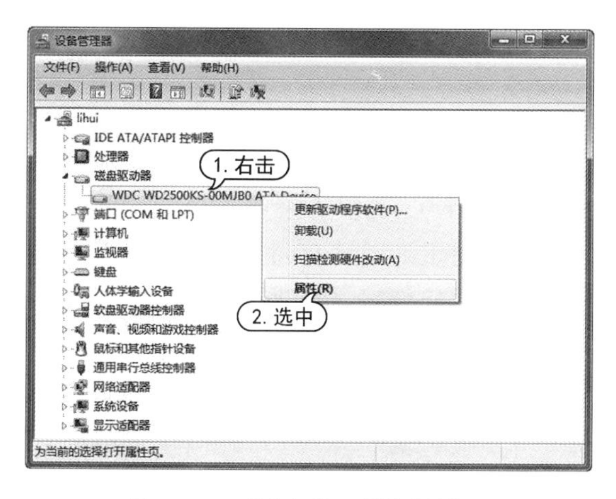

图 10-39　【设备管理器】对话框 1

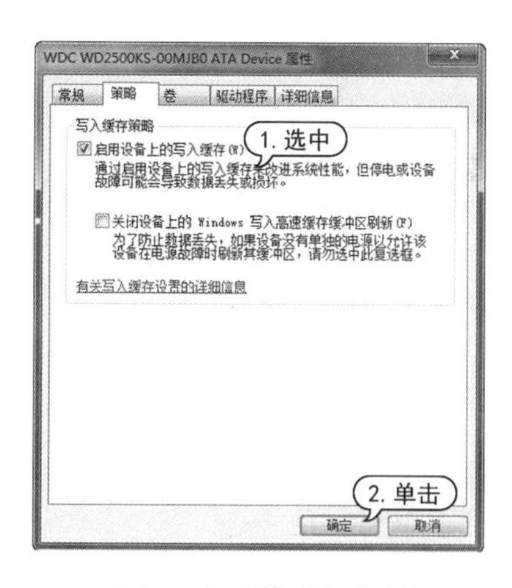

图 10-40　【策略】对话框

10.3.4　优化硬盘外部传输速度

硬盘的外部传输速度是指硬盘的接口速度。通过修改注册表信息，可以优化数据传输速度。

【例 10-12】 优化硬盘外部传输速度。视频

STEP 01 在桌面上，右击【计算机】图标，在打开的快捷菜单中，选择【属性】命令。

STEP 02 打开【系统】对话框，选择【设备管理器】选项。

STEP 03 打开【设备管理器】对话框，在【磁盘驱动器】选项下展开当前硬盘选项，右击，在打开的快捷菜单中选择【属性】命令，如图 10-41 所示。

STEP 04 打开磁盘的【属性】对话框，选择【高级设置】选项卡，选中【启用 DMA】复选框，然后单击【确定】按钮，完成设置，如图 10-42 所示。

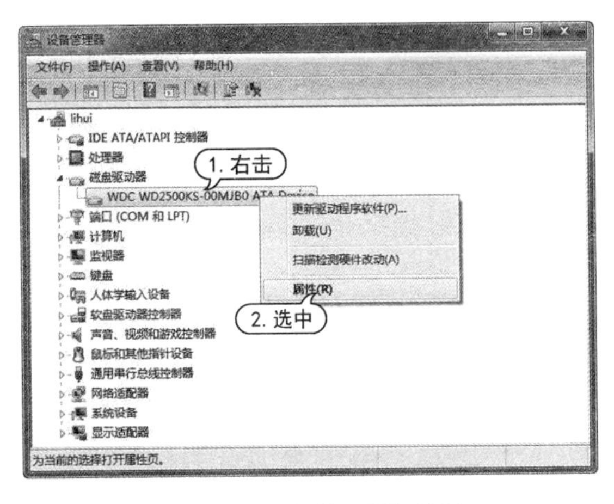

图 10-41 【设备管理器】对话框 2

图 10-42 【属性】对话框

10.4 使用系统优化软件

系统优化软件具有方便、快捷的优点，可以帮助用户优化系统与保护安全环境。本节介绍几款系统优化软件，让用户了解这些软件的使用方法。

10.4.1 使用 CCleaner 清理垃圾文件

CCleaner 是一款来自国外的超级强大的系统优化工具，具有系统优化和隐私保护功能。可以清除 Windows 系统不再使用的垃圾文件，腾出更多的硬盘空间；可以清除使用者的上网记录。CCleaner 的体积小，运行速度极快，可以对临时文件夹、历史记录、回收站等进行清理，并可对注册表进行垃圾项扫描、清理。

用户可以使用 CCleaner 软件对 Windows 系统与应用程序下不需要的临时文件、系统日志进行扫描及清理。

【例 10-13】 使用 CCleaner 软件清理 Windows 系统中的垃圾文件。

STEP 01 双击【CCleaner】程序启动软件，打开【CCleaner -智能 Cookie 扫描】提示框，单击【是】按钮，如图 10-43 所示。

STEP 02 打开软件主界面中，单击【清洁器】按钮，如图 10-44 所示。

STEP 03 打开【清洁器】界面，选择【应用程序】选项卡后，用户可以选择所需清理的应用程序文件项目。完成后，单击软件右下角的【分析】按钮，CCleaner 软件将自动检测 Windows 系统的临时文件、历史文件、回收站文件、最近输入的网址、Cookies、应用程序会话、下载历史以及 Internet 缓存等文件，如图 10-45 所示。

STEP 04 完成检测后，单击软件右下角的【运行清洁器】按钮，如图 10-46 所示。

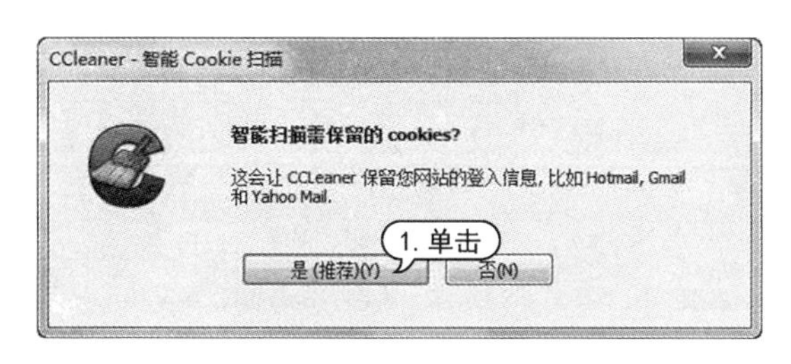

图 10-43　【CCleaner-智能 Cookie 扫描】提示框

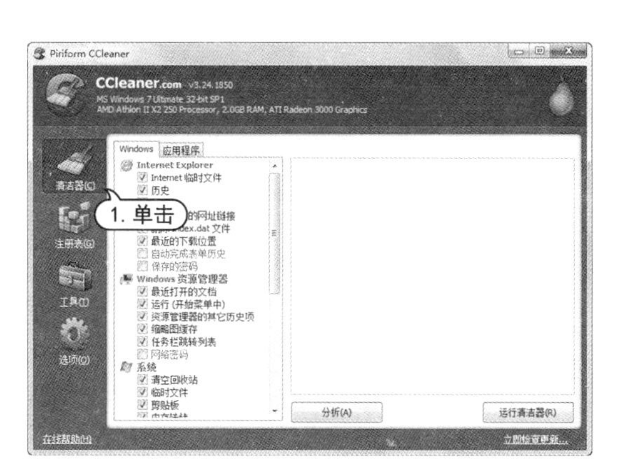

图 10-44　【CCleaner】程序主界面

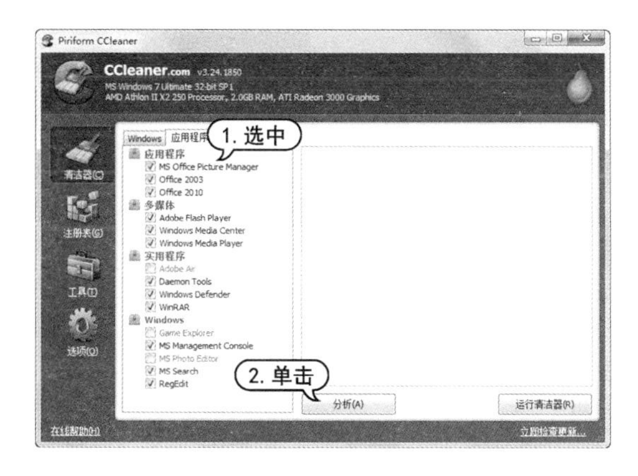

图 10-45　【清洁器】界面

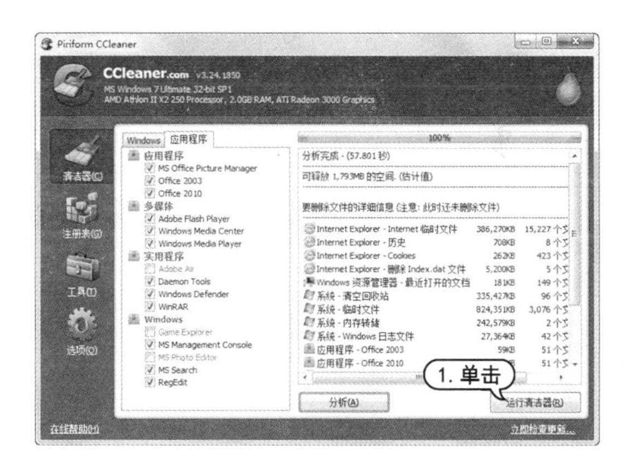

图 10-46　运行清洁器

STEP 05 在打开的对话框中单击【确定】按钮。系统中被 CCleaner 软件扫描出的文件将被永久删除。

10.4.2　使用魔方优化大师

魔方优化大师是一款集系统优化、维护、清理和检测于一体的工具软件，可以让用户只需几个简单步骤就快速完成一些复杂的系统维护与优化操作。

1. 使用魔方精灵

首次启动魔方优化大师时，会启动一个魔方精灵（相当于优化向导），利用该向导，可以方便地对操作系统进行优化。

【例 10-14】 使用“魔方精灵”优化 Windows 操作系统。

STEP 01 双击【魔方优化大师】程序启动软件，自动打开魔方精灵界面，如图 10-47 所示。

STEP 02 在【安全加固】对话框中可禁止一些功能的自动运行，单击红色或绿色的按钮即可切换状态。设置完成后，单击【下一步】按钮，打开【硬盘减压】对话框。在该界面中可对硬盘的相关服务进行设置，如图 10-48 所示。

STEP 03 单击【下一步】按钮，打开【网络优化】对话框。在该界面中可对网络的相关参数进行设置，如图 10-49 所示。

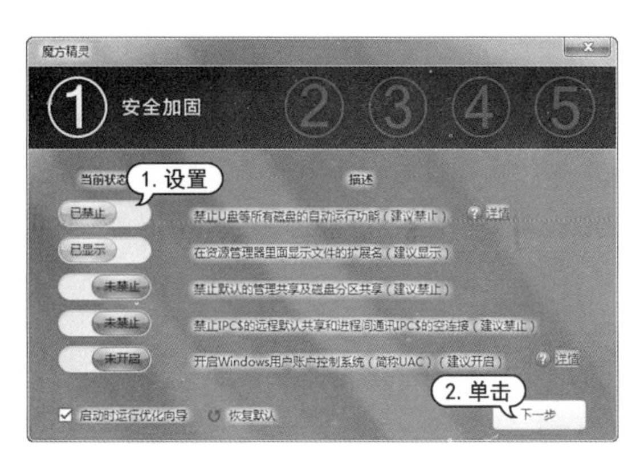

图 10-47　魔方精灵界面

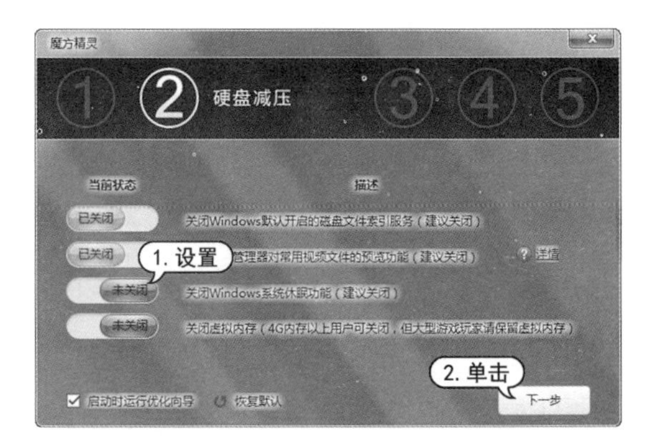

图 10-48　对硬盘相关服务进行设置

STEP 04 单击【下一步】按钮，打开【开机加速】对话框。在该界面中可对开机启动项进行设置，如图 10-50 所示。

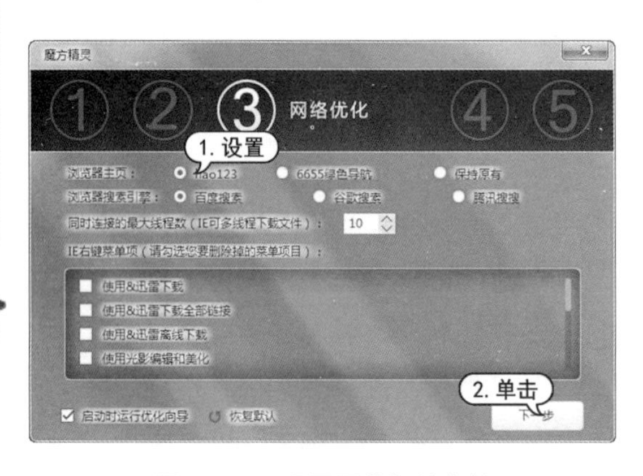

图 10-49　设置网络相关参数

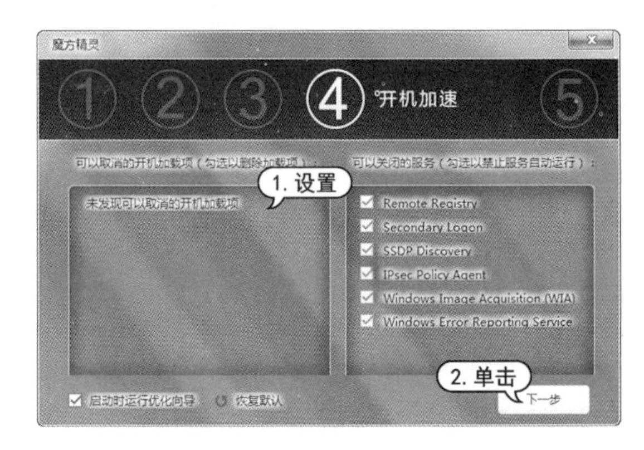

图 10-50　设置开机启动项

STEP 05 单击【下一步】按钮，打开【易用性改善】界面。在该界面中可对 Windows 7 系统进行个性化设置，如图 10-51 所示。

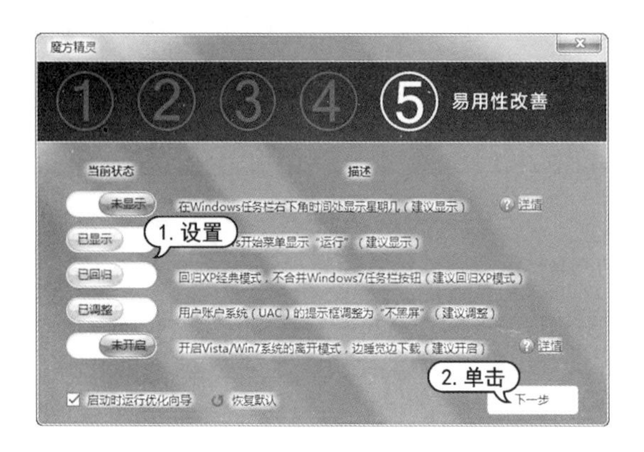

图 10-51　对系统进行个性化设置

实用技巧

在这个新版里，软媒全面改进了魔方精灵，把之前的勾选框模式改成了开关按钮，直观地显示了各个项目的当前状态，也方便开启和关闭。

STEP 06 设置完成后，单击【下一步】按钮，单击【完成】按钮，完成魔方精灵的向导设置。

2. 使用优化设置大师

使用魔方精灵的优化设置大师，可以对系统各项功能进行优化，关闭一些不常用的服务，使系统发挥最佳性能。

【例 10-15】 使用优化设置大师对 Windows 系统进行优化。

STEP 01 双击【魔方优化大师】程序启动软件，单击主界面中【优化设置大师】按钮，如图 10-52 所示。

STEP 02 单击【一键优化】按钮，弹出【请选择要优化的项目】列表，其中一共有 4 个大类，分别是【系统优化】、【网络优化】、【浏览器优化】和【服务优化】。每个大类下面有多个可优化项目，并附带有优化说明，用户可根据说明文字和自己的实际需求来选择要优化的项目，如图 10-53 所示。

图 10-52 【魔方优化大师】主界面

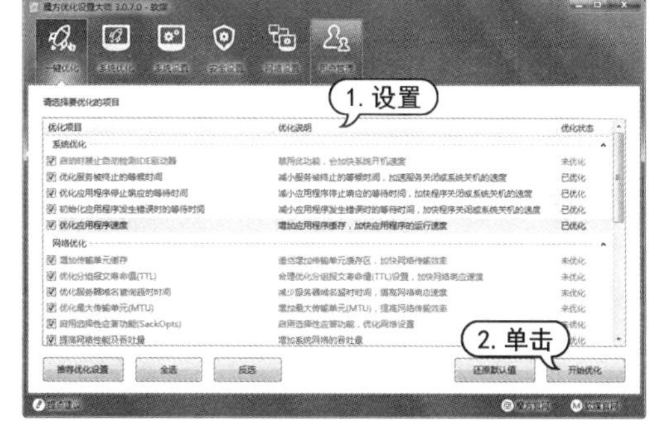

图 10-53 选择要优化的项目

STEP 03 单击【开始优化】按钮，对所选项目进行优化，优化成功后弹出【优化成功】对话框，单击【确定】按钮，完成一键优化，如图 10-54 所示。

STEP 04 单击【系统优化】按钮，切换至【系统优化】界面。在【开机一键加速】标签中显示了可以禁止的开机启动软件，选中要禁止的项目，然后单击【优化】按钮，如图 10-55 所示。

图 10-54 完成一键优化

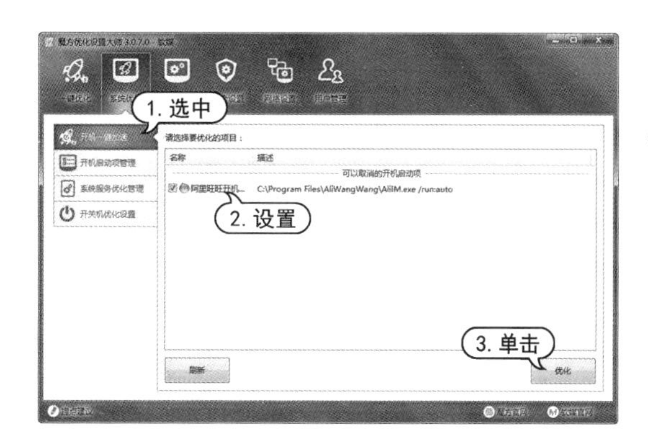

图 10-55 禁止开机自动启动程序 1

STEP 05 在【开机启动项管理】选项中，可看到所有开机自动启动的应用程序，选择不需要开机启动的项目，单击其后方的绿色按钮将其禁止，如图 10-56 所示。

STEP 06 在【系统服务优化管理】选项中，可看到所有当前正在运行的和已经停止的系统服务，选择不需要的服务，单击【停止】按钮，可停止该服务；单击【禁用】按钮，可禁用该服务，如图10-57 所示。

STEP 07 在【开关机优化设置】选项中，可禁用一些特殊服务，以加快系统的开关机速度。例如可选中【启动时禁止自动检测 IDE 驱动器】和【取消启动时的磁盘扫描】选项，然后单击【保存设置】按钮，使这两项生效，如图 10-58 所示。

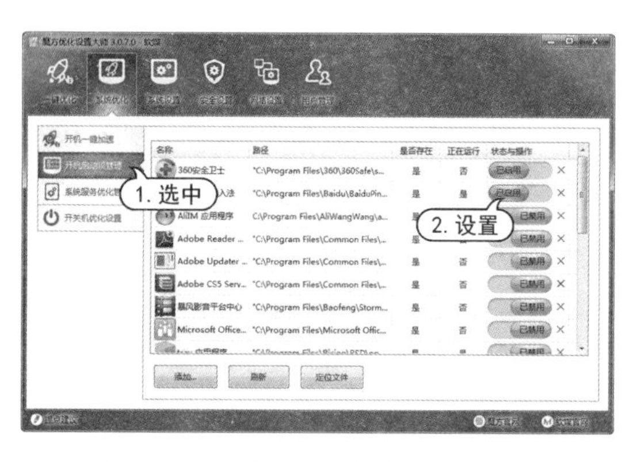

图 10-56 禁止开机自动启动程序 2

图 10-57 禁用服务

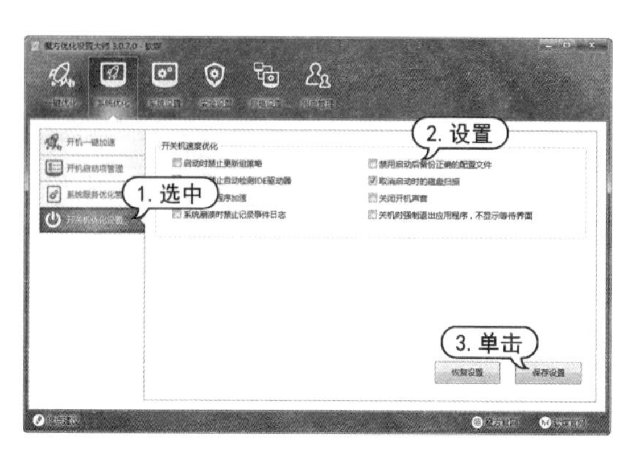

图 10-58 设置生效

实用技巧

魔方优化设置是这个软件的主体，其优化功能全面，囊括了主流的系统优化功能，操作简便，界面漂亮。

3. 使用魔方温度检测

夏天使用电脑的时候，如果电脑温度过高，则影响电脑正常工作。魔方优化大师提供了一个温度检测的功能。利用该功能可随时监控电脑硬件的温度，以有效保护硬件的正常工作。

【例 10-16】 使用温度检测功能。

STEP 01 启动魔方优化大师，单击主界面中的【温度检测】按钮，打开【魔方温度检测】对话框(其中显示了 CPU、显卡和硬盘的运行温度，界面右侧还显示了 CPU 和内存的使用情况)，如图 10-59 所示。

STEP 02 单击界面右上角的【设置】按钮，打开【魔方温度检测设置】对话框，在该对话框中可对【魔方温度检测窗口】中的各项参数进行详细设置，单击【确定】按钮，如图 10-60 所示。

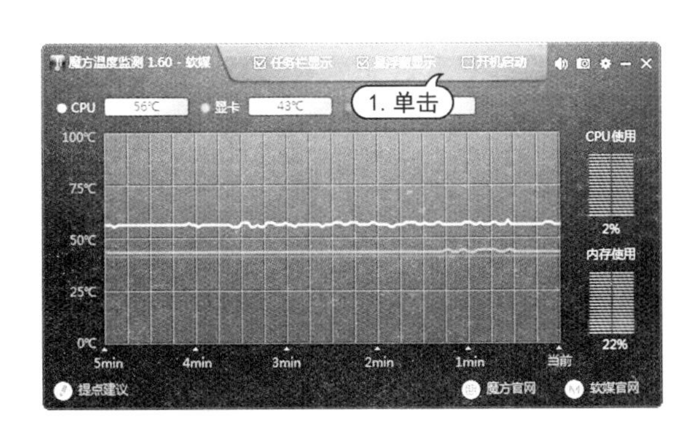

图 10-59　【魔方温度检测】对话框

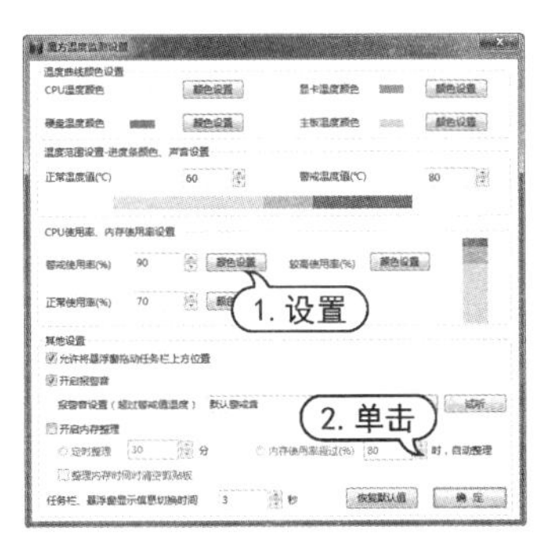

图 10-60　【魔方温度检测设置】对话框

4. 使用魔方修复大师

魔方优化大师的修复功能可帮助用户轻松修复损坏的系统文件和浏览器等。

【例 10-17】 使用魔方修复大师修复浏览器。

STEP 01 双击【魔方优化大师】程序启动软件，单击主界面中的【修复大师】按钮。

STEP 02 打开【魔方修复大师】界面，单击【浏览器修复】按钮，如图 10-61 所示。

STEP 03 打开【浏览器修复】界面，选中需要修复的选项，然后单击【修复/清除】按钮即可完成修复，如图 10-62 所示。

图 10-61　【魔方修复大师】界面

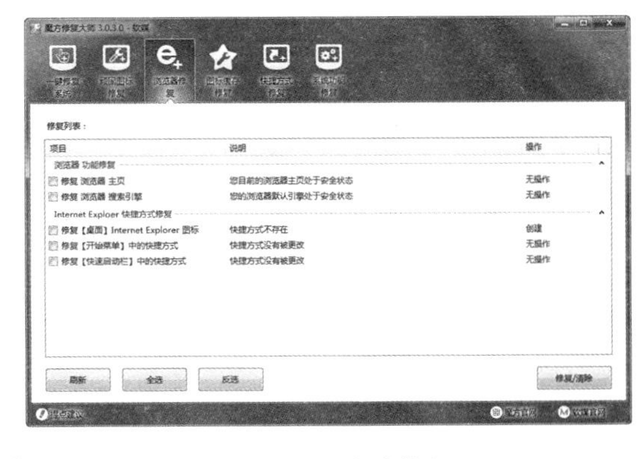

图 10-62　完成修复

10.5　优化系统文件

随着电脑使用时间的增加，系统分区中的文件也会逐渐增多，如临时文件（如 IE 临时文件等）、垃圾文件以及用户存储的文件等。这些文件会导致系统分区的可用空间变小，影响系统的性能。因此应为系统分区“减负”。

10.5.1　更改“我的文档”路径

在默认情况下，【我的文档】文件夹的存放路径是 C：\Users\Administrator \Documents

目录，对于习惯使用【我的文档】存储资料的用户，【我的文档】文件夹必然会占据大量的磁盘空间。因此可以修改【我的文档】文件夹的默认路径，将其转移到非系统分区中。

【例 10-18】 更改“我的文档”路径。视频

STEP 01 打开【Administrator】所在路径的文件夹，右击【我的文档】文件夹，在打开的快捷菜单中选择【属性】命令，如图 10-63 所示。

STEP 02 打开【我的文档 属性】对话框，切换至【位置】选项卡，单击【移动】按钮，如图 10-64 所示。

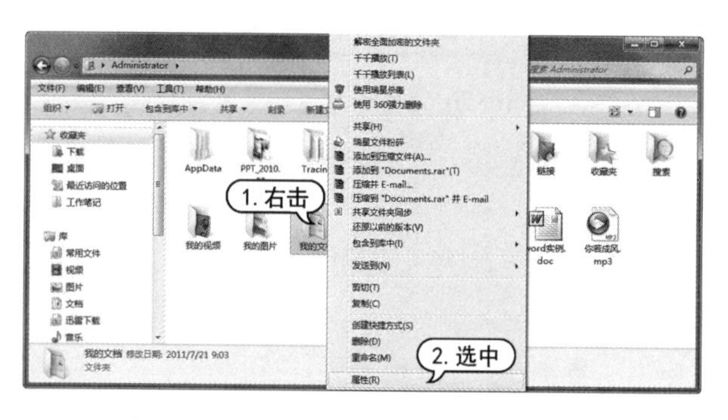

图 10-63 【属性】命令

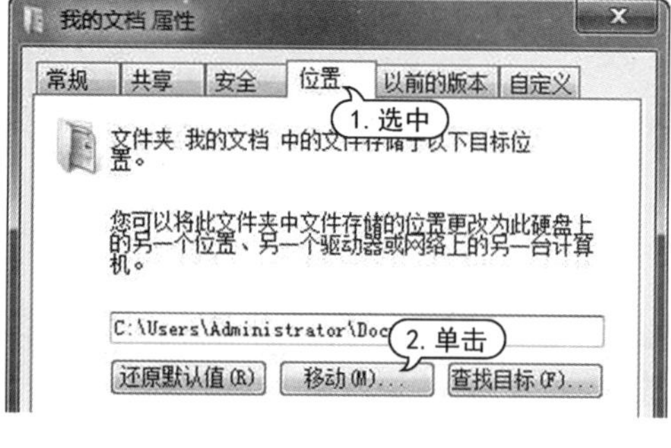

图 10-64 【我的文档 属性】对话框

STEP 03 打开【选择一个目标】对话框，为【我的文档】文件夹选择一个新的位置(本例选择【E:\我的文档】文件夹)，单击【选择文件夹】按钮，如图 10-65 所示。

STEP 04 返回至【我的文档 属性】对话框，单击【确定】按钮，打开【移动文件夹】对话框，提示用户是否将原先【我的文档】中的所有文件移动到新的文件夹中，单击【是】按钮，如图 10-66 所示。

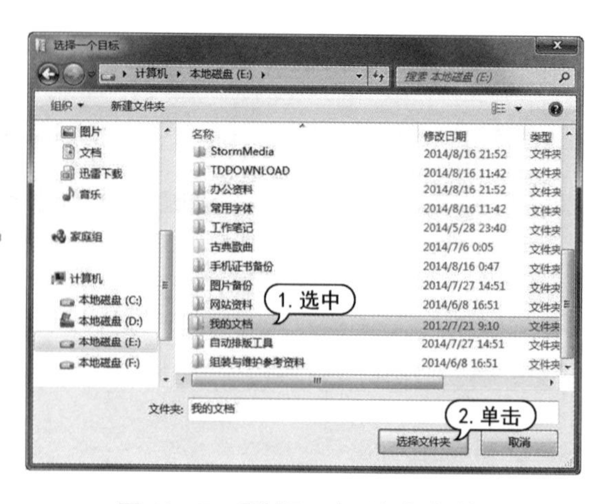

图 10-65 【选择一个目标】对话框

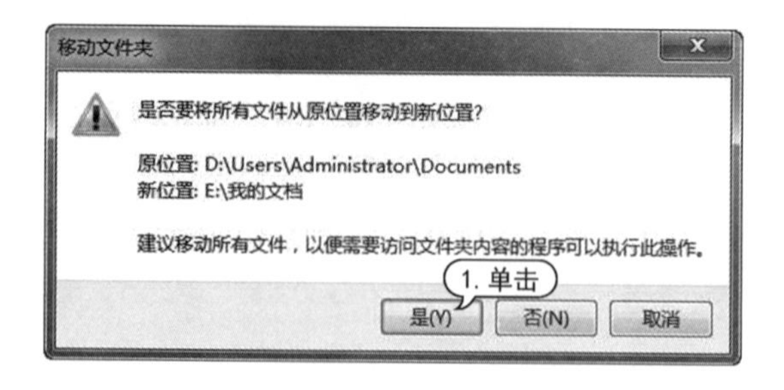

图 10-66 【移动文件夹】对话框

STEP 05 系统开始进行移动文件的操作，移动完成后，【我的文档】文件夹路径修改成功。

10.5.2 移动 IE 临时文件夹

在默认情况下，IE 的临时文件夹是存放在 C 盘中的，为了保证系统分区的空闲容量，

可以将 IE 的临时文件夹转移到其他分区中。

【例 10-19】 修改 IE 临时文件夹的路径。视频

STEP 01 双击启动【IE 8.0】浏览器，单击【工具】按钮，在打开的快捷菜单中选择【Internet 选项】命令，如图 10-67 所示。

STEP 02 打开【Internet 选项】对话框，在【浏览历史记录】区域中单击【设置】按钮，如图 10-68 所示。

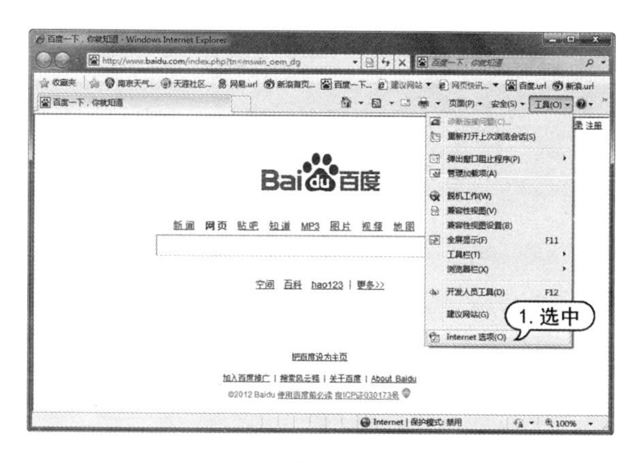

图 10-67 快捷菜单

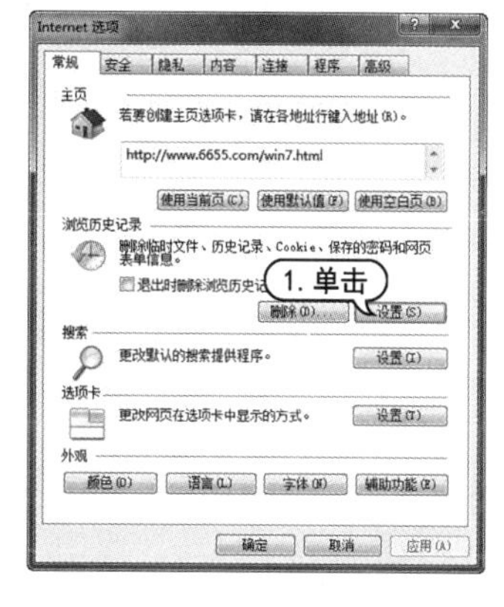

图 10-68 【Internet 选项】对话框

STEP 03 打开【Internet 临时文件和历史记录设置】对话框，单击【移动文件夹】按钮，如图 10-69 所示。

STEP 04 打开【浏览文件夹】对话框，选择【本地磁盘(E:)】，单击【是】按钮。选择完成后，单击【确定】按钮，如图 10-70 所示。

STEP 05 返回【Internet 临时文件和历史记录设置】对话框即可看到，IE 临时文件夹的位置已更改，单击【确定】按钮，如图 10-71 所示。

STEP 06 打开【注销】提示框，单击【是】按钮，重启电脑后完成设置，如图 10-72 所示。

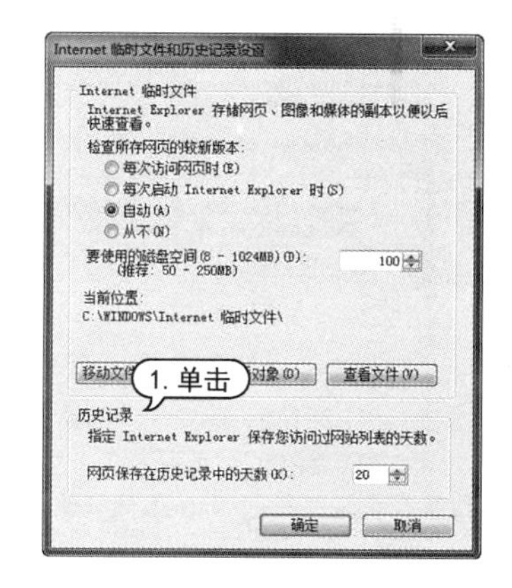

图 10-69 【Internet 临时文件和历史记录设置】对话框

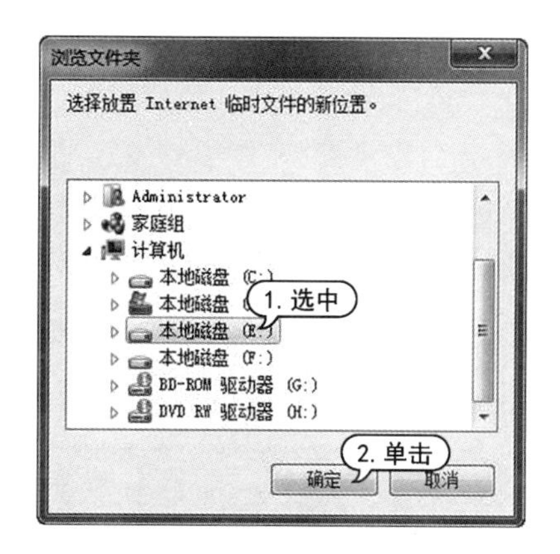

图 10-70 选择路径

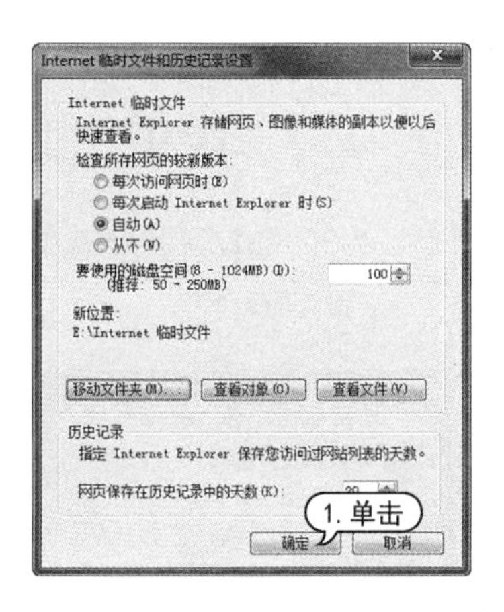

图 10-71 【Internet 临时文件和历史记录设置】对话框

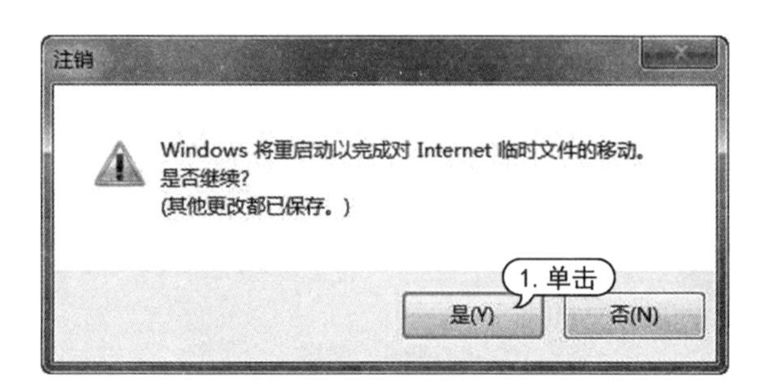

图 10-72 【注销】提示框

10.5.3 定期清理文档使用记录

在使用电脑的时候，系统会自动记录用户最近使用过的文档，使用的时间越长，文档记录就越多，势必会占用大量的磁盘空间，因此用户应该定期对这些记录进行清理，以释放更多的磁盘空间。

【例 10-20】 清理文档使用记录。视频

STEP 01 右击【开始】按钮，在打开的快捷菜单中选择【属性】命令，如图 10-73 所示。

STEP 02 打开【任务栏和『开始』菜单属性】对话框，选择【『开始』菜单】选项卡，在【隐私】区域，取消选中【存储并显示最近在『开始』菜单中打开的程序】和【存储并显示最近在『开始』菜单和任务栏中打开的项目】复选框，单击【确定】按钮，如图 10-74 所示。

图 10-73 快捷菜单

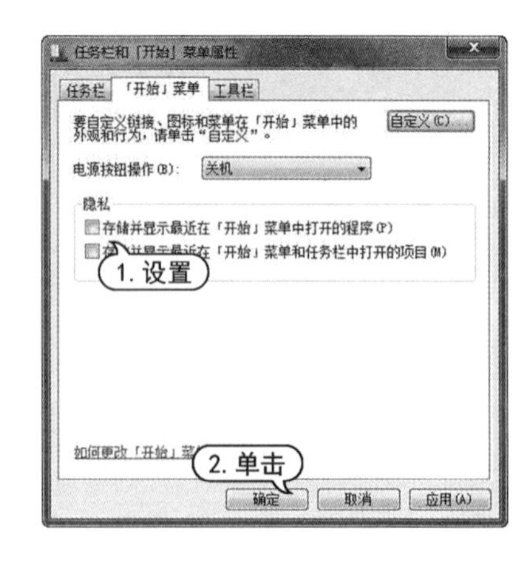

图 10-74 【任务栏和『开始』菜单属性】对话框

STEP 03 将【开始】菜单中的浏览历史记录清除，如图 10-75 和图 10-76 所示。

轻松学电脑教程系列

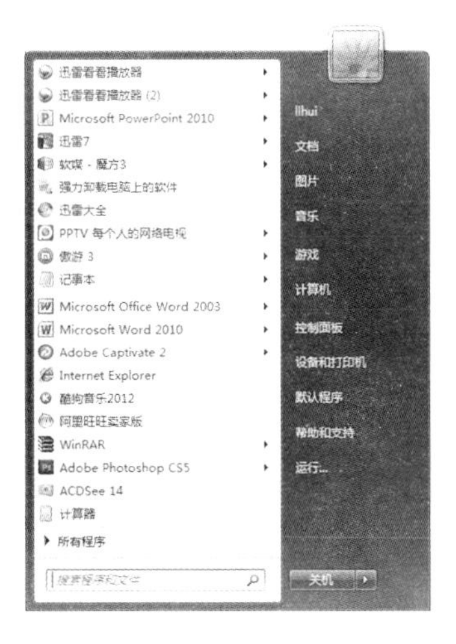

图 10-75　清除前

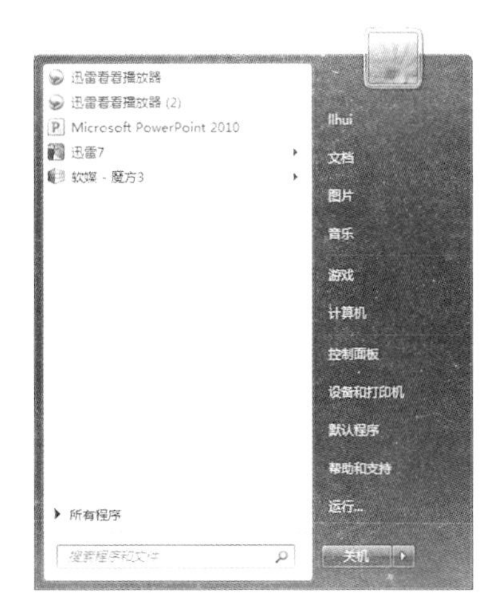

图 10-76　清除后

10.6　使用 Windows 优化大师

Windows 优化大师是一款集系统优化、维护、清理和检测于一体的工具软件，让用户只需几个简单步骤就可快速完成一些复杂的系统维护与优化操作。

10.6.1　优化磁盘缓存

Windows 优化大师提供了优化磁盘缓存的功能，允许用户通过设置管理系统运行时磁盘缓存的性能和状态。

【例 10-21】 使用"Windows 优化大师"软件优化电脑磁盘缓存。

STEP 01 双击桌面上的 Windows 优化大师的启动图标，启动 Windows 优化大师。

STEP 02 进入"Windows 优化大师"主界面，单击界面左侧的【系统优化】按钮，展开【系统优化】子菜单，然后单击【磁盘缓存优化】菜单项，如图 10-77 所示。

STEP 03 拖动【输入/输出缓存大小】和【内存性能配置】两项下面的滑块，调整磁盘缓存和内存性能配置，如图 10-78 所示。

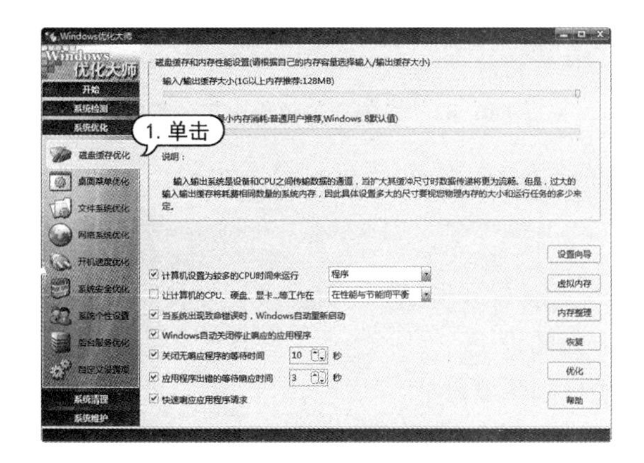

图 10-77　磁盘缓存优化

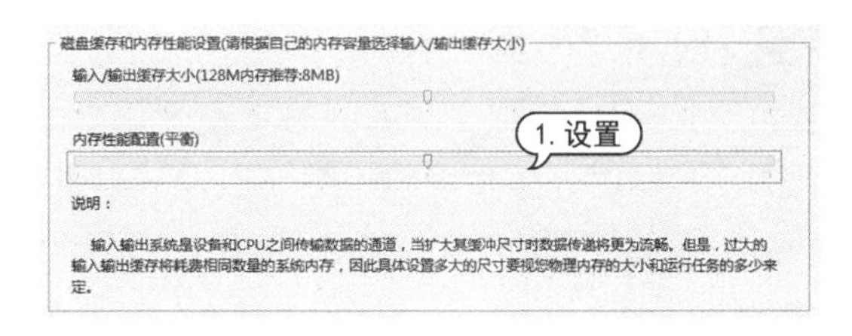

图 10-78　调整磁盘缓存和内存性能配置

轻松学电脑教程系列

STEP 04 选择【计算机设置为较多的 CPU 时间来运行】复选框，在其后面的下拉列表框中选择【程序】选项，如图 10-79 所示。

STEP 05 选择【Windows 自动关闭停止响应的应用程序】复选框，这样当 Windows 检测到某个应用程序停止响应时，就会自动关闭程序。选中【关闭无响应程序的等待时间】和【应用程序出错的等待时间】复选框，用户可以设置应用程序出错时系统将其关闭的等待时间，如图 10-80 所示。

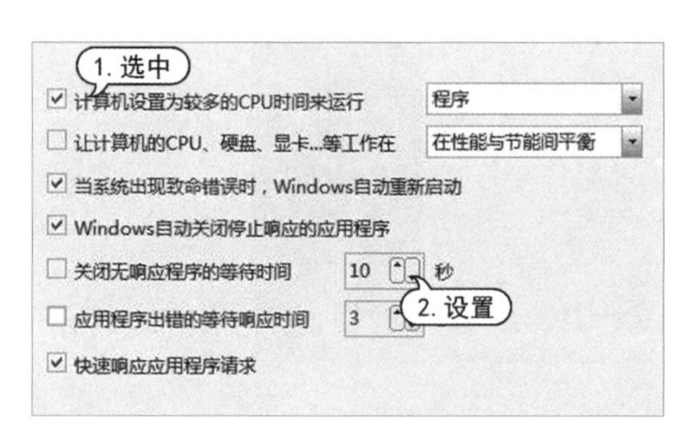

图 10-79 【程序】选项

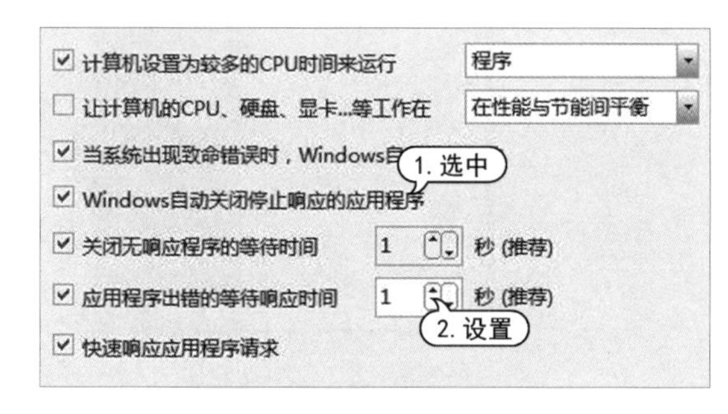

图 10-80 设置等待时间

STEP 06 单击【内存整理】按钮，打开【Wopti 内存整理】窗口，单击【快速释放】按钮，再单击【设置】按钮，如图 10-81 所示。

STEP 07 在打开的选项区域中设置自动整理内存的策略，然后单击【确定】按钮，如图 10-82 所示。

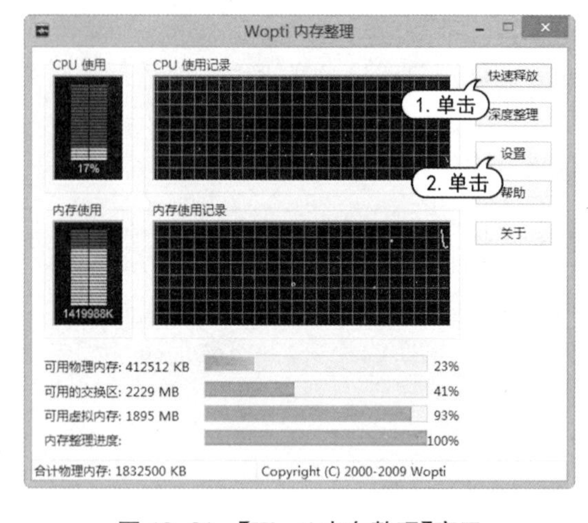

图 10-81 【Wopti 内存整理】窗口

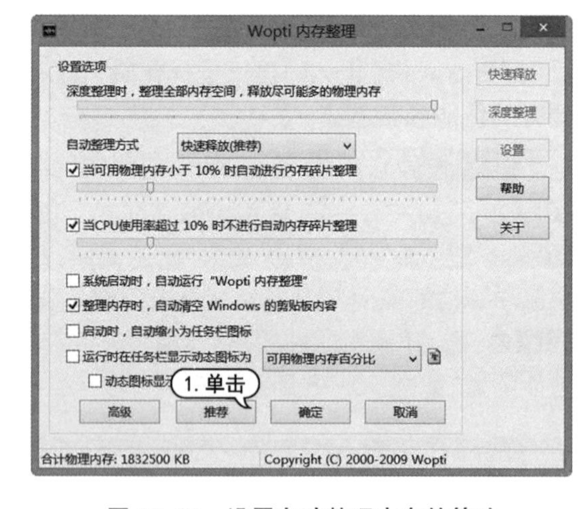

图 10-82 设置自动整理内存的策略

STEP 08 关闭【Wopti 内存整理】窗口，返回【磁盘缓存优化】界面，单击【优化】按钮。

10.6.2 优化网络系统

Windows 优化大师的网络系统优化功能包括优化传输单元、最大数据段长度、COM 端口缓冲、IE 同时连接最大线程数量以及域名解析等方面的设置。

【例 10-22】 使用“Windows 优化大师”软件优化网络系统。

STEP 01 单击 Windows 优化大师【系统优化】|【网络系统优化】按钮，如图 10-83 所示。

STEP 02 在【上网方式选择】组合框中，选择电脑的上网方式，系统会自动给出【最大传输单元

大小】、【最大数据段长度】和【传输单元缓冲区】3 项默认值，用户可以根据自己的实际情况进行设置，如图 10-84 所示。

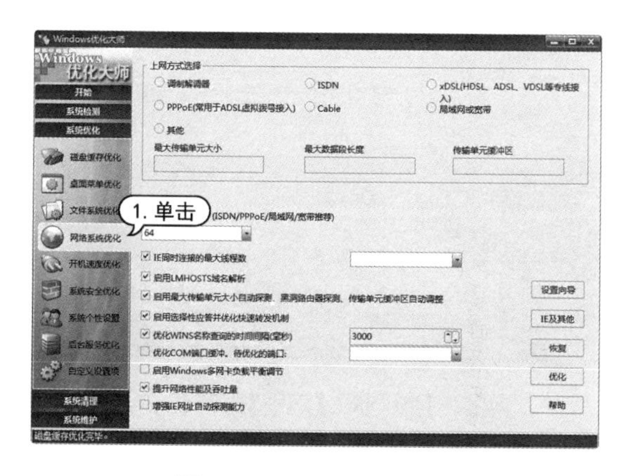

图 10-83　网络系统优化

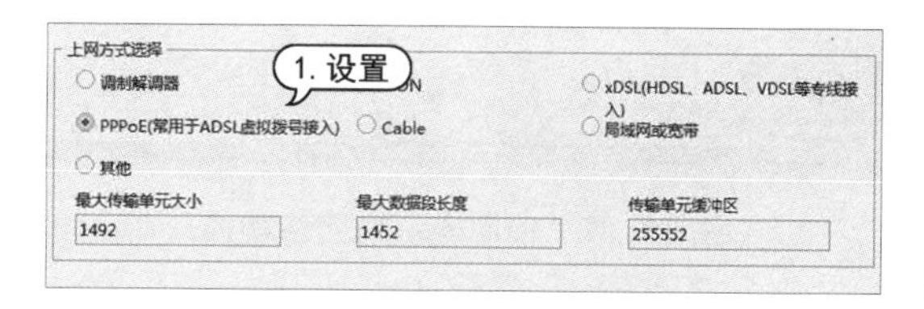

图 10-84　设置上网方式

STEP 03 单击【默认分组报文寿命】下拉菜单，选择输出报文报头的默认生存期，如果网速比较快，则选择 128，如图 10-85 所示。

STEP 04 单击【IE 同时连接的最大线程数】下拉菜单，在下拉列表框中设置允许 IE 同时打开网页的个数，如图 10-86 所示。

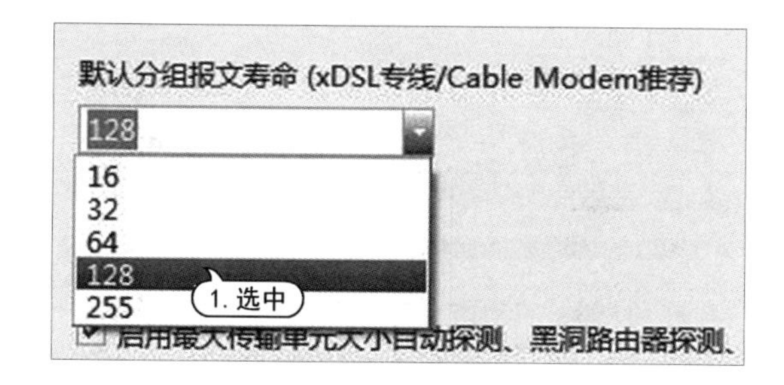

图 10-85　默认分组报文寿命

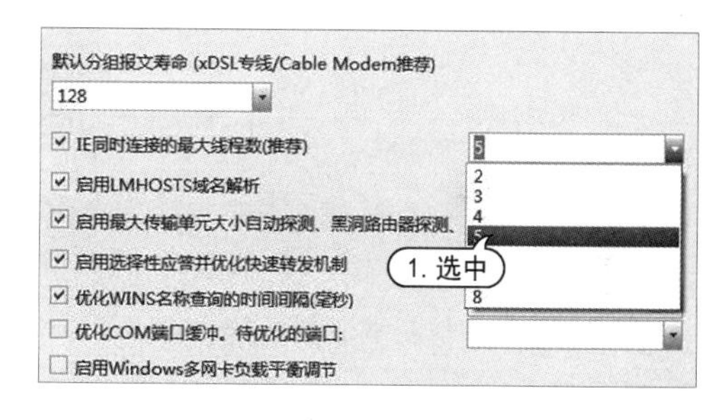

图 10-86　设置允许 IE 同时打开网页的个数

STEP 05 选择【启用最大传输单元大小自动探测、黑洞路由器探测、传输单元缓冲区自动调整】复选框，软件将自动启动最大传输单元大小自动探测、黑洞路由器探测、传输单元缓冲区自动调整等设置，如图 10-87 所示。

STEP 06 单击【IE 及其他】按钮，打开【IE 浏览器及其它设置】对话框，选中【网卡】选项卡，如图 10-88 所示。

STEP 07 单击【请选择要设置的网卡】下拉列表，选择要设置的网卡，然后单击【确定】按钮，如图 10-89 所示。

STEP 08 在系统打开的对话框中单击【确定】按钮，如图 10-90 所示。

STEP 09 单击【网络系统优化】界面中的【优化】按钮，然后关闭 Windows 优化大师，重新启动电脑，即可完成整个优化操作。

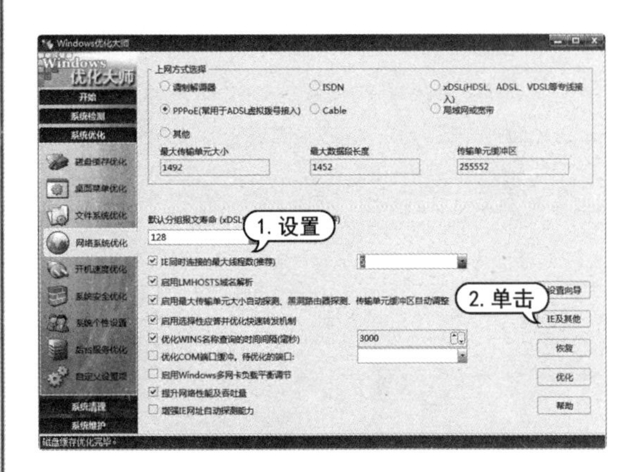

图 10-87　辅助电脑的网络功能

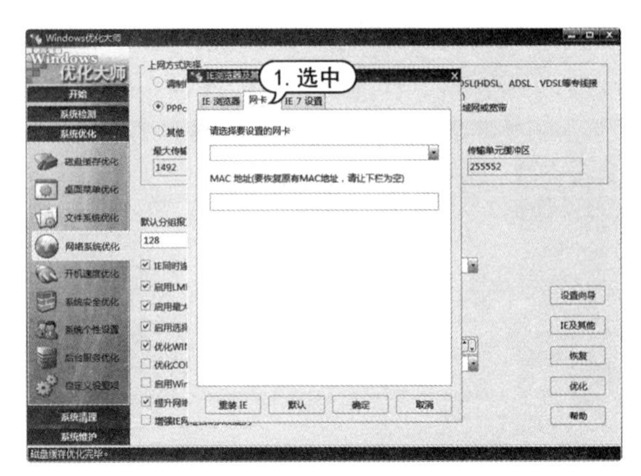

图 10-88　【网卡】选项卡

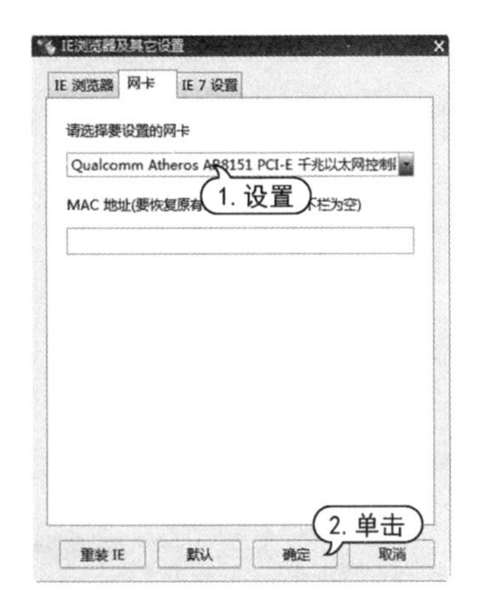

图 10-89　选择要设置的网卡

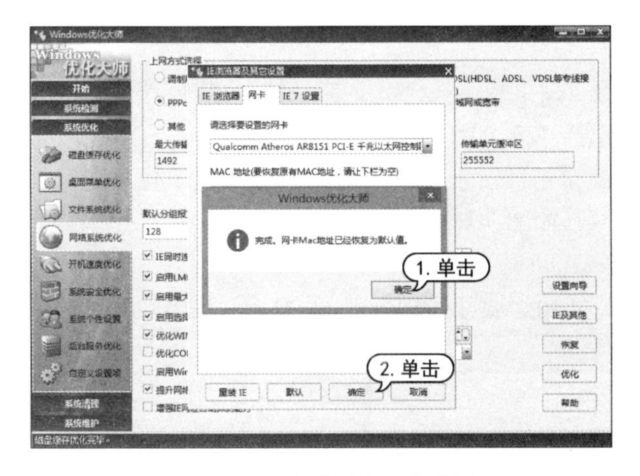

图 10-90　完成网卡参数设置

10.6.3　优化文件系统

Windows 优化大师的文件系统优化功能包括优化二级数据高级缓存、CD/DVD-ROM、文件和多媒体应用程序以及 NTFS 性能等方面的设置。

【例 10-23】 使用"Windows 优化大师"软件优化文件系统。

STEP 01 单击 Windows 优化大师【系统优化】菜单下的【文件系统优化】按钮，如图 10-91 所示。

STEP 02 拖动【二级数据高速缓存】滑块，使 Windows 系统更好地配合 CPU，以获得更高的数据预读命中率。

STEP 03 选择【需要时允许 Windows 自动优化启动分区】复选框，允许 Windows 系统自动优化电脑的系统分区；选择【优化 Windows 声音和音频设置】复选框，优化操作系统的声音和音频，选择完成后单击【优化】按钮，如图 10-92 所示。关闭 Windows 优化大师，重新启动电脑即可完成整个优化。

10.6.4　优化开机速度

Windows 优化大师的开机速度优化功能主要是优化电脑的启动速度和管理电脑启动时

自动运行的程序。

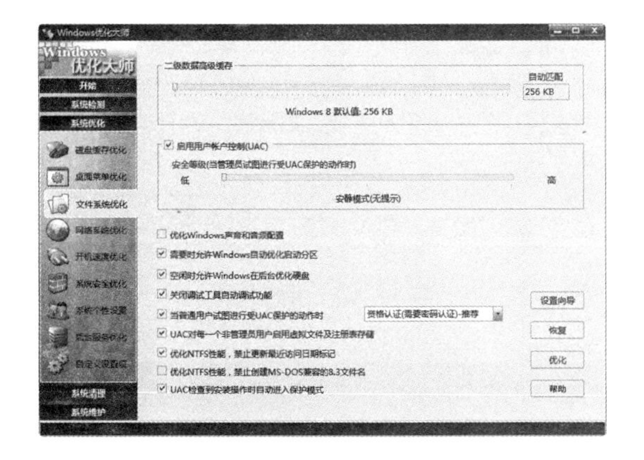

图 10-91 文件系统优化

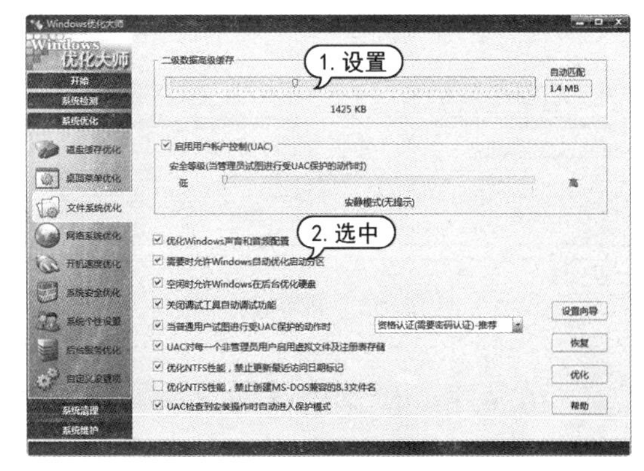

图 10-92 设置系统优化参数

【例 10-24】 使用“Windows 优化大师”软件优化电脑开机速度。

STEP 01 单击 Windows 优化大师【系统优化】菜单下的【开机速度优化】按钮，如图 10-93 所示。

STEP 02 拖动【启动信息停留时间】下的滑块可以设置安装了多操作系统的电脑启动时系统选择菜单的等待时间，如图 10-94 所示。

图 10-93 开机速度优化

图 10-94 设置停留时间

STEP 03 在【等待启动磁盘错误检查等待时间】列表框中，用户可设定电脑被非正常关闭时，在下一次启动 Windows 系统让用户决定是否要运行磁盘错误检查工具的等待时间(默认值为 10 s)，如图10-95 所示。

STEP 04 用户可以在【请勾选开机时不自动运行的项目】组合框中选择开机时不启动的选项，完成操作后，单击【优化】按钮，如图 10-96 所示。

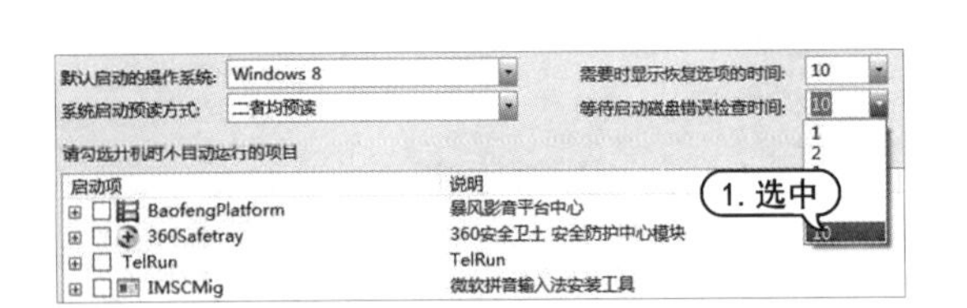

图 10-95　开机速度优化

图 10-96　进行优化

10.6.5　优化后台服务

Windows 优化大师的【后台服务优化】功能可以使用户方便的查看当前的所有服务并启用或停止某一服务。

【例 10-25】 使用“Windows 优化大师”软件优化电脑后台服务。

STEP 01 单击【系统优化】菜单项下的【后台服务优化】按钮。

STEP 02 在选项区域中单击【设置向导】按钮，打开【服务设置向导】对话框，如图 10-97 所示。

STEP 03 在【服务设置向导】对话框中保持默认设置，单击【下一步】按钮，打开的对话框中将显示用户选择的设置，单击【下一步】按钮，开始进行服务优化，如图 10-98 所示。

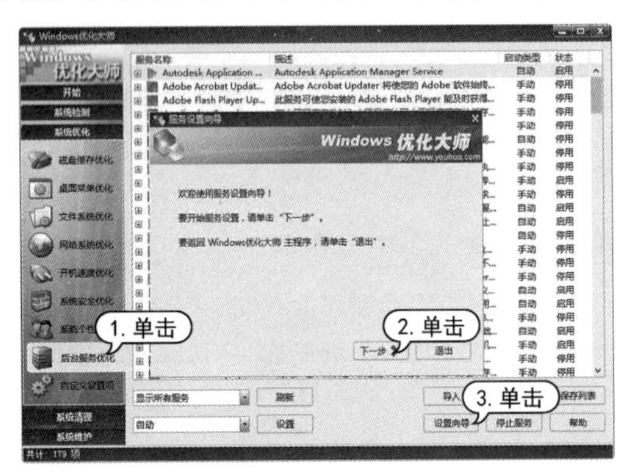

图 10-97　服务设置向导

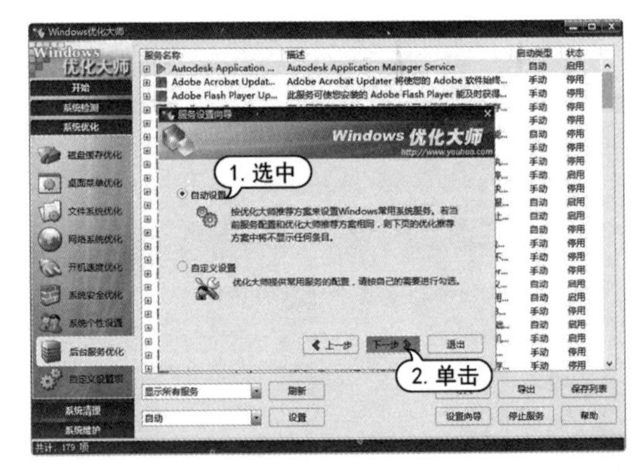

图 10-98　保持默认设置

STEP 04 在【服务设置向导】对话框中单击【完成】按钮。

10.7　案例演练

本章的案例演练为练习使用 Advanced SystemCare 软件。该软件是一款能分析系统性能瓶颈的优化软件，通过对系统全方位的诊断，找到系统性能的瓶颈所在，然后有针对性地进行修改、优化。用户可以通过练习巩固本章所学的知识。

【例 10-26】 使用 Advanced SystemCare 软件优化电脑系统。

STEP 01 启动 Advanced SystemCare 软件，单击界面右上方的【更多设置】按钮，在打开的菜单中选中【设置】按钮，如图 10-99 所示。

STEP 02 在打开的【设置】对话框中，选中【系统优化】选项，如图 10-100 所示。

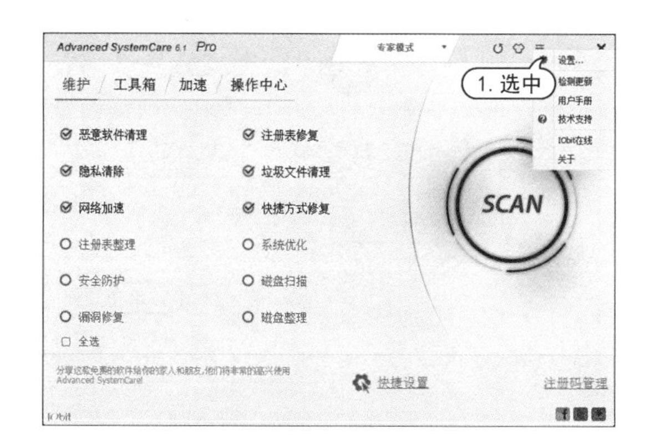

图 10-99　启动软件

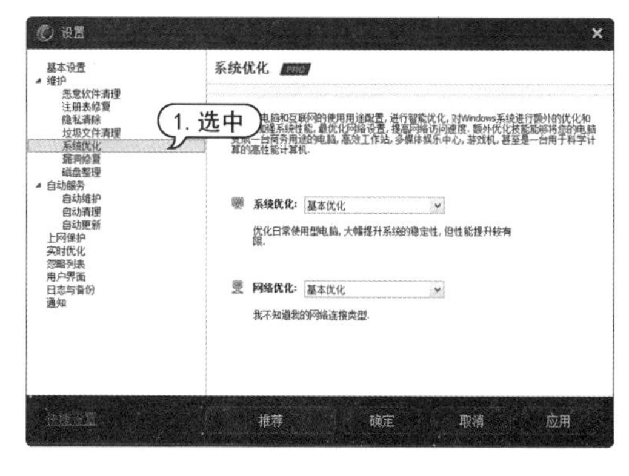

图 10-100　【设置】对话框

STEP 03 在【系统优化】选项区域中，单击【系统优化】下拉列表按钮，在打开的下拉列表中选择系统优化类型，如图 10-101 所示。单击【确定】按钮，返回软件主界面，

STEP 04 在主界面中选中【系统优化】复选框，单击 SCAN 按钮，如图 10-102 所示。

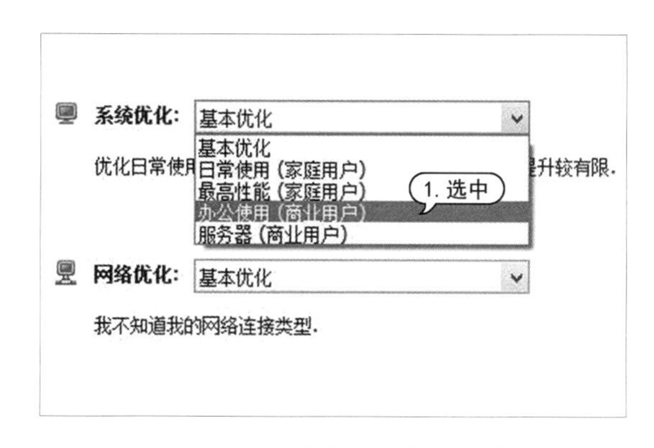

图 10-101　选择系统优化类型

图 10-102　选中【系统优化】复选框

STEP 05 Advanced SystemCare 软件将自动搜索系统的可优化项，并显示在打开的界面中。单击【修复】按钮，如图 10-103 所示。

STEP 06 Advanced SystemCare 软件开始优化系统，完成后单击【后退】按钮，返回 Advanced SystemCare 主界面，如图 10-104 所示。

STEP 07 在主界面中选择【加速】选项，设置优化与提速电脑，如图 10-105 所示。

STEP 08 在打开的界面中，用户可以选择系统的优化提速，包括“工作模式”和“游戏模式”两种模式。选择【工作模式】单选按钮后，单击【前进】按钮，如图 10-106 所示。

STEP 09 打开【关闭不必要的服务】选项区域，在【关闭不必要的服务】选项区域中设置需要关闭的系统服务后单击【前进】按钮，如图 10-107 所示。

STEP 10 打开【关闭不必要的非系统服务】选项区域，设置需要关闭的非系统服务后单击【前进】按钮，如图 10-108 所示。

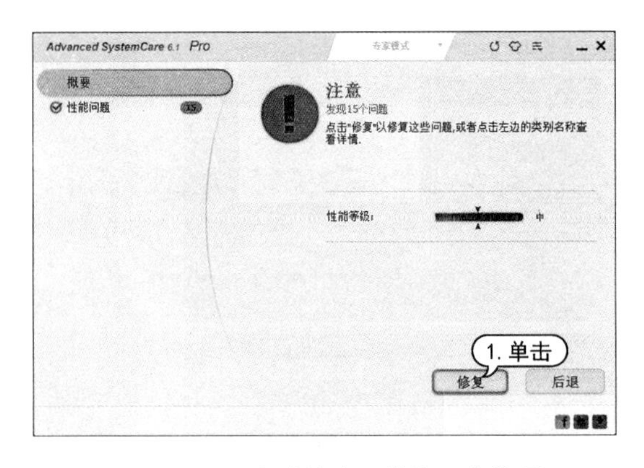

图 10-103　自动搜索系统的可优化项

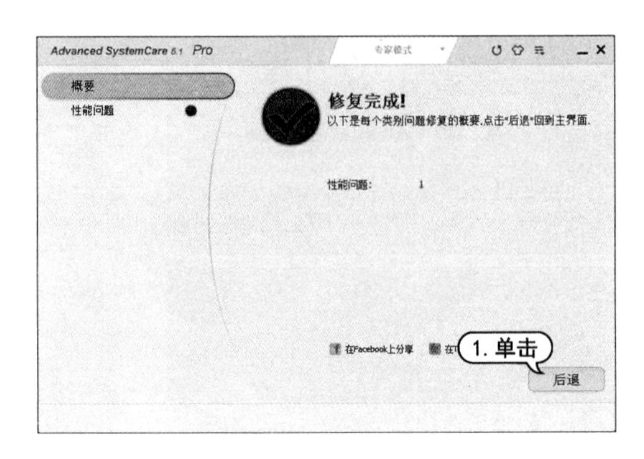

图 10-104　系统修复完成

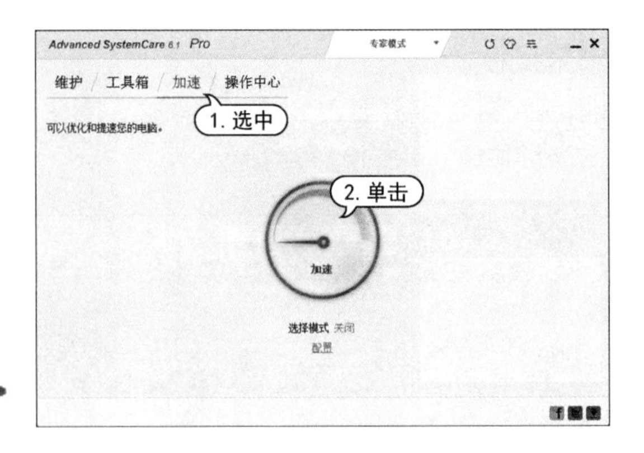

图 10-105　设置优化与提速电脑

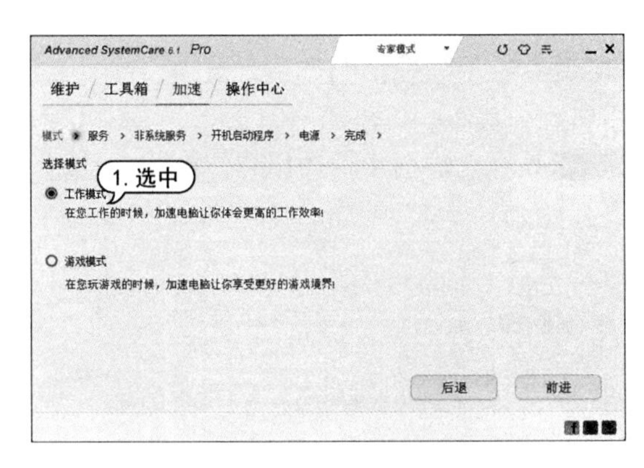

图 10-106　选择系统的优化提速模式

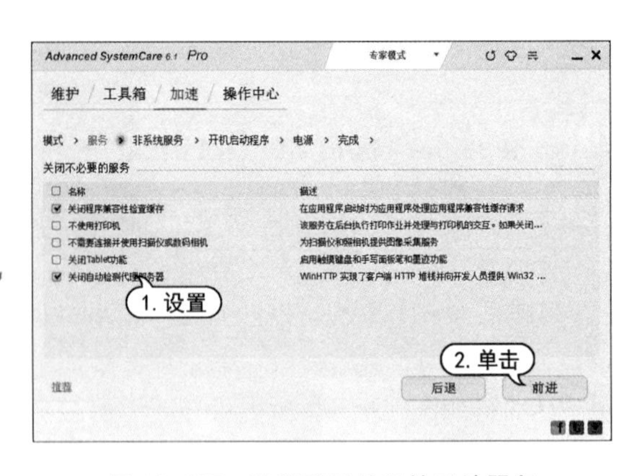

图 10-107　设置需要关闭的系统服务

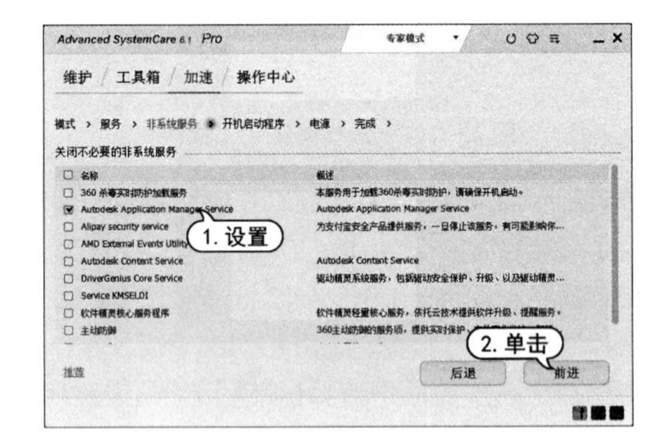

图 10-108　设置需要关闭的非系统服务

STEP 11 打开【关闭不必要的后台程序】选项区域，选择需要关闭的后台程序后单击【前进】按钮，如图 10-109 所示。

STEP 12 打开【选择电源计划】选项区域，用户可以根据需求选择是否激活 Advanced SystemCare 电源计划，单击【前进】按钮，完成系统的优化提速设置，如图 10-110 所示。

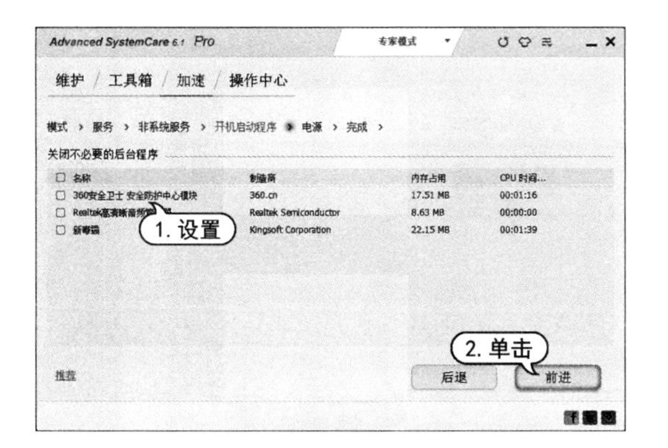

图 10-109　选择需要关闭的后台程序

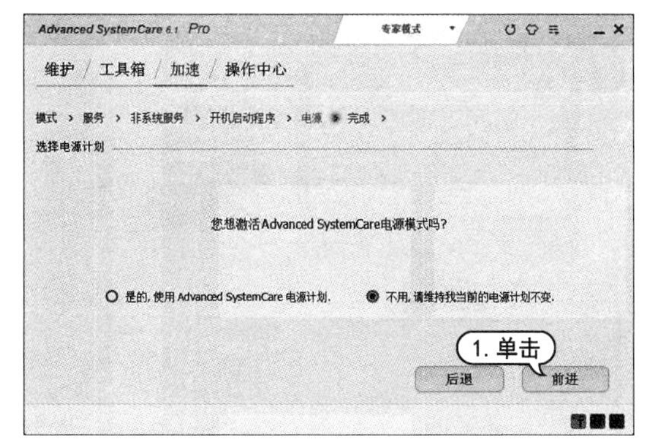

图 10-110　激活电源计划

STEP 13 单击【完成】按钮，Advanced SystemCare 软件将自动执行系统优化提速设置。

第 11 章

排除常见电脑故障

电脑在使用的过程中，偶尔会因为硬件自身问题或操作不当等原因出现故障。用户如果能迅速找出故障的具体部位，并妥善解决故障，可以延长电脑的使用寿命。本章将介绍电脑的常见故障现象以及解决故障的方法技巧。

11.1　常见电脑故障分析

认识电脑的故障现象既是正确判断电脑故障位置的第一步，也是分析电脑故障原因的前提。因此用户在学习电脑维修之前，应先了解一些电脑常见故障。

11.1.1　常见电脑故障现象

电脑在出现故障时通常表现为死机、黑屏、蓝屏、花屏、自动重启、自检报错、启动缓慢、关闭缓慢、软件运行缓慢以及无法开机等。

- 花屏：一般在启动和运行软件程序时出现，表现为显示器显示图像错乱，如图 11-1 所示。
- 蓝屏：表现为电脑显示器出现蓝屏，并伴有英文提示。蓝屏故障通常发生在电脑启动、关闭或运行某个软件程序时，并且常常伴随着死机现象，如图 11-2 所示。

图 11-1　花屏故障

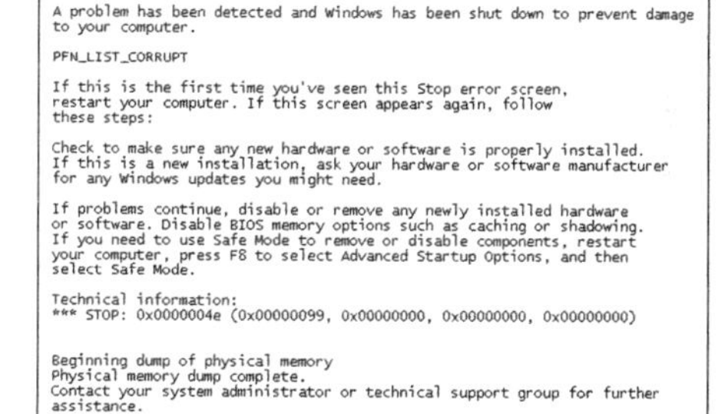

图 11-2　蓝屏故障

- 黑屏：表现为电脑显示器突然关闭，或在正常工作状态下显示关闭状态(不显示任何画面)。
- 死机：最常见的电脑故障现象之一，主要表现为电脑锁死，使用键盘、鼠标或者其他设备对电脑进行操作时，电脑没有任何回应。
- 自动重启：通常在运行软件时发生，一般表现为在执行某项操作时，电脑突然出现非正常提示(或没有提示)，然后自动重新启动。
- 自检报错：即启动时主板 BIOS 报警，例如，电脑启动时长时间不断地鸣叫，或者反复长声鸣叫等。
- 启动缓慢：电脑启动等待时间过长，启动后系统软件和应用软件运行缓慢。
- 关闭缓慢：电脑关闭时等待时间过长。
- 软件运行缓慢：电脑在运行某个应用软件时，工作状态运行速度异常缓慢。
- 无法开机：在按下电脑启动开关之后，电脑无法加电启动。

11.1.2　常见故障处理原则

电脑出现故障后不要着急，应首先通过一些检测操作与使用经验来判断故障发生的原因。在判断故障原因时用户应首先明确两点：第一，不要怕；第二，保持理性。

- 不怕就是要敢于动手排除故障，很多用户认为电脑是电子设备，不能随便拆卸，以免触电。其实电脑只有输入电源是 220V 的交流电，给其他各部件供电的直流电源最高仅为 12V。因此，除了在修理电脑电源时应小心谨慎防止触电外，拆卸电脑主机内部其他设备是不会对人体造成任何伤害的;相反,人体带有的静电可能把电脑主板和芯片击穿并造成损坏。

- 所谓理性地处理故障就是要尽量避免随意拆卸电脑。

正确解决电脑故障的方法是:首先,根据故障特点和工作原理进行分析、判断;然后,逐个排除怀疑有故障的电脑设备或部件。操作的要点是:在排除怀疑对象的过程中,要留意原来的电脑结构和状态,即使故障暂时无法排除,也要确保电脑能够恢复原来状态,尽量避免故障范围的扩大。

电脑故障的具体排除原则有以下 4 条。

- 先软后硬的原则:即当电脑出现故障时,首先应检查并排除电脑软件故障,然后再通过检测手段逐步分析电脑硬件部分。例如,电脑不能正常启动,要首先根据故障现象或电脑的报错信息判断电脑是启动到什么状态下死机的。然后分析导致死机的原因是系统软件的问题、主机(CPU、内存等)硬件的问题,还是显示系统问题,如图 11-3 和图 11-4 所示。

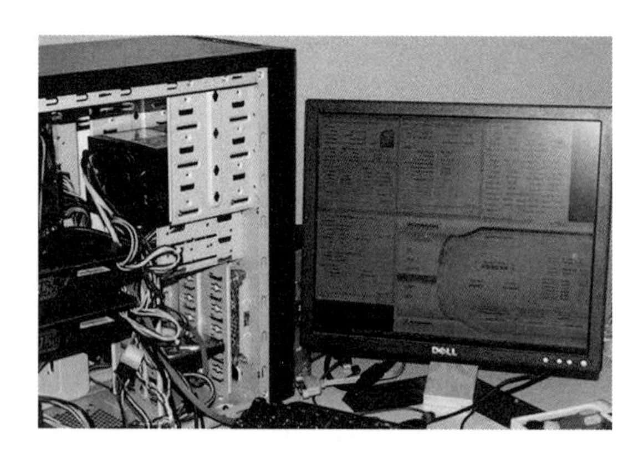

图 11-3 检测软件故障

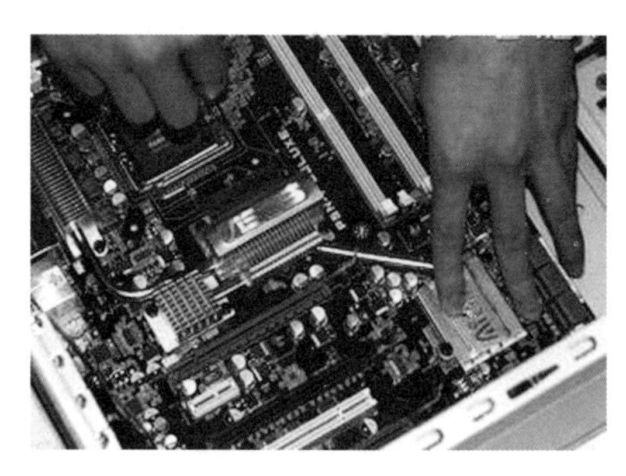

图 11-4 检测硬件故障

- 先简单后复杂的原则:用户在处理电脑故障时应先解决简单容易的故障,后解决难度较大的问题。这样做是因为,在解决简单故障的过程中,难度大的问题往往也可能变得容易解决;在排除简易故障时可能得到难处理故障的解决线索。
- 先外设后主机的原则:如果电脑系统的故障表现在某种外设上,例如当用户不能打印文件、不能上网等时,应遵循先外设后主机的故障处理原则。先利用外部设备本身提供的自检功能或电脑系统内安装的设备检测功能检查外设本身是否工作正常,然后检查外设与电脑的连接以及相关的驱动程序是否正常,最后再检查电脑本身相关的接口或主机内各种板卡设备,如图 11-5 所示。
- 先电源后负载的原则:电脑内的电源是机箱内部各部件(如主板、硬盘、软驱、光驱等)的动力来源,电源的输出电压正常与否直接影响到相关设备的正常运行。因此,当出现设备工作不正常时,应首先检查电源是否工作正常,然后再检查设备本身,如图 11-6 所示。

实用技巧

在检测与维修电脑过程中禁忌带电插、拔各种板卡、芯片和各种外设的数据线。因为带电插拔设备将产生较高的感应电压,有可能会将外设或板卡上、主板上的接口芯片击穿;而带电插拔电脑设备上的数据线,则有可能会造成相应接口电路芯片损坏。

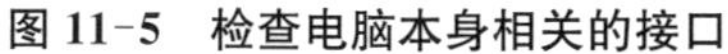

图 11-5　检查电脑本身相关的接口

图 11-6　检查电脑电源

11.2　处理操作系统故障

虽然 Windows 系列操作系统运行相对较稳定，但在使用过程中还是会碰到一些系统故障，影响用户的正常使用。本节将介绍一些常见系统故障的处理方法，希望读者举一反三，当遇到一些类似故障时也能轻松解决。

11.2.1　常见系统故障的原因

1. 软件导致的故障

有些软件的程序编写不完善，在安装或卸载时会修改 Windows 系统设置，或者误将正常的系统文件删除，导致 Windows 系统出现问题。

软件与 Windows 系统、软件与软件之间也会发生兼容性问题。若发生软件冲突，只要将其中一个软件退出或卸载掉即可；若是杀毒软件导致无法正常运行，可以尝试关闭杀毒软件的监控功能。此外，用户应该熟悉自己安装的常用工具的设置，避免设置不当造成的假故障。

2. 病毒、恶意程序入侵导致故障

有很多恶意程序、病毒、木马会通过网页、捆绑安装软件的方式强行或秘密入侵用户的电脑，然后强行修改用户的网页浏览器主页、软件自动启动选项、安全选项等设置，并且强行弹出广告，或者做出其他干扰用户操作、大量占用系统资源的行为，导致 Windows 系统发生各种各样错误和问题，例如无法上网、无法进入系统、频繁重启、很多程序打不开等。

要避免这些情况的发生，用户最好安装 360 安全卫士，再加上网络防火墙和病毒防护软件。如果已经被感染，则应使用杀毒软件进行查杀。

3. 过分优化 Windows 系统

如果用户对于系统不熟悉，最好不要随便修改 Windows 系统的设置。使用优化软件前，先备份系统设置，再进行系统优化，如图 11-7 所示。

4. 使用修改过的 Windows 系统安装系统

民间修改过的精简版 Windows 系统普遍删除了一些系统文件，精简了一些功能，有些甚至还集成了木马、病毒，留有系统后门，如图 11-8 所示。如果安装了这类的 Windows 系统，安全性是不能得到保证的。建议用户安装原版 Windows 和补丁。

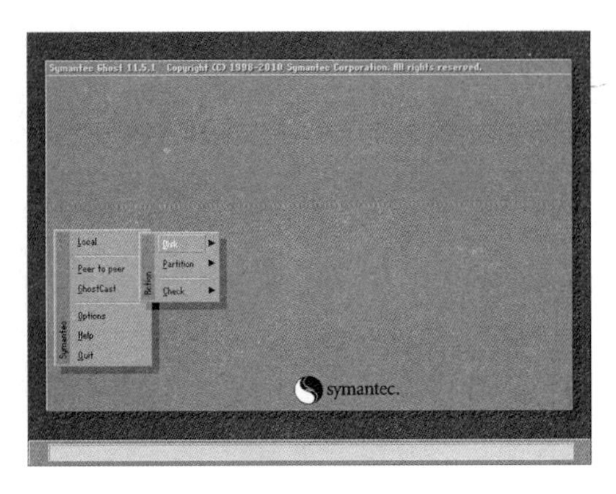

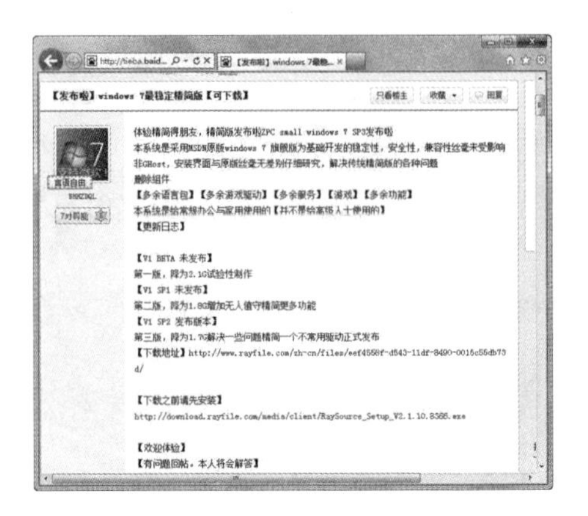

图 11-7　备份系统设置　　　　图 11-8　修改过的 Windows 安装系统

5. 硬件驱动有问题

如果所安装的硬件驱动没有经过微软 WHQL 认证或者驱动编写不完善，也会造成 Windows 系统故障，比如蓝屏、无法进入系统、CPU 占用率高达 100%等。如果因为驱动的问题进不了系统，可以进入安全模式将驱动卸载掉，然后重装正确的驱动即可。

11.2.2　排除 Windows 系统使用故障

1. 不显示音量图标

- 故障现象：每次启动系统后，系统托盘里总是不显示音量图标，需要进入控制面板的【声音和音频设备属性】对话框，将已经选中的【将音量图标放入任务栏】复选框“取消”选中后再重新选中，音量图标才会出现。
- 故障原因：曾用软件删除过启动项目，而不小心删除了音量图标的启动。
- 解决方法：打开【注册表编辑器】，展开“HKEY_LOCAL_MACHINE\ SOFTWARE\Microsoft \Windows\CurrentVersion\Run”，然后在右侧的窗口右击新建字符串“Systray”，双击，编辑其值为“c:\windows\ system32\Systray. exe”，然后重启电脑，让系统在启动的时候自动加载 systray. exe，如图 11-9 所示。

2. 不显示系统桌面

- 故障现象：启动 Windows 操作系统后，桌面没有任何图标，如图 11-10 所示。
- 故障原因：大多数情况下，桌面图标无法显示是由于系统启动时无法加载 explorer. exe，或者 explorer. exe 文件被病毒、广告破坏。
- 解决方法：手动加载 explorer. exe 文件。打开注册表编辑器，展开“HKEY_ LOCAL_MACHINE \SOFTWARE\Micrososft\WindowsNT\CurrentVersion\Winlogon\Shell”，如果没有则在 shell 下新建 explorer. exe。到其他电脑上复制 explorer. exe 文件到本机，然后重启电脑即可。

3. 不显示“安全删除硬件”图标

- 故障现象：正常插入移动硬盘、U 盘等 USB 设备时，系统托盘会显示【安全删除硬件】图标。故障状态插入 USB 设备后，不显示【安全删除硬件】图标。
- 故障原因：系统中与 USB 端口有关的系统文件受损，或者 USB 端口的驱动程序受到破坏。
- 解决方法：删除 USB 设备驱动后，重新安装。

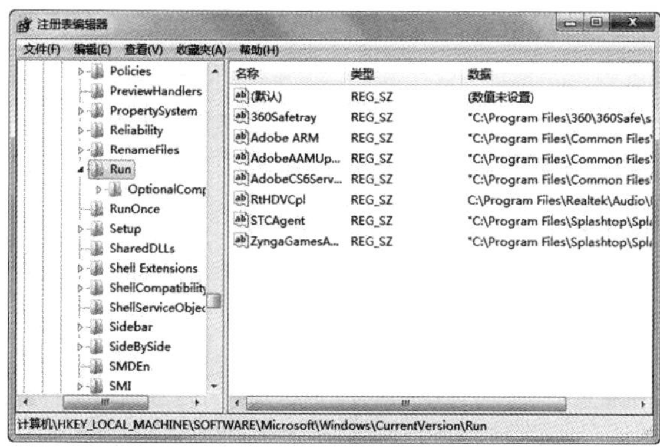

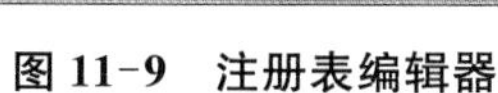

图 11-9　注册表编辑器

图 11-10　桌面不显示图标

4. 丢失系统还原点

- 故障现象：系统出现问题，想通过系统还原功能重新恢复系统，结果发现系统还原点没有了。
- 故障原因：一是驱动器磁盘空间不足；二是非正常开关机；三是曾经使用【磁盘清理】，选择清理了【其他选项】中的【系统还原】；四是默认还原点保留时间是 90 天，超出 90 天将自动删除。
- 解决方法：以上 4 个原因，只有第一个原因能够找回原来的系统还原点，其他的都无法恢复。如果系统弹出“磁盘空间不足”提示，那么应该释放足够的磁盘空间，这样【系统还原】才能重新监视系统，并在此点自动创建“系统检查点”。

5. 找不到 rundll32. exe 文件

- 故障现象：启动系统、打开控制面板以及启动各种应用程序时，提示“rundll32. exe 文件找不到”或“rundll32. exe 找不到应用程序”。
- 故障原因：rundll32. exe 用于需要调用 DLL 的程序，对 Windows XP 系统的正常运行是非常重要的。但 rundll32. exe 很脆弱，容易受到病毒的攻击，杀毒软件也会误将 rundll32. exe 删除，导致丢失或损坏 Rundll32. exe 文件。
- 解决方法：将 Windows XP 的安装光盘放入光驱，在【运行】对话框中输入：“expand X:\i386\rundll32. ex_ c: \windows\system32\rundll32. exe”命令（【X:】是光驱的盘符），然后重新启动即可。

6. 双击无法打开硬盘分区

- 故障现象：鼠标左键双击磁盘盘符打不开，只有右击磁盘盘符，在弹出的菜单中选择【打开】命令才能打开。
- 故障原因：硬盘感染病毒；Explorer 文件出错，需要重新编辑。
- 解决方法：更新杀毒软件的病毒库，然后重新启动电脑进入安全模式查杀病毒；在各分区根目录中查看是否有 autorun. ini 文件，如果有，则手工删除。

7. 无故系统重启

- 故障现象：在使用电脑的过程中，系统总是无故重启。
- 故障原因：造成此类故障的原因一般是驱动程序安装不正确（一般为显卡驱动安装不正确）。若 Windows 7 系统中安装的驱动程序不是微软数字签名的驱动或者是非官方提供的驱动，就可能会发生严重的系统错误，从而引起电脑重新启动。
- 故障排除：要解决此类故障，用户应获取正规的驱动程序，并重新安装。

8. 无法重启系统

- 故障现象：电脑在开机启动时提示“系统文件丢失，无法启动 Windows 操作系统”。
- 故障原因：系统文件损坏的原因较多，最有可能是用户不小心删除了系统相关文件，或者是因为操作错误损坏了 dll、vxd 等 Windows 系统文件。
- 故障排除：要解决此类故障，用户可以利用 Windows 7 安装光盘修复系统。

9. 无法删除文件

- 故障现象：在删除某些文件时，提示无法删除。
- 故障原因：该文件正在被某个已启动的软件使用，或者是已感染了病毒。
- 故障排除：①注销或重启电脑，然后再删除。②进入安全模式删除。③在纯 DOS 命令行下使用 DEL、DELTREE 或 RD 命令删除文件。④如果是文件夹中有比较多的子目录或文件而导致无法删除，可先删除该文件夹中的子目录和文件，再删除文件夹。⑤在【任务管理器】中结束 explorer. exe 进程，然后在【命令提示符】窗口中删除文件。

10. U 盘退出后无法再次使用

- 故障现象：单击任务栏中的 U 盘图标，选择退出 U 盘，再次插入 U 盘时，系统无法识别 U 盘。
- 故障原因：USB 端口出错。
- 故障排除：重新启动操作系统即可解决该故障。如果不想重启系统，可进入桌面，右击【电脑】图标，选择【属性】命令，在打开的属性对话框中单击左上角的【设备管理器】链接。打开【设备管理器】窗口，展开【通用串行总线控制】选项，出现【USB Root Hub】设备列表，依次右击每个【USB Root Hub】，选择【禁用】命令，然后再启用即可，如图 11-11 所示。

11. Win 键+E 无法打开资源管理器

- 故障现象：安装和使用了某些优化软件后，按 Win 键+E 无法正常打开资源管理器窗口。
- 故障原因：优化软件修改了 Windows 7 注册表中一些重要的项目，导致 Windows 7 调用该项目时数据异常而出错，因此在安装软件之前，一定要先检查该软件能否在 Windows 7 上使用，如果不能使用就不要安装。
- 故障排除：运行“Regedit”命令，打开注册表编辑器，定位到【HKEY_ CLASSES_ROOT】|【Folder】|【shell】|【explore】|【command】项，双击右边窗口中的【DelegateExecute】项（如果没有该项就新建，类型为字符串），在弹出的对话框中输入“{11dbb47c-a525- 400b-9e80-a54615a090c0}”，重新启动后故障即可排除，如图 11-12 所示。

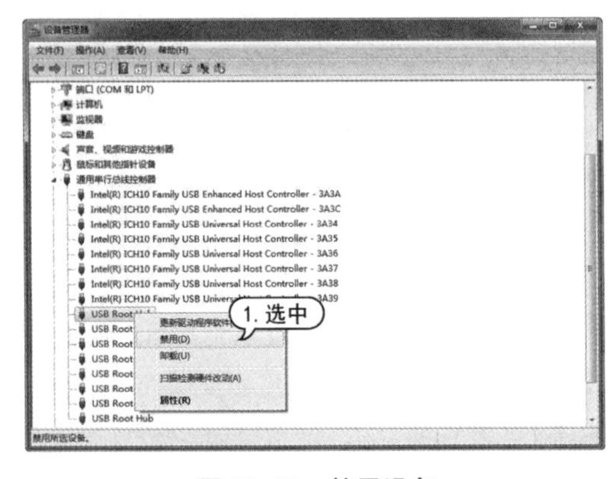

图 11-11　禁用设备

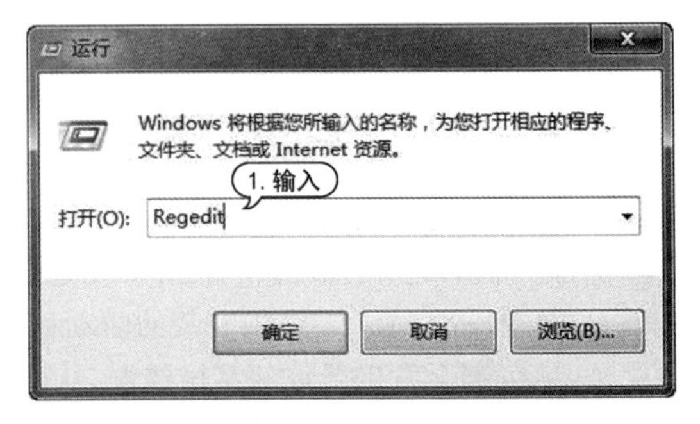

图 11-12　输入命令

12. 窗口按钮变化

- 故障现象：当 Windows 7 经历了几次非正常关机后，系统应用程序窗口上的【最小化】、【最大化】和【关闭】按钮变成了“1”“2”“3”或问号乱码等标识。
- 故障原因：系统中显示【最大化】、【最小化】和【关闭】按钮的图示文件丢失或损坏了。
- 故障排除：用户在其他安装了 Windows 7 的电脑上搜索名为“Marlett. ttf”的文件，将该文件复制到自己电脑的【Windows】|【Fonts】文件夹中。

11.3　处理电脑硬件故障

电脑硬件故障包括电脑主板故障、内存故障、CPU 故障、硬盘故障、显卡故障、显示器故障、驱动器故障以及鼠标和键盘故障等。下面将介绍硬件故障的具体分类和检测方法。

11.3.1　硬件故障的常见分类

硬件故障是指因电脑硬件系统部件中的元器件损坏或性能不稳定而引起的电脑故障，包括元器件故障、机械故障和存储器故障 3 种。

- 元器件故障：主要是板卡上的元器件、接插件和印制板等引起的。例如，主板上的电阻、电容、芯片等的损坏；PCI 插槽、AGP 插槽、内存条插槽和显卡接口等的损坏；印制电路板的损坏。如果元器件和接插件出了问题，可以通过更换的方法排除故障，但需要专用工具，如图 11-13 所示。如果是印制板的问题，维修起来相对困难。
- 机械故障：比如，硬盘使用时产生共振，硬盘、软驱的磁头发生偏转或者人为的物理破坏等。
- 存储器故障：因使用频繁等原因使外存储器磁道损坏；因为电压过高造成的存储芯片烧掉等。这类故障通常也发生在硬盘、光驱、软驱和一些板卡的芯片上，如图11-14 所示。

图 11-13　元器件故障

图 11-14　存储器故障

11.3.2　硬件故障的检测方法

电脑硬件故障的诊断方法主要有直觉法、对换法、手压法和使用软件诊断法等几种方法。

1. 直觉法

直觉法就是通过人的感觉器官（如手、眼、耳和鼻等）来判断故障的原因。在检测电脑硬件故障时，直觉法是一种十分简单而有效的方法。

- 电脑中一般器件发热的热度传导到器件外壳上都不会温度很高，若用手触摸感觉到太烫手，那么该元器件就可能有问题，如图 11-15 所示。
- 通过眼睛观察机器电路板上是否有断线或残留杂物；观察有无明显的短路现象、明显的芯片断针；观察元器件表面是否有焦黄色、裂痕，从而诊断出电脑的故障，如图 11-16 所示。

图 11-15　用手触摸

图 11-16　通过眼睛观察

- 通过耳朵听电脑的报警声，从报警声诊断出电脑的故障。电脑启动时如果检测到故障，电脑主板会发出报警声音，通过声音的长短可以判断电脑错误的位置(主板不同，其报警声音也有一些小的差别。目前最常见的主板 BIOS 有 AMI BIOS 和 Award BIOS 两种，用户可以查看其报警声音说明来判断出主板报警声的含义)。
- 通过鼻子可以判断电脑硬件故障的位置。若内存条、主板、CPU 等设备由于电压过高或温度过高之类的问题被烧毁，用鼻子闻一下电脑主机内部就可以快速诊断出被烧毁硬件的具体位置，如图 11-17 所示。

2. 对换法

对换法指的是如果怀疑电脑中某个硬件部件(例如 CPU、内存和显卡)有问题，可以用完好的相同的部件与其互换，然后通过开机后状态判断该部件是否存在故障，如图 11-18 所示。即在开机后如果故障电脑恢复正常工作，就证明被替换的部件存在问题；反之，证明故障不在猜测有问题的部件上，这时应重新检测电脑故障的具体位置。

图 11-17　通过鼻子判断

图 11-18　对换法

3. 手压法

所谓手压法是指利用手掌轻轻敲击或压紧可能出现故障的电脑插件或板卡，通过重新启动后的电脑状态来判断故障所在的位置。应用手压法可以检测显示器、鼠标、键盘、内存、显卡等设备导致的电脑故障。例如，电脑在使用过程中突然出现黑屏故障，重启后恢复正常，这时若用手把显示器接口和显卡接口压紧，则有可能排除故障，如图 11-19 和图 11-20 所示。

图 11-19　压紧显卡接口

图 11-20　压紧显示器接口

4. 软件诊断法

软件诊断法指的是通过故障诊断软件来检测电脑故障。这种方法主要有两种方式：一种是通过 ROM 开机自检程序检测（例如从 BIOS 参数中读出硬盘、CPU 主板等信息）或在电脑开机过程中观察内存、CPU、硬盘等设备的信息，判断电脑故障。另一种诊断方法则是使用电脑软件故障诊断程序进行检测（这种方法要求电脑能够正常启动）。

知识点滴

电脑硬件故障诊断软件有很多，有部分零件诊断也有整机部件测试。Windows 优化大师就是其中一种，它可以提供处理器、存储器、显示器、软盘、光盘驱动器、硬盘、键盘、鼠标、打印机、各类接口和适配器等的检测信息。

11.3.3　排除常见主板故障

在电脑的所有配件中，主板是决定电脑整体系统性能的一个关键性部件，好的主板可以让电脑更稳定地发挥系统性能；反之，系统则会变得不稳定。

主板本身的故障率并不是很高，但由于所有硬件构架和软件系统环境都是搭建在主板提供的平台之上，而且在很多的情况下需要凭借主板发出的信息来判断其他设备存在的故障，所以掌握主板的常见故障现象，将可以为解决电脑出现的故障提供判断和处理的捷径。

1. 接口损坏

- 故障现象：主板 COM 口或并行口、IDE 口损坏。主板接口如图 11-21 所示。
- 故障原因：出现此类故障一般是由于用户带电插拔相关硬件造成的，要解决该故障用户可以用多功能卡代替主板上的 COM 口和并行接口，但要注意，在代替之前必须先在 BIOS 设置中关闭主板上预设的 COM 口与并行口（有的主板连 IDE 口都要禁止才能正常使用多功能卡）。
- 解决方法：更换主板或使用多功能卡代替主板上受损的接口，如图 11-22 所示。

图 11-21　主板接口

图 11-22　更换接口

2. BIOS 电池失效

- 故障现象：BIOS 设置不能保存。
- 故障原因：此类故障一般是由于主板 BIOS 电池电压不足造成。将 BIOS 电池更换即可解决该故障。若在更换 BIOS 电池后仍然不能解决问题，则有以下两种可能：主板电路问题，需要主板生产厂商的专业主板维修人员维修；主板 CMOS 跳线问题，或者因为设置错误，将主板上的 BIOS 跳线设为清除选项。

3. 驱动兼容问题

- 故障现象：安装主板驱动程序后出现死机或光驱读盘速度变慢的现象。
- 故障原因：若用户的电脑使用的是非名牌主板，则可能会遇到此类现象(将主板驱动程序安装完后，重新启动电脑不能以正常模式进入 Windows 系统的桌面，而且该驱动程序在 Windows 系统中不能被卸载，用户不得不重新安装系统)。
- 解决方法：更换主板。

4. 设置 BIOS 时死机

- 故障现象：电脑频繁死机，甚至在 BIOS 设置时死机。
- 故障原因：在 BIOS 设置界面中出现死机故障，原因一般为主板或 CPU 存在问题，在死机后触摸 CPU 周围主板元件，如果发现其温度非常高，应更换大功率的 CPU 散热风扇。若仍不能解决故障，就只能更换主板或 CPU。
- 解决方法：更换主板、CPU、CPU 散热器，如图 11-23 所示，或者在 BIOS 设置中将 Cache 选项禁用。

图 11-23　更换配件

5. BIOS 设置错误

▽ 故障现象：电脑开机后，显示器在显示“Award Soft Ware, Inc　System Configurations”时停止启动。

▽ 故障原因：该问题是由于 BIOS 设置不当所造成的。BIOS 设置的 PNP/PCI CONFIGURATION 的 PNP OS INSTALLED(即插即用)项目有“YES”和“NO”两个选项，造成上面故障的原因就是将即插即用选项设为“YES”，将其设置改为“NO”，故障即可被解决(有的主板将 BIOS 的即插即用功能开启之后，还会引发声卡发音不正常之类的现象)。

▽ 解决方法：使用 BIOS 出厂默认设置或关闭设置中的即插即用功能。

11.3.4　排除常见 CPU 故障

CPU 是电脑的核心设备，当电脑 CPU 出现故障时，电脑将会出现黑屏、死机、运行软件缓慢等现象。

1. CPU 温度问题

▽ 故障现象：CPU 温度过高导致的故障有死机、软件运行速度慢或黑屏等。

▽ 故障原因：随着工作频率的提高，CPU 所产生的热量也越来越高。CPU 是电脑中发热最大的配件，如果其散热器散热能力不强，产生的热量不能及时散发掉，就会长时间工作在高温状态下。由半导体材料制成的 CPU 如果其核心工作温度过高就会产生电子迁移现象，会造成运行不稳定、运算出错或者死机等现象；如果长期在过高的温度下工作，还会造成 CPU 的永久性损坏。CPU 的工作温度通过主板监控功能获得，一般情况下 CPU 的工作温度比环境温度高 40℃以内都属于正常范围，但要注意的是主板测温的准确度并不是很高，在 BIOS 中查到的 CPU 温度只能供参考。CPU 核心的准确温度一般无法测量。

▽ 解决方法：更换 CPU 风扇，如图 11-24 所示；或利用软件(例如“CPU 降温圣手”软件)降低 CPU 工作温度，如图 11-25 所示。

图 11-24　更换风扇

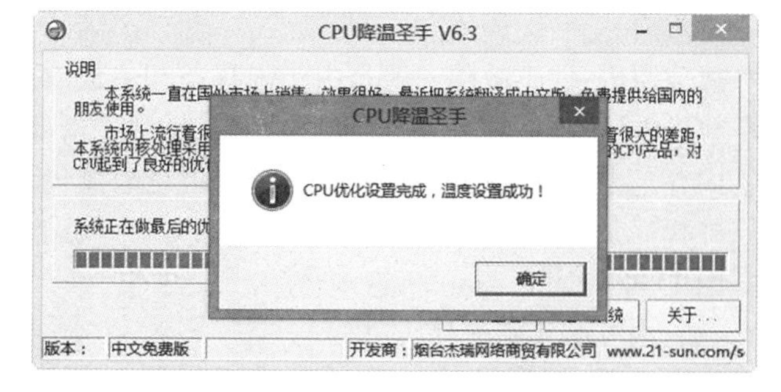

图 11-25　CUP 降温圣手

2. CPU 超频问题

▽ 故障现象：CPU 超频导致的故障有电脑不能启动，或频繁自动重启。

▽ 故障原因：CPU 超频使用会使 CPU 的寿命提前结束，因为 CPU 超频会产生大量的热量，使 CPU 温度升高，从而导致“电子迁移”效应(为了超频，很多用户通常会提高 CPU 的工作

电压,这样 CPU 在工作时产生的热量更多)。热量并不会直接伤害 CPU,而是由于过热导致“电子迁移”效应损坏。通常所说的 CPU 超频烧掉了,严格地讲,就是由 CPU 高温导致的“电子迁移”效应所引发的结果。

▽ 解决方法:更换大功率的 CPU 风扇或对 CPU 进行降频处理。

3. CPU 引脚氧化

▽ 故障现象:平日使用一直正常,突然无法开机,屏幕提示无显示信号输出。

▽ 故障原因:使用对换法检测硬件发现显卡和显示器没有问题,怀疑是 CPU 出现问题。拔下插在主板上的 CPU,仔细观察并无烧毁痕迹,但 CPU 的针脚均发黑、发绿,有氧化的痕迹和锈迹。

▽ 解决方法:使用牙刷和镊子等工具对 CPU 针脚进行修复工作。

4. CPU 降频问题

▽ 故障现象:开机后发现 CPU 频率降低了,显示信息为“Defaults CMOS Setup Loaded”,并且重新设置 CPU 频率后,该故障还时有发生。

▽ 故障原因:主板电池出了问题,CPU 电压过低。

▽ 解决方法:关闭电脑电源,更换主板电池,开机后重新在 BIOS 中设置 CPU 参数。

5. CPU 松动问题

▽ 故障现象:检测不到 CPU 而无法启动电脑。

▽ 故障原因:检查 CPU 是否插入到位,特别是采用 Slot 插槽的 CPU 安装时不容易到位。

▽ 解决方法:重新安装 CPU,并检查 CPU 插座的固定杆是否固定完全。

11.3.5 排除常见内存故障

内存作为电脑的主要配件之一,其性能的好坏直接关系到电脑是否能够正常稳定地工作。本节将总结一些在实际操作中常见的内存故障及故障解决方法,为用户在实际维修工作中提供参考。

1. 内存接触不良

▽ 故障现象:有时打开电脑电源后显示器无显示,并且听到持续的蜂鸣声;有时电脑表现为一直重启。

▽ 故障原因:此类故障一般是由于内存条和主板内存槽接触不良引起的。

▽ 解决方法:拆下内存,用橡皮擦来回擦拭金手指部位,然后重新插到主板上。如果多次擦拭内存条上的金手指并更换了内存槽,但是故障仍不能排除,则可能是内存损坏,此时可以另外找一条内存来试试,或者将本机上的内存换到其他电脑上测试,以便找出问题之所在,如图 11-26 所示。

2. 内存金手指老化

▽ 故障现象:内存金手指出现老化、生锈现象。

▽ 故障原因:内存条的金手指镀金工艺不佳或经常拔插内存,使金手指在使用过程中因为接触空气而出现氧化生锈现象,从而导致内存与主板上的内存插槽接触不良,造成电脑在开机时不启动且主板发出报警的故障。

▽ 解决方法:用橡皮把金手指上面的锈斑擦去即可,如图 11-27 所示。

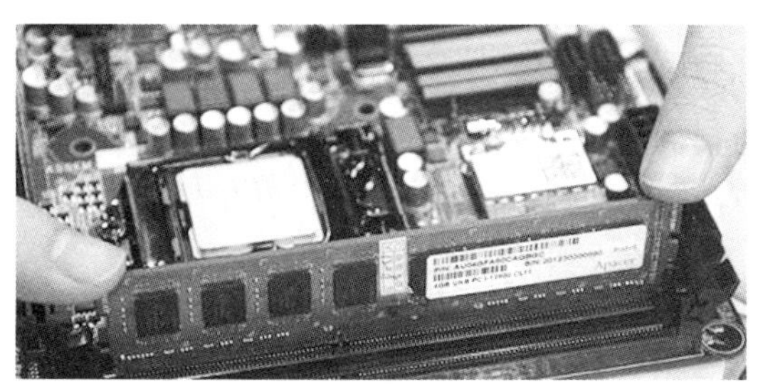

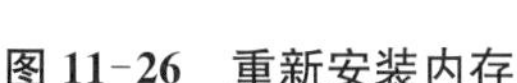

图 11-26　重新安装内存

图 11-27　擦去锈斑

3. 内存金手指烧毁

- 故障现象：内存金手指发黑，无法正常使用，如图 11-28 所示。
- 故障原因：一般情况下，造成内存条金手指被烧毁的原因多数是用户在故障排除过程中，没有将内存完全插入主板插槽就启动电脑，或带电拔插内存条，造成内存条的金手指因为局部电流过强而烧毁。
- 解决方法：更换内存。

4. 内存插槽簧片损坏

- 故障现象：无法将内存正常插入内存插槽中。
- 故障原因：内存插槽内的簧片因非正常安装而出现脱落、变形、烧灼等现象，造成内存条接触不良，如图 11-29 所示。
- 解决方法：使用其他正常的内存插槽或更换电脑主板。

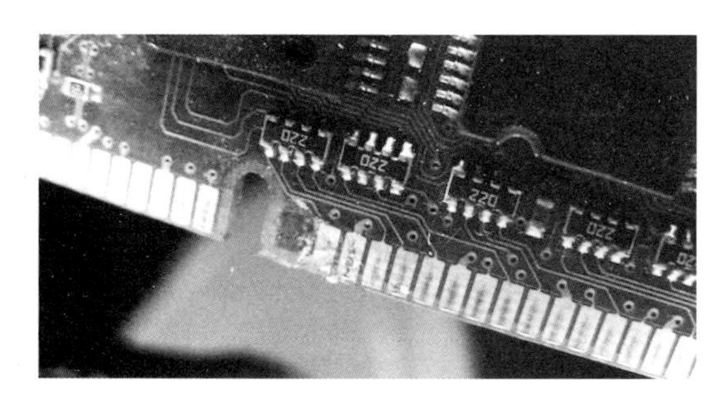

图 11-28　金手指损坏

图 11-29　内存插槽损坏

5. 内存温度过高

- 故障现象：正常运行电脑时突然出现提示“内存不可读”，并且在天气较热的时候出现该故障的几率较大。
- 故障原因：由于内存条过热而导致工作不稳定造成的。
- 解决方法：加装机箱风扇，加强机箱内部的空气流通，还可以为内存安装铝制或者铜制散热片，如图 11-30 所示。

6. 电脑重复自检

- 故障现象：开机时内存自检需要重复 3 遍才能通过。
- 故障原因：随着电脑内存容量的增加，有时需要几次检测才能完成检测内存操作。
- 解决方法：进入 BIOS 后，设置【Quick Power On Self Test】选项为【Enabled】。

7. 系统提示内存不足

- 故障现象：运行某些软件时出现“内存不足”提示，如图 11-31 所示。
- 故障原因：此情况一般是由于电脑系统盘剩余空间不足造成的。
- 解决方法：删除系统盘中的一些无用文件，一般保持系统盘 1 GB 以上的可用空间。

图 11-30　安装散热片

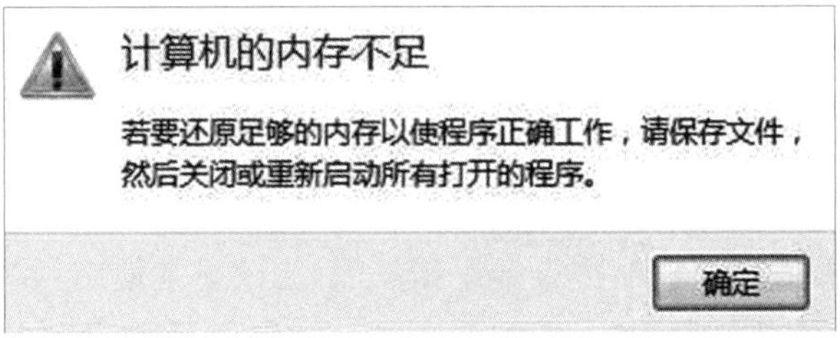

计算机的内存不足

若要还原足够的内存以使程序正确工作，请保存文件，然后关闭或重新启动所有打开的程序。

确定

图 11-31　内存不足

8. 电脑不定期死机

- 故障现象：电脑随机性死机。
- 故障原因：该故障一般是由于采用了几种不同的内存条造成的。
- 解决方法：更换成同型号的内存。

11.3.6　排除常见硬盘故障

硬盘是电脑的主要部件，了解硬盘的常见故障有助于避免硬盘中重要的数据丢失。本节总结一些在实际操作中常见的硬盘故障及故障解决方法，为用户在实际维修工作中提供参考。

1. 硬盘连接线故障

- 故障现象：系统不认硬盘（系统无法从硬盘启动，使用 CMOS 中的自动检测功能也无法检测到硬盘）。
- 故障原因：这类故障的原因大多在硬盘连接电缆或数据线端口上，硬盘本身故障的可能性不大，用户可以通过重新插接硬盘电源线或改换数据线检测该故障的具体位置（如果电脑上安装的新硬盘出现该故障，最常见的原因就是硬盘上的主从跳线被错误设置）。
- 解决方法：在确认硬盘主从跳线没有问题的情况下，用户可以通过更换硬盘电源线或数据线解决此类故障，如图 11-32 所示。

2. 硬盘无法启动故障

- 故障现象：系统无法启动，如图 11-33 所示。
- 故障原因：造成这种故障的原因通常有主引导程序损坏、分区表损坏、分区有效位错误或 DOS 引导文件损坏。
- 解决方法：在修复硬盘引导文件无法解决问题时，可以通过软件（例如 PartitionMagic 或 Fdisk 等）修复损坏的硬盘分区来排除此类故障。

3. 硬盘老化

- 故障现象：硬盘出现坏道。
- 故障原因：硬盘老化或受损是造成该故障的主要原因。
- 解决方法：更换硬盘。

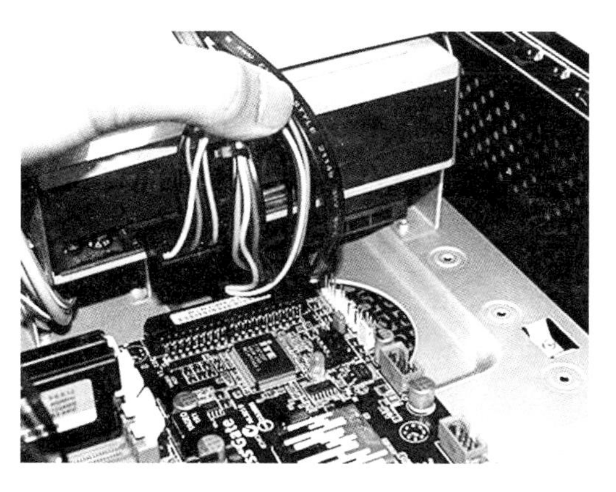

图 11-32　硬盘连接线故障

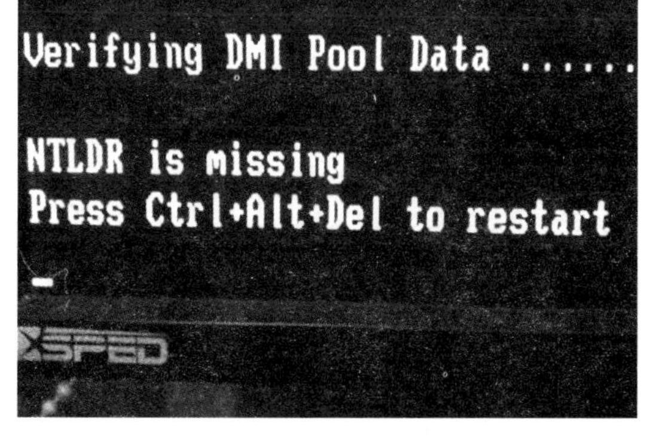

图 11-33　系统报错

4. 硬盘被病毒破坏

- 故障现象：无论使用什么设备都不能正常引导系统。
- 故障原因：这种故障一般是由于硬盘被病毒的“逻辑锁”锁住造成的。“硬盘逻辑锁”是一种很常见的病毒恶作剧手段。中了逻辑锁之后，无论使用什么设备都不能正常引导系统（甚至通过软盘、光驱、挂双硬盘都无法引导电脑启动）。
- 解决方法：利用专用软件解开逻辑锁后，查杀电脑内的病毒。

5. 硬盘主扇区损坏

- 故障现象：开机时硬盘无法自检启动，启动画面提示无法找到硬盘。
- 故障原因：产生这种故障的主要原因是硬盘主引导扇区数据被破坏，具体表现为硬盘主引导标志或分区标志丢失。这种故障的主要原因是病毒将错误的数据覆盖到了主引导扇区中。
- 解决方法：利用专用软件修复硬盘（目前市面上一些常见的杀毒软件都提供了修复硬盘的功能，用户可以利用其解决这个故障）。

11.3.7　排除常见显卡故障

显卡是电脑重要的显示设备之一。本节总结一些在实际操作中常见的显卡故障及故障解决方法，为用户在实际维修工作中提供参考。

1. 显卡接触不良

- 故障现象：电脑开机无显示。
- 故障原因：此类故障一般是因为显卡与主板接触不良或主板插槽有问题造成，对其予以清洁即可。对于一些集成显卡的主板，唯有将主板上的显卡禁止方可。由于显卡原因造成的开机无显示故障，主机在开机后一般会发出一长两短的报警声（针对 Award BIOS 而言）。
- 解决方法：重新安装显卡并清洁显卡的插槽，如图 11-34 所示。

2. 显示不正常

- 故障现象：显示器显示颜色不正常。
- 故障原因：造成该故障的原因一般为显示卡与显示器信号线接触不良；显示器故障；显卡损坏；显示器被磁化（此类现象一般是与有磁性的物体距离过近所致，磁化还可能会引起显示画面偏转的现象）。

▽ 解决方法:重新连接显示器信号线,更换显示器进行测试,如图 11-35 所示。

图 11-34　重新安装显卡

图 11-35　重新连接显示器信号线

3. 显卡分辨率支持问题

▽ 故障现象:突然显示花屏,看不清文字。

▽ 故障原因:此类故障一般由显示器或显卡不支持高分辨率造成。

▽ 解决方法:更新显卡驱动程序或者降低显示分辨率。

4. 显示的画面晃动

▽ 故障现象:电脑显示器屏幕上有部分画面及字符出现瞬间微晃、抖动、模糊后,又恢复清晰显示的现象。这一现象会在屏幕的其他部位或几个部位同时出现,并且反复出现。

▽ 故障原因:调整显示卡的驱动程序及设置,若无法排除该故障,再观察电脑周围有无电磁场干扰显示器的正常显示,如变压器、大功率音响等干扰源设备。

▽ 解决方法:让电脑远离干扰源。

5. 显示花屏

▽ 故障现象:在某些特定的软件里面出现花屏现象。

▽ 故障原因:软件版本太老不支持新式显卡或显卡的驱动程序版本过低。

▽ 解决方法:升级软件版本与显卡驱动程序。

11.3.8　排除常见光驱故障

光驱是电脑硬件中使用寿命最短的配件之一,在日常使用中经常会出现各种各样的故障。本节总结一些在实际操作中常见的光驱故障及故障解决方法,为用户在实际维修工作中提供参考。

1. 光驱仓盒无法弹出

▽ 故障现象:光驱的仓盒无法弹出或很难弹出。

▽ 故障原因:导致这种故障的原因有两个:一是光驱仓盒的出仓皮带老化;二是异物卡在托盘的齿缝里。

▽ 解决方法:清洗光驱或更换光驱仓盒的出仓皮带,如图 11-36 所示。

2. 光驱仓盒失灵

▽ 故障现象:光驱的仓盒在弹出后立即缩回。

▽ 故障原因:光驱的出仓到位判断开关表面被氧化,造成开关接触不良,使光驱的机械部分误认为出仓不顺,在延时一段时间后又自动将光驱仓盒收回。

- 解决方法：打开光驱后用水砂纸轻轻打磨出仓控制开关的簧片，清洁光驱出仓控制开关上的氧化层，如图 11-37 所示。

3. 光驱不读盘

- 故障现象：光驱的光头虽然有寻道动作但是光盘不转，或有转的动作但是转不起来。
- 故障原因：光盘伺服电机的相关电路有故障。可能是伺服电机内部损坏（可用同类型的旧光驱的电机替换），驱动集成块损坏（出现这种情况时有时会出现光驱一找到盘，电脑主机就重启），也可能是柔性电缆中的某根线断线。
- 解决方法：更换光驱。

图 11-36　清洗光驱

图 11-37　清洁氧化层

4. 光驱丢失盘符

- 故障现象：电脑使用一切正常，突然在【计算机】窗口中无法找到光驱盘符。
- 故障原因：多是由于电脑病毒或者丢失光驱驱动程序而造成的。
- 解决方法：使用杀毒软件清除病毒。

5. 光驱程序无响应

- 故障现象：光驱在读盘的时候，经常发生程序没有响应的现象，甚至会导致死机。
- 故障原因：光驱纠错能力下降或供电质量不好。
- 解决方法：将光驱安装到其他电脑中使用，如仍然出现该问题，则需清洗激光头。

11.4　案例演练

本章案例演练总结了实际操作中液晶显示器、键盘、鼠标以及声卡等硬件设备的常见故障及解决方法，为用户在实际维修工作中提供参考。

1. 显示器显示偏红

- 故障现象：液晶屏无论是启动还是运行时都偏红。
- 故障原因：电脑附近有磁性物品，或者显示屏与主板的数据线松动。
- 解决方法：检查并更换显示器信号线。

2. 显示器显示模糊

- 故障现象：液晶屏显示模糊，尤其是显示汉字时不清晰。

- 故障原因：液晶显示器只能支持“真实分辨率”，而且只有在这种真实分辨率下才能显现最佳影像。当设置为真实分辨率以外的分辨率时，屏幕会显示不清晰甚至产生黑屏故障。
- 解决方法：调整显示分辨率为该液晶显示器的“真实分辨率”。

3. 键盘自检报错

- 故障现象：键盘自检出错，屏幕显示“Keyboard Error Press F1 Resume”出错信息，如图11-38所示。
- 故障原因：键盘接口接触不良；键盘硬件故障；键盘软件故障；信号线脱焊；病毒破坏和主板故障等。
- 解决方法：当出现自检错误时，可关机后拔插键盘与主机接口的插头，检查信号线是否虚焊，是否接触良好。如果故障仍然存在，可用一个正常的键盘与主机相连，再开机试验。若故障消失，则说明键盘自身存在硬件问题，可对其进行检修；若故障依旧，则说明是主板接口问题，必须检修或更换主板。

4. 鼠标反应慢

- 故障现象：在更换一块鼠标垫后，光电鼠标反应变慢甚至无法移动光标。
- 故障原因：鼠标垫反光性太强，影响光电鼠标接收反射激光信号，从而影响鼠标对位移信号的检测。
- 解决方法：更换一款深色、非玻璃材质的鼠标垫，如图11-39所示。

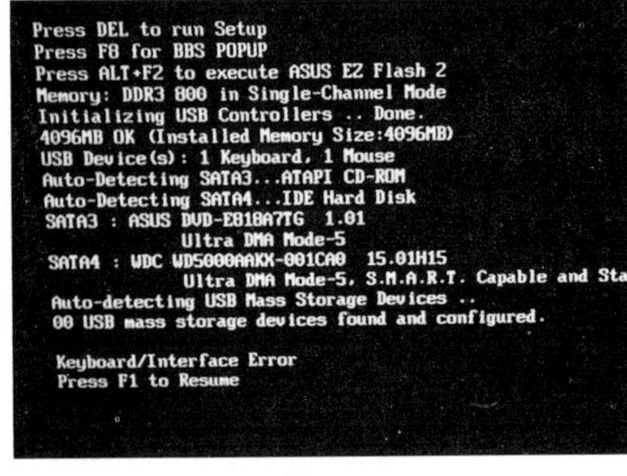

图11-38 报错

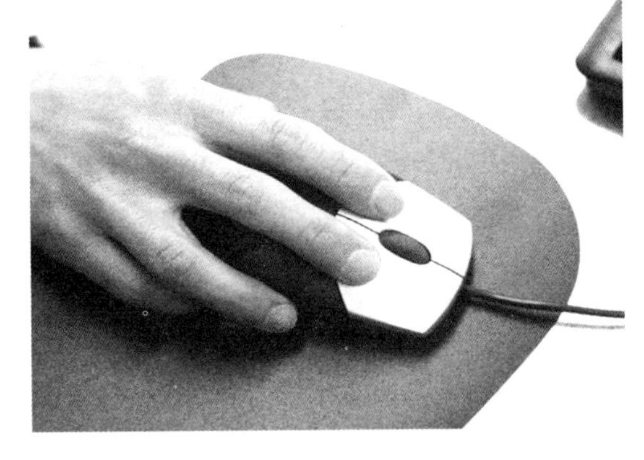

图11-39 更换鼠标垫

5. 声卡没有声音

- 故障现象：电脑无法发出声音。
- 故障原因：耳机或者音箱没有连接正确的音频输出接口。若连接正确，则检查是否打开了音箱或耳机开关。
- 解决方法：连接正确的音频输出接口，打开音箱或耳机的开关。

6. 任务栏没有【小喇叭】图标

- 故障现象：在系统任务栏中没有【小喇叭】图标，并且电脑无法发声。
- 故障原因：没有安装或者没有正确安装声卡驱动。
- 解决方法：重新安装正确的声卡驱动程序，若是主板集成的声卡芯片，则可以在主板的驱动光盘中找到声卡芯片的驱动程序并安装。

7. 无法上网

- 故障现象:无法上网,任务栏中没有显示网络连接图标。
- 故障原因:没有安装网卡驱动程序。
- 解决方法:安装网卡驱动程序。

8. 电脑提示"CMOS battery failed"故障

- 故障现象:电脑在启动时提示"CMOS battery failed"。
- 故障原因:此类提示的含义是 CMOS 电池失效,这说明主板 CMOS 供电电池已经没有电了,需要更换。
- 故障排除:更换主板 CMOS 电池。